여행에 관한 모든 정보와 비법

# 특별한
# 해외
# 여행
## 백서

여행에 관한 모든 정보와 비법
특별한 해외여행백서

초 판 1쇄 펴냄  2010년 5월 10일
개정판 1쇄 펴냄  2012년 1월 10일

개정2판 1쇄 인쇄  2014년 7월 5일
개정2판 1쇄 펴냄  2014년 7월 10일

지은이    정상구
기획      김기연
펴낸이    유정식

편집디자인  김희정·이승현
표지디자인  이승현

펴낸곳    : 나무자전거
출판등록  2009년 8월 4일 제 25100-2009-000024호
주소      서울시 노원구 덕릉로 789, 2F
전화      (02)6326-8574
팩스      (02)6499-2499
전자우편  namucycle@gmail.com

ISBN : 978-89-98417-06-2 14980
       978-89-964441-7-6 (세트)

정가 : 20,000원

이 도서의 국립중앙도서관 출판예정도서목록(CIP)은 서지정보유통지원시스템 홈페이지(http://seoji.nl.go.kr)와
국가자료공동목록시스템(http://www.nl.go.kr/kolisnet)에서 이용하실 수 있습니다.(CIP제어번호: CIP2014019007)

2014~2015년
개정판

여행에 관한 모든 정보와 비법

# 특별한
# 해외
# 여행
## 백서

정상구(김치군) 지음

나무자전거

## 2014~2015년 개정판을 준비하면서

두 번째 개정판 준비를 시작할 때는 가볍게 1~2달 정도면 충분히 끝낼 수 있을 것이라 생각했지만, 실제로 진행을 하고 마무리 짓기까지는 6개월이 넘는 시간이 걸렸습니다. 처음 책을 냈던 2010년, 그리고 개정판을 진행했던 2012년, 그리고 지금까지도 여행시장에는 너무나 많은 변화가 일어나고 있기 때문입니다. 책의 구성은 크게 달라지지 않았지만, 중간 중간의 많은 문장들을 수정 보완하였고, 시대의 변화에 따라 새롭게 추가한 내용도 많이 있습니다. 과거나 지금이나 책 한 권에 여행에 관한 모든 정보를 담는다는 것은 사실 불가능에 가깝습니다. 그렇다보니 기본적인 내용들에서부터 초중급 정도의 여행자들에게 도움이 될 만한 내용들로 개정판의 수정 방향을 잡았습니다. 이제는 더 이상 쓸모없어지거나 유용하지 않은 정보들은 과감하게 제외하고, 실질적으로 활용할 수 있는 팁들로만 지면을 채우려고 노력하였습니다. 사실 더 넣고 싶었던 내용들도 엄청 많았지만, 너무 빠르게 변하는 정보들은 책에서는 큰 의미가 없다고 생각하기에 썼다가 덜어낸 부분도 상당히 많았습니다. 대신 개정판의 새로운 느낌을 위해 전체적인 사진을 대부분 교체한 것도 저한테는 특별한 작업 중의 하나였습니다.

처음 책을 냈던 당시와 비교하면, 인터넷에서 얻을 수 있는 정보의 양은 수배 이상 늘었다고 해도 과언이 아닙니다. 그렇게 넘쳐나는 정보의 홍수 속에, 자신에게 필요한 팁들만 추려 정

리하는 것이 그렇게 쉽지는 않습니다. 그런 분들에게 이 책이 해외여행에 대한 기대만큼이나 기본 개념을 잡는데 도움이 되었으면 합니다.

이 책은 그냥 읽기에도 꽤 딱딱한 책일지 모릅니다. 스토리가 있어 쉽게 읽히거나 가이드북처럼 특별한 지역에 대한 정보를 모아놓은 것이 아니기 때문입니다. 그럼에도 불구하고 이 책에 대한 애정을 크게 가질 수밖에 없는 것은 최소한 해외여행을 처음 준비하거나 이제 막 해외여행을 다니기 시작한 사람들에게 필요한 정보들로 최대한 채웠다고 자신하기 때문입니다. 적어도 이 책을 한번 읽어봄으로써 해외에서 겪을 수 있는 불편함을 최소화할 수 있을 것이라 믿습니다. 그래서 한 번에 술술 읽히지는 않더라도, 언제든지 필요할 때마다 찾아서 읽을 수 있도록 곁에 두고 싶은 책이 되기를 바랍니다.

항상 그렇듯이 개정판을 준비하는데 있어서도 도움을 주신 분들이 많습니다. 너무 많아 이름을 다 일일이 나열하지 못할 정도이지만, 감사를 드리는 제 마음만은 모두 알아주시리라 믿습니다. 혹시라도 나도 포함인가라는 생각이 드신다면, 네, 맞습니다. 감사합니다. 여러분들이 있었기에 이 책이 지금 이 자리에 있을 수 있었습니다.

2014년 6월
새로운 개정판을 마무리하며, 김치군

이 책은 총 9개의 테마에 여행에서 알고 있어야 할 내용을
80여 개의 섹션으로 구성하였습니다.
여러분이 여행을 준비해나가는 과정순으로 테마를 구성하였으며,
각 섹션에서는 실질적인 여행의 기술과 노하우를
몇 개의 소제목으로 나눠 하나씩 공개하고 있습니다.

Section 07

## 혼자서 해보는 여행 계획 및
### 시뮬레이션

**섹션 제목**

해외여행을 제대로 하기
위해 필요한 주제들이 각
각의 섹션으로 구성됩니
다. 섹션 제목만 봐도 어
떤 내용들이 전개되는지
직관적으로 알 수 있도록
제목을 정리하였습니다.

실제 여행을 떠나기 전에 여행을 머릿속으로 그려보는 과정은 꼭 필요하다. 물론 시간별로 세세한
스케줄까지는 짤 필요 없지만 그래도 유동적이나마 어느 정도는 일정을 짜두어야 한다. 의욕에 넘
쳐 너무 빡빡한 일정을 짜게 되면 지키기도 힘들뿐더러, 여행 자체가 고행이 될 수 있다.

 **01  어느 곳으로 갈까?**

책이나 방송을 보고 가보고 싶어진 곳이 있다면 그곳을 여행지로 정하자. 만약 가보
고 싶은 곳이 여러 곳이라면 여행하려는 여행지의 기후, 현재 상황 등을 고려해서 선
택하면 된다. 예를 들어 여름휴가로 보라카이와 발리를 고민한다면 당연히 발리를
선택해야 한다. 보라카이는 에메랄드 빛 바다로 유명하지만 7~8월은 우기라 그 매력
이 반감된다. 반면 발리는 7~8월이 건기라 여행하기에 최적의 날씨가 된다.
만약 가고자 하는 여행지 모두 시기가 맞는다면, 조금이라도 더 마음이 끌리는 곳을
선택하자. 어차피 여행은 또 할 수 있으므로 나중에 다른 여행지를 가면 된다. 여행
지를 선택할 때 지인들의 추천만으로 결정하는 것은 반드시 피해야 한다. 다녀온 사
람이 추천하는 곳이라도 여행은 사람에 따라 만족감이 다를 수 있기 때문이다. 만
일 그 곳을 가고 싶어졌다면 우선 서점이나 인터넷을 통해 여행지에 대한 사전 정보
를 충분히 찾아보고 그 후에 결정해도 늦지 않을 것이다.
여행지가 결정됐다면 가장 먼저 할 일은 항공권 예약이다. 숙소는 조금 늦어도 되지

**소제목**

큰 주제를 몇 개의 소제
목으로 나눠서 설명합니
다. 주제에 도달하기 위한
과정 하나하나가 소제목
으로 구성됩니다.

아름다운 바다도 시기를 잘 맞춰야 한다.

만 항공권은 시간이 지날수록 가격
이나 좌석배치가 좋지 않기 때문이
다. 특히 성수기라면 일정이 잡히는
대로 최대한 빨리 예약하는 것이 좋
다. 물론 중간에 특가 항공권이 나
올 수도 있지만, 그런 것을 바라다
시기를 놓치면 여행자체를 망칠 수
있다.

성수기의 항공권은 미리 예약하자.

#### 가장 먼저 만들어야 할 것은 여권

여권은 해외여행의 시작을 알리는 것이고, 항공권 발권에서부터 면세점 상품 구입까지 해외여행
과 관련된 모든 일을 처리하기 위해서는 기본적으로 필요하다. 해외여행을 꿈꾸면서 만약 여권이
없다면 지금 바로 여권부터 만들어야 된다.

### 02 나만의 자료를 만들자

여행을 떠나기 전 가이드북도 구입하고 인터넷으로 정보도 열심히 알아보지만, 정작
떠날 때는 머릿속에 남아있는 것은 그다지 많지 않다. 며칠 동안 열심히 검색했어도
너무 많은 정보를 단시간에 보다보니 체계적으로 정리가 되지 않기 때문이다.

#### • MS워드나 아래한글 활용하기

인터넷의 정보를 정리하는 좋은 방법 중 하나는 필요한 글을 발견했을 때 바로 복사해
서 워드나 한글에 붙여넣기 하는 것이다. 워드나 한글에서 붙여넣기 하면 웹상의 이미
지까지 모두 자동으로 삽입되기 때문에 편리하다. 하지만 몇몇 사이트들은 저작권을
이유로 드래그방지나 마우스 오른쪽 버튼 클릭을 방지하여 복사자체가 불가능한 경우
도 많다. 이때는 알툴바 등과 같이 오른쪽 버튼 사용 금지를 해제할 수 있는 프로그램
을 이용할 수 있다. 복사한 자료를 웹에 올리거나 상업적으로 이용한다면 저작권 문제
가 발생하지만 자신만의 여행 자료로
활용하는 것은 큰 문제가 없다.
모은 자료는 보기 좋게 정리하여 프
린트하면 된다. 시간이 많다면 목적
지별 혹은 가고 싶은 순서대로 편집
해도 좋고, 혼자 보기 위한 참고자료
이므로 출력할 때는 상하좌우 여백
을 최저값으로 세팅하면 된다.

정리한 자료를 프린트하면 나만의 자료가 된다.

Special
특별한 여행 이야기나 필자
가 경험한 여행 노하우를 만
날 수 있습니다.

TIP
본문과는 직접적으로 관련은
없지만 해외여행 중에 알고
있으면 좋은 내용들을 팁의
형태로 정리하였습니다.

Contents

Theme 01

여행의 기본 상식

**Theme 02**

여행에 필요한
정보 수집 및 활용 방법

Theme 04

# 비행기에 관련된 모든 것

## Theme 05
## 최적의 항공 마일리지
## 적립과 사용 방법

## Theme 06
## 전 세계의 교통수단과 국경 넘기

## Theme 07

# 전 세계의 교통수단과
# 국경 넘기

**Theme 08**

# 해외에서의 전화와
# 인터넷 활용하기

여권을 발급받고, 환전을 하고,
가방을 꾸리고, 보험을 가입하는 것과 같은 일은
여행을 준비하는데 있어서 가장 기본적인 일이다.
하지만 처음 여행을 준비하는 사람들은
이런 여행의 기본적인 상식도 잘 모르는 경우가 많다.
이러한 상황에서 여행의 기본이 되는 정보들을
이해하면 조금 더 편안한 여행을 할 수 있는 기반이 마련된다.

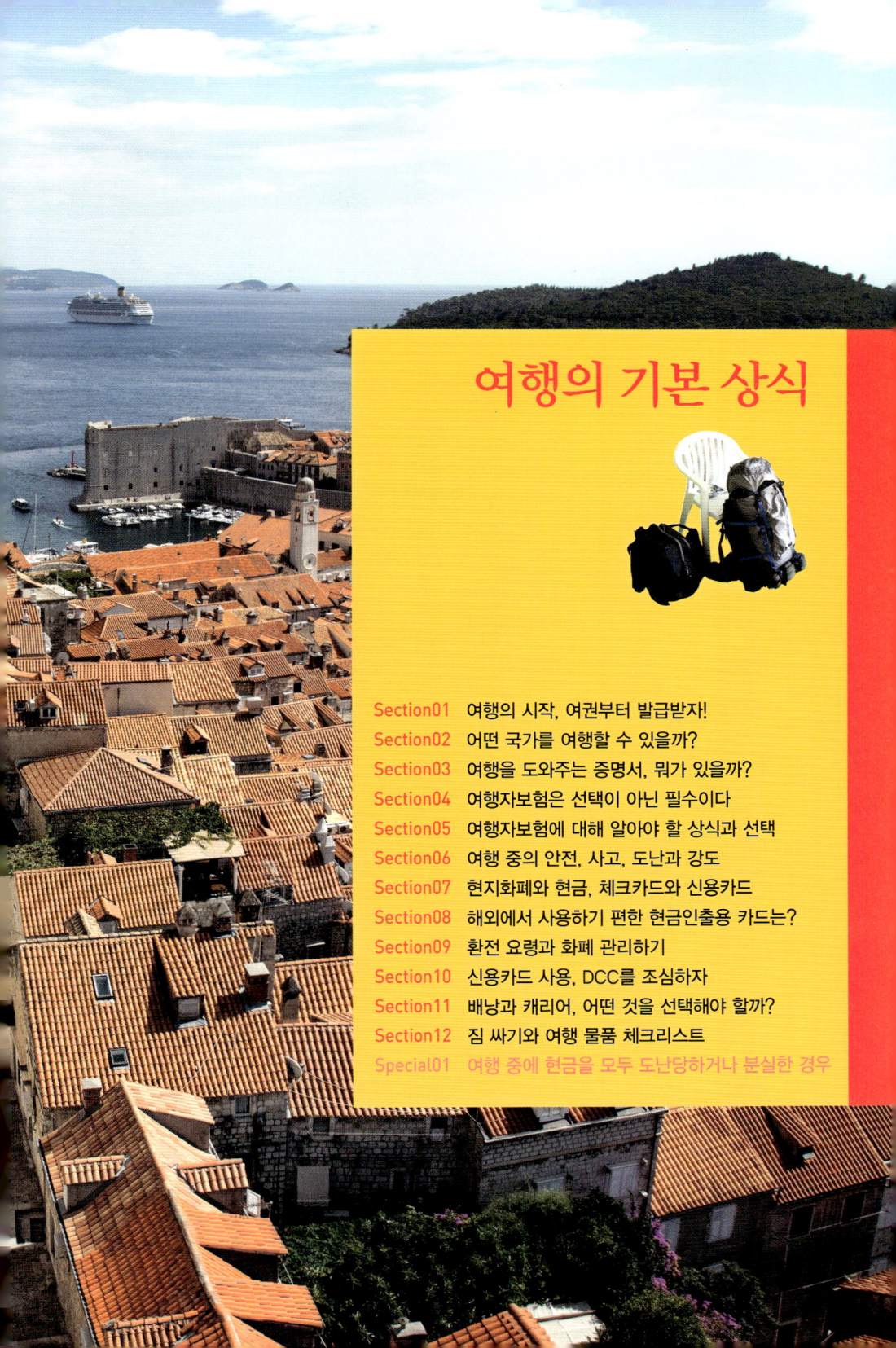

# 여행의 기본 상식

# 여행의 시작,
# 여권부터 발급받자!

해외로 나가려면 반드시 여권이 있어야 한다. 아무리 항공권이 있고, 여행 정보까지 완벽하게 확인했어도, 여권이 없으면 대한민국 땅을 벗어날 수 없다. 비행기로 제주도를 가는 거라면 주민등록증만 있어도 되지만 다른 국가를 여행하려면 한국 사람임을 증명할 수 있는 여권이 꼭 필요하다.

## 01  해외여행에 꼭 필요한 여권

일반적으로 지방자치단체에서 발급하는 여권은 일반여권이다. 미국 무비자와 함께 전자여권이 도입된 2008년 3월 이후 모두 전자여권으로 발급되고 있다.

여권은 1회 입출국만 가능한 1년짜리 단수여권과, 5년 이하, 5년, 10년의 복수여권이 있다. 남자의 경우 24세 미만의 병역미필자는 만 24세가 되는 해 12월 31일까지를 기한으로 하는 5년 이하의 여권을 발급받을 수 있고, 그 외의 병역미필자는 1년짜리

대한민국 사람임을
입증해주는 여권

단수여권을 발급받게 된다. 미성년자의 경우에는 5년짜리 여권을 발급받을 수 있다. 그 밖에 일반적인 사람들은 10년 유효기간의 전자여권을 발급받을 수 있다.

해당 국가 입국 시 여권의 유효기간이 6개월 이상 남아있어야만 하는 국가들이 많기 때문에 단수여권을 가지고 여행할 때는 실질적으로 여행할 수 있는 기간이 줄어든다. 복수여권을 가지고 있더라도 유효기간이 6개월 이하로 남았다면, 최대 10년을 기준으로 여권기간을 연장할 수 있다. 만약 여권 유효기간이 10년짜리였으면, 여권을 새로 발급받아야 한다.

## 02  여권 발급에 필요한 정보

2008년 8월부터 본인직접신청제가 도입되면서부터 대리 신청은 할 수 없게 되었다. 대신 인근 지방자치단체를 방문하면 누구나 쉽게 여권을 발급받을 수 있는데, 이 지방자치단체에는 시청, 구청, 도청, 군청 등이 포함된다. 여권은 보통 신청 후 3~5일 후에 발급받을 수 있다.

여권은 그 종류에 따라 발급 수수료가 다양한데 수수료는 다음 표와 같다.

| 종류 | 구분 | | | 발급 수수료+국제교류기여금 | |
|---|---|---|---|---|---|
| | | | | 국내 | 재외공관 |
| 전자여권 | 복수여권 | 5년 초과, 10년 이내 | | 53,000원 | 53달러 |
| | | 5년 | 만 8세 이상 ~ 18세 미만 | 45,000원 | 45달러 |
| | | | 만 8세 미만 | 33,000원 | 33달러 |
| | | 5년 미만(20~24세 병역 미필자) | | 15,000원 | 15달러 |
| | 단수여권 | 1년 이내 | | 20,000원 | 20달러 |

※ 2014년 4월부터는 사증란이 24쪽으로 줄어든 알뜰여권(3,000원 인하)도 발급되고 있다.

여권을 발급받기 위해서는 기본적으로 준비해야 할 서류들이 있다. 만일 미성년자의 경우라면 이외에도 여권 발급동의서와 동의자의 인감증명서가 필요하고, 18~24세의 병역미필 남성은 별도서류가 필요 없으나, 25~37세 병역미필 남성은 국외여행허가서를 별도로 제출해야 한다. 가족관계기록사항에 대한 증명서도

외교부 여권안내 홈페이지(www.passport.go.kr)

필요서류이나 행정전산망을 통해 확인이 가능하면 생략가능하다.

– 여권 발급 신청서
– 여권용 사진 1매(긴급 사진 부착식 여권 신청 시에는 2매)
– 신분증
– 재외공관에서 신청하는 경우 : 주재국의 체류허가서(비자 등)

특히 여권용 사진은 일반 사진관에서 촬영하는 경우 기본 규정을 잘 알고 있으므로 별 문제 없이 촬영할 수 있지만, 본인이 직접 촬영하는 경우 기본 규정에 어긋날 수 있으므로 여권안내 홈페이지의 사진 규정(www.passport.go.kr/issue/photo.php)을 참고하도록 하자.

**03  여행 중 여권과 관련해서 알아둘 상식**

여권은 해외에서 본인을 입증할 수 있는 증명서이기 때문에 항상 관리에 신경을 써야 한다. 특히 관리 소홀로 인한 여권 훼손이나 도난, 분실 등은 여행 자체를 힘들게 할 수도 있다. 이밖에도 장기 여행자의 경우 수많은 비자 도장 및 스티커로 인해서 사증란이 부족한 경우도 발생할 수 있고, 특정 국가를 입국했을 경우 다른 나라 입국이 거부될 수도 있으므로 이러한 정보들은 미리 체크해두는 것이 좋다.

- **여권이 훼손되었을 경우**

여권의 각 페이지에는 일련번호가 부여되어 있기 때문에 훼손되었을 경우 출입국을 거부당할 수 있다. 공항에서 연예인을 만났다고 여권에다 사인을 받는 사람도 있는데, 결국 나중에 여권을 새로 재발급 받아야 하는 이유가 된다. 여권은 최대한 훼손되지 않도록 주의해서 보관해야 한다.

- **여권을 분실했을 경우**

여권 분실은 여행을 하면서 겪을 수 있는 가장 큰 문제 중의 하나이다. 해외여행 중 이런 상황이 발생했다면 해당 국가의 대한민국 대사관이나 영사관과 같은 재외공관으로 가서 여권을 재발급 받거나 여행 허가서를 발급받아야 한다. 여행허가서는 보통 당일 발급되지만, 여권 재발급은 1주일 이상 소요되는 경우가 많다. 대한민국 재외공관이 없는 국가에서 사고가 발생했다면 가장 가까운 국가의 대사관으로 가서 발급받아야 한다. 여권을 분실하면 여행 자체를 망칠 수 있으므로 항상 신경 써서 관리해야 한다. 또한 여권 재발급 시 보다 빠른 처리를 위해 여권 사본을 여권과 별도로 지니고 다니는 것이 좋다.

- **사증란이 부족할 경우**

대부분의 사람이 이런 상황까지 겪지는 않지만, 세계여행을 하는 경우 수많은 출입국 도장 때문에 사증란이 부족할 수도 있다. 특히 한 페이지를 가득 채우는 스티커 여권을 붙여주는 국가도 상당수 있기 때문에 긴 여행을 하다보면 사증란이 부족해지는 경우가 있다. 이와 같은 경우에는 재외공관에서 수수료를 내고 사증 추가를 요청할 수 있다. 사증란 추가는 1회에 한하여 가능하다.

- **특정 국가를 입국하면, 다른 국가에서 입국을 거절당할 수도 있다**

세계여행을 하다보면 종종 이런 국가도 여행할 때가 있다. 가장 대표적인 예가 쿠바와 이스라엘이다. 쿠바에서 비자를 받았다면 미국 입국에 문제가 생길 수 있고, 이스라엘 비자를 받았다면, 중동 국가들을 입국할 때 문제가 생길 수 있다. 이런 국가들을 여행할 때는 따로 별지에 비자 도장을 찍어주는데,

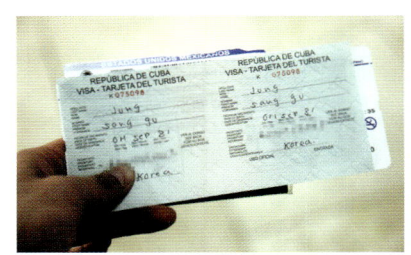

쿠바 입국을 위한 별지 여행자 카드

혹시라도 여권에 도장이 찍히지 않도록 미리 주의해야 한다.

# 어떤 국가를
# 여행할 수 있을까?

대한민국 여권은 무비자로 입국할 수 있는 국가 수가 굉장히 많은 편이다. 특히 동남아 지역 대부분은 무비자이고, 유럽 및 미국, 호주, 캐나다 등의 국가도 별다른 비자 없이 입국할 수 있다. 미리 비자를 신청해야 하는 국가는 아프리카, 러시아, 중앙아시아, 중동 쪽에 대부분 몰려있다. 비자가 없어도 도착비자를 받을 수 있는 국가가 있는 반면, 아예 입국이 거절되는 국가도 있다. 그렇기 때문에 여행 전에 이러한 사항들은 꼭 체크해야 한다.

## 01  아시아, 오세아니아 국가들의 비자

세계 여러 국가들 중에서 한국 사람들이 일반적으로 여행하는 국가들의 사증 정보를 모아보았다. 다음의 사증 정보는 외교통상부의 영사서비스과의 '세계 각국의 입국허가 요건' 2014년 3월 21일 자료(2014 permission.hwp)를 기준으로 작성하였다.

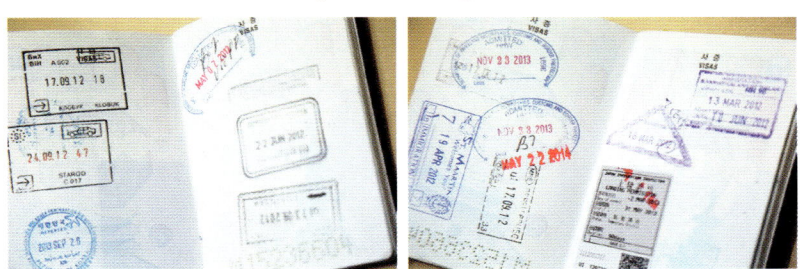

세계 여러 국가의 사증 도장

한국 사람이 많이 방문하는 일본이나 태국같이 무비자 국가도 많지만, 중국이나 몽골같이 별도로 비자를 받아야 하는 국가도 있다. 아시아는 비교적 비자를 받아야 하는 국가와 무비자인 국가가 골고루 섞여있는 편이다.

| 국가 | 비자 필요여부 | 비고 | 국가 | 비자 필요여부 | 비고 |
|---|---|---|---|---|---|
| 네팔 | 도착비자 15일 $25, 30일 $40, 90일 $100 | 연간 최대 150일 까지 | 스리랑카 | 인터넷신청 또는 도착비자 30일 | www.eta.gov.lk 인터넷 무료 |
| | | | 싱가포르 | 무비자 90일 | |
| 뉴질랜드 | 무비자 90일 | 귀국 항공권 소지 | 인도 | 도착비자 60일 $60(2014.4.15 부터) | 연 2회 제한 |
| 대만 | 무비자 90일 | 귀국 항공권 소지 | | | |
| 라오스 | 무비자 15일 | 도착비자(30일 $30) | | | |
| 마이크로네 시아 | 무비자 30일 | 귀국 또는 제3국 항 공권 필요 | 인도네시아 | 도착비자 30일 $25 | |

| 국가 | 비자 필요여부 | 비고 | 국가 | 비자 필요여부 | 비고 |
|---|---|---|---|---|---|
| 마카오 | 무비자 90일 | 귀국 또는 제3국 항공권 필요 | 일본 | 무비자 90일 | |
| 말레이시아 | 무비자 90일 | | 중국 | 비자 필요 | 환승 시 도시에 따라 72시간 무비자 |
| 몰디브 | 도착비자 30일 | 귀국 또는 제3국 항공권 필요 | 캄보디아 | 도착비자 30일 $20 | evisa.mfaic.gov.kh 인터넷 $25 |
| 몽골 | 비자 필요 | 통산 10회 무비자 30일 | 태국 | 무비자 90일 | |
| 미얀마 | 비자 필요 | 관광사증 (U$20/28일) | 파키스탄 | 비자 필요 | |
| | | | 팔라우 | 무비자 30일 | 귀국 항공권 소지 |
| 방글라데시 | 비자 필요 | 국내에서 취득 추천 | 필리핀 | 무비자 30일 | 귀국 또는 제3국 항공권 소지 |
| 베트남 | 무비자 15일 | 귀국 또는 제3국 항공권 필요 | 피지 | 무비자 4개월 | 귀국 항공권 소지 |
| 부탄 | 비자 필요 | 지정 여행사 이용 | 호주 | 전자비자(ETA) 90일(호주달러 $20) | 여행사 또는 인터넷으로 신청 |
| 브루나이 | 무비자 30일 | 귀국 또는 제3국 항공권 필요 | 홍콩 | 무비자 90일 | 귀국 또는 제3국 항공권 소지 |

## 02 미주 국가들의 비자

미국이 전자여행허가[ESTA]를 발행함으로써 미주 대부분의 국가가 무비자 국가가 되었다. 미국, 캐나다를 제외하면 한국 사람들이 많이 여행하지 않는 국가들이기는 하지만 비자 걱정 없이 쉽게 여행할 수 있는 지역이 바로 미주지역이기도 하다.

| 국가 | 비자 필요여부 | 비고 | 국가 | 비자 필요여부 | 비고 |
|---|---|---|---|---|---|
| 과테말라 | 무지바 90일 | | 우루과이 | 무비자 30일 | |
| 멕시코 | 무비자 90일 | | | | |
| 미국 | 전자여행허가(ESTA) 90일 | https://esta.cbp.dhs.gov 비자 수수료 $14 | 자메이카 | 무비자 90일 | |
| | | | 칠레 | 무비자 90일 | |
| 베네수엘라 | 무비자 90일 | | 캐나다 | 무비자 180일 | |
| 볼리비아 | 비자 필요(도착비자 가능 $51~53) | | 코스타리카 | 무비자 90일 | |
| | | | 콜롬비아 | 무비자 90일 | |
| 브라질 | 무비자 90일 | 연간 최대 180일 | 쿠바 | 비자 필요 | 별지 비자 $25 |
| 아르헨티나 | 무비자 90일 | | 파나마 | 무비자 90일 | |
| 에콰도르 | 무비자 90일 | | 파라과이 | 무비자 30일 | |
| 엘살바도르 | 무비자 90일 | | 페루 | 무비자 30일 | |
| 온두라스 | 무비자 90일 | 무비자 90일 | | | |

## 03 유럽, 중앙아시아 국가들의 비자

쉥겐협약[Schengen Agreement]에 가입된 26개 회원국은 이전 최종 출국일로부터 이전 180일 이내 90일간 쉥겐국 내 무비자 여행이 가능하다. 이전에는 최초 입국일이 기준이

었으나 최종 출국일로 변경되었으므로 계산을 새로 해야 한다. 쉥겐국은 그리스, 네
덜란드, 노르웨이 덴마크, 독일, 라트비아, 룩셈부르크, 리투아니아, 리히텐슈타인,
몰타, 벨기에, 스위스, 스웨덴, 스페인, 슬로바키아, 슬로베니아, 아이슬란드, 에스토
니아, 오스트리아, 이탈리아, 체코, 포르투갈, 폴란드, 프랑스, 핀란드, 헝가리의 26
개국이다.

쉥겐회원국이라 하더라도 해당 국가에서 90일 내로 머무를 수 있는 양자사증면제협
정을 우선시하는 국가도 있지만, 출입국심사를 하는 직원에 따라 달라지기도 하므로
미리 알아보는 것이 좋다. 우선 적용 협정의 경우 계속 바뀌므로, 가능하면 여행 전
외교부 해외안전여행 홈페이지의 '비자−쉥겐협약'란을 참고하자.

| 국가 | 비자 필요여부 | 비고 | 국가 | 비자 필요여부 | 비고 |
|---|---|---|---|---|---|
| 그리스 | 무비자 90일 | | 스위스 | 무비자 90일 | |
| 네덜란드 | 무비자 90일 | | 아르메니아 | 도착비자 21일 이하 $8, 120일 이하 $40 | |
| 노르웨이 | 무비자 90일 | | | | |
| 덴마크 | 무비자 90일 | | 아이슬란드 | 무비자 90일 | |
| 독일 | 무비자 90일 | | 아일랜드 | 무비자 90일 | |
| 라트비아 | 무비자 90일 | | 아제르바이잔 | 비자 필요(도착 비자 가능) | 지정여행사만 도착비자 가능 |
| 러시아 | 무비자 60일 | 2014.1.1부터 무비자 | | | |
| 루마니아 | 무비자 90일 | | 알바니아 | 무비자 90일 | |
| 룩셈부르크 | 무비자 90일 | | 영국 | 무비자 최대 6개월 | |
| 리투아니아 | 무비자 90일 | | | | |
| 마케도니아 | 무비자 90일 | 여행자보험 가입 필수 | 에스토니아 | 무비자 90일 | |
| | | | 오스트리아 | 무비자 90일 | |
| 모나코 | 무비자 90일 | | 우즈베키스탄 | 비자 필요 | |
| 몰타 | 무비자 90일 | | 우크라이나 | 무비자 90일 | |
| 벨기에 | 무비자 90일 | | 이탈리아 | 무비자 90일 | |
| 벨라루스 | 비자 필요 | | 체코 | 무비자 90일 | |
| 보스니아 | 무비자 90일 | | 카자흐스탄 | 무비자 30일 | 2014년 6월 19일 사증면제협정 |
| 불가리아 | 무비자 90일 | | 크로아티아 | 무비자 90일 | |
| 사이프러스 | 무비자 90일 | | 터키 | 무비자 90일 | |
| 산마리노 | 무비자 9일 | 이탈리아 영토 내의 내륙국가 | 포르투갈 | 무비자 60일 | |
| | | | 폴란드 | 무비자 90일 | |
| 스웨덴 | 무비자 90일 | 입국 시 간단한 인터뷰 실시 | 프랑스 | 무비자 90일 | |
| | | | 핀란드 | 무비자 90일 | |
| 스페인 | 무비자 3개월 | | 헝가리 | 무비자 90일 | |
| 슬로바키아 | 무비자 90일 | | 리히텐슈타인 | 무비자 90일 | |

**중동 및 아프리카 국가들의 비자**

중동 및 아프리카의 국가들은 대부분 비자가 필요하다고 보는 것이 좋다. 중남부 아프리카 국가들은 한국 내 대사관 또는 인접한 국가에서 비자를 받을 수 있는 경우가 많은데, 비자 수수료가 굉장히 비싸다. 여행자들의 비자 발급으로 생기는 높은 수수료는 곧바로 국가의 수입으로 처리된다고 한다. 중동에는 여행금지국도 있으므로 사전에 확인하는 것이 좋다.

| 국가 | 비자 필요 여부 | 비고 | 국가 | 비자 필요여부 | 비고 |
|---|---|---|---|---|---|
| 레바논 | 무비자 30일 | | 라이베리아 | 무비자 90일 | |
| 리비아 | 비자 필요 | | 레소토 | 무비자 60일 | |
| 모로코 | 무비자 90일 | | 마다가스카르 | 비자 필요(도착비자 가능) | 차량지티켓 필요 |
| 바레인 | 도착비자 14일 | 약 $13,4 | | | |
| 사우디아라비아 | 비자 필요 | 이스라엘 출입국 시 입국 불허 | 말라위 | 도착비자 30일 $150 | |
| 수단 | 비자 필요 | | 말리 | 비자 필요 | |
| 시리아 | 도착비자 $33 | | 모리셔스 | 무비자 16일 | |
| 아랍에미리트 | 도착비자 30일 | | 모잠비크 | 도착비자 30일 $78 | |
| 예멘 | 비자 필요 | 2014.07.31까지 여행금지국(재연장가능) | 보츠와나 | 무비자 90일 | |
| 오만 | 무비자 30일 | | 세네갈 | 비자 필요(인터넷 신청) | www.visasenegal.sn 수수료 €50 |
| 요르단 | 도착비자 30일 약 $28 | | 세이셸 | 무비자 30일 | |
| 이란 | 도착비자 최대 2주 €40 | | 스와질란드 | 무비자 60일 | |
| | | | 알제리 | 비자 필요 | |
| 이스라엘 | 무비자 90일 | | 우간다 | 도착비자 1~3개월 $50 | |
| 이집트 | 도착비자 30일 $15 | | 에티오피아 | 도착비자 90일 $20 | |
| 카타르 | 비자 필요 | | | | |
| 튀니지 | 무비자 30일 | | 잠비아 | 도착비자 90일 $50 | |
| 가나 | 비자 필요 | 2014.4월 도착비자폐지 | 짐바브웨 | 도착비자 30일 $30 | |
| 나미비아 | 비자 필요 | 황열병예방접종증명서 필요 | 케냐 | 도착비자 90일 $50 | |
| 나이지리아 | 비자 필요 | | | | |
| 남아프리카공화국 | 무비자 30일(도착비자 무료 발급) | 황열병예방접종증명서 필요 | 탄자니아 | 도착비자 단수 $50, 복수 $100 | 황열병예방접종증명서 필요 |

# 여행을 도와주는 증명서, 뭐가 있을까?

여권만 지참하고 해외여행을 하더라도 큰 문제는 없지만, 여행을 도와주는 각종 증명서를 사전에 챙긴다면 여행이 조금 더 풍족해진다. 국제학생증의 경우에 곳곳에서 할인을 받을 수 있기 때문에 여행 경비를 줄이는데 도움이 되고, 유스호스텔증은 저렴한 가격에 안전한 숙소에서 묵을 수 있게 해준다. 만약 여행 중에 차량을 이용할 생각이라면 국제운전면허증도 꼭 챙겨야 한다.

## 01 국제학생증, ISIC, ISEC

학생이라면 박물관 입장료에서부터 교통수단의 할인까지 다양한 혜택을 받을 수 있는데, 이때 필요한 것이 국제학생증이다. 국제학생증만 있으면 각 연맹 홈페이지에 고시하고 있는 다양한 혜택을 받을 수 있다. 때때로 회원사가 아니더라도 카드로 학생임을 증명하면, 할인 혜택이 주어지는 경우도 있다. 이런 곳들은 University라는 단어가 들어가 있는 한국 학생증을 들고 가더라도 할인 받을 수 있는 경우가 많다.

국제학생증은 크게 ISIC<sup>International Student Identity Card</sup>와 ISEC<sup>International Student Exchange Card</sup>로 나뉜다. ISIC 카드의 경우에는 발급일로부터 13개월간 유효하며 14,000원의 발급비를 지불해야 한다. 키세스여행사 및 각 대학교 학생복지 관련 사무실에서 발급한다. ISEC의 발급비는 유효기간 1년짜리는 14,000원, 2년짜리는 20,000원이고, 지정된 여행사에서 발급받을 수 있다.

ISIC 홈페이지(www.isic.co.kr)　　　　ISEC 홈페이지(www.isecard.co.kr)

그럼, 두 장의 카드를 모두 발급받아야 할까? 만약 여행을 위해 국제학생증을 발급받는다면 ISIC 카드 하나만으로도 충분하다. 소소한 입장료에서는 큰 차이를 느끼지 못하겠지만, 할인혜택이 적용되는 범위와 인정되는 곳이 ISEC보다 ISIC가 넓다보니 둘 중 하나라면 ISIC를 선택하는 경우가 많다.

만약 여행 중 국제학생증을 이용했을 때 발급비용 이상의 할인혜택이 별로 없다면, 그냥 학생증만 챙겨가도 된다. 의외로 학생증을 보여주면서 학생이라고 말하면, 할인해주는 곳이 꽤 많다는 사실에 놀랄 수도 있을 것이다. 특히 작은 박물관 같은 곳에서 이런 할인을 해주는 경우가 많다. 만약 현지에서 대학을 다니고 있다면, 국제학생증보다는 현지의 학생증이 더 유용한 경우가 많다.

ISIC로 유레일패스도 할인가능하다.

15% 할인되는 암트랙(Amtrak)

남미의 대표적인 ISIC 할인코스 마추픽추

## 02 유스호스텔증

숙소와 관련된 카드에는 전 세계적으로 통용되는 유스호스텔증이 있다. 유스호스텔은 전 세계 도시마다 1개씩은 존재할 정도로 거대한 네트워크를 구축하고 있으므로 저렴한 숙소를 찾는 사람들이 많이 이용하는 카드이다. 이 유스호스텔증은 유럽, 미주, 오세아니아와 같이 전체적으로 숙소 가격이 비싼 나

유스호스텔 외부

라를 여행할 때 특히 유용하다. 유스호스텔 숙박비용에서 적게는 $1, 많게는 $3~4까지도 할인되기 때문에 전체적인 여행 비용을 절감할 수 있다. 그래서 인기 있는 도시의 유스호스텔은 유스호스텔증이 없으면 숙박이 불가능한 경우도 있다.

유스호스텔 내부

유스호스텔증은 유효기간 1년 기준으로 만 24세 이하의 청소년 21,000원, 성인 33,000원, 가족 45,000원이며, 기간이 길어질수록 큰 폭의 할인이 적용된다. 평생 동안 사용하려면 성인 기준 250,000원이다. 할인 대비 유스호스텔증의 발급 가격을 생각하면 어느 정도 장기 여행을 계획하는 경우 필요한 카드라 할 수 있다.

한국유스호스텔연맹(www.kyha.or.kr)　　유스호스텔 공식 홈페이지(www.hihostels.com)

## 03 국제운전면허증

국제운전면허증

국제운전면허증은 가맹국 내에서 운전 자격을 증명하는 것으로, 해외에서 운전할 계획이 있다면 필수적으로 만들어야 한다. 최근에는 유럽 및 미국 렌터카 여행을 떠나는 사람도 많고, 출장으로 해외에서 운전할 일도 있기 때문에 이 증명서가 있으면 편리하다. 국제운전면허증은 발급일로부터 1년간 유효하며, 자신이 국내에서 취득한 운전면허증과 동일한 등급으로 발급된다. 다만 국가에 따라서 인정기간이 조금씩 다를 수 있기 때문에 여행하기 전에 자신이 운전하게 될 국가의 운전가능 기간을 확인하는 것이 좋다. 일반적으로 출국 후 3개월 이내의 운전은 별문제가 되지 않는 경우가 많다.

국제운전면허증은 전국 운전면허시험장과 지정된 경찰서에서 발급한다. 여권, 운전면허증, 여권용이나 반명함판 사진 1매, 인지세 7,000원을 준비하여 가면 바로 발급이 가능하다. 사진을 테이프로 붙여주고 모양새도 조금 허술해 보이지만, 현지에서 실질적으로 잘 활용할 수 있는 중요한 증명서이다. 국

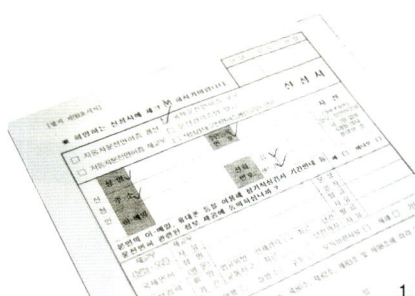

국제면허 데스크

제운전면허증을 가지고 해외에 나갈 때에는 반드시 한국 운전면허증도 함께 준비해야 되는 것을 기억해두자.

**1** 국제운전면허증 신청서
**2** 운전면허시험장 풍경

1  2

# 여행자보험은
# 선택이 아닌 필수이다

많은 사람들이 여행자보험의 필요성에 대해서 간과하고 있지만, 여행자보험은 여행자에게 선택이 아닌 필수이다. 해외여행을 간다는 것 자체가 의도하지 않은 위험에 노출되는 것이기 때문이다. 여행을 많이 다니는 사람도 특별히 사고를 당해보지 않은 사람이라면 여행자보험의 중요성에 대해 제대로 인식하지 못하지만 사고는 언제 어디서든 발생할 수 있다는 것을 기억해야 한다.

## 01 상해사고와 질병, 제대로 치료받자

여행지에서 발생할 수 있는 사고는 교통사고와 같이 어디가 부러지는 상해사고를 쉽게 떠올리지만, 식중독이나 피부병, 장염 등과 같은 질병도 얼마든지 발생할 수 있다. 해외에서 병원을 이용하면 비보험 상태이기 때문에 비용이 많이 나오게 된다. 간단한 진료를 받더라도 몇 만 원은 기본이고, 사고를 당해서 입원하거나 수술하게 된다면 그 비용은 어마어마할 것이다.

필자 주변에는 여행자보험을 가입하여 혜택을 본 사람도 있고, 설마하며 가입하지 않았다가 여행 자체를 포기한 사람도 있다. 그 중에는 사고에 따른 후유증 때문에 여행 자체를 포기할 수밖에 없었던 경우도 있지만, 사고에서 완전 회복되고도 비용 때문에 여행을 계속하지 못한 경우도 많았다. 실제 미국 여행 중에 급성 맹장염이 발생했다면 수술비용만 $30,000 정도라고 하니, 이런 상황에 처한다면 더 이상 여행을 지속하기는 쉽지 않을 것이다. 다음 사례들은 필자와 가까운 지인들이 실제로 경험했던 일이다.

● **미국 여행을 하다 식중독에 걸린 S양**

미국을 여행하다가 식중독에 걸려 응급실에서 치료받고 이틀간 병원에 입원했던 S양은 병원비와 약값으로 900만 원 정도가 나왔지만, 모두 보험사에서 처리해 준 덕분에 남은 여행을 무사히 마칠 수 있었다.

● **페루 여행을 하다 다친 K군**

여행 중 콜롬비아에서 만났던 다른 여행자들과 함께 축구를 하다 눈 옆이 찢어지는 사고를 당했던 K군은 찢어진 부분을 꿰매는 것과 약값 등으로 약 45만 원 정도의 병원비가 나왔다. 물론 이 비용은 여행을 마치고 보험사에서 보상 받을 수 있었다.

- ● 유럽 여행 중 심한 감기에 걸렸던 L군

  유럽 여행을 하던 L군은 인후통, 몸살, 콧물감기 등의 복합 증상으로 헝가리에서 응급실에 실려 갔었다. 주말 응급실 비용과 진찰비, 약값 등으로 약 15만 원이 나왔고, 한국에서 보험으로 보상받을 수 있었다.

- ● 필자 김치군의 사고사례

  인도네시아의 빠빤다얀 화산을 올라갔다가 발 디딘 곳이 무너지는 바람에 오른발 전체에 심한 2도 화상을 입었다. 현지에서 받은 응급 치료비와 한국에 돌아와서 통원 치료를 받는데 약 30만 원 정도가 소요됐다. 다행히 면책금액이었던 만 원을 제외하고 모두 보험사로부터 보상받을 수 있었다.

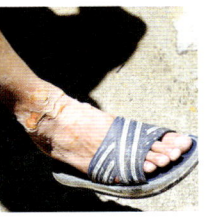

인도네시아 화산에서 발생했던 오른발 2도 화상

모든 국가의 병원비가 비싼 것은 아니다. 콜롬비아에서 음식을 잘못 먹어 장염에 걸렸을 때 병원 진료비와 주사비, 약값 등은 보험을 적용하지 않았음에도 2만 원 정도밖에 청구되지 않았다. 한국도 종합병원과 개인병원의 병원비가 다르듯이 병원비는 국가와 병원에 따라 천차만별이다.

사고나 질병은 대부분 생각지 못한 곳에서 발생하기 때문에 더욱 위험하다. 몇 십만 원 정도의 병원비라면 자비로 처리하고 여행을 계속할 수 있지만, 식중독에 걸렸던 S양의 경우처럼 병원비만 900만 원이 넘게 나온다면 여행을 계속하는 것이 어려울 것이다. 하지만 여행자보험에 가입했다면 여행 중 몸에 이상이 있을 경우 병원비 걱정 없이 얼마든지 현지 병원을 이용할 수 있게 된다. 물론 여행을 떠나기 전부터 가지고 있던 질병(기왕증)에 대해서는 보상되지 않지만, 현지에서 감기가 심해지거나 갑작스런 복통이 왔을 때 상비약으로도 해결할 수 없는 경우 부담 없이 병원에서 치료를 받을 수 있다. 여행 중 몸에 이상이 왔는데도 병원비 때문에 치료를 미루다가 오히려 상황을 악화시킬 수도 있기 때문에 여행자보험은 더더욱 중요하다.

콜롬비아에서 먹었던 장염 약

여행 중 상해/질병 시 보상을 받기 위해 꼭 챙겨야 할 것과 대표적이 약의 영문 이름

- 의사 소견서/진단서, 치료비 명세서 및 영수증, 처방전 및 약 구입 영수증, 사고의 경우 사고증 명서(목격자 확인서/본인 사고 진술서)
- 감기약(Cold Medication), 진통소염제(Internal Analgesic), 해열제(Fever Reducer), 멀미약(Motion Sickness Medicine), 위장약(Gastrointestinal Medicine), 지사제(Anti Diarrheal), 안약(Eye Drop), 파스(Pain Relief Patch), 연고(Ointment), 소독약(Antiseptic), 밴드(Bandage), 바르는 모기약(Insect Sting Relief), 생리대(Sanitary napkin, Tampon)

## 02 도난도 보상해주는 여행자보험

여행자보험의 장점은 휴대품 도난도 보상을 받을 수 있다는 것이다. 가입된 여행자보험에 따라 적게는 20만 원부터 1~2백만 원까지 보상 가능하다. 만약 여행 중 도난이 발생했다면 바로 근처 경찰서에 가서 도난신고서[Police Report]를 발급받아야 한다. 도난 지역이 아닌 경찰서는 처리를 잘 해주지

네덜란드의 경찰서          호놀룰루 경찰서, 경찰차

않기 때문에 가급적 잃어버린 지역의 경찰서에 신고하는 것이 좋다.

경찰서에서 도난신고서를 발급받으려면 육하원칙에 맞춰 신고서를 작성하여 제출해야 된다. 경찰서에 따라 이 양식에 도장만 찍어주거나 직접 내용을 확인해서 도난신고서를 작성해주는 곳도 있다. 주의할 것은 여행자보험으로 보상받는 것은 도난이기 때문에 도난[Stolen]이 분실[Lost]로 기록되지 않았는지 꼭 확인해야 한다. 참고로 유가증권인 현금은 보상 품목에 포함되지 않으며, 경찰서에 따라 도난신고서를 발급해주지 않을 수도 있는데 포기하지 말고 발급되는 경찰서를 찾아가야 한다.

도난신고서는 영어로 된 경우도 있지만 대부분 현지어로 작성되며 이는 번역공증사무소를 통해 해결할 수 있다. 도난신고서 작성 시 주의할 점은 아무리 여행자보험 보상금이 높아도 개당 최고 20만 원이라는 점이다. 그러므로 여러 장비가 들어 있는 카메라 가방을 잃어버렸다면, 단순히 카메라만 적기보다는 Canon EOS-5D, EF 24-105L 렌즈, EF 35mm 렌즈와 같이 잃어버린 품목 하나하나를 세세하게 적는 것이 최대한 보상받는 방법이다. 혹시나 허위 신고하는 일은 없어야 한다. 경찰에 허위 신고를 했다가 거짓말인 것이 드러나면 벌금을 물거나 구속되는 경우도 있을 수 있다.

필자가 경찰서에서 작성했던 도난신고서

도난 발생 시에 보상을 받기 위해 꼭 챙겨야 하는 것들

도난신고서(Police Report) : 분실 품목 구입 영수증(인터넷 거래내역이나, 제품 보증서 등도 가능)

## 03 휴대품 손해보상

여행자보험은 휴대품 손상에 대해서도 보상을 해준다. 일례로 목적지 도착 후 수하물에서 캐리어가 손상된 것을 발견했지만 항공사에서 보상해주지 않는다면 여행자보험으로 보상받을 수 있다. 이때는 항공사에 손상에 대한 증명서를 요청한 후, 수리를 받은 후 손해명세서와 해당 품목 구입영수증을 함께 보험사에 제출해야 한다.

항공사 이외에도 호텔 또는 기타 장소에서 직원의 실수로 카메라나 노트북 등의 휴대품이 손상되었을 때에도 사고 증명서를 발급 받으면 그에 대한 보상을 받을 수 있다. 또한 현지에서 제품의 고장 등으로 수리를 받았을 때에도 해당 영수증을 함께 첨부하면 보상 받을 수 있다. 단 휴대품 손해보상은 상황과 첨부된 서류에 따라 보험사에서 보상을 거부할 수도 있으므로 가능한 서류를 완벽하게 챙기는 것이 좋다.

> 휴대품 손상 발생 시에 보상을 받기 위해 꼭 챙겨야 하는 것들
>
> 사고 증명서(항공사 혹은 기타 증빙가능 업체)
> 손해 명세서(파손된 부분을 찍은 사진 및 수리비용 영수증)
> 분실 품목 구입 영수증(인터넷 거래내역이나, 제품 보증서 등도 가능)

## 04 기타 보장 내역들

기타 보장 내역은 보험사 및 상품에 따라 그 종류가 다르다. 항공기 지연이나 천재지변, 여권분실, 배상책임 등에 보상을 해 주는 곳들도 있으므로 가입하기 전에 기타 보장 내역에 대해서도 하나하나 살펴볼 필요가 있다.

- **천재상해 사망/의료비**

지진, 분화, 해일 등 천재로 인한 사망이나 상해는 보상을 받을 수 있다.

- **배상 책임손해**

여행 중 우연한 사고로 제 3자의 신체, 재물에 피해를 입혀 법률상 손해배상이 필요한 경우. 하지만 일반적으로 물건에 대해서만 보장되는 경우가 많다.

- **특별비용**

특별비용은 각 보험사에서 정하는 내용에 따라 보장 내역이 달라진다. 일반적으로 탑승한 항공기가 행방불명되거나 조난된 경우 또는 여행 중에 우연한 사고(경찰 등에 의

해 확인이 되는 경우)로 발생한 수색구조 작업에 드는 비용, 구원자의 항공운임과 숙박비 등의 비용을 보장해준다.

- ## 항공기 납치

  탑승한 항공기가 납치되어 목적지에 제대로 도착하지 못했을 경우 그 기간에 대하여 보상해준다.

## 05 무료로 가입해주는 여행자보험

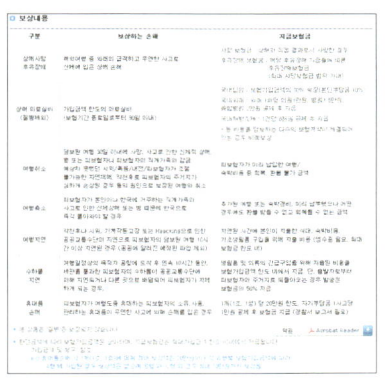

은행 무료여행자보험

은행에서 일정금액 이상을 환전하면 무료로 가입해주는 여행자보험도 있다. 하지만 이런 여행자보험은 프로모션용으로 가입시켜주기 때문에 보장 내역이 꽤장히 제한적인 경우가 많다. 가장 대표적인 사례가 휴대품 도난에 대한 보장이 빠져있거나 질병치료에 관한 보장이 빠져있는 경우이다.

가입할 때는 '사망 시 1억 원'을 강조하지만 실상 들여다보면 다른 보장 내역들이 빠져있고, 상해치료비의 경우도 보장 금액이 제한적인 경우가 많다. 또한 사고일로부터 30일 이내에 신고를 해야 한다는 조건이 있는 경우도 있어 여행 기간이 길면 보장을 받지 못할 수도 있다. 이렇게 조건이 제한적인 무료 보험은 과감히 포기하고 상해, 질병, 휴대품손해에 대한 보상이 제대로 되는 보험에 가입하는 것이 좋다.

신용카드사에서 항공권 또는 여행 상품을 구입했을 때 보험을 들어주는 경우도 있다. 신용카드사의 VIP급 카드에서 이런 혜택들을 제공하는 경우가 대부분이고, 일반적인 신용카드 사용자들에게는 특별한 혜택이 주어지지 않는다. 신용카드사에 따라 해당 신용카드로 항공권 또는 여행경비를 결제하면 보험을 가입시켜주기도 한다. 여행자보험은 보험사의 보장 내역에 따라 다르지만, 질병 및 상해 의료비가 500만 원 이상이고 휴대품손해에 대한 보상 내역이 50만 원 이상인 보험들도 보통 1달에 만 원 정도면 들 수 있기 때문에 보험에 대해서는 절대 아끼지 않는 것이 좋다. 일반적인 여행지라면 질병 및 상해 의료비가 1,000만 원 이상, 미주와 같은 도시라면 질병 및 상해 의료비가 최소 2,000만 원 이상인 것을 가입하는 것이 좋다. 만 원 정도의 비용을 아끼려다 수십 배의 병원비가 들어가는 경우도 많기 때문이다.

# 여행자보험에 대해
# 알아야 할 상식과 선택

여행자보험은 여행 준비에 있어 필수 단계이며, 보장 범위가 각각 다르기 때문에 가입 전에 보험과 관련된 상식을 알아두는 것이 좋다. 실제 여행자보험과 관련해서 잘못 알려진 정보들이 많기 때문에 떠도는 소문만 믿고 여행자보험에 가입했다가는 낭패를 볼 수도 있다. 세심히 살펴보면 아주 간단한 것들이므로 보험을 계약하기 전에 꼭 알아두도록 하자.

## 01  어떤 회사를 통해서 가입해야 할까?

한국에서 여행자보험을 취급하는 회사들은 꽤 많다. 국내 보험사뿐만 아니라 외국의 많은 보험사들까지 다양한 여행자보험 상품을 판매하고 있다. 보통 소규모 여행사일수록 여행자보험 가입비는 저렴하지만 문제가 생겼을 때 보상 받기가 까다로운 경우가 많다. 그러므로 가급적 많은 사람들이 이용하는 규모가 큰 보험사를 선택하는 것이 안전하다. 보험사에 따라 보장되지 않는 국가도 있으므로 가입 전에 여행하려는 국가가 보장 범위에 속하는지도 반드시 체크해야 한다.

최근에는 인터넷을 이용하여 여행자보험을 가입할 수 있으며, 공항에서 직접 가입하는 것보다 저렴하기 때문에 이용하는 사람도 많다. 인터넷 가입은 본인의 여행자 보험만을 대상으로 하며, 공인인증서와 본인 명의의 신용카드가 있어야 한다. 만약 출국일까지 가입을 하지

인천공항 보험가입센터

못했다면, 공항에서라도 가입할 것을 권장한다. 출국 이후에는 국내 보험사의 보험 상품을 가입할 수 없기 때문이다.

## • 차티스 여행자보험

미국계 여행자보험으로 최대 가입기간은 90일이다. 보장 내역에 따라 가격대가 다양하며, 가입 금액 대비 보장 금액이 높아서 많은 사람들이 이용한다. 한국의 일반적

인 보험사에 비해 여행자보험에 대한 지원과 처리가 빠른 편이다. 또한 차티스보험과 연계된 병원이 있는 국가에서는 차티스보험에서 먼저 금액을 결재해주는 지불보증 서비스도 제공한다.

차티스 여행자보험 트래블가드
(www.travelguard.co.kr)

- **LIG 손해보험**

LIG 손해보험은 국내 보험사로 여행자보험 최대 가입기간은 90일이고, 그 이상 여행자보험 가입은 휴대품손해가 빠진다. LIG뿐만 아니라, 모든 보험사들이 90일 이상은 휴대품손해를 보장하지 않고 있다. 미리 가입하지 못했더라도 인천공항 보험가입센터에서 가입할 수도 있다.

LIG 손해보험(www.lig.co.kr)

- **삼성화재**

최대 여행 기간 90일짜리 여행 상품이 있다. 여행자들이 많이 이용하는 곳 중 하나로, 인터넷으로 직접 가입 시 보험금액의 20%까지 할인을 해준다.
그 외에도 메리츠화재(www.meritzfire.com), 현대해상(www.hi.co.kr), 동부화재(www.idongbu.com) 등의 보험사가 있다.

삼성화재(www.samsungfire.com)

## 02 여행자보험의 도우미 어시스트카드

여행자보험에 대해서 어느 정도 알아본 사람은 어시스트카드에 대해서도 들어보게 된다. 많은 사람들이 이곳을 보험사로 알고 있지만 어시스트카드는 보험사가 아니라 사고가 발생했을 때 도움을 주는 회사다. 어시스트카드는 보험 보장을 위해 한국 보험사를 이용한다. 그렇기 때문에 실질적으로 상해, 질병, 휴대품손해 등에 대한 보상은 어시스트카드에서 가입해준 보험의 기준을 따르게 된다.
어시스트카드는 여행 중 사고나 질병으로 병원에 갔을 때 병원과 직접 조율해주고,

통역이 필요한 경우 연결해주는 서비스를 제공한다. 일반 여행자보험이라면 본인이 해결해야 할 것을 대신 해결해줄 뿐만 아니라 전 세계 핫라인을 통해 고장 난 물건의 수리처를 확인하거나 호텔 예약 등의 서비스도 제공한다. 이러한 서비스가 일반 여행자보험 비용과 합쳐진 것이 어시스트카드라 할 수 있다. 아쉽게도 인력

어시스트카드(www.assistcard.co.kr)

부족 때문인지 영어 외에 언어로 도움을 요청하면 상당한 시간이 소요되고, 전문분야가 아닌 경우 별 도움이 되지 않을 가능성도 높다.

그럼에도 불구하고, 여행 중 발생할 수 있는 다양한 상황을 어시스트카드를 통해 해결할 수 있다는 것은 확실히 장점이다. 또한 일반 보험에서 지원하지 않는 것들도 보장해주기 때문에 여행 중 확실한 보장을 받고 싶다면 어시스트카드를 선택하는 것도 좋은 방법이다. 다만 어시스트카드는 두 가지 서비스가 하나로 합쳐진 것이기 때문에 보험료가 비싸다는 단점이 있다. 장기로 어시스트카드에 가입하는 것이 가능하지만 다른 보험사에서 보장하듯 휴대품손해에 대해서는 일정 기간에 대해서만 보상을 해준다. 그렇기 때문에 가격과 서비스를 고려했을 때 서비스에 더 큰 비중을 둔다면 어시스트카드에 가입하는 것이 좋은 방법이다.

## 03 해외에서도 여행자보험을 가입할 수 있을까?

결과부터 말하자면 외국에 거주하면서 한국의 해외여행자보험을 드는 것은 불가능하다. 계약 당시 한국에 있어야만 하는데, 이미 외국에 나와 있다면 보험사에서는 여행자의 상태를 알 수 없기 때문에 보험 가입을 거절한다. 여러 보험사의 홈페이지에서 보험에 가입할 때 외국에 있으면 가입을 할 수 없음을 명시하고 있다. 시스템의 허점을 통해서

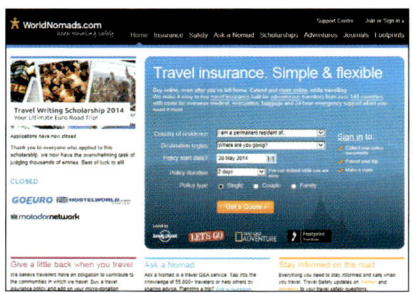

월드노마드보험(www.worldnomads.com)

가입하더라도 보장받을 수 없다는 것을 알고 있어야 한다.

그러면 해외에서 보험을 가입할 수 있는 방법은 없는 것일까? 물론 아니다. 월드노마드보험이 해외에서 가입이 가능한 여행자보험 중의 하나이다. 이 보험은 여행자가 어

디에 있던 상관없이 보험 가입이 가능하며, 스쿠버다이빙이나 전문 등산 등의 레포츠까지 보장을 한다. 물론 보험 가입비는 한국의 보험들에 비해 다소 비싼 편이지만 이 보험이 보장하는 내역을 생각해보면 그만큼의 가치가 있다.

한국 사람이 이 보험을 이용하는데 있어 가장 큰 문제는 영어이다. 외국 보험이기 때문에 사고가 발생했을 때에 모든 것을 영어로 처리해야 하는 문제가 있다. 이것이 하나의 문제점이긴 하지만 해외여행 기간이 길어지거나 다른 사유로 인해 자신의 보험을 연장해야 할 때에는 이러한 보험 이외에는 선택의 여지가 별로 없다.

## 04 해외에서 레포츠를 즐기고 싶은데 보험은 어떻게?

일반 여행자보험 가입자가 가벼운 트래킹이나 레포츠를 즐기다 상해를 당하면 보장받을 수 있지만, 스쿠버다이빙, 스카이다이빙, 산악등반, 번지점프, 래프팅 등을 즐기다 상해를 입었을 경우에는 보장받을 수 없다. 이러한 레포츠는 활동 과정에 상해를 입을 확률이 높기 때문에 일반 여행자보험으로는 보장이 안 되고, 특별히 이런 레포츠를 위해 설계된 보험에 가입해야 한다.

스카이다이빙

레포츠를 위한 보험은 다양하다. 전체적으로 레포츠를 보장해주는 보험이 있는 반면, 스키를 위한 스키보험, 자전거를 위한 자전거보험, 스쿠버다이빙을 위한 스쿠버다이빙보험 등 특정 레포츠만을 지정해서 보장해주는 보험도 있다. 이러한 보험들은 손실률이 높기 때문에 보험사에서 적극적으로 판매하는 상품은 아니지만, 각 보험사의 상품들을 살펴보면 자신이 즐기고자 하는 레포츠에 맞는 보험을 찾을 수 있다. 만약 자신이 즐기고자 하는 레포츠가 보장이 되는지 확실하지 않다면 보험사에 전화를 걸어 직접 물어보는 것이 좋다.

국내 보험 외에도 앞서 소개한 월드노마드보험이 대부분의 레포츠를 보장하기 때문에 다소 비싸긴 하지만 이 보험을 드는 것도 하나의 방법이다.

래프팅

스쿠버다이빙                    스키

## 05 장기 여행자는 어떻게 가입해야 할까?

장기 해외여행자들 사이에 잘못 알려진 소문 중의 하나가 2~3개월로 제한된 보험을
9, 10월, 11, 12월, 1, 2월과 같은 방법으로 나눠서 가입하는 것이 마치 가능한 것처
럼 알려져 있다는 것이다. 하지만 이 방법은 가입은 가능하더라도, 첫 2~3달 이후의
내역에 대해서는 보장받을 수가 없다.

단기 여행자보험은 보험보장 시작 시점에서 계약자가 한국에 있어야만 가입이 가능
하다. 만약 6개월짜리 장기 여행을 7월에 출발하면서 7~9월은 A보험에 가입하고,
10~12월은 B보험에 가입했을 경우 B보험은 보험보장 시작 시점에 한국에 없었으므
로 보장이 안 되는 것이다. 이러한 잘못된 상식을 통해 편법으로 가입한 것은 오히려
보장도 받지 못하고 보험료만 낭비하는 꼴이 된다. 장기 여행자가 여행자보험을 가
입하기 위해서는 장기 여행자보험에 가입해야 한다. 장기 여행자보험 상품은 인터넷
에서 가입이 불가능하므로, 지점 등을 이용하는 것이 좋다. 장기 여행자보험 상품은
휴대품과 배상책임이 빠지지만 상해, 질병 등에 대한 보장은 여전히 가능하기 때문
에 장기간 해외여행을 하는 사람은 이러한 상품에 가입해야 한다. 그 외에도 출장자
보험이나 유학생보험 등을 가입하고 떠나는 여행자들도 있다.

보험사에 따라서 여행 가능 지역이 다르므로 가고자하는 여행지가 보험보장을 받을
수 있는 미리 확인할 필요가 있다. 일부 미국계 보험사는 쿠바와 같이 미국과 적대적
인 국가는 보험 제외 국가로 지정하지만, 한국의 보험사에서는 이러한 국가라도 보험
보장을 받을 수 있다.

# 여행 중의
# 안전, 사고, 도난과 강도

여행을 하면서 항상 신경 써야 하는 것이 바로 안전이다. 여행 중에는 많은 위험 요소가 존재한다. 교통사고와 같은 상해를 당할 수도 있고, 도난이나 강도와 같은 상황에 처할 수도 있다. 물론 이러한 많은 위험 요소들은 여행자 본인이 주의한다면 최소화할 수 있기 때문에 항상 염두에 두고 있어야 한다. 특히 생명의 위험을 무릅쓰고 여러 가지 묘기를 보이는 익스트림 스포츠를 즐길 때에는 너무 과하지 않도록 주의하는 것이 필요하다.

## 01 여행을 힘들게 만드는 사고

여행 중에 일어날 수 있는 가장 큰 문제 중 하나는 사고이다. 가볍게 발목을 삐거나 타박상을 입는 정도라면 며칠 쉬면서 회복할 수 있지만, 교통사고와 같이 큰 사고를 당하면 여행을 중간에 포기해야 하는 상황까지 갈 수도 있기 때문이다. 그렇기 때문에 해외여행을 떠나는 여행자들에게 '여행자보험'은 선택이 아닌 필수인 것이다. 사고는 누구에게나 아주 갑작스럽게 일어날 수 있다는 것을 기억해야 한다.

해외에서는 부상 위험이 큰 스키나 스노보드 같은 익스트림 스포츠나 번지점프, 래프팅 등을 즐길 때에는 항상 과하지 않도록 주의하는 것이 필요하다. 특히 동남아 국가들과 같이 안전에 대한 준비가 부족한 곳일수록 더더욱 조심해야 한다.

사고자를 태우러 달려온 스키장 패트롤

## 02 여행의 또 다른 위험 요소 도난

도난을 예방할 수 있는 방법은 무엇이 있을까? 도난을 예방하기 위해서는 최소한의 안전장치를 지니고 다니는 것이 좋다. 온라인 몰에서 2~3천 원 정도하는 작은 자물쇠 하나로도 좀도둑들의 시도 자체를 최소화할 수 있다. 열쇠로 된 자물쇠는 열쇠를 분실할 수도 있기 때문에 다이얼 자물쇠를 사용하는 것이 더 편리하다. 보통

가방에 달면 편한 작은 자물쇠

크기도 작아서 가볍게 액세서리처럼 달고 다닐 수도 있다. 이런 자물쇠 하나가 이동 중이나 숙소에서 잠재적으로 발생할 수 있는 도난의 가능성을 최소화시킬 수 있다.

안전한 곳에 넣어두고
자물쇠를 이용하는 것이 좋다.

배낭여행 시 객실을 공유하는 숙소라면 소지품을 로커에 보관할 수 있도록 다소 튼튼한 자물쇠를 따로 준비하는 것이 좋다. 이때 주먹만큼 큰 자물쇠는 아니더라도 어느 정도 튼튼한 것을 이용하는 것이 좋다. 호텔 숙박 시에는 객실 내 개인 보안 금고가 비치되어 있어, 그 곳에 중요한 물건을 보관하기도 한다. 그 외에도 와이어형 자물쇠가 있다면 기차나 버스로 이동 시, 또는 숙소에서 고정된 물체와 가방을 묶어둘 수 있어 편리하다.

식당에서 식사를 하거나 거리를 걸을 때에도 가방은 항상 몸 가까이에 두는 것이 좋다. 배낭형이라면 자물쇠로 열리지 않도록 잠그는 센스도 필요하다. 물론 가방을 칼로 찢고 훔쳐가는 대담한 도둑도 있지만, 걷거나 움직이면 어느 정도 예방 효과가 있다. 도난 사례가 많지 않은 상대적으로 안전한 국가라 하더라도 붐비는 버스나 지하철 등에서는 항상 주의하는 것이 좋다.

아무리 주의하더라도 상대방이 의도적으로 혼란한 상황을 만들 수도 있다. 가장 흔한 예가 물건을 사는 척 여러 사람이 여행자를 둘러쌀 때이다. 4~5명 정도에게 둘러싸여 물건을 보다보면 어느 순간 자신의 가방이나 주머니속의 물건이 사라질 가능성이 높다. 그 외에도 옷에 일부러 오물을 묻히고 도와주는 척 하면서 정신을 뺏고 소매치기를 하는 유형이 있다. 때로는 닦는 걸 도와준다면서 가방을 들어준다고도 하는데, 건네줬다가는 그대로 가방과 이별하는 일도 생길 수 있다.

사람이 많은 광장을 조심하자

## 03 여행에서 가장 큰 위험 요소 강도

강도의 유형은 다양하다. 꼭 무기를 들이대고 돈과 물건을 빼앗아야만 강도는 아니다. 여행자를 무기력하게 만들어 귀중품을 가져간다면 그것은 모두 강도의 유형으로 볼 수 있다. 여행을 하면서 때때로 히치하이킹과 같은 대체 교통수단을 이용하게 되는데, 히치하이킹 역시 굉장히 위험한 여행 방법 중의 하나이다. 특히 트럭 등을 얻어 탔던 여행자의 경우 강간이나 강도를 당하는 사례가 많기 때문에 여성이라면 더더욱 주의해야 한다. 물론 필자도 여행 중에 히치하이킹을 해본 경험이 여러 번 있다. 하지만 대부분 짧은 거리를 이동하기 위함이었고, 가족이 타고 있거나 안전해 보이는 차량만을 이용했었다. 히치하이킹이라는 것이 굉장히 도전적이고 새로운 여행 경험이 될 수 있지만, 태워준 운전자가 언제든지 강도로 돌변할 수 있다는 위험은 항상 염두에 둬야 한다.

때로는 약을 탄 음식을 건네주는 유형도 있다. 버스나 기차 옆자리에 앉은 사람이 웃으면서 건네준 과자나 음료수, 술집과 같은 곳에서 모르는 사람이 권하는 술잔 등은 특히 주의해야 한다. 이런 음식에는 수면제나 몸을 무력화시키는 약이 들어 있을 가능성이 있는데, 이렇게 무기력하게 만들어 놓고 물건을 훔쳐간다. 인도 여행 중에 발생한 사례가 많지만, 그 이외의 국가에서도 흔히 일어날 수 있는 일이니만큼 항상 주의하자. 친절을 가장한 강도만큼 위험한 것도 없다.

가장 위협이 되는 유형은 말 그대로 강도이다. 칼이나 총을 들이대고 돈을 달라고 하면 그 자리에서 주지 않을 사람이 얼마나 있을까? 만약 자신이 무술 유단자라고 하더라도 다칠 수 있는 가능성을 감안한다면 가지고 있는 돈을 주는 것이 더 나은 방법일 것이다. 그 외에도 인적이 드문 길에서 갑자기 뒤에서 목을 졸라 기절시킨 뒤 물건을 훔쳐가는 유형도 있다. 필자의 후배 중에는 아침에 일출을 보러가다가 목조르기 강도를 당해서 티셔츠와 바지를 제외한 모든 물건을 털린 적도 있다.

이런 강도 유형은 스스로 좀 더 신경 쓰고 주의한다면 피해갈 수도 있다. 안전하다는 확신이 없으면 밤늦은 거리를 돌아다니지 말고, 위험하다고 알려진 곳이라면 가지 않는 것이 좋다. 이와 같은 강도는 중남미나 아프리카와 같이 치안이 취약한 국가에서 많이 일어나지만, 미국 같은 곳도 위험하다고 소문난 거리가 있으므로 안심할 수 없는 일이다.

항상 여행하는 도시에 대한 정보는 미리 수집하고 위험한 지역이라고 알려진 곳은 스스로 피하는 것이 최고의 방법이다. 만약 저녁에 친구들과 술을 마시러 간다면 여권이나 카메라 같은 중요 물건은 숙소에 보관하고 술값과 혹시 강도를 만났을 때 줄 수 있는 어느 정도의 돈은 가지고 나가는 것이 좋다.

## 04 안전은 아무리 강조해도 지나침이 없다

우리나라 여행자는 치안이 잘 된 한국을 생각하기 때문에 밤늦게 돌아다니는 것을 별로 위험하다고 생각하지 않는다. 물론 한국에서도 사고는 일어나지만 다른 국가에 비하면 그 비율이 현저히 낮은 편이다. 유럽이나 싱가포르, 일본, 홍콩 등도 번화가라면 밤에 돌아다녀도 비교적 안전하지만 이런 국가들도 인적이 드문 거리를 밤늦은 시간에 돌아다닌다면 안전을 보장받을 수 없다.

안전한 여행은 그야말로 중요한 부분이다. 여행지로 알려진 곳이 아닌 현지인들이 모여 사는 곳을 혼자 여행하거나 익스트림한 스포츠를 즐기고, 남들이 하지 않는 모험을 하는 것도 여행의 즐거움일 수 있다. 물론 이렇게 위험과 스릴을 즐기는 여행자도 많고, 그러한 여행 스타일을 딱히 부정하고 싶은 생각은 없다. 사람마다 자신에게 맞는 여행 스타일이 있겠지만, 사람들이 하지 말라는 것은 그만큼 이유가 있기 때문에 이런 일들이 얼마만큼 가치가 있는지 고려해보고 여행하는 것이 중요하다.

# 현지화폐와 현금,
# 체크카드와 신용카드

여행 중에 사용할 수 있는 지불 수단은 현지화폐, 달러, 여행자수표, 현금카드(체크카드), 신용카드 등이 있다. 각각의 장단점이 있기 때문에 얼마나 효율적으로 절충하여 사용하느냐가 중요하다. 이 것들을 절충하여 사용한다면 여행에 있어 현금 도난이나 관리에 대한 걱정을 다소 덜 수 있다.

## 01 사용하기 편리한 현지화폐

여행하면서 가장 사용하기 쉽고 편리한 것은 당연히 현지화폐이다. 우리나라 사람이 많이 여행하는 국가들의 현지화폐는 대부분 한국의 은행에서도 쉽게 환전할 수 있으므로 미리 환전해두면 편리하다. 또한 한국에서 환전하면 현지에서 하는 것보다 저렴하고, 현지에서 돈을 바꾸기 위해 우왕좌왕할 필요가 없어 좋다.

세계 각국의 현지화폐

### • 1주일 전후로 1~2개 국가를 여행한다면

여행 일정이 1주일 정도로 짧다면 여행에 필요한 예산 모두를 현지화폐로 환전해 가도 큰 문제가 없다. 한국에서 단기로 여행하는 국가는 일본, 홍콩, 싱가포르, 중국 등이나 괌, 세부, 푸켓, 발리 등의 유명한 휴양지이기 때문에 소매치기만 주의한다면 돈을 잃어버릴 가능성은 그리 크지 않다. 여행을 하고 남은 현지화폐는 한국에 돌아와 공항에서 다시 환전을 하거나 다음 여행을 위해 남겨놓으면 된다.

만약 여행 예산이 정확하지 않다면 추가로 소요될 비용은 신용카드를 사용하거나 달러를 어느 정도 추가로 준비하면 된다. 달러의 경우에는 전 세계에서 통용되기 때문에 이번 여행에서 사용하지 않더라도 다음 여행에서 얼마든지 다시 사용할 수 있다.

• **2주일 이상으로 여러 국가를 여행한다면**

여행 일정이 길어지고, 여러 국가를 방문하게 된다면 그에 따라 비용도 크게 늘어나고 필요한 화폐 종류도 다양해진다. 유럽 같은 곳은 유로화만으로도 여행이 가능하지만, 영국이나 동유럽도 함께 여행한다면 국가별로 자신이 사용할 비용을 계산해서 현지화폐로 미리 환전해가는 것이 좋다. 달러 환전이 용이한 국가에서는 1~2주 정도의 여행 비용은 현지화폐로 준비하고, 기타 비용은 달러와 신용카드를 섞어서 이용하는 방법도 있다. 이와 같이 여행하고자 하는 국가의 상황에 맞게 준비하면 된다.

## 02 현금처럼 사용이 가능한 미국달러

해외여행 중에는 현지화폐를 제외하면 미국달러를 환전하는 곳이 가장 많으므로 달러를 거의 현금처럼 사용할 수 있다. 최근 유로화도 확장 추세지만, 여전히 미국달러만을 취급하는 국가가 상당수 있는 것도 사실이다. 그러므로 현금 수단으로 미국달러를 준비하고, 추가로 유로를 조금 더 준비하는 것이 현명한 방법이다. 반면 쿠바와 같은 특정 국가는 미국달러에 추가 수수료를 부가하기 때문에 이런 국가는 유로나 캐나다달러를 준비하는 것이 좋다.

예비로 준비하는 금액은 여행자 스타일에 따라 차이가 나지만 일반적으로 200~400달러 정도이다. 유럽을 제외한 많은 국가들은 환전에 따른 커미션을 추가로 받지 않기 때문에 필요할 때 언제든 조금씩 환전할 수 있어 편리하다. 최근에는 웬만한 오지가 아니고서는 ATM기계가 없는 곳이 거의 없다보니, 굳이 큰 단위의 현금을 추가로 가지고 다닐 필요가 없다.

일반적으로 달러를 준비할 때는 100, 50, 20, 10달러짜리를 많이 이용하는데, 국경을 넘는 여행의 경우 적은 단위로 환전하면 환전에 따른 손실을 줄일 수 있으므로 20, 10달러짜리도 충분히 준비하는 것이 좋다. 국가에 따라서 5달러나 1달러짜리의 경우 환전소에서 환전을 거부할 수도 있다. 다만, 1달러짜리의 경우 팁과 같은 용도로 사용할 수 있으므로 어느 정도 준비하는 것도 좋다. 달러를 바꿀 때 달러 표면에 별다른 낙서가 없고 깨끗하다면 환전에 별무리가 없지만 별무리가 없지만, 100달러의 신권이어야만 좋은 환율을 적용해주는 국가도 있기 때문에 국가도 있기 때문에 각 국가별 환전 특성을 미리 어느 정도 알아두면 좋다.

10달러짜리 화폐

5유로짜리 화폐

## 03

**더 이상 의미가 없는 여행자수표**

여행자수표는 과거에는 유용한 환전 수단이었지만, 국제현금카드와 신용카드의 사용이 일반화된 요즘에는 거의 사장되었다고 해도 무방할 정도로 보기 힘들어졌다. 여전히 사용은 가능하지만, 여행자수표를 받는 곳이 많이 줄어들어서 오히려 환전의 불편함을 야기하기도 한다. 특별히 여행자수표가 필요한 상황이 아니라면 최근에는 추천하는 사람도 거의 없다.

**04** **해외에서도 사용이 가능한 국제 현금카드/체크카드**

보통 국제 현금카드 또는 체크카드라고 부른다. 카드의 앞면 또는 뒷면에 VISA, MASTERCARD, PLUS, CIRRUS, MAESTRO, EXK 등의 제휴마크가 있으면 해외에서 사용할 수 있다는 의미가 된다. 이런 마크가 있는 카드를 이용하면 해외의 ATM에서 현금 인출이 가능하다. 다만 ATM 기계에 따라서 제휴한 브랜드가 다르다보니, 현금 인출이 불가능한 경우도 있을 수 있다. 보통 대표적인 브랜드들은 대부분 가능하지만, 아닌 경우도 간혹 있으므로 인출 전에 ATM에 표시되어 있는 제휴브랜드 마크들을 확인해보는 것이 좋다.

국제신용카드 제휴마크 : VISA, MASTER, AMEX, DISCOVER, JCB, UNIONPAY(국내에서는 VISA, MASTER, AMEX가 주로 이용된다.)

체크카드

국제직불카드 제휴마크 : PLUS, MAESTRO, CIRRUS, EXK

해외에서 ATM기기를 이용하여 돈을 인출하면 전 세계적으로 제휴된 국제직불카드망을 통해 한국에 예치된 돈을 찾아 쓸 수 있다. 물론 이 과정에서 중간 매개체 역할을 하는 국제직불회사에 일정액의 수수료를 지불하게 된다. 국제직불카드 제휴마크 중 PLUS는 VISA의 자회사이고, MAESTRO와 CIRRUS는 MASTERCARD의 자회사이다. EXK는 금융결제원에서 제공하는 서비스로, 특정 국가에서 더 저렴하게 이용할 수 있다.

해외에서 인출 가능한 ATM을 찾으려면 제휴마크를 먼저 확인하면 된다. 전 세계적으로 다양한 국제직불카드 제휴회사들이 있지만 PLUS, CIRRUS, MAESTO 중 하나는 대부분 사용할 수 있다. 단 이 마크가 있더라도 은행에 따라 작동되지 않는 경우도 있고, 여행 중 마그네틱이 손상되는 경우도 있기 때문에 최소한 각기 다른 제휴사 카드를 2장 이상 준비하는 것도 좋은 방법이다. 장기 여행 시에는 카드복제의 위험이 있으므로 자주 사용하는 현금/체크카드의 계좌에는 100만 원 이하의 소액만 넣어두고, 다른 카드 계좌에 나머지 여행 경비를 넣어놓은 뒤 가족에게 부탁하거나 인터넷뱅킹을 이용하여 필요할 때 사용하는 카드로 조금씩 이체하여 사용하는 것이 현명한 방법이다.

1 해외 은행 창구 모습
2 영국 현지은행
3 홍콩 현지은행
4 ATM 이용하기
5 자이언은행 ATM

최근 국제 현금카드/체크카드를 사용하는 사람이 늘어나는 이유는 그 편리함과 안전성에 있다. 이렇게 국제 현금카드/신용카드를 이용해서 돈을 인출하면 전신환매도율이 적용되어 현금으로 환전하는 것보다 좋은 환율을 적용받는다. 물론 ATM기기를 통해서 돈을 인출하면 그에 따른 수수료를 지불하게 되지만, 달러로 바꿨다가 다시 현지화폐

CIRRUS와 PLUS 마크

로 바꾸면서 생기는 환율손실액을 생각하면 실제적으로 그리 큰 손해를 보지 않거나 거의 비슷한 경우가 많다. 또한 국제 현금카드/체크카드를 사용하면 현금을 많이 들고 다녀서 생기는 도난의 위험도 어느 정도 줄일 수 있기 때문에 더더욱 유용한 수단이다.

## 05  단기 여행에 편리한 신용카드

신용카드는 아주 편리하지만 양면성을 지니고 있다. 보통 해외에서도 면세점이나 대형쇼핑몰, 호텔 숙박비, 렌터카 등을 이용할 때 신용카드를 사용하는 것은 큰 문제가 없다. 유럽이나 미국 같은 경우에는 신용카드 부정사용율이 높지 않기 때문에 일반적인 곳에서 사용해도 괜찮다. 하지만 신용카드 사고가 잦은 국가에서는 개인이 운영하는 작은 상점에서는 카드 결제를 거부하기도 하고, 때때로 카드복제 위험에 노출될 수도 있기 때문에 믿을만한 곳이 아니면 카드 사용을 자제하는 것이 좋다. 최근에는 우리나라를 포함하여 마그네틱 대신 복제가 힘든 IC칩으로만 결제가 가능한 나라들도 늘어나고 있다.

신용카드의 경우 부정사용을 입증할 수 있다면 신용카드사에서 그에 따른 보상을 해주지만 그 절차가 굉장히 까다롭고 복잡하다. 이런 부정사용

신용카드 서명란에는 꼭 서명하자

사례에 대비하여 보상을 받으려면 필수적으로 소지한 카드 뒷면에 사인부터 반드시 해야 한다. 이는 해외에서 결제 시 확인을 하기 때문이기도 하지만 분실 및 부정사용 시에도 보상의 중요한 근거로 작용하기도 한다. 또한 신용카드의 영문 이름은 여권과 동일해야만 하며, 영문 스펠링이 다를 경우에는 결제를 거절당할 수도 있다.

신용카드를 사용하면 카드사 및 제휴사에 따라 조금씩은 다르지만 결재금액 이외에 1.0~1.4%의 브랜드 수수료 및 0.2~0.3% 환가료를 추가로 지불해야 한다. 하지만 해외에서도 사용 금액에 따라 포인트를 적립해주는 카드도 있으므로 이런 카드를 사용하면 수수료 부분을 포인트 적립으로 만회할 수 있다. 그 외에 JCB, BC GLOBAL 등 별도의 브랜드 수수료가 없는 카드를 이용하면, 수수료 부담을 줄일 수 있지만 VISA나 MSASTERCARD와 같은 제휴사에 비해 결제가 가능한 곳이 상대적으로 적은 단점이 있다. 그렇지만 신용카드는 여행에 있어 언제나 편리한 지불수단이다.

신용카드는 현금/체크카드를 사용할 수 없을 때 현금 인출수단으로도 사용할 수 있다. PLUS, CIRRUS, MAESTRO 등을 사용할 수 없더라도 VISA나 MASTERCARD 등을 통해 현금인출을 받을 수 있기 때문이다. 다만, 이 경우 계좌에서 인출하는 것이 아니라 현금서비스를 받는 것이기 때문에 수수료가 비싸다는 것을 감안하자. 가능하다면 인터넷을 통해 선결제로 미리 현금인출에 대한 비용을 지불하는 것도 수수료를 절약하는 비결이다.

- ● **신용카드 도난/분실 대처하기**

해외에서 신용카드를 사용하기에 앞서 꼭 확인해야 하는 것이 카드 뒷면의 자필 사인이다. 실제 해외에서 사용할 때는 여권의 사인과 대조해보는 곳도 있으므로 꼭 사인을 해둬야 하고, 여권과 동일한 사인을 사용해야 한다. 또한 도난이나 분실 후 부정사용이 발생했을 때 카드에 사인을 했는지 여부가 중요한 요소로 작용하기 때문에 카드 뒷면을 스캔하거나 카메라로 찍어서 따로 보관해두면 보상을 신청할 때 한결 수월하다.

신용카드를 도난당하거나 분실했다면 제빨리 카드사에 신고를 해야 한다. 보통 도난 신고를 한 날로부터 60일 이전의 결제까지만 보상이 가능하기 때문이다. 신용카드사에서 사용 패턴 등을 분석해 도난으로 인정하면 보상을 받을 수 있는 것이다.

분실 후 카드를 사용해야 한다면 콜센터로 연락을 하여 긴급대체카드<sup>Emergency Card</sup>를 발급 받을 수 있다. 이 카드는 일시적인 카드이므로 한국에 돌아오면 정상적인 카드로 재발급을 받아야 한다. 이 외에도 현금이 필요하다면 긴급 현금지원서비스를 받을 수 있다. 한국에서 많이 사용하는 비자와 마스터카드는 거의 전 세계에 무료전화를 운영하므로 여행을 떠나기 전 미리 여행할 국가의 전화번호를 메모해두면 좋다.

- ● **신용카드 도용 대처하기**

신용카드 도용은 생각지도 못하는 사이 발생하는 경우가 많다. 상점에서 결제를 했는데 카드결제기가 안에 있다고 들어가서 결제하는 순간 복제를 당하기도 하고 인터넷 쇼핑몰에서 구입할 때 정보가 새나가기도 한다. 이렇게 카드가 직접 복제되거나 온라인상에서 노출된 정보를 이용해서 카드가 복제되는 것이다.

사용한 날짜에 본인이 해당 국가에 없었다면 여권에 찍힌 스탬프 등으로 증명하여 보상받을 수 있다. 그러므로 도용되었다는 것을 알게 되면 바로 카드회사에 신고를 해서 카드를 정지시키고 다른 카드를 사용해야 한다. 한 번 도용된 카드는 언제 또 어떻게 사용될지 모르기 때문이다.

도난/분실 시의 카드회사 전화번호

| 카드회사 | 국내전화 | 해외전용전화 | 홈페이지 |
|---|---|---|---|
| 외환카드 | 1588-3200 | 82-2-524-8100 | card.keb.co.kr |
| 국민카드 | 1588-1688 | 82-2-6300-7300 | www.kbcard.com |
| 신한카드 | 1544-7200 | 82-2-3420-7200 | www.shinhancard.com |
| 하나카드 | 1599-1155 | 82-2-3489-1000 | www.hanaskcard.com |
| BC카드 | 1588-4515 | 82-2-330-5701 | www.bccard.com |
| 롯데카드 | 1588-8300 | 82-2-2280-2400 | www.lottecard.co.kr |
| 삼성카드 | 1588-8700 | 82-2-2000-8100 | www.samsungcard.co.kr |
| 씨티카드 | 1566-1000 | 82-2-2004-1004 | www.citibank.co.kr |
| 현대카드 | 1577-6000 | 82-2-3015-9000 | www.hyundaicard.com |

# 해외에서 사용하기 편한
# 현금인출용 카드는?

해외에서 국제 현금카드/체크카드의 1회 인출한도는 은행에 따라 조금씩 다르지만 보통 100만 원($1,000)이고, 1일 인출한도는 100~1,000만 원($1,000~10,000)이다. 하지만 인출한도가 높다고 해서 이 금액을 한 번에 인출할 수 있는 것이 아니라 현지 ATM 한도에 따라 인출할 수 있는 금액은 달라지므로 인출 한도를 미리 체크해보는 것도 중요하다.

## 01 외국 ATM에서 돈을 인출할 때 빠지는 수수료

외국 ATM기를 사용하면 3가지 수수료가 발생한다. 먼저 한국의 은행 수수료, 다음은 네트워크 수수료(브랜드 수수료) 그리고 현지 ATM 수수료가 빠져나가게 된다. 만약 일반적인 해외 인출용 카드로 해외에서 $400의 돈을 인출할 때 한국의 은행 수수료가 $2, 네트워크 수수료 1%, 현지 ATM 수수료가 $2라면 실제로는 $(400+2+4+2)=$408의 금액이 빠져나가는 것이다. 보통은 은행마다 환율 적용 기준이 조금씩 다르지만 전신환환율(송금환율)을 이용하는 것이 일반적이다. 현지 ATM 수수료는 국가나 은행에 따라 다르며, 적게는 $1에서 많게는 $5까지도 나온다. 결국 한 번 인출 시 단위를 크게 뽑는 것이 앞뒤로 붙는 수수료를 조금이나마 절약할 수 있는 방법이 된다. 다만 ATM 기기나 은행에 따라 $200 정도가 1회 인출 한도인 경우도 많다.

## 02 은행마다 다른 해외 인출 수수료

해외에서 인출 가능한 카드는 PLUS(VISA)나 CIRRUS, MAESTRO(MASTER) 중 한 곳과 제휴가 되어 있다. 1장의 카드에는 1개의 제휴사만 연결되므로, 여행 시에는 두 브랜드를 각각 준비하는 것이 좋다. 은행에 따라 두 브랜드를 모두 취급하는 곳도 있지만 한 곳만 거래할 수 있으므로 주거래 은행과 미리 확인해 보는 것이 좋다. 여행 중 발생하는 인출 수수료는 여행경비를 아끼고자 하는 사람들에게는 커 보일 수밖에 없다. 특히 유학 등의 이유로 장기 체류를 하는 사람이라면 더욱 신경이 쓰일 것이다.

해외 인출 수수료는 은행 및 카드마다 조금씩 다르다. 기본적으로 네트워크 수수료와 인출 수수료가 나가는 것이

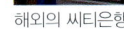

해외의 씨티은행

씨티은행 체크카드/현금카드

일반적이지만, 해외 인출에 특화된 카드 중에는 이 수수료들 중 일부를 면제해준다. 또한 은행에 따라 잔고 조회 시에도 수수료를 내야 하는 경우가 있으므로 은행에서 해외 인출용 카드를 발급받을 때 이러한 점들은 꼭 확인해야 한다. 최근 가장 인기 있는 수수료 절약 방법은 씨티은행 국제현금카드/체크카드와 EXK 은행공동 해외 ATM 서비스를 활용하는 것이다.

- ## 씨티은행 국제현금카드/체크카드(www.citibank.co.kr)

해외여행에 있어 '진리'라고 불리던 카드였지만, 최근 여러 제약사항과 추가 수수료 때문에 매력이 많이 줄어들었다. 씨티은행이 있는 나라는 많지만 국가에 따라 대도시에 겨우 1~2개 정도라 은행을 찾아다니는 상황이 발생하기도 한다. 그럼에도 수수료 면에서는 여전히 매력적이라는 데 이견은 없다. 유럽 여행 시 많이들 가져가지만 독일, 프랑스, 오스트리아와 같은 나라에서는 사용할 수 없다는 함정도 있다.

현재 제휴된 국가의 씨티은행에서 현금을 인출할 경우 $1의 인출수수료와 0.2%의 네트워크 수수료를 내야 한다. 미국 및 중국의 특정 네트워크망을 이용하는 경우 인출 수수료는 2,000원이지만 네트워크 수수료는 0.2%로 동일하다. 대신 이 경우 현지 수수료가 발생하기도 한다. 씨티은행이 제휴된 국가는 총 30개국이며, 이외의 국가에서는 PLUS 제휴 수수료를 지불해야 한다. 씨티은행의 국제현금카드/체크카드는 3만원의 발급 수수료가 있으나 때때로 다양한 면제 조건들을 제공한다. 3만원의 발급 수수료를 내야 할 경우에는 씨티은행 카드가 이득인지 꼭 따져봐야 한다.

---

**씨티국제현금카드/체크카드**
30개국 씨티은행 – 인출 수수료 $1, 네트워크 수수료 0.2%, PLUS 제휴은행 – 인출 수수료 2,000원 + 1% 수수료

**씨티은행 제휴 국가**
중국, 일본, 필리핀, 대만, 태국, 인도, 싱가포르, 홍콩, 인도네시아, 브루나이, 괌, 마카오, 말레이시아, 베트남, 미국, 멕시코, 아르헨티나, 브라질, 콜롬비아, 베네수엘라, 영국, 체코, 그리스, 헝가리, 폴란드, 러시아, 스페인, 바레인, 이집트, 아랍에미레이트

---

- ## EXK 은행 공동 해외 ATM 서비스(www.exk.kr)

금융결제원에서 제공하는 서비스로, 인출 수수료 중 가장 큰 비중인 네트워크 수수료를 면제해준다. 현재 태국, 말레이시아, 필리핀, 베트남, 미국에서 이용 가능하고, 추후 인도네시아, 중국, 싱가포르, 유럽 등에서도 서비스가 가능하도록 협의 중이다. 특히 태국의 경우 현지 ATM 수수료까지 면제이다보니 좋은 평가를 받고 있다.

씨티은행이 더 많은 국가에서 사용할 수는 있지만, 씨티은행 지점에서만 사용 가능하다보니 전체적인 숫자는 상당히 줄어든다. 반면 EXK 서비스는 네트워크 및 은행 단위로 운영되기 때문에 서비스를 사용할 수 있는 국가라면 꽤 많은 ATM에서 혜택

을 받을 수 있다는 큰 장점이 있다. 이제는 일부러 EXK 서비스를 이용할 수 있는 카드로 발급받는 사람들이 늘어나고 있다.

---

**발급 가능 은행 및 은행 수수료**

우리은행 : 우리ONE체크카드 – 해외 인출 수수료 $300 이상 500원, $300 미만 1,000원, 해피포인트 체크카드 – $3

신한은행 : 글로벌 IC 현금카드(글로벌현금카드와 다른 카드임) – 해외 인출 수수료 $2

하나은행 : 국내직불카드 – 해외 인출 수수료 $3

씨티은행 : 현금카드(국제현금카드와 다른 카드임) – 해외 인출 수수료 2,000원

**국가별 이용가능 은행 및 네크워크 망**

미국 – NYCE 전 은행 / 태국 – TMB, UOB, KTB, ThanachartBank(전 은행 현지 ATM 수수료 면제) / 필리핀 – BDO, Encash, UCPB, Union Bank / 말레이시아 – HongLeongBank, CIMB, RHB / 베트남 – Agribank, Sacombank, ACB, SaigonBank, AB Bank, VientinBank, SeA Bank

---

## • 해외인출 수수료 비교

시티은행과 EXK 서비스가 적용되지 않는 국가에서는 어떤 카드를 사용하더라도 인출 수수료에는 큰 차이가 없다. 하지만 두 서비스가 가능한 지역이라면, 한번쯤 얼마나 아낄 수 있는지 고민해 볼 만하다. 다음은 시티은행과 EXK 서비스가 겹치는 곳에서 인출 비용을 비교해본 것이다.

인출은 ATM을 사용하자

---

**태국(일괄적으로 ATM 인출수수료가 150바트(약 $5)가 붙지만 시티은행 및 EXK 서비스의 경우 면제)**

일반카드 – $(400+2+4+5)=$411 / 씨티 국제현금카드 – $(400+1+0.8+0)=$401.8(방콕을 제외하면 지점이 거의 없음) / EXK 해외 ATM 서비스 – $(400+0.5+0+0)=$400.5(TMB, UOB, KTB, ThanachartBank망 이용 가능)

**미국(현지 ATM 수수료 $2 임의 지정)**

일반카드 – $(400+2+4+2)=$408 / 씨티 국제현금카드 – $(400+1+0.8+0)=$401.8(미국은 씨티은행 및 세븐일레븐 ATM 중 Citibank 표기가 있는 것도 가능) / EXK 해외 ATM 서비스 – $(400+0.5+0+2)=$402.5(ATM에 NYCE 로고가 있는 망 이용 시)

**필리핀(현지 ATM 수수료가 일반적으로 약 200페소(약 $4.5)가 붙지만 씨티은행 자사 ATM 이용 시 면제)**

일반카드 – $(400+2+4+4.5)=$410.5 / 씨티 국제현금카드 – $(400+1+0.8+0)=$401.8(다만 씨티은행 지점은 마닐라, 세부, 다바오에만 위치) / EXK 해외 ATM 서비스 – $(400+0.5+0+4.5)=$405(Encash, UCPB, Union Bank 망 이용 가능)

---

## 03 해외에서 ATM기기 사용방법

대부분의 해외 ATM기기는 현지 언어와 함께 영어로도 제공된다. 돈을 인출하는 과정을 하나하나 알아보도록 하자. ATM기기에 따라서 나오는 메시지는 조금씩 다를 수 있지만, 일반적으로 기본적인 형태는 동일하다. 은행의 ATM기기는 PLUS와 CIRRUS를 모두 사용할 수 있지만, 그렇지 않은 경우도 가끔 있다. 인출 가능 제휴회사는 일반적으로 외부에 마크로 표시되어 있다.

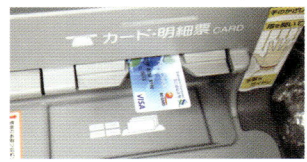

① ATM기기 카드 투입구에 국제현금카드(체크카드)를 마그네틱 화살표방향(◀)으로 삽입한다.

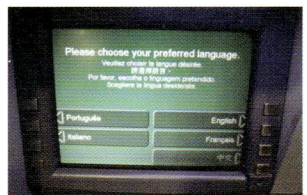

② 언어를 선택하자. 화면의 ATM처럼 다양한 언어를 지원하는 곳도 있지만, 보통 현지어와 영어정도만 지원하는 것이 일반적이다.

③ 카드 비밀번호를 입력한다. ATM에 따라 비밀번호가 틀리면 다음으로 넘어가지 않는 것과 틀려도 넘어 갔다가 마지막에 거래가 취소되는 경우가 있다.

④ 인출할 액수를 선택한다. 예제 화면은 캐나다달러를 표시하고 있다. ATM기기에 따라서 잔액확인을 할수도 있다. 이 경우에 인출은 Withdrawal 또는 Cash Advance를 선택하고, 잔액조회는 Balance Inquiry를 선택하면 된다.

⑤ 어느 곳에서 돈을 뽑을지 선택한다. 일반적으로 Savings을 선택하면 되는데, Chequing을 선택해도 돈은 인출된다. 신용카드의 현금서비스를 받는 것이라면 Credit Card를 선택한다.

⑥ 현금인출이 정상적으로 요청 처리되었다는 진행화면이 나타난다.

⑦ 대부분 ATM이 카드 분실을 막기 위해 카드와 영수증을 꺼내야만 돈이 지불된다. 한국에서 ATM을 사용하는 것과 별반 차이가 없다. 만약 카드를 꺼내지 않아도 되는 ATM기기라도 꼭 영수증과 카드는 챙겨야 한다. 의외로 많은 카드 분실사고가 ATM기기 주변에서 발생하기 때문이다.

## 04

ATM 사용 시 알아둬야 할 사항

ATM에서 현금을 인출할 때에는 꼭 은행 ATM기기를 이용하자. 건물 밖의 ATM보다는 안에 있는 ATM을 이용하는 것이 안전하다. 외부 ATM의 경우 인출 후 소매치기 등의 표적이 될 가능성이 더 높기 때문이다. 또한 아주 급한 경우가 아니라면 은행에서 직접 소유한 ATM이 아닌 기타 회사들의 ATM은 사용하지 않는 것이 좋다. 이러한 ATM은 카드복제 위험에 항상 노출되어 있기 때문이다.

1 건물 외부에 설치된 ATM
2 건물 내부에 설치된 ATM

유럽이나 북미 같은 선진국에서는 이런 사고가 많지 않지만 동남아나 중남미, 아프리카 등에서는 심심치 않게 발생한다. 여행자가 ATM에서 돈을 인출할 때 카드 정보와 비밀번호를 빼낸 뒤, 복제카드를 만들어 현금을 인출하는 것이다. 신용카드는 이런 문제 발생 시 신고하면 보상받을 수 있지만, 현금/체크카드의 경우 돈이 인출되면 보상받을 방법이 없기 때문에 더더욱 주의해야 한다.

최근에는 결제뿐 아니라 인출 시에도 IC칩이 없는 카드는 인출이 불가능할 수 있으므로, 카드에 IC칩이 없다면 은행에서 IC칩이 있는 카드로 재발급받는 것이 좋다. 인출 시에도 비밀번호 입력은 꼭 손으로 가리고 누르는 습관을 들여야 한다. 가장 흔히 비밀번호가 노출되는 경우로 뒤에서 작은 카메라로 누르는 모습을 촬영하기 때문이다.

아는 여행자 중에는 3개월 여정으로 아르헨티나에서 여행을 시작한 지 2주 만에 카드를 복제당해 전체 여행 경비를 몽땅 잃어버려 어쩔 수 없이 여행을 중단하고 입국한 사례도 있다. 현지에서 한국에 있는 은행에 복사 사실을 알리고, 입국하여 고군분투했지만 보상은 하나도 받지 못했다. 이처럼 비밀번호 노출과 카드 분실은 여행자 부주의에 해당하기 때문에 더욱 조심해야 한다. 그 외에도 여행을 하면서 더 많은 국가에서 이와 같은 일이 발생하기 때문에 ATM을 사용하는 경우 더욱 신경을 써야 한다.

# 환전 요령과
# 화폐 관리하기

환전을 할 때도 조금만 더 신경 쓰면 소액이나마 여행 비용을 아낄 수 있다. 환전은 한국뿐만 아니라 해외에서도 현지화폐로 환전하거나 달러로 환전해야 되는 경우가 많다. 이렇게 환전한 돈을 관리하는 것도 환전 못지않게 중요하다. 미리 환전 요령과 관리 방법을 알아두자.

## 01 한국에서 환전하기

인터넷에서 환율우대권을 활용하면 화폐 종류에 따라 20~50% 정도 환율우대를 받을 수 있지만 출국 시 공항에서 환전하면 좋지 않은 환율을 적용받게 된다. 거래가 많은 달러, 유로, 엔화가 가장 높은 우대를 받을 수 있고, 그 외 화폐는 우대율이 상대적으로 낮은 편이다. 환율우대는 화폐의 매매기준율과 은행에서 화폐를 파는 금액 사이의 수수료를 할인해주는 것으로 큰 금액은 아니라도 여행 경비를 아낄 수 있다. 인터넷 환율우대권에 사용기간이 명시되어 있지 않다면 그냥 출력해서 사용하면 된다.

외환은행

우체국 환전 서비스

환율우대쿠폰을 이용할 때 꼭 알아둬야 할 것은 환율이 우대되는 것은 매매기준율과 살 때 환율 혹은 전신환 환율 사이의 수수료에서 우대된다는 것이다. 그렇기 때문에 50% 할인이더라도 실제 미화를 기준으로 달러당 10~20원 정도 할인되는 것이 고작이다. 1,000달러를 환전하면 약 2만 원 정도 아낄 수 있지만, 대부분의 은행에서 어느 정도 환율을 우대해주고, 은행까지 왕복하는 시간과 차비를 생각하면 가까운 주거래 은행에서 환전하는 것이 더 나을 수 있다. 또한 시중은행에서 환전을 하면 환전 금액을 미리 알 수 있고, 직원이 알아서 우대해주는 경우가 많다.
별다른 쿠폰 없이 가장 저렴하게 환전하는 방법은 서울역 환전센터를 이용하는 방법이 있다. 기업은행과 우리은행 지점이 있으며, 별도 쿠폰 없이도 최대 90%까지 환율우대를 해 준다. 다만 두 지점 모두 대기시간이 엄청나게 길 경우가 많으므로, 출국 직전에 환전하기보다는 시간을 두고 환전하는 사람들에게 유리하다.

그 외에도 인터넷으로 미리 환율우대를 받아 환전한 후 공항 지점에서 수령할 수 있는데, 은행 갈 시간도 없는 이들에게는 좋은 방법이다. 은행에 따라 지점이 있는 공항이 다르므로 자신에게 맞는 은행을 이용하면 된다. 거래 고객이 아니더라도 이체를 통해 환전할 수 있어 편리하다. 다만 공항에 따라 출국장과 은행이 바로 연결되지 않으므로, 환전된 돈을 찾으려면 20~30분 정도 더 여유를 가지고 공항에 도착해야 한다.

환율우대쿠폰

| KB국민은행 | 인천국제공항, 김포국제공항 |
| 외환은행 | 인천국제공항, 김해국제공항 |
| 신한은행 | 인천국제공항, 김포국제공항 |
| 하나은행 | 인천국제공항 |

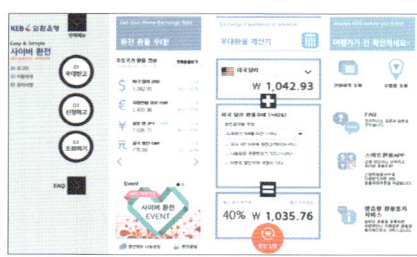

외환은행 인터넷 환전

외환은행 인천공항 지점

한국에서 바꿀 수 있는 권종은 매우 다양하며 기본적으로 미국달러, 유로, 일본엔, 캐나다달러, 호주달러, 중국위안 등으로 환전할 수 있다. 그 외에도 서울의 외환은행 명동본점이나 종로의 큰 은행에서는 태국바트, 인도루피 등도 환전할 수 있다. 국내에서도 다양한 종류의 화폐를 환전할 수 있으므로 여행지에서 필요한 현지화폐를 미리 준비하려면 발품을 조금 파는 것이 좋다. 아프리카나 중남미와 같이 한국에서 환전할 수 없는 화폐들은 미국달러로 환전한 후 현지에서 다시 현지화폐로 환전하면 된다.

현지화폐로 환전할 때에는 최대한 낮은 권종을 많이 받는 것이 좋다. 여행지에서는 액수가 큰 권종보다는 주로 작은 권종을 사용하므로 큰 권종만을 들고 갔다가는 1,000원짜리 음료수를 사면서 5만 원짜리 지폐를 내밀게 되는 상황이 발생할 수 있다. 환전할 때 일정금액을 작은 단위로 달라고 하면, 대부분 준비해 주므로 걱정하지 말고 요구하자.

최근에는 시중은행에서 환전하지 않고, 공항에서 ATM을 이용해 여행지 화폐를 바로 인출하는 사람도 많다. ATM 인출 수수료가 발생하지만 한국에서 구하기 힘든 화폐의 경우 달러로 바꾼 후 이중환전을 하는 것보다 결과적으로 나을 수도 있기 때문이다. 특히 ATM 인출은 전신환매도율이 적용되기 때문에 일반 환전보다는 기본적으로 환율우대를 받는다고 볼 수 있다.

## 02 환전은 언제 하는 것이 좋을까?

미리 결론부터 말하자면 가장 좋은 환전 시기는 여행 비용이
결정된 그 즉시라고 할 수 있다. 환율은 계속 변하지만 환율
변동에 대한 정확한 예측은 사실상 불가능하다. 물론 장기적
인 전망은 어렴풋이 알 수 있지만 그 역시 정확한 것이 아니
므로 여행 직전까지 기다리는 것은 사실상 큰 의미가 없다.

특히 방학 및 휴가철에는 여행자가 몰리기 때문에 은행에 따
라 달라나 유로처럼 거래가 많은 화폐를 제외한, 인기 관광
지의 화폐는 환전 금액이 모자랄 경우도 종종 있다. 이런 기
간에 여행을 준비한다면 더더욱 미리 환전해두는 것이 유리
하다. 하루하루 환율 변동에 따라 일희일비하기 보다는 미리
여행을 준비하는 것이 더 즐거운 여행을 위한 자세이다.

외국의 사설 환전소

## 03 현지에서 환전을 해야 된다면?

일반적으로 은행이 사설 환전소보다 환율이 좋지만 은행은 영업시간이 정해져있고,
환전할 때 여권도 제시해야 한다. 하지만 사설 환전소는 평일에도 늦은 시간까지 영
업하고, 주말에도 여는 경우가 많다. 또한 여권이 필요하지 않아 편리하지만 환율이
은행에 비해 좋지 않다. 그 외에 자신이 묵는 호텔에서도 환전할 수 있지만 좋은 환
율은 기대할 수 없다. 예외로 경제사정이 다소 불안한 국가는 은행보다 일반 환전소
나 암거래 시장에서 환전하는 것이 더 환율이 좋은 경우도 있다.

사설 환전소는 제대로 사무실을 가지고 영업하는 곳과 개인이 하는 곳이 다른데, 개
인이 하는 곳일수록 환전에 주의를 해야 한다. 일반적으로 환전 시 영수증을 받지만
개인 환전소에서는 영수증을 주지 않는 경우도 많다. 그 외에도 길거리에서 환전을 하
거나 암거래 시장에서 환전하는 방법도 있지만, 위폐 등을 받을 수 있고 문제가 생겼
을 때 그 사람을 다시 찾기란 쉬운 일이 아니기 때문에 추천할 만한 방법은 아니다.

환율을 변경하는 직원

유럽의 환전소 모습

환전을 할 때 주의해야 할 것이 바로 환전사기이다. 어떤 환전소는 50×9는 450이지만 420 정도가 되는 엉뚱한 계산기를 사용하는데, 환전 단위가 클수록 정말 주의하지 않으면 딱 속을 수밖에 없다. 그 외에도 금액을 확인한 후 다른 곳으로 주의를 끌어 이미 확인한 금액에서 특정 권종을 바꿔치기하거나 빼내는 방법을 쓰기도 한다. 그러므로 환전한

교묘하게 숨겨진 커미션. 커미션이 1.5%라고 명시되어 있다.

돈은 받는 즉시 그 자리에서 확인하고 챙기는 것이 중요하다.

유럽의 몇몇 국가는 이렇게 속이지는 않지만 커미션을 요구한다. 외국환매매기준율과 판매환율에 따른 이득도 모자라 환전에 따른 커미션까지 챙기는 것이다. 그 외에도 환전 금액에 따라 환율을 다르게 적용하는 환전소도 있다. 물론 유럽의 많은 국가가 유로화를 사용하므로 미리 준비할 수 있지만 스위스나 영국, 동유럽 국가들은 여전히 자국 화폐를 사용하기 때문에 환전이 불가피하다. 그래서 유럽을 여행하는 사람들은 바꿀 돈을 함께 모아 환전하기도 한다. 금액도 커지고, 커미션은 1회만 부과되기 때문이다. 참고로 모든 환전소가 커미션을 받는 것이 아니기 때문에 '노 커미션'이라 적힌 환전소도 찾아볼 수 있다.

최근 전 세계적으로 위폐가 많은 문제가 되고 있다. 위폐로 유명한 중국, 남미 등의 지역 외에도 유럽이나 미국까지 위폐가 심심찮게 발생하고 있다. 특히 서유럽보다 남유럽이 심한데, 어두운 저녁시간대 택시 등에서 이런 위폐를 받는 경우가 생긴다. 그렇다보니 50이나 100유로 같이 큰 단위는 받지 않는 상점도 많고, 믿을 만한 곳 이외에는 작은 권종을 사용해야 거스름돈으로 위폐 받는 것을 피할 수 있다.

## 04 현지에 도착했을 때 현지화폐가 없다면

한국에서 환전이 불가능한 경우 어쩔 수 없이 달러로 준비하여 현지에서 환전해야 한다. 원화 → 달러 → 현지화폐로 이중환전을 거치기 때문에 환전을 하면서 손해를 보는 것은 어쩔 수 없다. 물론 최소 비용만을 달러로 준비하고, 남은 비용은 현지에서 ATM으로 인출해 사용해도 되지만 사실 두 가지간의 차이는 크게 나지 않는다.

보통 어느 국가나 가장 환율이 좋지 않은 곳은 공항이다. 공항은 막 도착했거나 떠나는 사람이 처음이자 마지막으로 환전할 수밖에 없는 곳이기 때문이다. 만일 국내에서 환전하지 못했다면 도착하자마자 환전은 최소로 해야 한다. 공항에서 숙소까지의 교통비, 첫째 날 숙박비, 간단한 식사비 정도만 환전하는 것이 좋다. 만일 주말에 도착했다면 은행이나 환전소 영업날짜까지 감안해서 2~3일정도의 여비까지 환전해야 한다. 요즘 대부분의 국제공항에는 ATM이 있는데, ATM은 공항이나 시내 환율

차이가 거의 없으므로 이를 이용하는 것도 좋은 방법이다. 다만 단위가 큰 권종으로 나오는 경우가 많은데, 이때는 공항 상점에서 간단한 것을 사서 작은 화폐 단위를 확보하는 것이 좋다.

공항 못지않게 최악의 환율을 제시하는 곳이 국경 환전소이다. 이 역시

환율이 좋지 않은 공항의 환전소

도 첫날에 필요한 소액만 바꾸는 경우가 많은데, 길거리에서 접근하는 사람보다는 국경을 넘어가기 전 환전소를 이용하는 것이 좋다. 필자도 남미 여행을 하다가 에콰도르에서 페루로 넘어가는 길에 $20을 환전했는데, 그중 $15가 위폐였다. $1짜리 작은 돈도 위폐가 있을 정도이니 얼마나 많은 위폐가 유통되는지 가늠하기 힘들다. 여행자들은 이동하는 국가의 화폐 특징을 잘 모른다는 것을 이용해서 이런 일이 많이 벌어진다. 하지만 국경 환전소는 환율이 안 좋기는 해도 이전 여행국에서 사용하고 남은 금액을 다음 여행국의 화폐로 바꾸기에 좋은 장소이기 때문에 국경에 도착하기 전 최대한 동전은 다 사용하고 지폐 위주로 남겨두는 것이 좋다.

## 05 여행 중 화폐 보관과 관리하기

여행 기간 중 돈을 보관하는 일은 가장 중요한 문제 중 하나이다. 적은 돈이라면 그냥 액땜했다 치지만 전체 여행경비를 잃어버린다면 여행 자체를 포기해야 하는 경우도 있기 때문이다. 공공장소에서 돈을 사용할 때 가장 일반적인 상식은 돈이 많이 든 지갑은 절대 내보이지 않는 것이다. 큰 화폐와 작은 단위 화폐를 따로 보관하고, 거리에서 물건을 구입할 때에는 주머니나 동전지갑에서 꺼내 쓰는 것이 안전하다. 지폐가 가득한 지갑을 꺼내는 행위는 소매치기 등의 표적이 될 가능성이 아주 높다. 만약 재킷을 입어야 하는 계절이라면, 주머니에 지퍼가 있는 재킷을 입는 것도 소매치기를 피할 수 있는 방법이다.

여행하면서 현금을 모두 들고 다니자니 소매치기나 강도를 만날까 두렵고, 숙소 가방에 넣어 두고 다니자니 그 또한 도둑이 걱정돼 맘이 편하지가 않다. 보통 숙소에서는 자신의 자물쇠로 잠글 수 있는 사물함을 제공하지만 이 사물함도 100% 믿을 수 있는 것은 아니다. 이런 사물함 자물쇠는 다소 튼튼한 것을 사용하는 것이 그나마 안전하다. 그 외에도 인도와 같은 몇몇 나라에서는 도미토리가 아닌 싱글이나 더블룸의 문을 분명히 잠갔는데도 가방에 넣어둔 돈이 사라지는 사례가 종종 발생한다. 이렇게 도난 문제가 다양하고 심각하다보니 여행자들 사이에 다양한 화폐 보관 방법이 공유된다. 그 중 가장 일반적이고 고전적인 것이 복대이다. 웬만큼 노련한 소매치

기라도 복대 안의 돈까지 꺼내가기란 쉽지 않다. 물론 강도가 '복대도 내놔'라고 써진 종이를 보여줬다는 일화도 있는데, 요즘 강도들은 여행자가 복대를 하고 있다는 것까지 알고 있기 때문에 이런 강도를 만난다면 어쩔 수 없이 다 빼앗기겠지만 그래도 가장 안전한 방법 중의 하나임에는 틀림없다. 복대 이외에도 목걸이형 지갑이 있다. 여행자가 점점 많아지면서 돈을 안전하게 보관 할 수 있는 방법들도 많이 고민됐는데, 그 중 간단하지만 최악의 경우까지 대비할 수 있는 몇 가지 방법들을 소개한다.

## • 옷에 또 다른 비밀 주머니 만들기

여행을 하면서 입는 바지 안쪽에 지폐를 접어서 넣을 수 있는 공간을 만드는 것이다. 단 빨래를 할 때마다 신경을 써야 돈이 세탁되는 것을 막을 수 있다. 바지 이외에도 돈을 보관할 수 있는 주머니가 달린 팬티 형태도 판매되는 것이 있다.

## • 신발 깔창 아래 보관하기

신발 깔창 밑에 돈을 비닐로 싸서 보관하는 방법도 있다. 물론 사용할 때 지폐에서 냄새가 날 수 있는 점과 걸을 때 지폐가 살짝 느껴져 불편할 수도 있다.

## • 바지 벨트 안쪽에 지폐 공간 만들기

남자 벨트의 경우 보통 두껍기 때문에 벨트 안쪽에 칼로 살짝 공간을 만들어 지폐를 넣고 다시 꿰매는 방법으로 보관하는 방법도 있다. 강도가 신발을 벗겨갔다는 사례는 들었어도 벨트를 벗겨갔다는 사례는 들어본 적이 없기 때문에 옷을 몽땅 벗겨가지 않는 이상 아직까지는 가장 유효한 방법이다.

## • 파스 봉투 안에 보관하기

여행 중 근육통이 생길 때를 대비해 파스를 챙겨가는 경우도 많다. 이럴 때 파스 봉투 안에 지폐를 보관하는 방법도 있는데, 파스냄새가 가득한 봉투 안에 돈이 들었을 거라고 생각하지 못하는 것을 이용하는 방법이다. 인도에서 이 방법을 사용했던 한 친구는 같은 숙소에 묵었던 대부분의 여행자가 돈을 분실하는 사고가 발생했지만 자신만은 파스 안에 보관하여 안전했다고 한다.

위 사례들은 실제로 주변 여행자들에게서 들은 이야기이다. 이 이외에도 여행자마다 자신들만의 돈 보관 노하우를 하나 둘 쯤 가지고 있을 것이다. 앞에 열거한 것들은 어느 정도 재미삼아 나열한 감도 있지만 얼마나 자신이 주의하느냐에 따라 잠재적인 위험을 그만큼 줄일 수 있다는 것을 이야기하고 싶다. 항상 주의하는 것, 그것이 가장 중요한 현금 보관 방법이다.

# 신용카드 사용, DCC를 조심하자!

해외여행에서 신용카드를 사용할 수 있는 곳은 늘었지만, 사용 자체가 편해진 것은 아니다. 그 주범이 바로 해외원화결제 DCC이다. 해외에서 결제할 때 신용카드 발행국 화폐로 결제되도록 해주는 편리한 서비스이다. 하지만 편리해 보이는 해외원화결제 이면에는 불쾌한 꼼수들이 숨어있다.

## 01 해외에서 원화로 결제 가능하다는 말에 속지 말자

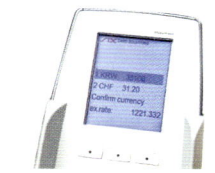

지불 화폐를 선택할 수 있는 기계

해외에서 카드를 이용해 원화로 결제했다면, 결제한 원화 그대로 청구돼야 하지만 실제로는 그보다 더 많이 청구된다. 신용카드 내부적으로 환전 진행 과정에서 이중 환전이 이뤄지기 때문이다. 국제카드사는 달러 기준이므로 만약 유로로 결제했다면, 유로→달러→원화의 환전 과정을 거친다. 그런데 DCC<sup>Dynamic Currency Conversion</sup>를 통해 원화 결제했다면, '원화→유로→달러→원화' 환전 과정을 거치게 된다. 환전 단계가 한 번 더 늘어나며, 처음 유로→원화로의 환율은 기계 세팅을 따라가기 때문에 일반적 환율보다 훨씬 높다.

해외 신용카드 영수증

이런 DCC 결제에 대해 선택권을 주는 곳도 있다. 여행 중 스위스에서 기차표를 신용카드로 결제하려 했을 때, 시스템에서 스위스 프랑<sup>CHF</sup>과 원화<sup>KRW</sup> 중 고를 수 있었다. 원화를 선택하면 DCC 결제이므로, 당연히 스위스 프랑으로 결제했다. 문제는 많은 곳이 선택과정 없이 바로 원화로 DCC 결제를 해 버린다는 점이다. 원화로 결제했을 경우 취소하고 현지 통화로 재결제할 수도 있다.

주로 중국, 홍콩, 동남아 지역의 호텔과 식당, 쇼핑몰 등에서 원화결재를 당하는 경우가 많다. 대부분 앞 사례처럼 다시 현지 화폐로 결제할 수 있지만 중국 같은 곳에선 POS에서 아예 선택기능 없이 바로 DCC로 결제해 버리기도 한다. 그래도 영수증을 보면 어느 화폐로 결제했는지 확인할 수 있으므로 DCC밖에 결제가 안 된다면, 일단 결제하고 양전표에 DCC를 원하지 않았음을 적어 한국에 와서 클레임을 걸 수밖에 없다.

## 02 DCC를 피할 수 있는 방법

DCC는 어느 정도 주의하면 피할 수 있다. 가장 대표적인 것이 신용카드사의 알림 문자서비스로, 결제하면 어떤 화폐로 결제되었는지 문자로 바로 확인할 수 있다. 해외 로밍 시에도 사용 내역을 문자로 받을 수 있어 카드 도용뿐만 아니라 DCC 내역

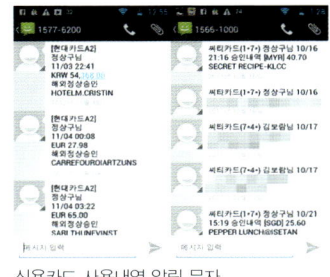
신용카드 사용내역 알림 문자

을 살펴보기에 좋은 서비스이다. 유로로 결제되면 EUR, 원화 KRW, 말레이시아 링깃 MYR 등으로 표시된다. 대부분의 신용카드사가 이렇게 결제된 화폐를 알려주지만, 국민카드와 같이 결제 화폐와 상관없이 무조건 USD로 통보해주는 곳도 있으므로 해외에서 사용 시 구분해서 알려주는 신용카드를 사용하는 것이 좋다.

실제 현지화폐 결제와 원화 결제는 얼마나 차이가 날까? 경험한 바로는 4~8% 정도 추가 지불이 된다. 필자가 스페인 한 호텔에서 처음 결제했을 때 유로가 아닌 원화 54,371원이 결제되었다. 다음 날 직원에게 취소 후 유로로 재결제해 줄 것을 요청했고, 37.65유로가 결제되었다. 나중에 사용내역을 보니 55,038원이 취소되었고, 다시 52,596원(37.65유로)이 청구되었다. 결과적으로 2,442원(약 4.5%)이 더 지불될 뻔했던 것이다. 결제액이 크지 않아 차액이 얼마 안 되지만, 결제가 이십만 원만 넘어도 만단위로 차이가 나게 된다.

### 03 모든 신용카드가 해외에서 DCC로 결제될까?

현재 DCC는 마스터카드Mastercard와 비자Visa에만 적용되며, 그 외 아메리칸 익스프레스American Express, JCB, BC글로벌카드, 디스커버Discover, 은련 등의 카드는 적용하지 않고 있다.

아메리칸 익스프레스는 수수료가 1.4%로 높지만 DCC를 사용하지 않으므로, DCC가 강제 적용되는 곳에서는 오히려 득이 된다. 수수료가 없는 브랜드들은 아쉽게도

| 카드 브랜드 | 해외 결제 수수료 |
|---|---|
| 마스터카드, 비자(DCC 적용됨) | 1% |
| 아메리칸 익스프레스 | 1.4% |
| JCB, BC글로벌카드, 디스커버, 은련 | 0% |

전 세계적으로 통용되지 않거나 가맹점이 상대적으로 적다. 하지만 해당 카드를 이용하기 쉬운 특정 국가를 여행할 때는 유용하게 이용할 수 있다. 비자나 마스터카드 중에는 해외 사용 금액에 대해 수수료를 넘는 수준까지 포인트(또는 마일리지)를 적립해주는 카드도 있지만, DCC 마수에 걸린다면 그렇게 적립한 포인트도 사실상 마이너스가 된다.

다양한 브랜드의 신용카드

포인트 적립 등을 이유로 꼭 비자나 마스터카드를 사용해야 한다면, DCC 여부를 항상 먼저 확인하고 결제하는 것이 좋다. 만약 다른 카드를 써도 된다면 대안이 되는 카드를 쓰는 것이 오히려 안전할 수 있다. 이 부분은 해외에서 직접 결제하는 것뿐만 아니라 페이팔을 통하거나 해외 쇼핑몰 등에서 직구하는 경우에도 해당하므로 결제 전 꼭 이 부분을 확인해야 한다.

# 배낭과 캐리어,
# 어떤 것을 선택해야 할까?

한때 많은 사람들이 배낭여행이라면 당연히 배낭을 메고 여행을 한다고 생각했다. 하지만 요즘 여행 추세는 배낭 이외에도 끌낭, 캐리어(수트케이스) 등을 가지고 나가는 경우가 많다. 그렇다면 이세 가지 가방의 장단점은 무엇일까? 그리고 내 여행 스타일에 맞는 가방은 어떤 것일까?

## 01 배낭, 끌낭, 캐리어 장단점 비교

필자가 배낭여행을 시작할 때만 하더라도 캐리어를 가지고 여행하는 사람은 많지 않았다. 배낭여행이라는 말처럼 왠지 배낭을 메고 여행해야 될 것 같은 분위기였다. 지금도 여전히 외국인들은 자신의 키보다 큰 배낭을 메고 다니지만, 한국 사람들은 점차 캐리어를 선호하는 경향이 높아지고 있다.

도로가 잘 정비된 국가라면 캐리어 비중이 상대적으로 높다. 물론 도로가 좋지 않은 곳에서도 캐리어를 끌고 다니는 사람을 종종 볼 수 있다. 사실 여행하면서 '배낭이 좋냐, 캐리어가 좋냐'라는 질문은 고리타분한 주제이다. 답은 '자기 편한 게 최고'이기 때문이다. 또한 배낭과 캐리어는 장단점이 서로 상충되다보니 그 중간형 끌낭이라는 가방도 존재하지만 오히려 어중간하게 여겨진다.

### • 배낭의 장단점

배낭은 등에 메는 형태이기 때문에 상대적으로 지형의 영향을 덜 받는다. 땅이 울퉁불퉁하거나 계단을 오르내리는 것과 같은 상황에서도 이동이 쉽다. 특히 무게가 부담스럽지 않은 경우에는 빠르게 이동할 수 있어 편리하다. 또한 등에 메고 다니기 때문에 이동할 때 추가로 다른 물건을 손에 들 수도 있다.

반면 배낭을 메고 장시간 걸어서 이동해야 한다면 어깨에 상당한 무리가 따를 수밖에 없다. 역에서 숙소까지 거리가 멀다면 고통은 배로 늘어나게 된다. 또한 배낭은 짐을 차곡차곡 쌓아나가는 형태라 짐 정리가 불편하다. 최근에는 이러한 점을 개선

배낭을 멘 여행자들

투어를 위해 모인 배낭과 캐리어들

하여 옆이나 아래를 따로 열 수 있는 배낭도 출시되지만 캐리어에 비해 짐정리가 불편한 것은 어쩔 수 없다. 형태를 온전히 보관해야 하는 상자의 경우 배낭에는 보관하기가 어렵고 특히 와인이나 위스키 같은 병은 이동 중에 깨지는 경우도 많다.

- ● **캐리어의 장단점**

장기 여행이라면 보통 짐의 무게가 10kg 이상은 된다. 이 무거운 짐을 메거나 들고 다닐 필요 없이 끌고 다닐 수 있는 것이 캐리어의 가장 큰 장점이다. 또한 서 있는 것이 힘들 때 의자 대용으로 활용할 수도 있고 열기만 하면 내용물을 쉽게 확인할 수 있기 때문에 짐정리도 편리하다. 배낭과 달리 병으로 된 주류나 소프트케이스로 포장된 선물도 보관하기가 상대적으로 용이하다.

캐리어에 앉아서 쉬는 여행자의 모습

반면 계단이나 바퀴가 굴러가기 힘든 지형에서는 들고 다녀야 하는데 손으로 들었을 때의 무게는 등으로 멨을 때보다 훨씬 크게 느껴진다. 특히 계단이 계속 이어지는 지하철을 이용할 때는 상대적으로 더욱 불편함을 느낄 수 있다. 또한 끌고 다녀야 하기 때문에 한 손은 항상 주시를 해야 한다. 울퉁불퉁한 길에서 끌고 다니다 바퀴가 고장 나면 여행이 아닌 고생이 되는 경우도 있다. 그렇기 때문에 캐리어 제1 선택 조건은 바퀴의 견고성이 대두된다.

기차에 실린 캐리어들

끌고 가는 캐리어

- ● **끌낭의 장단점**

끌낭은 배낭의 장단점과 캐리어의 장단점을 동시에 가지고 있기 때문에 끌낭만의 장단점을 꼭 짚어서 말하는 것은 어렵다. 배낭처럼 멜 수도 있지만 메기 위해 나온 것이 아니라 장시간 메고 다니면 등이 굉장히 불편하다. 캐리어처럼 끌 수도 있지만 바퀴가 최적화되어 있지 않아 길이 조금만 울퉁불퉁해도 끌고 다니기가 불편하다. 게다가 전문적으로 다루는 브랜드도 거의 없다보니 전체적인 완성도가 부실한 경우가 많다. 짐의 무게가 가볍다면 나름 대안이 될 수 있지만, 크기가 큰 끌낭이라면 실질적으로 여행 내내 메고 다닐 일이 거의 없을지도 모른다. 어중간한 형태의 끌낭이라면 여행을 떠나는 사람들에게 거의 추천하지 않는다.

## 02 내 여행 스타일에는 어떤 것이 적합할까?

사람마다 각자의 스타일이 있고, 어떤 것이 더 유용한가는 각자가 판단할 수밖에 없다. 필자도 배낭을 선호하지만 3박 4일 정도로 이동이 많지 않은 짧은 일정이라면 기내로 가지고 갈 수 있는 21인치 캐리어를 많이 이용한다. 하지만 이동이 많고 장기 여행을 할 때는 배낭을 선호한다. 그 외에도 자신이 어떤 여행을 할 것이냐에 따라 배낭과 캐리어의 선택은 달라질 수 있다.

### • 배낭이 적합한 여행

장기 여행이라도 여행하는 곳이 더운 곳이라면 짐 대부분을 차지하는 옷 부피가 줄기 때문에 배낭을 메더라도 큰 부담이 되지 않는다. 보통 남자는 15kg, 여자는 10kg 이내로 짐을 쌀 수 있다면 배낭이 적합하다. 또한 인도처럼 도로사정이 좋지 않은 국가는 캐리어를 끄는 것이 오히려 불편하고, 고장 날 확률도 높아 배낭이 편리하다. 의외로 많은 사람들이 유럽은 도로가 잘 되어 있을 거라 생각하지만 옛길이 잘 보존되어 있어 울퉁불퉁한 자갈길도 자주 마주치게 된다. 보통 이동이 많고 자유여행을 한다면 배낭이 더 적합하다.

포장은 되었지만 울퉁불퉁한 길

계단이 가득한 길

### • 캐리어가 적합한 여행

배낭과 반대로 여행하는 곳이 추운 곳이라면 옷 외에도 장갑이나 신발과 같은 부수적인 짐들이 많아진다. 그러다보면 의도하지 않았던 짐 때문에 무게가 많이 늘어나게 된다. 배낭 하나에 다 채워 넣는 것도 문제지만 이 무게를 메고 여행한다는 것이 결코 만만치 않을 것이다. 이럴 때 캐리어라면 부담스러운 무게를 멜 필요 없이 끌고 다닐 수 있어 편리하다. 또한 여행하는 도시의 도로가 잘 포장되어 있어 캐리어를 끄는데 문제가 없다면 두 말할 필요가 없다.

3박 4일에서 1주일 정도의 휴양지 또는 대도시로 떠나
는 단기 여행이나 패키지 여행, 출장이라면 캐리어가
좋은 선택이다. 단기 여행은 도시 이동이 거의 없기
때문에 캐리어를 숙소에 두고 다닐 수 있기 때문
이다. 또한 패키지 여행의 경우 이동수단을 여행
사 측에서 제공하기 때문에 굳이 배낭을 메고
다닐 필요가 없다. 여행의 느낌을 내기 위해
배낭을 메는 것도 좋지만, 이런 경우에는
캐리어가 적격이다.

도로사정이 좋다면 캐리어가 편하다.

사실, 어떤 것을 선택하는 것이 최선이라고 답해줄 수는 없다. 유럽 여행에도 배낭을
멜 수 있고, 캐리어를 끌 수도 있기 때문이다. 필자는 계단 등에서 불편함을 제외한다
면 여행에는 캐리어가 더 편하다고 생각한다. 예전에는 여행을 몸으로 느끼고 싶어 배
낭을 좋아했다면, 지금은 장기간 여행이 아닌 이상 캐리어를 선호한다. 하지만 여전히
배낭이 더 적합한 여행도 있는 만큼, 그때그때 자신의 상황에 맞게 선택해야 한다.

## 03 배낭 선택은 어떻게?

배낭을 메고 여행할 것이라면 다소 비싸더라도 배낭의 품질를 따져봐야 한다. 가격
이 저렴한 배낭은 여행 도중에 문제를 일으킬 가능성이 상대적으로 높다. 배낭을 고
를 때에는 직접 착용해보고, 자신의 여행 기간과 체력을 감안해서 적당한 크기로 구
입하는 지혜가 필요하다.

## • 등산 전문 브랜드제품을 고르자

배낭의 경우 등산 브랜드 제품을 선택하는 것이 좋다. 국내 등산 전문 브랜드인 K2, 코오롱부터 해외 브랜드 라푸마, 그레고리, 서밋 등 다양한 등산 브랜드가 있다. 이러한 등산 전문 배낭은 여러 가지 기능적인 요소뿐만 아니라 배낭 자체의 품질도 좋다. 여행전문 브랜드에서도 최근 품질이 향

여행도중 손잡이가 끊어졌던 가방

상된 배낭을 내놓지만, 이름도 없는 제품들이 여전히 싼 가격을 무기로 유혹하고 있어 저렴한 것을 골랐다가 추후 많은 문제들에 직면할 수 있다.

배낭의 손잡이가 끊어지거나 옆구리가 터지는 경우, 체형에 맞지 않는 형태 때문에 메고 다니면서 계속 불편한 경우, 배낭에 달려있던 부속주머니가 어느 순간 사라져 버리는 경우 등 다양한 문제가 여행 도중에 발생한다. 특히 이런 문제들은 하루 이틀 사이에 발생하는 것이 아니라 여행 중간에 발생해 여행자를 아주 난감하게 만든다. 배낭은 여행을 단 한 번만 갈 것이 아니고, 나중에 등산 등에도 이용할 수 있기 때문에 좋은 제품으로 선택하는 것이 현명한 방법이다.

## • 직접 착용해보고, 자신에게 맞는 것을 고르자

요즘 배낭들은 등판의 높낮이도 조절할 수 있고, 가방 프레임도 잘 구성되어 있으며, 어깨끈뿐만 아니라 무게를 분산할 수 있는 허리벨트나 가슴 연결 부위 등도 모두 튼튼하게 만들어져 있다. 하지만 직접 눈으로 확인하고 착용해보면서 튼튼한지, 자신에게 잘 어울리는지 등을 잘 살펴보는 것이 좋다. 또한 배낭 주머니들의 배치가 얼마나 편리하게 되어 있는가를 확인하는 것도 중요하다. 이러한 것들은 인터넷으로 쉽게 확인할 수 없기 때문에 직접 보고 고르는 것이 도움이 된다. 외부 주머니가 많으면 도둑의 표적이 될 가능성이 있으므로 적절하게 배치되어 있는 배낭이 좋다.

하단을 분리할 수 있는 형태의 배낭

등산 배낭 대부분은 위로 모든 것을 넣고 꺼내는 탑로드 방식이다. 하지만 최근에는 탑로드 방식이라도 배낭 하단부분을 따로 열 수 있도록 디자인된 것들도 나오고 있으므로, 자주 물건을 꺼내야 한다면 이런 형태의 배낭을 고르는 것도 좋다. 외

등 부분 높이를 조절할 수 있는 배낭

부로 돌출된 주머니나 열리는 곳이 많은 형태일수록 고장 날 확률이 높아지므로 더욱 꼼꼼히 확인해야 한다.

### • 무조건 크다고 좋은 것은 아니다

보통 1달 정도를 여행한다면 여자는 40~45L정도, 남자라면 45~60L 정도의 배낭이 좋다. 외국 여행자들은 남녀노소를 가리지 않고 60~80L 단위의 배낭을 많이 메지만, 체형이 작은 한국인들은 이렇게 큰 배낭을 메는 것이 부담스러울 것이다. 혹시라도 여행을 하면서 짐이 늘어날 것을 걱정한다면 배낭의 위쪽에 천을 이용해서 공간을 확대할 수 있는 형태의 배낭을 이용하는 것도 좋은 방법이다.

배낭의 단위가 크면 좋지만, 그만큼 무게도 늘어난다. 보통 1.5~2.5kg 사이의 배낭들이 많은데, 배낭이 가벼우면 천 재질이 약할 수 있기 때문

60L 사이즈의 배낭

에 잘 살펴봐야 한다. 가벼운 것을 고르더라도 마감이 잘 되어 있고, 튼튼한 천을 사용한 것으로 골라야 한다.

## 04 캐리어 선택은 어떻게?

캐리어는 보통 여성이나 출장이 잦은 사람들이 많이 이용하며, 평지이동이 많은 여행지를 갈 때 유용하다. 아무리 무겁더라도 끌고 다니면 되기 때문에 편리하고, 출장의 경우 정장 같은 옷이 구겨지지 않아 편리하다. 캐리어는 무조건 튼튼한 것을 우선 고려해야 한다.

### • 바퀴가 튼튼한 것을 고르자

캐리어 선택의 제1 조건은 디자인이나 크기보다는 바퀴이다. 브랜드 제품이라면 전체적으로 튼튼하기 때문에 별 문제가 없다. 캐리어는 바퀴가 외부로 돌출된 형태와 내부에 장착된 형태가 있는데, 내부에 장착된 바퀴가 훨씬 더 튼튼하다. 외부로 돌출된 경우 충격을 받을 가능성도 높고,

캐리어 바퀴가 튼튼한지 꼭 확인하자.

바퀴 자체가 아니라 바퀴를 고정하는 부분에서 고장이 나는 경우도 있기 때문이다.

## • 사용하기에 적당한 크기를 선택하자

1주일 이내로 즐기는 단기 여행이라면 기내까지 들고 갈 수 있는 21인치 정도의 사이즈가 적당하다. 하지만 기간이 더 길어진다면 짐의 양에 따라 24인치 전후를 선택하는 것이 좋다. 홍콩이나 싱가포르처럼 여행의 목적이 쇼핑이라면 보통 27인치 정도의 큰 캐리어를 많이 이용한다. 그보다 큰 캐리어는 대형 수하물로 분류될 수 있으며, 부피가 큰 만큼 이동 시 불편해진다. 또한 큰 캐리어는 여행 중 크기가 맞는 로커가 없어 짐을 보관하는데 애를 먹을 수도 있다.

1 로커의 크기는 다양하다.
2 장기 체제가 아닌 이상 너무 큰 것은 자제하자.
3 가득 실은 짐들

## • 이왕이면 튀는 디자인을 선택하자

캐리어는 배낭보다 정형화된 디자인이 많다. 이런 디자인은 여행지에서 짐을 찾을 때 다른 사람의 것과 혼동되기 쉬워 자칫하면 짐이 바뀌거나 분실될 염려도 있다. 이를 방지하기 위해 캐리어에 따로 태그를 달기도 하지만 직관적으로 구별할 수 있는 디자인의 캐리어를 구입한다면 이런 걱정은 다소 덜 수 있다.

캐리어는 일반적으로 선호되는 색상보다는 독특한 색상이나 디자인, 캐릭터 등이 그려진 캐리어를 고르는 것이 자신의 짐을 쉽게 찾을 수 있어 여행할 때 관리가 편해진다. 이미 구입한 캐리어가 평범하다면 스티커를 이용하거나 여러 가지 장식을 해서 눈에 띄게 만드는 것도 좋은 방법이다.

- **소프트케이스와 하드케이스**

하드케이스가 짐을 보관하기에는 더 안전하겠지만 1kg도 부담되는 여행에서 5~7kg
에 달하는 하드케이스 무게는 환영받기 어려울 것이다. 소프트케이스 캐리어도 튼튼
한 것이 많고, 수하물로 보낼 때 충격에 약한 물건들만 신경 써서 정리한다면 소프
트케이스가 오히려 좋다. 여행의 목적 및 취향에 따라서 좀 더 안정적인 것을 원한다
면 하드케이스를 선택할 수 있다.

## 05 보조가방과 크로스백은 필수

캐리어와
작은 크로스백

지금까지 '배낭이 좋다. 캐리어가 좋다'라고 이야기했지만 실제 한
여행지에서 다른 여행지로 이동할 때를 제외한다면 배낭이나 캐
리어는 숙소에 두고 다니기 마련이다. 한 여행지 내에서 이동할
때에는 일반적으로 작은 보조가방이나 크로스백만을 이용하
게 된다. 보조배낭은 뒤로 매기 때문에 항상 도난에 대한
주의를 해야 한다. 이 또한 걱정이 된다면 다양한 크
기의 크로스백을 옆 또는 앞으로 메고 다녀도 된
다. 간단한 가이드북과 지도, 작은 물병 하나 담을
수 있는 정도의 크기면 충분하다.
보조가방과 크로스백은 노트북이나 태블릿, 카메
라와 같은 고가 장비들을 수하물로 부치지 않고
안전하게 가지고 다니기 위해서도 사용된다. 고가의 가전제품이나 선물 등을 보관
하기 용이하며, 당일치기로 투어를 할 때에도 유용하므로 하나정도는 준비하는 것
이 좋다.

카메라 가방도 크로스백으로 좋다

커다란 배낭과 보조가방

74

# 짐 싸기와 여행 물품
## 체크리스트

여행을 하는데 있어서 짐을 싸는 것은 굉장히 중요하다. 짐이 무거우면 무거울수록 여행이 힘들어지기 때문에 꼭 필요한 물건만 챙겨가는 지혜가 필요하다. 하지만 처음 가방을 싸는 사람이라면 말처럼 쉽지는 않다. 이럴 때 '사용할 일이 있겠지' 싶은 물건들은 다 가져가지 않아도 크게 불편하지 않다는 것만 기억하면 된다.

## 01 짐 싸기에도 요령이 있다

여행 가방은 여행 기간에 따라 꼭 가져갈 것이 달라진다. 단기 여행에서 필요 없던 물건이 장기 여행에서는 필요한 물건으로 변하는 경우도 많다. 1주일 이내의 단기 여행이라면 한두 가지쯤은 없어도 잠깐 불편하면 그만이지만, 장기 여행에서는 현지에서 구하기 힘들 물건일수록 여행 자체를 힘들게 한다. 안경

잘 정리해 놓은 캐리어

과 같이 한국에서는 저렴하고 쉽게 구할 수 있는 물건도 해외에서는 오랜 시간이 걸려야 겨우 구할 수 있는 물품도 많다.

옷이나 생필품 등과 같이 부피를 많이 차지하고 가격이 많이 나가지 않는 물건은 배낭이나 캐리어에 넣고, 카메라, 노트북, 스마트폰, 여권 등 중요한 물건들은 보조가방에 넣어야 한다. 그리고 보조가방은 항상 도난과 분실에 신경을 쓰는 것이 좋다. 캐리어의 경우 자신의 취향에 맞게 짐을 싸는 것이 가능하지만 배낭은 짐을 잘 싸야 한다. 배낭을 쌀 때는 아래엔 가벼운 것, 위에는 무거운 것의 형태로 싸면 되는데 옷을 먼저 차곡차곡 쌓고 그 다음에 다른 물건들을 채워나가면 된다.

짐을 쌀 때는 각각 종류별로 구분해서 정리하면 좋다. 속옷은 속옷끼리, 상의와 하의를 별도로 구분하고, 기타 여행용품은 각각 수납용 백에 넣어서 다니면 여행 도중 필요한 물건을 금방 찾을 수 있게 된다. 또한 여분의 비닐백을 준비하면, 빨래를 모았다가 한 번에 할 수 있어 편리하다.

**여행 필수품 체크리스트**

여행을 할 때 필수적으로 가져가야 하는 물건들이 있다. 이 물건들은 없으면 여행이 아예 불가능하거나 여행 중에 많은 문제가 발생할 가능성이 높다. 여행 필수품은 여행 출발 전에 다음 리스트에 있는 물건만이라도 꼭 다시 한 번 체크해보는 것이 좋다.

| 항목 | 내용 | 준비여부 |
|---|---|---|
| 여권 | 만료일이 6개월 이상 남은 여권 | |
| 항공권 | 원하는 목적지로 가기 위한 티켓. 요즘에는 E-ticket으로 출력한다. | |
| 현지화폐/달러화폐 | 여행지의 현지화폐를 미리 준비하면 편리하다. 한국에서 환전할 수 없는 화폐는 달러로 환전해가는 것이 좋다. 유로가 널리 사용되는 유럽에서는 달러가 굳이 필요 없지만, 비상금 개념으로 가지고 있으면 좋다. | |
| 각종 증명서 사본 | 여권 복사본, 신분증 복사본, 항공권(E-ticket), 여권용 사진 등을 별도로 보관하자. 도난 등의 문제가 생겼을 때 유용하다. | |
| 연락처와 바우처 | 문제가 생길 때를 대비해 한국의 긴급 연락처 및 현지 숙소 등의 연락처는 꼭 가지고 간다. 숙소 및 투어 등을 한국에서 미리 예약했다면 이에 따른 바우처도 꼭 출력해가야 한다. | |
| 국제현금카드 | 현지에서 현금을 찾을 수 있는 가장 유용한 방법이다. PLUS와 CIRRUS가 찍힌 국제현금카드를 각각 1개씩 준비하는 것이 좋다. | |
| 신용카드 | 만약의 경우를 대비해서 최소 1장정도 준비한다. 특히 호텔에서 숙박하거나 렌터카를 빌릴 때 보증금의 용도로도 사용되므로 필수적이다. 현금카드 인출이 안 되는 경우에도 신용카드 현금서비스는 작동되기도 한다. | |
| 의약품 | 소화제, 밴드, 연고, 지사제(설사약), 소독약, 종합감기약, 소염제, 진통제, 멀미약 정도는 미리 작은 키트로 만들어두면 편하다. 다만 약의 유효기간을 감안해 1~2년 주기로 계속 교체해주는 것이 좋다. | |
| 의류 | 의류는 현지 사정에 맞춰 가져가야 한다. 더운 곳이라도 갑작스러운 날씨 변화에 대비해 재킷이나 긴팔 한 개정도는 가져가는 것이 좋다. 휴양지라면 수영복은 필수이며, 속옷은 최소 3일정도 입을 수 있는 분량을 준비해야 한다.<br>단기 여행이라면 옷을 많이 가져가도 되지만, 장기 여행이라면 무게를 고려해 가볍고 편한 옷 위주로 준비하는 것이 좋다. 여행이 길어지면 대부분 헤지지만, 여행 도중 사진으로 자신의 모습이 남기 때문에 최소한의 옷은 챙겨야 한다. | |
| 신발 | 일반적으로 신는 편한 운동화와 슬리퍼 대용으로 사용할 수 있는 가벼운 샌들을 준비하자. 더운 나라로 단기 여행을 갈 때에는 샌들만으로도 충분하다. | |
| 소형자물쇠 | 중요한 물건이 담긴 보조가방을 잠글 수 있는 소형자물쇠는 필수이다. 3천원 전후의 자물쇠를 2~3개 정도 준비하면 충분하다. 자물쇠만으로도 도난 가능성을 크게 줄일 수 있으며, 다이얼형 자물쇠가 편리하다. | |
| 휴대폰 | 스마트폰이 대중화된 요즘 휴대폰은 해외에서도 유용하게 이용할 수 있다. 시간 확인과 알림, 지도와 여행정보, 사진 촬영, 어학 사전 등 수많은 앱을 이용하여 여행을 더욱 편하게 즐길 수 있다. | |

## 03 추천 여행 물품 체크리스트

추천 여행 물품은 여행 중에 도움이 되는 물건들이고, 대부분 부피가 크지 않으므로 준비해 가는 것이 좋다. 선글라스나 선크림 같은 것은 지역에 따라 필수품이 되기도 하고, 렌터카 여행을 한다면 국제운전면허증도 필수로 가지고 가야 한다.

| 항목 | 내용 | 준비여부 |
|---|---|---|
| 세면도구 및 화장품 | 단기 여행을 한다면 굳이 가져갈 필요가 없지만, 평소 사용하던 제품을 사용해야 한다면 샘플 사이즈나 여행용으로 파는 것을 준비하자. 장기 여행의 경우 여행용 제품을 준비했다가 모자라면 현지에서 구입할 수 있다. | |
| 가이드북 | 가이드북은 한 권 정도 가져가는 것이 도움이 된다. 여러 국가를 여행하는 경우에는 여행국 전체가 통합된 가이드북을 구입하거나 먼저 방문하게 될 1~3개 국가의 가이드북만 준비하고 나머지는 현지에서 구입하면 된다. | |
| 마일리지카드 | 대한항공이나 아시아나항공은 주민등록번호만으로도 적립이 가능하지만 다른 항공사에 마일리지 적립하려면 마일리지카드가 필요하다. 여권과 함께 넣어 가지고 다니면 편리하다. | |
| 국제운전면허증 | 반명함 사진과 7천 원만 있으면 10분 내로 발급받을 수 있다. 단기 여행은 렌터카 이용이 확실할 때 발급받으면 되지만 장기 여행의 경우 언제 이용하게 될지 모르므로 꼭 가지고 가자. 국제운전면허증의 유효기간은 1년이다. | |
| 국제학생증, 유스호스텔증 | 국제학생증과 유스호스텔증은 유럽이나 미국 등을 여행할 때 유용하다. 1달 이상의 장기 여행이라면, 자신의 여행 루트에 따라서 발급받을지 여부를 결정하는 것이 좋다. | |
| 지퍼백 | 1L 사이즈의 지퍼백은 기내에 액체나 젤류를 가져갈 때에도 편리하지만 각종 증빙서류를 보관하거나 여러 가지 물건을 정리해서 보관하는데 유용하다. 샤워 시에도 중요 물건을 넣어 가벼운 방수용도로 사용할 수 있다. | |
| 지갑 | 동전지갑 형태의 단순한 지갑을 이용하는 것이 좋다. | |
| 모자, 선글라스, 선크림 | 햇볕이 강렬하게 내리쬐는 여행지일수록 이와 같은 물건들이 필요하다. | |
| 복대 | 가장 고전적이면서 안전한 돈 보관 방법이다. 다소 불편하겠지만 도난방지를 위해서 준비하는 것이 좋다. | |
| 디지털카메라 | 카메라는 여행의 기억을 남겨주는 좋은 도구이다. 작은 콤팩트카메라라도 한 개정도 들고 가자. 여분의 배터리와 메모리는 필수이다. | |
| 타월 | 저렴한 숙소나 게스트 하우스에는 타월이 마련되어 있지 않은 경우가 많으므로 빨리 마르는 스포츠타월 종류로 2개 정도 준비하면 좋다. | |
| 멀티플러그 및 어댑터 | 한국에서 사용되지 않는 콘센트 형태를 가진 국가를 여행할 때 필요하다. II자 형태의 플러그는 300~500원 정도면 구입할 수 있고, 멀티플러그도 3,000~5,000원 정도면 구입할 수 있다. 또한 작은 형태의 멀티 어댑터를 가져가면 한 번에 여러 개의 전자기기를 연결할 수 있어 편리하다. | |
| 생리대, 탐폰 | 장기 여행 시 현지에서 조달이 가능하나 한국의 것과는 많이 다르기 때문에 적응이 필요하다. | |

**선택 여행 물품 체크리스트**

선택 여행 물품은 지역에 따라 필요할 수도 있고, 전혀 필요 없는 물건일 수도 있다. 모두 가지고 가면 여행에 도움이 되지만 사람에 따라 필요 없을 수도 있다. 여행 기간이나 여행지 등에 따라 필요 여부를 체크해보고 꼭 필요하다고 생각되는 것들로만 챙기면 된다.

| 항목 | 내용 | 준비여부 |
|---|---|---|
| 모기 기피제 | 동남아 같은 여행지에서 모기 기피제는 큰 효과를 발휘한다. | |
| 손톱깎이 | 1달 이상 여행을 계획한다면 손톱깎이도 필요하다. | |
| 반짇고리 | 장기 여행에서 옷이 헤지거나 배낭 등의 터진 곳을 응급조치하는데 필요하다. 가지고 다니면 곳곳에서 유용하게 사용할 수 있다. | |
| 세제 | 장기 여행 시 지퍼백에 넣어가지고 다니면서 빨래할 때 유용하다. 캡슐형태로 된 여행용 세제도 있다. | |
| 책 | 무료한 시간을 달래줄 수 있는 책은 여러 번 읽어도 좋은 책 종류를 선택한다. | |
| 알람시계 | 알람기능이 있는 손목시계나 작은 알람시계는 차 시간이나 투어 시간을 놓치지 않게 해준다. | |
| 태블릿 | 장거리 이동 시 무료함을 달래는 친구가 된다. 여행 바우처 등을 저장해두기에도 좋다. | |
| 다이어리 | 여행 일정 관리 및 일기를 적는 용도로 사용한다. | |
| 노트북 | 장기 여행을 하는 여행자에게 사진 저장 및 인터넷을 할 수 있어 유용하다. 노트북이 부담된다면 사진파일만이라도 백업할 수 있는 외장하드디스크도 유용하다. | |
| 삼각대 | 여행 중에 야경을 촬영할 일이 있거나 신혼여행과 같이 둘이 찍은 사진이 필요하다면 유용하다. 하지만 장기 여행에서는 짐이 되는 경우가 더 많다. | |
| 예방접종, 예방약 | 아프리카나 남미 같은 지역으로 갈 때는 황열병 예방접종, 말라리아 예방약 등이 필요하다. 그 외에도 지역에 따라서 예방접종이 필요한 경우가 있다. | |
| 맥가이버칼 | 다양한 상황에서 유용하게 사용할 수 있으며, 특히 과일을 깎아먹거나 와인 코르크를 딸 때 유용하다. | |
| 비상식량 | 튜브형 고추장, 포장된 볶음김치, 라면 몇 개 정도는 여행의 활력소가 된다. | |
| 우산 | 여행지에 비가 올 가능성이 있어 필요하다. 비가 자주 오는 곳이라면 꼭 가져가는 것이 좋으며, 작은 것이라도 무방하다. | |
| 물티슈 | 현지에서는 의외로 구하기 힘든 물건이다. 무엇을 흘렸을 때 닦거나 간단하게 세안할 때 유용하다. | |
| 침낭 | 장기 여행자에게 추천하는 물건이다. 오리털로 된 가볍고 작은 여름 침낭은 장시간 버스 이동 시 베게 대용으로 사용할 수 있고, 숙소가 지저분할 경우 대체 용도로 활용할 수 있다. | |

# 여행 중 현금을 모두 도난당하거나 분실한 경우

여행을 하면서 다양한 사고사례가 있지만, 가장 당황스러운 것 중의 하나가 수중에 돈이 하나도 없을 때이다. 강도에게 짐을 모두 털렸다거나 지갑을 소매치기 당했다거나 현금을 모두 사용했는데 직불/체크카드와 신용카드의 마그네틱이 손상되는 등 다양한 이유로 더 이상 여행 경비가 없는 경우이다. 요즘은 비행기의 E-ticket이 일반화되어 비행기표 걱정은 없지만, 당장 사용할 여비가 없다면 과연 여행을 계속 이어갈 수 있을까? 이런 경우에 해결할 수 있는 방법이 몇 가지 있다. 바로 웨스턴유니언과 재외공관을 통한 송금, 그리고 한국 사람에게 부탁하는 방법이다.

## ● 웨스턴유니언을 이용한 송금

웨스턴유니언(www.westernunion.co.kr)은 가장 잘 알려진 송금수단이다. 송금에 따른 수수료가 비싸다고 알려져 있지만, 적은 금액이 아닌 큰 금액이라면 금액대비 수수료가 그리 크지는 않다. 전 세계 200여 개국에 44만여 개의 가맹점을 통해 돈을 찾을 수 있기 때문에 매우 편리하다. 영국과 나이지리아를 제외한 다른 국가에는 1일 1건당 미국달러로 $7,000까지 송금이 가능하다. 영국과 나이지리아는 1일 1건당 미국달러로 $1,000까지이다.

웨스턴유니언 지점

웨스턴유니언 홈페이지

한국에서는 국민은행, 기업은행, 농협, 하나은행, 대구은행, 부산은행 전 지점을 통해서 웨스턴유니언으로 송금할 수 있다. 일반적으로 송금할 때 수수료를 지불하고, 다른 국가에서 찾는 사람은 별다른 수수료를 지불하지 않는다. 국가에 따라서 때때로 수수료가 아닌 세금이 발생하기도 하는데, 이 세금이 발생하는 국가가 아님에도 수취인이 수수료를 내야 하는 것처럼 속이는 지점도 있으므로 웨스턴유니언을 이용해 현금을 찾을 때에는 그러한 것들도 살펴봐야 한다.

해외 웨스턴유니언 지점의 모습

## ● 재외공관을 통한 송금

해외여행 중에 가장 유용하게 이용할
수 있는 것이 바로 재외공관을 통한 송
금이다. 한국에서 웨스턴유니언을 통해
송금하려면 은행을 가야 하는 불편함
이 있다. 또한 주말에도 영업하는 지점
이 있지만, 한시가 급할 때 몇 개 되지
않는 영업점을 찾아가는 것도 쉬운 일
은 아니다. 하지만 재외공관을 통한 송
금은 재외공관 지정 계좌로 입금만 하
면 현지에서 그 금액을 바로 찾을 수 있
는 제도로 한국에 있는 가족이 온라인
으로 송금을 해도 되기 때문에 빠르게

로스앤젤레스 대한민국 총 영사관

돈을 찾을 수 있다. 외교통상부에서 '신속해외송금지원서비스'라는 이름으로 제공하
는 이 서비스는 1회에 한해 $3,000까지 송금 받을 수 있다. 현지 국제전화코드+800-
2100-0404(무료)로 전화하면 서비스를 받을 수 있다.

특히 한국과 시차 때문에 낮과 밤이 다른 미국이나 유럽 같은 곳에서 온라인 송금은
굉장히 유용하다. 또한 한국의 재외공관이 있는 국가라면 모두 서비스를 제공하고 있
기 때문에 현금이 없어 곤란한 상황에 처했을 때는 대사관이나 영사관을 찾아가도록
하자. 물론 재외공관은 수도에 있는 경우가 대부분이기 때문에 이 역시 지방의 도시에
있을 때는 이용이 불가능하지만 웨스턴 유니언과 재외공관 두 가지를 잘 활용하면 어
려운 상황에서 빨리 벗어날 수 있다.

● 현지에 살고 있는 한인에게 도움 요청하기

웨스턴유니언을 찾기 힘들고, 재외공관도 없는 도시라면 대처 방법이 그리 많지 않다. 한국인이 많이 살거나 여행하는 곳이라면, 한국 사람에게 부탁을 해볼 수 있다. 한국 사람이 해외에서 사고를 당했을 경우 도와주려는 한국 사람들이 의외로 많다. 현지 한인을 찾아가서 사정을 이야기하고 그 사람 통장으로 송금을 받는 방법도 있고, 같은 여행자 신분이라면 그 사람의 한국 통장으로 송금해주고 ATM기기를 이용해서 돈을 대신 찾을 수도 있다. 실제 여행을 하다보면 이런 방법으로 긴급 상황을 넘긴 후 현금카드를 DHL로 받거나 여행 마무리 비용을 해결하는 사람들을 여러 명 만날 수 있다.

하지만 이 방법은 사기꾼에게 크게 당할 수 있다는 단점이 있다. 같은 한국 사람이라도 사기를 치는 경우가 있어 송금을 받은 뒤 사라져버리는 경우가 있기 때문이다. 그러므로 사람을 믿고 송금 받는 방법은 웨스턴유니언과 재외공관을 통한 송금이 모두 불가능할 경우에 최후의 선택으로 남겨둬야 한다. 만약 미국과 같이 한국계 은행이 있는 국가라면 여권을 가지고 계좌를 연 뒤 송금을 받는 방법도 있다. 이 경우 송금을 받기까지 2~3일 정도의 시간이 소요될 수 있다.

1 미국 LA의 한국 상점
2 캐나다의 한인 상점
3 뉴욕의 한인 치킨집

여행을 하면서 정보를 수집하는 과정은 굉장히 중요하다.
같은 비용으로 여행을 하더라도,
정보가 많은 사람과 적은 사람은
여행방법에서 큰 차이를 보이는 경우가 많다.
특히, 단기 여행의 경우에는 사전 정보가 훌륭하면
그만큼 많은 부분에서 혜택을 누릴 수 있다.
여행 정보는 가이드북부터 인터넷에 있는
다양한 블로그와 카페, 그리고 지인들까지
수집할 수 있는 곳이 무궁무진하다.
어떻게 하면 여행 정보를 더 효과적으로
수집할 수 있는지 알아보자.

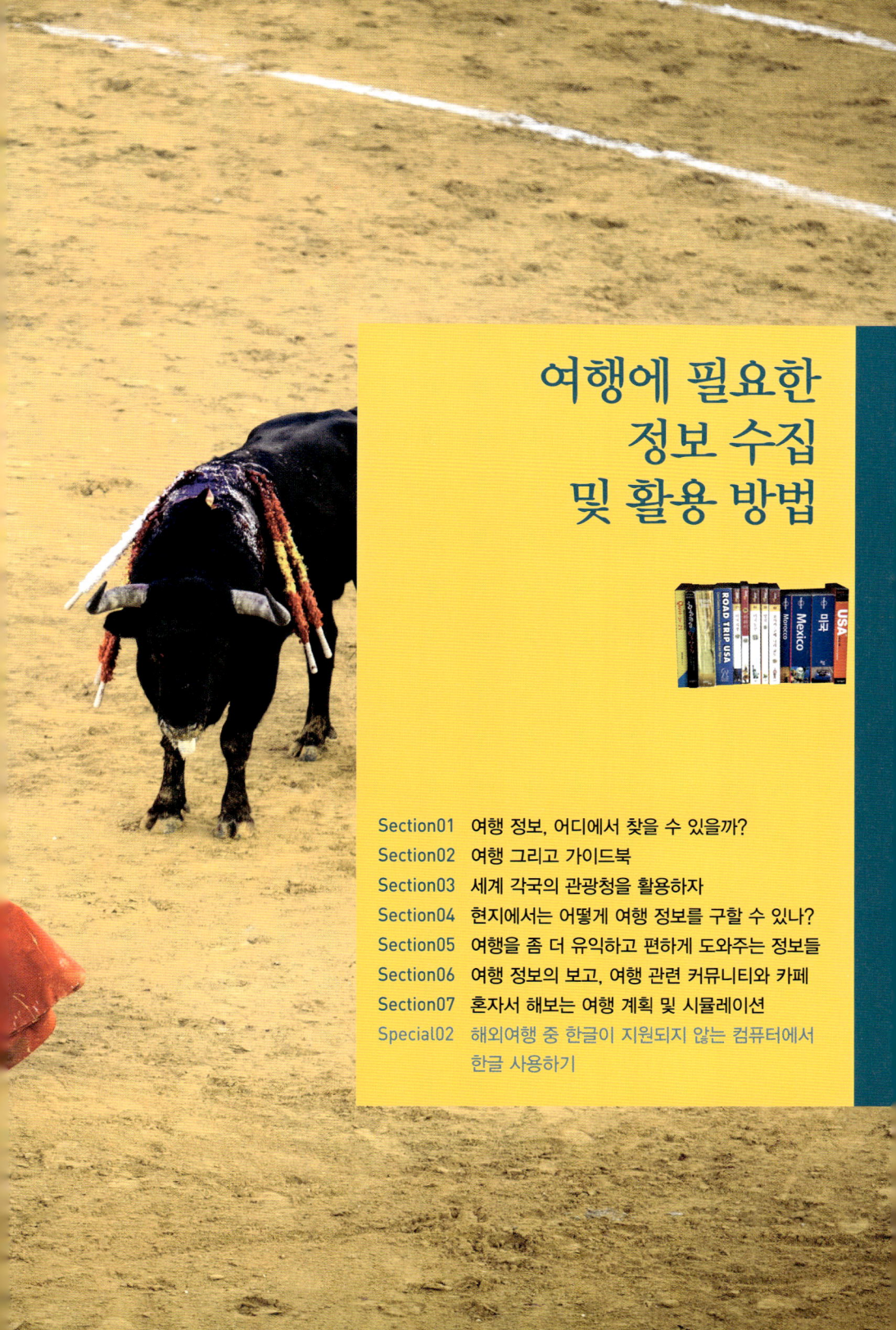

# 여행에 필요한 정보 수집 및 활용 방법

# 여행 정보,
# 어디에서 찾을 수 있을까?

가고자 하는 여행지에 대한 정보를 미리 알고 있는 것과 모르는 것은 천지차이다. 여행지에서 만나는 재미있는 경험이나 예상치 못한 아름다운 풍경은 우연을 기대해도 좋지만, 교통이나 숙소와 관련된 정보들은 미리 알고 가야 현지에서 당황하거나 바가지를 쓰는 일이 없다. 또한 다양한 방법으로 얻은 정보들은 100% 신뢰하기보다는 참고자료로 활용하되 자신의 판단을 믿는 것이 가장 좋은 여행 방법이다.

## 01 최신의 정보를 수집할 수 있는 인터넷

해외여행이 대중화되다보니 다양한 국가를 여행하는 여행자가 많고, 그들 중에는 블로그나 카페 등에 여행 경험담과 정보를 공유하는 사람이 많다. 이런 정보를 참고하면 시중에서 구입하는 가이드북보다 더 생생한 최신 정보를 얻을 수도 있다. 특히 사람들이 많이 가는 지역의 여행 정보는 매일매일 다양한 형태로 업데이트되기 때문에 자신이 원하는 정보만 쏙쏙 골라서 살펴볼 수 있고, 우리나라 사람들이 많이 가지 않는 나라조차도 책은 없을지언정 인터넷에서는 정보를 얻을 수 있는 경우가 많다.

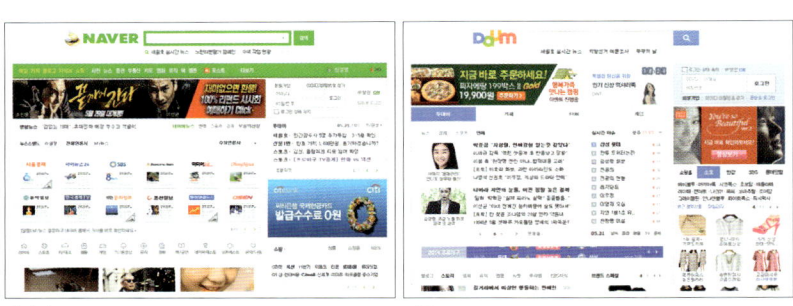

네이버                                    다음

인터넷은 이렇게 최신의 정보로 넘쳐나지만 가이드북처럼 정리되어 있지 않다는 단점이 있다. 그렇기 때문에 자신이 원하는 정보를 발견하면 따로 워드나 메모장에 기록해두는 것이 좋다. 그렇지 않고 계속 읽으면서 정보를 찾다가는 앞서 봤던 정보를 다시 찾으려고 헤매는 상황이 반복된다.

인터넷 자료의 또 다른 단점은 검증되지 않은 개인의 경험이라 100% 신뢰할 수 없다는 것이다. 글을 올릴 당시에만 그 정보가 그 사람에게만 일시적으로 해당됐을 수도 있고, 글을 쓴 사람이 실수로 다른 지역 정보와 혼동하여 게재할 수도 있기 때문이다. 이런 것들은 비슷한 정보를 많이 읽다보면 어느 정도 파악되기 때문에 그나마 걸러낼 수 있다.

## 02 가볍게 읽으면서 정보를 구할 수 있는 잡지

여행에 관한 다양한 정보와 뉴스뿐만 아니라 멋진 여행지 사진과 소개까지 나와 있어, 꼭 여행이 목적이 아니더라도 가볍게 보기 좋다. 현재 국내에서 발행되고 있는 여행 잡지는 대부분 월간지이다. 국내 여행 잡지에는 뚜르드몽드(www.tour-demonde.com), 론리플래닛매거진 코리아(lpmagazine.co.kr), 연합이매진(www.repere.co.kr), 에이비로드(www.abroad.co.kr), 트래비(www.travie.com) 그리고 더 트래블러매거진(www.thetravellermagazine.co.kr) 등이 있다.

뚜르드몽드                    트래비

여행 잡지는 정기구독이 아닌 이상 직접 서점에서 보고, 맘에 드는 기사가 실린 잡지를 구입하면 된다. 만약 과거에 실렸던 기사 중 다시 보고 싶은 기사가 있다면 잡지사에 연락해 과월호를 구해볼 수 있다. 최근에는 인터넷을 통해 컴퓨터나 태블릿으로 잡지를 볼 수도 있다. 여러 서비스들이 월정액 또는 권당으로 결제하면 원하는 콘텐츠를 볼 수 있다. 컴퓨터를 이용하는 대표적인 잡지는 모아진(www.moazine.com)이 있고, 앱으로 볼 수 있는 잡지 탭진(Tapzin)부터 잡지사에서 직접 운영하는 앱까지 그 종류도 다양하다. 또한 연합이매진의 경우는 과월호를 사지 않아도 될 만큼 많은 기사를 PDF로 제공한다.

PDF로 제공되는 연합이매진 기사

한국의 다양한 여행 잡지

## 03  여행의 길잡이가 되는 가이드북

가이드북 없이도 여행은 가능하겠지만 가이드북이 있다면 여행은 그만큼 쉬워질 것
이다. 오래된 가이드북보다는 최신 가이드북을 보는 것이 잘못된 정보로 인한 여행
지에서의 혼란을 방지할 수 있다. 서점에는 여러 나라의 여행 책자들이 진열되어 있
을 뿐만 아니라 유명한 여행지는 가이드북 종류가 너무 많아 어떤 것을 골라야 할지
모를 정도이다.

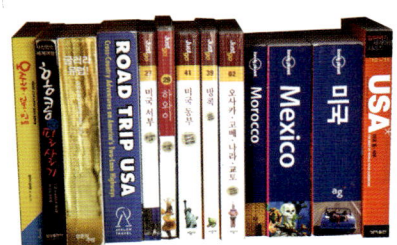

필자가 구입했던 가이드북

가이드북에 따라서 일반 배낭여행자가 아닌 럭셔리
한 여행자를 타깃으로 한 것도 있기 때문에 인터넷
으로 구입하기 보다는 서점에서 가이드북의 디자인
과 내용이 자신에게 맞는지 확인하고 구입해야 한
다. 또한 최근에 발행된 가이드북이라도 개정판인
경우 이전 발행본과 수정사항이 거의 없는 경우도
많기 때문에 평이 좋지 않은 가이드북은 피하는 것
이 좋다.

## 04  생생한 경험담이 살아 있는 선배 여행자

주변에 가고자하는 여행지를
이미 다녀온 사람이 있다면 그
사람에게 이야기를 듣는 것
도 좋은 방법이다. 가이드북이
나 일반 글에서 읽는 것과 달
리 체험을 직접 들으면서 궁금
한 점을 바로 해결할 수 있기
때문에 때로 정말 귀한 정보
를 얻을 수 있다. 물론 사람마

선배 여행자들로부터 생생한 경험담을 듣자

다 여행 스타일이 다르기 때문에 본인이 하고자 하는 여행과 다를 수도 있다. 하지만
사람들과 이야기하는 것만으로도 여행에 대한 기대치를 부풀릴 수 있기 때문에 즐거
운 시간이 된다. 특히 다녀온 사람이 말해주는 현지 여행 중 유의 사항은 반드시 기
억해두자. 해당 여행지에서 도난, 강도 등의 유형이라거나 렌터카를 했다면 운전법과
숙지할 것들의 생생한 경험은 책에서도 쉽게 찾아볼 수 없는 것이기 때문이다.

# 여행 그리고 가이드북

여행을 하면서 정보를 수집하는 것은 굉장히 중요하다. 그 중에서도 가이드북은 교통, 숙소, 식당 등의 정보뿐만 아니라 역사나 지역 정보까지 포함하고 있으므로 굉장히 유용하다. 하지만 무게를 고려해서 가이드북은 한 권만 가져가는 것이 좋고, 부족한 정보는 자신의 가이드북에 따로 메모하거나 프린트로 인쇄하여 가져가면 된다.

## 01 어떤 가이드북이 있을까?

여행을 하는데 있어 가이드북은 거의 필수라 할 수 있다. 여행지의 지도뿐만 아니라 숙박, 식당, 교통 등의 다양한 정보가 상세하게 소개되기 때문이다. 뿐만 아니라 해당 지역에 대한 설명도 추가로 볼 수 있기 때문에 여행지에 대한 이해를 한결 높일 수 있다. 아는 만큼 보인다는 말처럼 가이드북이 있으면 조금 더 재미있는 여행을 할 수 있다.

해외여행을 떠나는 사람이 많아짐에 따라 가이드북 종류도 매우 다양해졌다. 특히 한국 사람들이 많이 여행하는 중국, 일본, 동남아, 유럽, 미주 등의 가이드북은 그 정보도 풍부하고 여행자 스타일에 맞게 골라볼 수도 있다. 한국과 인접한 중국이나 일본 가이드북은 여행 가이드북의 바이블이라는 론리플래닛보다 훨씬 더 유익한 책도 많다. 그 외에도 홍콩, 뉴욕, 파리, 발리 등 특정 도시를 타깃으로 한 가이드북들도 많이 나와 있는데, 한 곳에 오래 머물 생각이라면 이러한 가이드북도 추천할 만하다.

하지만 아직까지도 한국 사람들이 많이 여행하지 않는 아프리카나 중남미, 중동 등의 가이드북들은 실제 그 내용이 형편없는 경우가 많다. 한 권의 책에서 너무 많은 곳을 소개하려고 하거나 몇 년 지난 가이드북을 번역한 것처럼 곳곳에 틀린 정보가 발견되기도 한다. 때문에 이런 지역을 여행하는 사람은 영

외국의 가이드북

문 가이드북인 론리플래닛<sup>Lonely Planet</sup>이나 풋프린트<sup>Footprint</sup> 등을 구입해보는 경우가 많다. 영문 가이드북은 온라인에서도 쉽게 주문이 가능하고, 영풍이나 교보문고 같이 대형서점에서 쉽게 구입할 수도 있다. 가이드북이 영문이라 다소 이해가 힘들 수도 있지만 그 구성에 익숙해지면 방대한 정보에 놀라게 된다. 다만, 국내 가이드북처럼 설명이 친절하지는 않고, 사진도 거의 없다는 점은 감안해야 한다.

## 02 　가이드북 선택 요령

가이드북은 서점에서 간단히 훑어보면
서 충실하게 만들어진 것인지 아니면
시기에 편성해서 급하게 만들어진 것인
지 파악한 뒤 구입하는 것이 좋다. 출
간 날짜가 2~3년 이상 지난 가이드북
은 현지 사정과 내용이 다를 수 있으
므로 구입을 자제하는 것이 좋다. 그
외에도 출판된 지 몇 개월 안 되었더라
도 기존 책의 개정판인 경우도 있는데

여러 종류의 책이 진열된 서점

이런 경우 기존 책의 서평을 꼼꼼히 따져보는 것이 중요하다. 특히 번역서 중에는 출
간 날짜는 오래되지 않았어도 실제 내용이 좀 지난 내용인 경우가 종종 있으므로 주
의해서 구입해야 한다.

각 가이드북이 각기 다른 정보를 많이 담고 있다고 해서 가이드북을 여러 개 들고
갈 필요는 없다. 책이지만 그 무게도 여행 중에는 부담이 될 수 있기 때문이다. 만약
친구와 함께 여행을 간다면 각기 다른 가이드북을 하나씩 사서 돌려보는 것도 좋은
방법이다. 혼자 여행을 떠난다면 가장 맘에 드는 가이드북을 구입하고, 부족한 정보
는 메모를 통해 해결하면 된다.

## 03 　가이드북을 100% 신뢰하지는 말자

실제 해외여행을 하다보면 가이드북에 지나치게 의존하여 가이드북 정보가 틀린 경
우 우왕좌왕하는 사람들을 만나게 된다. 가이드북은 아무리 최신 정보라 하더라도
책으로 만드는 절대적인 시간 이상 지나간 정보이고, 특히 개발도상국 같은 경우에
는 그 상황이 급변하기 때문에 100% 그 정보가 맞을 수 없다. 가이드북을 보고 특
정 장소를 찾아갔다가 없다면, 그냥 현지의 정보가 바뀌었거니 하면 된다. 때때로 성
의 없이 만들어진 몇몇 가이드북은 제대로 된 정보 자체가 없는 경우도 있다.

최신 정보를 알고 싶다면 인터넷을 찾아보자. 다음과 네이버 등에 개설된 수많은 여
행 카페뿐만 아니라 최근 많이 활성화된 블로그 등에서도 여행 정보를 쉽게 얻을 수
있다. 이렇게 얻은 정보를 깔끔하게 워드로 편집해서 출력하면 나만의 최신 가이드
북을 소유하는 것이 된다. 다만 인터넷 정보도 100% 정확한 정보가 아니라는 것을
항상 잊지 말아야 한다.

# 세계 각국의 관광청을 활용하자

외국의 관광청이 한국에 들어와 있는 이유는 무엇보다 홍보가 우선일 것이다. 그렇기 때문에 직접 여행과 관련된 자료를 배포하기도 하는데, 가이드북처럼 자세하지 않더라도 여행지에 대한 개념을 잡기에는 충분하다. 관광청에 따라 훌륭한 자료를 제공하기도 하므로 여행을 떠나기 전에 해당 국가의 관광청을 한 번 정도 체크해보면 의외의 수확을 얻을 수도 있다.

## 01  관광청은 자료의 보고이다

필리핀 관광청 한국사무소에
비치된 지도와 정보 책자

국내에는 여러 국가 관광청의 한국사무소가 상주한다. 많은 국가에서 홍보를 위해 한글로 서비스되는 홈페이지뿐만 아니라 한국사무소까지 운영하고 있어 실질적인 정보를 손쉽게 구할 수 있다. 사무소는 해당 국가 관광청에서 직접 관리하는 경우도 있지만 국내 대행사를 통해 사무소만 운영하는 곳도 있다. 한국사무소가 단순히 홍보대행만 하는 관광청이 있는가 하면, 블로그와 홈페이지 등을 적극적으로 활용하는 관광청도 있다.

마카오 관광청 한국사무소

홍콩 관광청 한국사무소

한국에 관광청 사무소가 있는 국가는 해당 사무소에 전화하거나 방문하여 여행에 필요한 자료를 신청할 수 있는데, 실제 여행에 큰 도움이 된다. 일부 국가는 여행에 관한 자료뿐만 아니라 할인쿠폰 등도 제공하므로 여행 전에 한 번쯤 챙겨보는 것이 좋다. 홈페이지를 운영하는 곳이라면 여행에 필요한 정보를 검색해볼 수 있고, 사무소 위치가 안내되어 있기 때문에 직접 찾아가기도 수월하다.

미국 캘리포니아 관광청(www.visitcalifornia.co.kr)    캐나다 알버타 관광청(www.travelalberta.kr)

## 02 한국관광공사도 둘러보자

해외여행지에 대한 정보를 얻는 것뿐
만 아니라 한국을 소개할 만한 정보
를 얻는 방법은 없을까? 여행을 하다
보면 많은 외국인 친구들을 만나게
되고 그 중에는 한국을 방문하고 싶
어 하는 외국인도 많다. 이런 친구들
이 한국을 방문할 때 필요한 자료를
구할 수 있는 곳이 바로 한국관광공
사이다. 서울뿐만 아니라 전국의 관광
지 브로슈어들이 많이 준비되어 있으
며, 영어 이외에도 일본어와 중국어판
도 제공된다. 한국관광공사에서 제공
되는 이러한 자료를 챙겼다가 외국인

한국관광공사 홈페이지(www.visitkorea.or.kr)

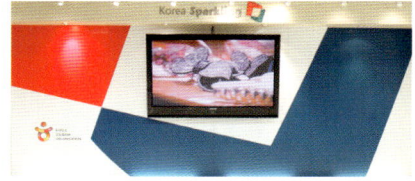

친구가 한국을 방문했을 때 전해주면 꽤 좋은 반응을 얻을 수 있다.

해외여행 중에 우리나라에 관한 이야기를 하다 말이 막
히는 경험을 다들 한두 번쯤 하게 된다. 한국의 다양한
곳을 설명하고 싶은데, '비무장지대가 영어로 뭔지, 음
식 재료는 어떻게 설명해야 하는지' 막상 영어로 떠오르
지 않아 더 이상 이야기를 이끌어가지 못할 때가 종종
있다. 한국관광공사에서 무료로 제공되는 영어 가이드
북은 그러한 상황에 대한 설명뿐만 아니라 관광관련 어
휘를 익히는데도 도움이 된다.

한국관광공사에 비치된 안내책자

## 03 한국어가 제공되는 국가의 관광청 홈페이지

다음 표에 있는 관광청 홈페이지는 현재 연결되는 홈페이지들만 나열한 것이다.

| | | |
|---|---|---|
| 아시아 | 중국 관광청 | www.visitchina.or.kr |
| | 일본 관광청 | www.welcometojapan.or.kr |
| | 태국 관광청 | www.visitthailand.or.kr |
| | 필리핀 관광청 | www.7107.co.kr |
| | 싱가포르 관광청 | www.yoursingapore.com |
| | 마카오 관광청 | kr.macautourism.gov.mo |
| | 인도 관광청 | www.incredibleindia.co.kr |
| | 네팔 관광청 | www.nepal.or.kr |
| | 말레이시아 관광청 | www.mtpb.co.kr |
| | 홍콩 관광청 | www.discoverhongkong.com/kor |
| | 대만 관광청 | www.tourtaiwan.or.kr |
| | 인도네시아 관광청 | www.tourismindonesia.co.kr |
| | 베트남 관광청 | www.travelvietnam.co.kr |
| | 미얀마 관광청 | kr.tourism-myanmar.org |
| | 라오스 관광청 | www.tourismlaos.org/kr |
| 아메리카 | 미국 네바다 관광청 | www.travelnevada.co.kr |
| | 미국 로스앤젤레스 관광청 | kr.discoverlosangeles.com |
| | 미국 하와이 관광청 | www.gohawaii.com/kr |
| | 미국 괌 관광청 | www.welcometoguam.co.kr |
| | 미국 뉴욕 관광청 | www.nycgo.com/kr |
| | 미국 라스베이거스 관광청 | www.visitlasvegas.co.kr |
| | 미국 샌프란시스코 관광청 | www.onlyinsanfrancisco.com |
| | 미국 시애틀 관광청 | www.visitseattle.co.kr |
| | 미국 알라스카 관광청 | www.alaska-korea.com/ |
| | 미국 캘리포니아 관광청 | www.visitcalifornia.co.kr |
| | 미국 텍사스 관광청 | www.traveltex.co.kr |
| | 캐나다 관광청 | kr.canada.travel |
| | 캐나다 앨버타 관광청 | travelalberta.kr |
| | 캐나다 BC주 관광청 | www.hellobc.co.kr |
| | 캐나다 토론토 관광청 | www.seetorontonow.kr |
| 유럽 | 스위스 관광청 | www.myswitzerland.co.kr |
| | 이탈리아 관광청 | www.enit.it |
| | 잉글랜드 관광청 | www.britholic.com |
| | 프랑스 관광청 | kr.rendezvousenfrance.com |
| | 독일 관광청 | www.germany.travel/kr |
| | 스페인 관광청 | www.spain.info |
| 오세아니아, 아프리카 | 호주 관광청 | www.australia.com |
| | 호주 퀸즐랜드 관광청 | www.queensland.or.kr |
| | 호주 서호주 관광청 | www.westernaustralia.com/kr |
| | 호주 태즈마니아 관광청 | www.discovertasmania.co.kr |
| | 호주 멜번 관광청 | kr.visitmelbourne.com |
| | 뉴질랜드 관광청 | www.newzealand.com/kr |
| | 뉴칼레도니아 관광청 | ko.visitnewcaledonia.com |
| | 피지 관광청 | www.fijimekorea.com |
| | 북마리아나 관광청 | www.mymarianas.co.kr |
| | 이집트 관광청 | www.myegypt.or.kr |
| | 이스라엘 관광청 | www.goisrael.kr |

# 현지에서는 어떻게
# 여행 정보를 구할 수 있나?

여행을 하면서 가장 최신의 정확한 정보를 얻을 수 있는 곳은 당연히 여행을 하고 있는 현장이다. 교통이나 숙박에 관련된 정보들은 여행자안내센터에서 알 수 있고, 버스나 지하철 등의 시간표도 얻을 수 있다. 그 외에 현지인에게 묻거나 다른 여행자에게 정보를 얻는 것도 좋은 여행 정보 수집 방법이다.

## 01 여행자들의 나침반 여행자안내센터

대부분의 국가에서는 자국의 관광홍보를 위해 도심에 여행자안내센터<sup>TIC ; Tourist Information Center</sup>를 운영한다. 이곳에서는 해당 지역의 지도와 교통 안내뿐만 아니라 여행지에 대한 궁금증까지 해결할 수 있다. 또한 숙박 예약을 하지 못한 경우 예약을 도와주는 곳도 있다.

여행자안내센터에서 제공하는 서비스는 국가마다 조금씩 차이가 있다. 유럽, 호주, 북미 등의 대도시나 유명 관광지 여행자센터에서는 지도와 교통정보는 물론 상담을 위한 전담 직원까지 상주하고 있어 여행자들에게 필요한 정보를 제공한다. 대체로 이런 곳들에 배치된 홍보물은 책자 수준의 자세한 가이드북이 제공되므로 실제 여행에 많은 도움을 준다. 그 외에도 도심 곳곳에 한두 명의 직원이 상주하면서 안내를 해주는 키오스크<sup>Kiosk</sup>가 설치되어 있어 필요한 정보를 쉽게 찾아볼 수 있다.

동남아나 중동, 중남미 등의 경우에도 선진국에 비해 상대적으로 열악하지만 유명 관광지의 경우에는 기본 이상의 여행자안내센터를 운영하는 경우가 많다. 특히 여행

여행자안내센터

객이 많은 싱가포르나 홍콩 같은 관광도시는 무료로 제공되는 정보들이 넘쳐나서 어떤 것을 봐야 할지 고민을 해야 하는 경우도 있다.

하지만 실제 여행을 하다보면 개발도상국이라도 책자수준의 훌륭한 가이드북을 제공하는 곳도 있고, 유럽 큰 도시의 여행자안내센터지만 실망스러운 브로슈어 몇 장뿐인 경우도 있다. 또한 쿠바와 같이 개별 지도를 구입해야 하고, 버스 노선에 대한 정보는 아예 제공하지 않는 국가들도 있다. 이렇듯 여행자안내센터의 서비스는 나라마다 차이가 있지만 좀 더 생생한 혹은 가이드북에 없는 정보를 얻고자 한다면 여행자안내센터를 방문해보는 것이 좋다.

## 02  가이드북과 지도를 적극 활용하자

여행 중에 가이드북을 보는 이유 중 하나는 지도를 참조하기 위해서다. 식당이나 숙소 정보는 바뀔 수 있지만 도로 자체는 단기간에 바뀌지 않기 때문에 현지에서 길을 찾는데 도움이 된다. 이러한 지도는 현지에서 무료로 구할 수 있는 것들이 가이드북에 있는 지도보다 더 훌륭한 경우도 많다. 스마트폰으로 이용할 수 있는 구글맵은

오프라인 상태에서도 저장된 지도를 활용할 수 있어 종이 지도를 대체할 수 있다.

대체로 가이드북에는 숙소, 식당 등의 정보 이외에도 그 지역에 대한 역사부터 건물의 유래 등 여행지에 대한 전반적인 설명이 추가되어 있다. 한국서 가져간 가이드북을 여행 중에 틈틈이 읽어보면 여행하는데 필요한 사전 지식을 쌓을 수 있다. 알고 보는 것과 모르고 보는 것은 너무도 큰 차이가 있기 때문이다.

지도는 사진으로 찍어두면 유용하다.

## 03  현지인이나 다른 여행자에게 물어보자

때때로 책자나 안내센터보다 더 확실한 여행지 정보를 구하는 방법이 있다. 호스텔이나 민박 또는 투어회사와 같이 여행업 종사자들에게 정보를 구하는 것이다. 특히 여행자들이 많이 찾는 숙소는 여행자들이 남겨놓은 흔적들이 가득하기 때문에 숙소 주인은 여행자들이 무엇을 궁금해 하는지 알고 있다. 가이드북에도 나오지 않는 곳이라면 이런 분들의 정보는 큰 도움이 된다. 일정 등급 이상의 호텔에 묵는다면 컨시어지 서비스를 이용할 수 있는데, 여행정보부터 각종 예약을 도와주므로 편리하다.

여행자들과 정보를 나누자

여행 중에 현지인에게 길을 물어보면 쉽게 방향을 찾을 수 있는 경우도 많다. 말이 잘 안 통한다면 지도를 보여주면서 원하는 목적지를 손가락으로 가리키는 방법도 있다. 우리나라 사람들도 그렇지만 여행객들에게는 대체로 친절하기 때문에 말이 안통해도 길을 묻고 찾아가는데 큰 무리가 없다. 현지어를 할 수 있다면 현지인과 대화해 볼 수 있는 좋은 기회가 되기도 한다.

하지만 가끔씩 어처구니없는 일을 겪는 경우도 있다. 몇몇 국가에서는 길을 물어봤을 때 본인도 모르면서 엉뚱한 방향을 알려주는 사람들이 있기 때문이다. 이런 상황은 사람들이 친절하고 어떻게든 도와주려고 하는 국가에서 자주 발생하곤 한다. 힘들어도 악의적인 의도가 아니므로 웃어넘길 수밖에 없는 것이다. 이런 일이 빈번한 국가에서는 최대한 여러 사람들에게 물어본 후 의견을 취합해서 옳다고 생각되는 방향으로 가는 것이 현명한 방법이다.

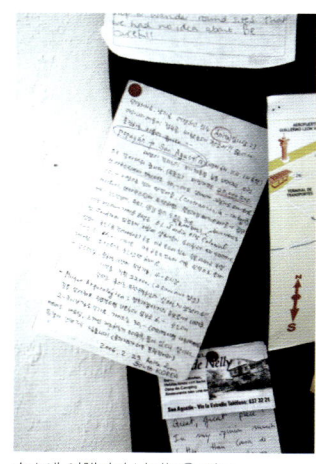
숙소에 여행자가 남겨놓은 정보

정확하고 생생한 여행 정보를 얻는 또 다른 방법은 다른 여행자들과 정보를 나누는 것이다. 자신이 가고자 하는 여행 루트의 반대로 여행하는 여행자라면 최신의 생생한 정보를 갖고 있기 때문에 더더욱 믿을 만하다. 하지만 이 정보도 주관적인 정보라는 것은 항상 염두에 두고 스스로 판단하는 지혜가 필요하다. 다른 여행자에게 얻을 수 있는 가장 유용한 정보는 도시 간 이동 정보와 숙소 정보이다. 만약 다른 여행자가 내가 거쳐 온 여행 루트를 가는 경우라면 내 정보를 주고 상대방의 정보를 얻는 것이 좋은 방법이다.

# 여행을 좀 더 유익하고
# 편하게 도와주는 정보들

인터넷이 매우 활성화된 요즘에는 여행에 도움이 되는 사이트가 굉장히 많다. 여행하고자 하는 국가의 환율이나 항공편 취항 정보, 항공권 가격비교 등 실용적인 정보를 얻을 수 있는 사이트부터 전 세계 화장실 위치를 알려주는 다소 엉뚱해 보이는 사이트까지 아주 다양하다. 여행과 관련된 이러한 사이트 중에 알아두면 유용한 곳을 모아보았다.

## 01 전 세계 환율을 한눈에 비교하기

여행을 준비하려면 해당 국가와의 환율을 미리 알아보고 준비해야 한다. 자국 화폐나 달러로만 표시된 항공사나 호텔비용이 유로나 달러로만 표시되어 있을 때, 준비한 여행 예산이 현지화폐로는 얼마나 되는지 계산할 때 등 환율을 알고 있어야 계산해볼 수 있는 경우가 많다. 이럴 때 인터넷에서 현재 환율을 검색해서 직접 계산해도 되지만 자동으로 검색해주는 웹사이트를 이용하면 더 편리하다.

요즘에는 검색 포탈에서 환율 계산 프로그램을 제공하기 때문에 네이버나 다음에서 '환율'이라고 검색하여 계산해 볼 수 있다. 여기서는 원하는 나라의 화폐를 지정하고 금액을 입력하면 계산된 환율 결과를 확인할 수 있다. 많은 국가의 환율을 제공하기 때문에 대부분의 여행지 환율을 빠르고 쉽게 계산해볼 수 있다.

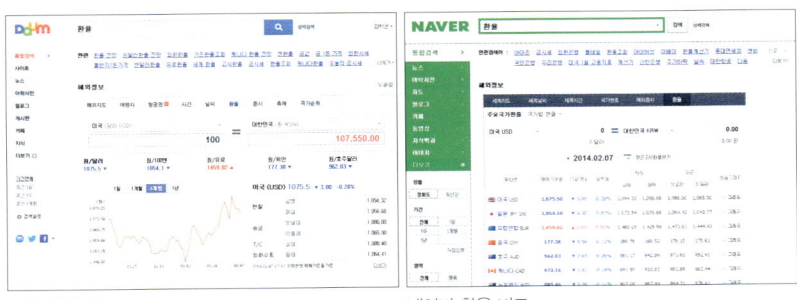

다음 환율 비교                      네이버 환율 비교

콜롬비아나 모로코 등 한국의 포탈에서 제공하지 않는 화폐의 환율을 알고 싶으면 해외사이트인 XE.com이나 야후 커런시를 이용하면 된다. 국가의 이름만 알면 쉽게 비교할 수 있기 때문에 익숙해지면 자주 이용하게 되는 곳들이다. 특히 야후 커런시의 경우에는 단순 환율 비교뿐만 아니라 2가지 화폐간의 환율 변동 추이를 최대 5년까지 살펴볼 수 있기 때문에 더욱 다양한 상황에서 유용하게 활용할 수 있다.

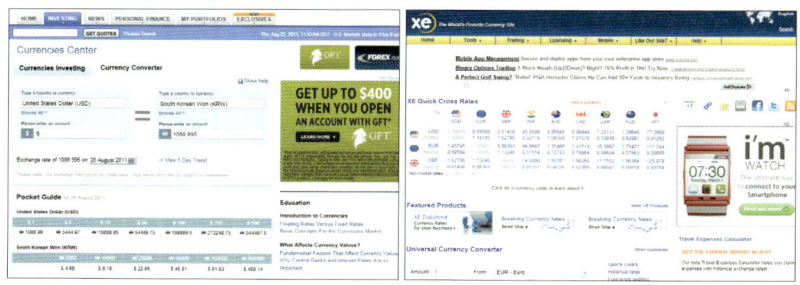

야후 파이낸스 환율 변환기
(finance.yahoo.com/currency-converter)

XE 메인화면

야후 환율 변동 추이

XE 환율 비교 결과(www.xe.com)

## 02 비행에 관한 모든 정보를 볼 수 있다

우리나라에서 해외여행은 대부분 비행기 탑승으로부터 시작된다. 그러다보니 비행기를 처음 타는 사람부터 자주 타는 사람까지 비행기와 관련된 궁금증은 끝이 없다. 항공권 가격이 아니라 정말 비행기와 관련된 정보 사이트들을 모아보았다.

### • 비행기가 궁금해?

비행기에 관련된 모든 정보를 검색할 수 있는 에어라이너스닷넷(Airliners. net)에서는 공항에 대기 중인 비행기 모습뿐만 아니라 비행기 내부 시설에서부터 비행기가 날고 있는 모습, 조종실 모습 등을 사진으로 검색해볼 수 있다. 실제 자신이 타게 될 항공사의 원하는 부분까지 모두 다 들여다볼 수 있을 정도이다.

에어라이너스닷넷(www.airliners.net)

에어라이너스닷넷에는 항공관련 전문가들이 많이 모여 있기 때문에 검색해도 나오지 않는 것이 있다면 포럼에서 궁금증을 해결할 수 있다. 그 외에도 자신의 경험이나 비행기와 관련된 취미를 나누는 공간도 있으므로 여행뿐만 아니라 비행기 자체에 관심이 있는 사람들에게는 더욱 흥미로운 곳이다.

• **내가 탈 항공사는 평가가 어떨까?**

영국의 항공 평가기관인 스카이트랙스Skytrax에서 운영하는 사이트인 에어라인퀄리티닷컴(Airlinequality.com)은 항공사를 이용해 본 사람들의 평가를 비교해볼 수 있는 곳이다. 스카이트랙스에서 평가한 항공사 순위뿐만 아니라 실제 그 항공을 이용해 본 사람들의 다양한 평가를 참조할 수 있어 더욱 실질적인 정보를 얻을 수 있다.

스카이트랙스(www.airlinequality.com)

한국의 국적기인 대한항공이나 아시아나항공은 굉장히 높은 평가를 받고 있기 때문에 별 걱정할 필요가 없지만 처음 들어보는 항공사라면 미리 검색을 통해 서비스 정도를 확인해보는 것이 좋다.

• **어떤 좌석이 좋을까?**

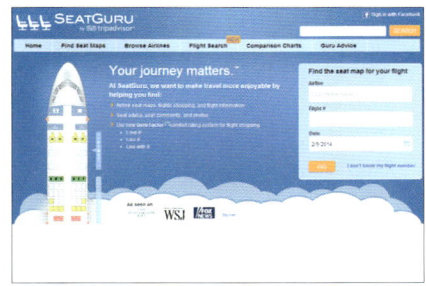

비행기를 탔는데 좌석배치가 좋지 않아 발 뻗을 공간조차 없던 경험을 했다면 이 시트구루사이트가 굉장히 유용할 것이다. 이 사이트에서는 항공사별로 보유하고 있는 항공기의 좌석 정보를 자세하게 소개하고 있다. 녹색으로 표시된 좌석이 가장 좋은 좌석이고, 빨간색으로 표시된 좌석은 불편한 좌석이다. 또한 자신이 탈

시트구루(www.seatguru.com)

비행기 좌석에 파워코드는 있는지, 화장실과 비상구 위치는 어딘지 등을 미리 체크해볼 수 있기 때문에 좌석 선택에 많은 도움이 된다.

요즘에는 인터넷으로 항공권을 구입할 때 좌석 선택이 일반화되어 있기 때문에 이렇게 미리 편한 좌석과 불편한 좌석을 구분할 수 있다면 여행이 좀 더 즐거워질 것이다. 참고로 시트구루 안내 중 최근 도입되거나 리노베이션된 항공기 정보는 틀린 경우도 종종 있다. 유사한 사이트로는 시트익스퍼트(www.seatexpert.com)가 있다.

• **공항 어느 곳에서 편하게 잘 수 있을까?**

비싼 항공권은 경유 시간이 딱 필요한 만큼만 산정되거나 연결편이 없다면 호텔 서비스가 제공된다. 하지만 저렴한 비용으로 여행하는 사람들은 때때로 공항 노숙도

감수해야 한다. 경유 시간이 길든 짧
든 최저가항공권을 찾는 여행자라면
공항에서 1박하는 것을 두려워하면
안 된다. 이런 여행자를 위한 사이트
가 바로 슬리핑인에어포트다.

이 사이트에서는 전 세계 공항 중 잠
자기 편한 곳과 불편한 공항을 평가하
고, 공항 어느 곳에서 자면 좀 더 편
하게 잘 수 있는지를 정보 공유한다.

슬리핑에어포트닷넷(www.sleepinginairports.net)

이곳에서 뽑힌 최고의 공항 1, 2위는 싱가포르 창이공항과 한국 인천국제공항이었
으며, 최악의 공항은 뉴질랜드 크라이스트처지, 아이슬란드 케플라빅공항 등이었다.
이 평가를 보면 사람들이 왜 이 공항들을 최고나 최악의 공항으로 꼽았는지 알 수
있으므로 여행 중 거쳐 가는 공항이라면 미리 살펴보자.

## • 전 세계의 비행 루트가 궁금하다면

에어라인루트매퍼를 이용하면 전 세
계 650개 항공사의 비행 루트를 모두
볼 수 있다. IATA(국제항공운송협회)
에 가입되어 있는 항공사라면 모두 검
색할 수 있다. 한국의 저가항공인 제
주항공의 루트까지도 볼 수 있을 정도
로 지속적인 업데이트를 하고 있다.

단순히 루트만 보여주는 것이 아니라
자신이 원하는 항공사 연맹의 루트와

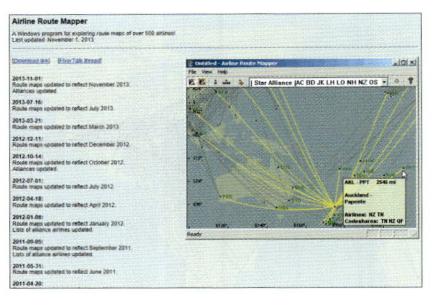

에어라인루트매퍼(arm.64hosts.com)

취항지만을 골라서 볼 수도 있고, 원하는 항공사의 루트만을 확인해볼 수도 있다. 또
한 루트를 선택하면 어느 항공사가 그 루트를 운항하는지와 그 루트의 거리는 얼마
나 되는지 등의 세부 정보까지 확인할 수 있다. 이 프로그램을 잘 이용하면 미리 자
신의 비행 거리를 확인하고, 마일리지 적립에도 활용할 수 있을 것이다. 세계여행을
꿈꾸는 사람이라면 여행루트를 짜는데 있어 더할 나위 없이 소중한 프로그램이다.

## 03  알뜰 여행을 생각한다면 방문해 볼 사이트

여행에서 항공권의 가격이 차지하는 비중은 여행 기간이 짧을수록 더 크게 느껴진
다. 그렇기 때문에 알뜰하게 여행하려면 저렴한 항공권을 구할 수 있는 곳을 알고 있
어야 한다. 물론 저렴한 항공권에는 그만큼 다양한 제약조건이 붙어 있다.

- **항공권 예약 사이트**

항공권 예약 사이트들의 가격 차이는 크지 않은 편이지만, 사람들은 주로 검색이 편리한 인터파크 투어 (tour.interpark.com)나 실시간 좌석 검색이 가능한 와이페이모어 등을 먼저 방문한다. 인터넷 여행사의 가격은 상대적으로 저렴한 것이 장점이지만, 전화통화가 어렵다는 단점이 있다. 그와는 별도로 루트가 복잡하

와이페이모어(www.whypaymore.co.kr)

거나 다구간인 경우에는 탑항공을 비롯한 여러 항공권 전문 여행사에 문의하는 것이 인터넷 여행사보다 더 나은 가격을 기대할 수 있다.

- **지마켓과 옥션 항공권 비교**

지마켓과 옥션의 항공권 비교 사이트는 여행사들의 가격을 직접 비교해준다. 사이트에서 비교해주는 여행사들이 한국의 모든 여행사는 아니지만 그래도 최저가와 실시간 좌석 조회를 할 수 있다. 일반적인 조건의 여행사별 가격비교부터 좌석이 있는지 여부까지 검색할 수 있다. 다만 여러 여행사를 비교하다보니, 복

지마켓 항공(www.gmarket.co.kr)

잡한 조건의 경우 제대로 검색이 되지 않는 경우도 있다.

- **영국계 항공권 가격비교 사이트 스카이스캐너**

한국에서 출발하는 비행기의 항공권이라면 한국 여행 사이트에서 구매하는 것이 싸지만, 해외에서 출발하는 항공권은 한국 여행 사이트보다는 외국 여행 사이트를 검색하는 것이 더 유리할 때가 많다.

스카이스캐너(www.skyscanner.com)

단순히 여행을 떠나려는 날짜뿐만 아니라 주간, 월간으로도 항공권의 가격을 검색할 수 있어 전체적인 감을 잡기에 좋다. 다만 다구간 검색이 되지 않는 단점이 아쉽다.

### • 미국계 항공권 가격비교 사이트 카약

카약<sup>Kayak</sup>은 여행 사이트와 항공사들의 항공권 가격을 한 번에 비교할 수 있다. 또한 메인화면에 동일한 조건으로 핫와이어, 트레블로시티, 익스피디아 사이트도 함께 검색할 수 있어 여러 사이트를 한 번에 비교할 때 편리하다. 하지만 카약의 가격은 실시간 업데이트가 아니기 때문에 카약 검색에는 있어도 실제 항공사 사

카약(www.kayak.com)

이트에는 해당 항공권이 없는 경우가 종종 있다. 그리고 최저가로 나온 항공권 중에는 한국 카드는 결제가 불가능한 사이트도 있는데, 이럴 때는 익스피디아와 같은 종합 여행 사이트를 이용하면 된다. 또한 검색 결과로 나온 가격을 한국의 여행사에서도 맞춰주는 경우가 많으므로, 해외결제를 원하지 않는다면 결과를 이용해 여행사에 문의해도 된다.

### • 저가항공 루트를 검색할 수 있는 위치버짓

위치버짓<sup>WhichBudget</sup>은 전 세계 저가항공을 검색할 수 있는 사이트이다. 도시에서 도시로 검색뿐만 아니라 원하는 나라의 도시를 선택하면 그 도시에서 갈 수 있는 공항과 이용할 수 있는 저가항공사들의 링크가 표시된다. 유럽의 몇몇 저가항공사는 가격까지 표시가 된다. 많은 저가항공사들이 생겨났다 없어지는 관계로 위치

위치버짓(www.whichbudget.com)

버짓에서 나오지 않는 항공사도 있으므로, 해당 지역의 저가항공사 리스트는 한 번 더 검색해보는 것이 좋다. 비슷한 검색을 해주는 위치에어라인(www.whichairline. com)도 있다.

### • 호텔 예약 가격비교 사이트

항공권뿐만 아니라 호텔 역시 가격
을 비교해 주는 사이트들이 있다. 대
표적으로 호텔스 컴바인드와 위고가
있다. 가격비교 사이트에 등록된 호
텔 예약사이트들의 숙박 가격을 비교
해주는 곳으로, 다른 곳에서 발견하
지 못했던 저렴한 가격을 찾을 수 있
다는 장점이 있다. 다만 모든 사이트
를 검색해주는 것은 아니므로, 두
비교사이트를 다 살펴보는 것이 좋
다. 또한 결과로 나오는 사이트들도
100% 신뢰하기에는 애매한 곳들도
있으므로, 예약 전에 확실히 체크
해보는 것이 좋다.

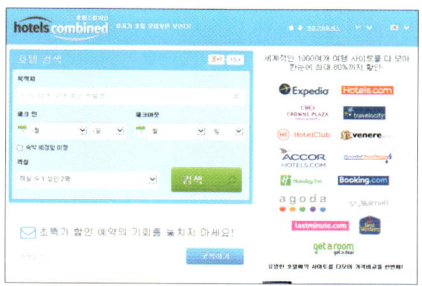

호텔스컴바인드(www.hotelscombined.co.kr)

위고(www.wego.co.kr)

### • 호스텔 가격을 검색해주는 호스텔월드

호스텔월드 Hostel World 는 호텔보다 상
대적으로 가격이 저렴한 호스텔을 검
색해주는 사이트이다. 유럽이나 미국
의 $20~30 정도의 호스텔부터 동남
아의 $5 이하 호스텔까지 모두 검색
하여 예약할 수 있다. 보통 장기 여
행 중에는 호스텔을 예약하지 않아
도 숙박할 수 있지만 입국 시 거주
지 주소가 필요하거나 성수기에 여행

호스텔월드(www.korean.hostelworld.com)

을 계획 중이라면 유용하게 이용할 수 있는 사이트이다. 유사한 사이트로 호스텔스
(www.hostels.com/ko), 호스텔부커스(www.hostelbookers.com)와 유스호스텔 예
약적문인 하이호스텔스(www.hihostels.com) 등이 있다.

### • 호텔이 아닌 현지인의 집에서 숙박하기

최근에는 현지인이 사는 가정집부터 그들이 소유하고 있는 콘도 등을 대여할 수 있
는 사이트들도 많이 생겨나고 있다. 호텔이 아닌 개인 간의 거래인만큼, 중개를 하

는 과정에서 여러 가지 보안 절차를
거쳐 안전을 어느 정도는 보장받을
수 있는 곳이 많아지는 것이다. 전
세계를 아우르는 에어비앤비(www.
airbnb.co.kr), 홈어웨이(www.ho-
meaway.com)부터 유럽 전문 웨이
투스테이(www.waytostay.com/ko),
미국 지역 VRBO(www.vrbo.com)
등 다양한 곳들이 있다. 이러한 곳

에어비앤비(www.airbnb.co.kr)

은 체크인 시스템이 아니라 집 주인과 직접 연락을 해야 하는 불편함이 있지만 상대
적으로 저렴하고, 좋은 시설의 숙소에서 묵을 수 있다는 장점이 있다. 1박보다는 3박
이상을 머무르고자 할 때 유용하다.

## 04 그 밖에 알아두면 유용한 사이트

여행 중 항상 필요하지는 않지만 알고 있으면 유용한 사이트들도 많다. 이러한 사이
트에서는 여행에 필요한 필수 정보를 수집하거나 마일리지 관리부터 세계 공항코드
등을 검색해볼 수 있다.

### • 길 찾기는 물론 대중교통 노선까지 찾아주는 구글맵

과거에는 다양한 대중교통 안내 사이
트가 있었지만, 현재는 구글맵 하나
면 충분하다. 유럽, 미국, 동남아 등
꽤 많은 국가의 대중교통 정보를 구
글맵 하나에서 다 검색할 수 있어 편
리하다. 도시별로 모든 대중교통 수
단이 검색되는 곳부터 버스나 지하철
만 검색되는 국가도 있다. 또한 여행

구글맵(maps.google.com)

동선을 짤 때에도 지점을 여러 개 지정해서 한눈에 볼 수 있어 편리하다. 또한 스마
트폰의 오프라인 저장, GPS를 이용한 위치확인 등 이제는 여행에 있어 없어서는 안
될 유용한 사이트이다.

### • 항공 및 호텔 마일리지를 한꺼번에 관리해주는 어워드월렛

어워드월렛[Award Wallet]은 전 세계의 항공사 및 호텔 마일리지를 한 번에 관리할 수 있
도록 도와주는 프로그램이다. 얼마 전까지만 해도 거의 대부분을 확인할 수 있었지

만, 최근에는 몇몇 항공사와 호텔 포
인트는 확인이 어렵게 변한 곳들도
있다. 그렇지만 여러 항공사와 호텔에
포인트를 가지고 있는 사람이라면, 사
이트 한 곳에서 전체적인 마일리지를
확인할 수 있기 때문에 어느 순간 마
일리지와 포인트가 만료되어 사라지
는 아까운 상황은 피할 수 있다.

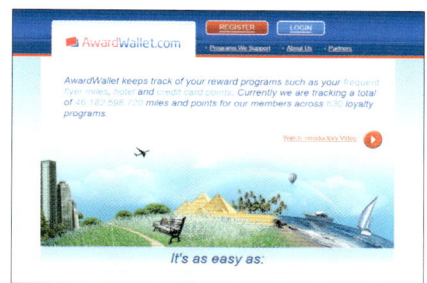

어워드월렛(awardwallet.com)

### • 전 세계 공항코드를 알 수 있는 월드에어포트코드

해외여행 중 현지에서 항공관련 내
용을 검색하려면 기본적으로 찾고자
하는 도시의 영문 철자를 알고 있어
야 한다. 유명한 도시야 대충 입력할
수 있지만 잘 알려져 있지 않은 도시
는 검색하기가 쉽지 않을 것이다. 이
때문에 항공권 검색에는 공항코드로
검색하는 곳들이 많다. 월드에어포
트코드World Airport Codes는 국가나 도시

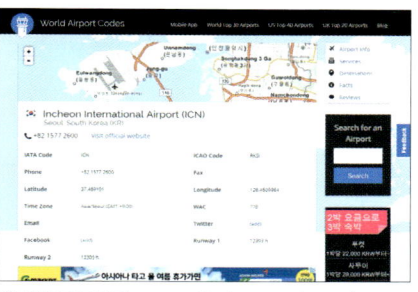

월드에어포트코드(www.world-airport-codes.com)

별로 검색하고자 하는 공항의 공항코드를 알 수 있다.

### • 미국의 맛집을 찾아주는 옐프

다민족 국가인 미국은 여러 국가의
음식들이 자연스럽게 섞여있다. 여행
중 식당에서 먹을 계획이 있다면 좋
은 평가를 받고 있는 레스토랑을 찾
아가보는 것은 어떨까? 그럴 때 유용
하게 사용할 수 있는 곳이 바로 옐프
YELP이다.

옐프(www.yelp.com)

### • 일본의 맛집을 찾아주는 타베로그

맛집 여행으로 유명한 일본은 가이드북보다는 일본 사람들의 평을 참고하는 것이 성
공 확률이 높아진다. 타베로그는 일본 사람들이 직접 맛집을 평가하는 사이트로, 일
본어로만 제공되지만 크롬 등 브라우저에서 제공하는 번역 기능을 이용하면 무리 없

이 맛집을 찾아갈 수 있다. 구글 지도 등에서 찾아볼 때는 전화번호로 검색하면 편리하다.

타베로그(www.tabelog.com)

## 05 심플한 한국 검색엔진 이용하기

한국처럼 초고속 인터넷이 일반화된 곳이라면 웹사이트에 이미지와 플래시 파일이 많아도 빠르게 검색된다. 하지만 텍스트도 그림 그리듯 나타나는 곳이라면 인터넷 검색이 제대로 될 리가 없다. 인터넷 속도가 느린 곳이라면 네이버나 다음은 검색 속도가 엄청 느리지만 구글은 상대적으로 빠르게 검색된다. 구글 메인 페이지에는 간단한 아이콘과 검색창 외에는 별다르게 로딩을 저해할 요소가 없기 때문이다. 그렇다면 한국의 검색포털은 왜 이런 페이지가 없을까?

네이버의 SE검색은 Simple Experience의 약자로 단순 검색을 지원한다. 검색 결과에 이미지가 나타나는 것을 최대한으로 줄여 제목과 작성 날짜 정도만 검색하여 빠르게 결과물을 보여준다. 검색 결과 더 보기를 하면 이미지가 있는 일반 검색으로 전환된다. 해외에서도 이용할 수 있도록 한영입력기도 제공하는데, 한글이 설치되어 있지 않아도 한글을 입력할 수 있어 편리하다.

네이버 SE검색(se.naver.com)

텍스트뿐 아니라 작은 이미지 로딩도 무리가 없다면 모바일 페이지를 이용할 수 있다. 상대적으로 이미지의 크기가 작기 때문에, 로딩속도도 빠른 편이다. 다음과 네이버 모두 모바일 페이지를 제공하며, 스마트폰은 물론 PC에서도 이용할 수 있다.

모바일 네이버(m.naver.com)          모바일 다음(m.daum.net)

# 여행 정보의 보고,
# 여행 관련 커뮤니티와 카페

여행과 관련된 커뮤니티와 카페는 정보성 글이 아니더라도 회원들과의 질의응답을 통해 궁금한 것을 해결할 수 있어 좋으며, 특히 여러 사람 입에 회자되는 여행지는 실질적인 정보가 가득하다. 하지만 너무 사람들의 말에 의존하기보다는 참고적으로 활용하는 것이 현명한 방법이다.

## 01  여행 관련 웹사이트

과거에는 웹을 기반으로 한 커뮤니티가 대세였지만 현재는 포털의 카페 위주로 완전히 재편되었다. 여행관련 커뮤니티는 활동하는 곳이 얼마 없거나 카페와 병행되어 운영된다. 반면 여행 정보를 제공하는 사이트들은 지금도 꾸준히 생겨나고 있다.

### • 동남아 여행 정보가 넘쳐나는 태사랑

동남아 여행과 관련 최고의 커뮤니티라 할 수 있다. 태국을 메인으로 하고 있지만 캄보디아, 라오스, 베트남, 말레이시아, 인도네시아 등 동남아 주변국들의 정보도 가득하다. 10년 넘게 쌓인 정보가 지금도 꾸준히 갱신되고 있으며, 회원들 간에 활발하게 활동하기 때문에 동남아 여행을

태사랑(www.thailove.net)

계획 중이라면 꼭 둘러봐야 할 사이트이다. 태사랑은 네이버 카페(cafe.naver.com/taesarang/)로도 운영 중이다.

### • 무료 여행 가이드북, 투어팁스

하나투어에서 제공하는 무료 가이드북/맵북 사이트로 전 세계의 다양한 도시 정보를 무료로 제공한다. 전문 필진이 참여하여 내용의 신뢰도가 높고, 피드백을 통해 꾸준히 업데이트가 되고 있다. 현재 20여 개 도시

투어팁스(www.tourtips.com)

의 가이드북을 제공하며, 앞으로도 계속 추가 예정이다. 전문 여행 웹진인 겟어바웃 (getabout.hanatour.com)도 여행을 준비할 때 함께 읽어볼 만하다.

## • 지구촌 스마트 여행

한국관광공사에서 운영하는 국외여행 전문 사이트로 해외여행에 대한 에세이, 기본적인 여행팁부터 안전에 관한 사항까지 제공한다. 특히 전문 필진이 만들어내는 국외여행 웹진은 월 단위로 업데이트되므로 시간이 될 때 읽어볼만한 꺼리가 많이 있다.

지구촌 스마트 여행(www.smartoutbound.or.kr)

## • 네이버캐스트

네이버캐스트는 읽을거리가 은근히 많은 곳이다. 대표적인 읽을거리는 주제별의 [지역/지리-해외지역]과 매거진 캐스트의 [여행/레저] 부분이다. 해외지역에서는 전문가가 쓴 다양한 지역정보를 얻을 수 있고, 매거진 캐스트에서는 여행 잡지의 일부기사를 무료로 볼 수 있다.

네이버캐스트(navercast.naver.com)

## 02 포털 서비스의 여행 카페

여행과 관련된 카페는 실질적으로 다음과 네이버가 양분하고 있으며, 최근에는 네이버 비중이 훨씬 높아졌다. 물론 그 외에도 여러 포털에 여행 카페가 있지만 다음과 네이버의 카페만큼 활성화되어 있지는 않다. 많은 카페들이 스패머들을 방지하기 위해서 회원 가입 후 기본적인 등급 업그레이드 과정을 거쳐 읽고 쓸 수 있는 권한을 부여하고 있다. 일반적으로 간단한 사항이지만 몇몇 유명 여행 카페들은 까다로운 등급 업그레이드 조건을 내세우기도 한다.

### • 유럽 여행을 꿈꾸는 사람들이 모이는 네이버 유랑

유럽 여행에서 유랑을 아는 것과 모르는 것은 큰 차이가 날 정도로 정보가 넘쳐나는 곳이다. 100만이 넘는 회원들이 쏟아내는 다양한 여행기와 정보는 정말 방대하다. 유럽 여행에서 '과연 있을까?' 싶은 정보도 찾아낼 정도로 유럽 여행을 준비한다면 꼭 둘러봐야 할 카페이다. 커뮤니티도 활

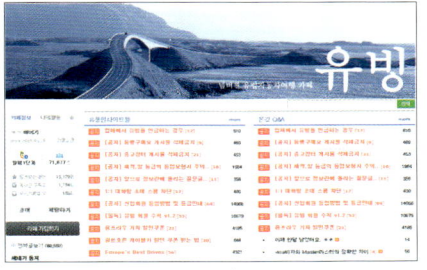

유랑(cafe.naver.com/firenze)

성화되어 있고, 유럽 여행 전문가가 많아 질문을 올리면 조언을 쉽게 구할 수 있다.

### • 유럽을 자동차로 여행하고 싶다면 네이버 유빙

유랑이 유럽 여행에 관련된 전반적인 것을 다루는 반면 유빙은 자동차 여행으로 한정하고 있다. 유럽 리스카 Leased Car 여행 열풍이 불면서 자동차로 유럽을 여행하는 사람이 많아졌고, 최근에는 리스카뿐만 아니라 렌터카나 캠핑카로 여행하는 사람도 점차 늘어나는 추세이다. 유럽의 자동

유빙(cafe.naver.com/eurodriving)

차 여행에 관련된 정보를 찾는다면 꼭 둘러봐야 할 카페이다.

### • 미주를 자동차로 여행하고 싶다면? 네이버 드래블

드래블은 '드라이브 트래블'의 준말로, 자동차 여행 카페의 애칭이다. 미국 본토 및 하와이 관련 자동차 여행 정보를 공유하고 있으며, 유럽의 자동차 여행정보도 함께 찾아볼 수 있다. 특히 하와이 쪽 자동차 여행정보가 잘 정리되어 있고, 미국 서부의 자동차 여행정보도 꾸준히 늘어나는

드라이브 트래블(cafe.naver.com/drivetravel)

추세라 미국 여행을 계획한다면 반드시 찾아봐야 할 사이트이다.

## • 홍콩 여행에 관한 모든 것! 네이버 포에버홍콩

홍콩 여행 관련 카페로 회원 수가 50만에 달한다. 회원 수만큼이나 많은 여행자가 홍콩을 다녀와 호텔뿐만 아니라 민박, 게스트하우스 정보까지 세세히 공유하고 있다. 또한 현지인들 맛집까지 소개되어 있기 때문에 후기만 꼼꼼히 챙겨도 멋진 홍콩 여행이 된다. 이외에도 방대한 분량의 쇼핑, 교통, 관광지 등에 대한 정보가 가득한 곳이다.

포에버홍콩(cafe.naver.com/foreverhk)

## • 일본 여행을 떠나고 싶다면 네이버 네일동과 다음 J여동

55만의 네일동과 32만의 J여동은 일본 여행에 관련된 카페로 쌍벽을 이룬다. 일본 여행 관련 카페가 대부분 유학이나 어학원에 종속된 경우가 많지만 이 두 카페는 일본 여행 쪽에 집중되어 있다. 회원들의 활동도 활발할 뿐만 아니라 일본과 관련된 공동구매나 할인쿠폰도 종종 올라오는 유용한 카페이다.

네일동(cafe.naver.com/jpnstory)　　　　　J여동(cafe.daum.net/japanricky)

## • 중국 여행 관련 정보가 생생한 다음 중여동

중여동은 15만의 회원이 활동하는 중국 여행 카페이다. 중국은 여행 비자가 까다로운 편이지만 역사적 볼거리가 많아 많은 여행자들이 찾는다. 중국은 넓은 만큼 필요한 여행 정보를 찾기 힘들지만 중여동에는 생생한 정보가 하나로 모아져 있어, 현재 중국 여행 관련 가장 유명한 카페이다.

중여동(cafe.daum.net/chinacommunity)

### • 미국 여행 관련 전문 정보를 구할 수 있는 네이버 나바호킴

나바호킴(cafe.naver.com/navajokim)

미국 여행 나바호킴 카페는 성격이 다소 특이한 카페이다. 미국에 거주하는 나바호킴이 직접 여행자 질문에 답을 달아주는 형식인데 미국에 관련된 그 어떤 카페보다 전문적인 내용이다. 나바호킴은 네이버 지식인에서 미국관련 정보통으로 유명했으며, 지금도 여전히 카페나 네이버 지식인에서 활동하고 있다. 과거보다는 질문에 대한 답변이 간단해지기는 했어도, 여전히 많은 도움을 받을 수 있는 카페이다.

### • 안전한 인도여행, 네이버 인도여행을 그리며

인도 여행을 그리며(cafe.naver.com/india2004)

인도여행은 환상을 품고 있는 여행자와 현실을 알고 있는 여행자가 모두 공존하는 여행지다. 인도라는 나라는 환상만큼 아름다운 곳은 아니지만, 여행지로서의 매력은 그 어느 나라와 비교해도 결코 뒤지지 않는다. 다만 다른 나라들보다 주의해야 할 것들이 조금 더 많은 곳이기 때문에 카페를 통해 안전에 관한 정보를 숙지하고, 여행을 준비하는 것이 좋다.

### • 여행자들이 꿈꾸는 여행지, 네이버 남미사랑

남미사랑(cafe.naver.com/nammisarang)

흔히 남미는 여행자들의 최종 목적지 중 하나로 꼽히는 곳이다. 한국과의 거리 때문에 한 번 여행을 떠나려면 긴 시간이 필요하고, 자유여행 관련 정보도 그리 많지 않아 쉽지 않은 여행이 되는 곳이다. 그래서 남미사랑은 남미 여행자들에게 있어 단비와도 같은 카페로 과거 남미를 횡단했던 멜라니 부부가 운영하고 있다.

## • 자전거로 떠나는 여행! 네이버 자여사

자여사 카페는 말 그대로 자전거 여행하는 사람들이 모인 카페이다. 국내 여행 위주였던 과거와 달리 1~2년씩 장기로 자전거 여행을 하는 사람들이 많아져 국내부터 해외까지 다양한 자전거 여행 관련 정보가 모여 있는 곳이다. 또한 관련 링크에 GPS나 자전거 용품 소개도 있으므로 자전거 여행을 준비한다면 꼭 가봐야 할 카페이다.

자전거로 여행하는 사람들(cafe.naver.com/biketravelers)

## • 다음 5불당 세계일주 클럽 OWTM

다음의 5불당 세계일주 클럽은 전 세계를 대상으로 하는 카페이다. 특히 중남미, 중동, 아프리카 그리고 세계 여행 루트 등에 관한 정보들이 많다. 5불당에서 활동하는 사람들 대부분이 장기 여행을 계획하고 있기 때문에 세계일주처럼 긴 여행을 준비한다면 도움될 만한 정보가 많은 곳이다.

5불당 세계일주 클럽(cafe.daum.net/owtm)

이 카페는 여행자들의 인생사를 이야기하는 익명게시판이 특히 인기가 높다.

## • 호텔, 카드, 항공에 관심이 많다면, 스마트컨슈머를 사랑하는 사람들

스사사라는 이름으로 더 유명한 '스마트컨슈머를 사랑하는 사람들'은 여행지 정보보다는 호텔, 카드, 항공 등에 초점을 맞춘 카페이다. 17만 회원이 공유하는 정보의 양도 상당하지만 '블랙컨슈머'로 불리는 사람도 심심찮게 등장한다. 수많은 정보 중 자신에게 필요한 정보만을 제대

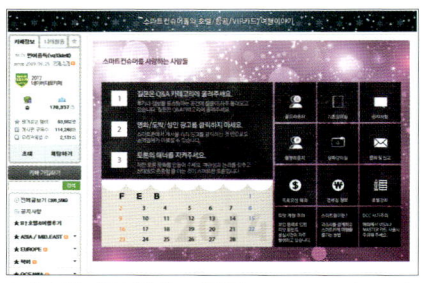

스마트컨슈머를 사랑하는 사람들(cafe.naver.com/hotellife)

로 가리지 못한다면, 오히려 낭비의 유혹에 빠져들기 쉽다. 비슷한 정보로 운영되는 Matress&Mileage Freaks(cafe.naver.com/mnmfreaks) 카페도 추천할 만하다.

## 03 외국의 여행 커뮤니티

외국의 유명한 여행 커뮤니티는 전 세계 사람들이 이용하는 만큼 정보의 방대함이 한국 커뮤니티에 비할 바가 아니다. 주로 한국어가 지원되지 않기 때문에 아예 방문을 하지 않는 경우가 많지만, 여행기에 어려운 영어를 사용하는 것이 아니므로 인내를 가지고 읽어보면 우리나라 커뮤니티에서는 얻을 수 없는 고급 정보도 구할 수 있다.

가장 유명한 여행 정보 사이트는 트립어드바이저Tripadvisor와 플라이어토크Flyertalk이다. 트립어드바이저는 호텔 및 여행지 평가를 보기 위해 많은 사람이 방문하는 곳이라 국가별로 포럼이 운영되고 있다. 최근에는 한국어 서비스를 시작해서 영어에 어려움을 느끼던 사람들도 쉽게 이용할 수 있게 되었다. 플라이어토크는 항공 마일리지, 호텔 포인트, 렌터카, 여행 정보 등을 나누는 포럼이다. 영어만 지원하지만 여행과 관련된 유용한 정보들이 신속하게 업데이트되기 때문에 이곳 한 곳만으로도 여행과 관련된 대부분의 정보를 얻을 수 있다.

트립어드바이저(www.tripadvisor.co.kr

플라이어토크(www.flyertalk.com)

이 외에도 버추얼투어리스트Virtural Tourist와 야후트래블Yahoo! travel 역시 많은 사람들이 방문하는 여행 사이트이므로 좀 더 다양한 해외여행 정보를 찾는다면 둘러봐야 할 곳이다. 또한 여행가이드북으로 유명한 론리플래닛 사이트도 많은 사람들이 모이는 포럼이 있으므로 체크해보자. 다른 사이트와 달리 비자 문제라거나 여러 가지 이슈들에 대한 포스팅 비중이 높은 편이다.

버추얼투어리스트(www.virtualtourist.com)  트래블러스포인트(www.travellerspoint.com)  론리플래닛(www.lonelyplanet.com)

# 혼자서 해보는 여행 계획 및 시뮬레이션

실제 여행을 떠나기 전에 여행을 머릿속으로 그려보는 과정은 꼭 필요하다. 물론 시간별로 세세한 스케줄까지는 짤 필요 없지만 그래도 유동적이나마 어느 정도는 일정을 짜두어야 한다. 의욕에 넘쳐 너무 빡빡한 일정을 짜게 되면 지키기도 힘들뿐더러, 여행 자체가 고행이 될 수 있다.

## 01 어느 곳으로 갈까?

책이나 방송을 보고 가보고 싶어진 곳이 있다면 그곳을 여행지로 정하자. 만약 가보고 싶은 곳이 여러 곳이라면 여행하려는 여행지의 기후, 현재 상황 등을 고려해서 선택하면 된다. 예를 들어 여름휴가로 보라카이와 발리를 고민한다면 당연히 발리를 선택해야 한다. 보라카이는 에메랄드 빛 바다로 유명하지만 7~8월은 우기라 그 매력이 반감된다. 반면 발리는 7~8월이 건기라 여행하기에 최적의 날씨가 된다.

만약 가고자 하는 여행지 모두 시기가 맞는다면, 조금이라도 더 마음이 끌리는 곳을 선택하자. 어차피 여행은 또 할 수 있으므로 나중에 다른 여행지를 가면 된다. 여행지를 선택할 때 지인들의 추천만으로 결정하는 것은 반드시 피해야 한다. 다녀온 사람이 추천하는 곳이라도 여행은 사람에 따라 만족감이 다를 수 있기 때문이다. 만일 그 곳을 가고 싶어졌다면 우선 서점이나 인터넷을 통해 여행지에 대한 사전 정보를 충분히 찾아보고 그 후에 결정해도 늦지 않을 것이다.

여행지가 결정됐다면 가장 먼저 할 일은 항공권 예약이다. 숙소는 조금 늦어도 되지

아름다운 바다도 시기를 잘 맞춰야 한다.

만 항공권은 시간이 지날수록 가격이나 좌석배치가 좋지 않기 때문이다. 특히 성수기라면 일정이 잡히는 대로 최대한 빨리 예약하는 것이 좋다. 물론 중간에 특가 항공권이 나올 수도 있지만, 그런 것을 바라다 시기를 놓치면 여행자체를 망칠 수 있다.

성수기의 항공권은 미리 예약하자.

**가장 먼저 만들어야 할 것은 여권**

여권은 해외여행의 시작을 알리는 것이고, 항공권 발권에서부터 면세점 상품 구입까지 해외여행과 관련된 모든 일을 처리하기 위해서는 기본적으로 필요하다. 해외여행을 꿈꾸면서 만약 여권이 없다면 지금 바로 여권부터 만들어야 된다.

## 02 나만의 자료를 만들자

여행을 떠나기 전 가이드북도 구입하고 인터넷으로 정보도 열심히 알아보지만, 정작 떠날 때는 머릿속에 남아있는 것은 그다지 많지 않다. 며칠 동안 열심히 검색했어도 너무 많은 정보를 단시간에 보다보니 체계적으로 정리가 되지 않기 때문이다.

### • MS워드나 아래한글 활용하기

인터넷의 정보를 정리하는 좋은 방법 중 하나는 필요한 글을 발견했을 때 바로 복사해서 워드나 한글에 붙여넣기 하는 것이다. 워드나 한글에서 붙여넣기 하면 웹상의 이미지까지 모두 자동으로 삽입되기 때문에 편리하다. 하지만 몇몇 사이트들은 저작권을 이유로 드래그방지나 마우스 오른쪽 버튼 클릭을 방지하여 복사자체가 불가능한 경우도 많다. 이때는 알툴바 등과 같이 오른쪽 버튼 사용 금지를 해제할 수 있는 프로그램을 이용할 수 있다. 복사한 자료를 웹에 올리거나 상업적으로 이용한다면 저작권 문제가 발생하지만 자신만의 여행 자료로 활용하는 것은 큰 문제가 없다.

모은 자료는 보기 좋게 정리하여 프린트하면 된다. 시간이 많다면 목적지별 혹은 가고 싶은 순서대로 편집해도 좋고, 혼자 보기 위한 참고자료이므로 출력할 때는 상하좌우 여백을 최저값으로 세팅하면 된다.

정리한 자료를 프린트하면 나만의 자료가 된다.

- **에버노트와 원노트를 이용해 클리핑하기**

출력물보다는 모바일이나 PC가 편하다면, 에버노트<sup>Evernote</sup>나 원노트<sup>OneNote</sup>를 활용하자. 웹에서 수집된 자료를 저장하는 것부터 예약 확인서나 루트, 문서자료 등도 모두 보관할 수 있다. 에버노트는 프리웨어이지만 오프라인에서 보기나 몇몇 추가기능, 저장용량 제한 등이 있으므로 써보고

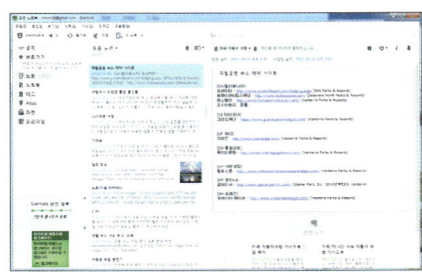
에버노트

필요하다면 유료 결제를 해야 한다. 원노트는 오피스 프로그램을 사용해본 사람이라면 쉽게 활용할 수 있으며, 모바일 기능까지 지원된다. 해외 여행 중에는 항상 온라인에 접속해 있을 수 없으므로 오프라인 저장기능을 사용하여 제2의 여행 가이드북처럼 활용하자.

## 03  여행 일정 짜기

여행을 처음 준비하면 의욕이 앞서 실제 할 수 있는 것보다 더 많은 것을 하려고 한다. 하지만 너무 빡빡한 일정은 한 번 어긋나면 이후 일정까지 모두 꼬여 버리기 십상이다. 아침부터 쉴 새 없이 돌아다니는 여행은 처음 하루, 이틀은 괜찮지만 피로가 누적되면 이후 여행이 힘들어진다. 3박 4일 정도라면 모든 체력을 쏟아 부어도 되지만 그보다 일정이 길면 체력 안배까지 염두에 둬야 한다. 기본적으로 오전과 오후로 나눠 중요 목적지를 배정하고, 시간이 남을 때 볼 수 있는 인근 여행지를 한두 개 정도 정해 놓으면 전체적으로 일정 조율이 편해진다.

휴양이 목적이라면 하루 1개 정도의 엑티비티가 적당하다. 너무 많은 엑티비티는 쉬러 갔다가 오히려 고생이 된다. 결국 자신의 여행 스타일과 체력을 고려하여 계획하는 것이 중요하다. 다만 한 달 이상 장기 여행이라면 세세한 계획은 필요 없다. 장기 여행은 변수가 많고, 여행 중 얼마든지 일정을 수정할 수 있기 때문이다. 가고 싶은 곳 위주로 계획은 세우지만 시간까지 구체화시킬 필요는 없다. 하지만 도시별 이동 정보는 확실히 메모해둬야 이후 일정에 차질이 생기지 않는다. 그리고 성수기에 유럽이나 미국 등을 여행하려면 미리미리 예약하는 하는 것이 무엇보다 중요하다.

하루에도 몇 번씩 바뀔 수 있는 것이 일정이다.

## 04  여행 예산 짜기

여행에서 무시할 수 없는 것이 여행 예산이다. 여행 예산은 여행자 스타일에 따라 다르겠지만, 일반적으로 여행에서 가장 많이 차지하는 비용은 항공권과 숙박비이다. 그렇기 때문에 여기서 비용을 아끼면 전체적으로 여행 경비를 낮출 수 있다. 항공권의 경우 가격 차이가 크지 않지만 숙소는 어디에 묵느냐에 따라 하루에 만 원 이하도, 10만 원 이상도 될 수 있다. 최대한 저렴한 호텔 예약 사이트를 이용하는 것이 현명한 방법이다. 여행 예산은 다음과 같이 계산하면 된다.

> 여행 예산 =
> 현지 체류기간 × 하루생활비(숙박비 + 식비 + 교통비) + 항공권 + 투어비용 또는 입장료 + 기타비용

대도시의 경우 박물관이나 공연 입장료가 큰 비용을 차지할 것이고, 다양한 투어가 중심인 지역에서는 투어비용까지 고려해야 한다. 그리고 기타비용은 사람에 따라 천차만별이다. 쇼핑을 좋아하는 사람이라면 쇼핑 비용이 엄청나게 나올 수 있고, 선물이나 기념품 등을 구입해야 하는 경우도 있다. 그리고 혹시 모를 상황에 대비하여 일정 금액은 기타비용으로 예산에 넣어두는 것이 좋다.

## 05  마지막으로 잊지 말아야 할 것들

여행 1주일~3일 전쯤이면 미리 잊지 말고 챙겨놔야 하는 것들이 있다. 물론 떠나기 직전에 급하게 처리해도 상관은 없지만, 미리미리 챙겨놓으면 더 좋은 것들이다.

| 리스트 | 내용 |
|---|---|
| 국제운전면허증 | 여행 중 운전할 일이 있다면 필수(신청당일 발급)이다. |
| 여행자보험 | 온라인으로 가입할 수 있으며, 공항에서 가입하면 더 비싸다. |
| 항공사 회원 가입 | 비행기를 타기 전에 가입해야만 마일리지 적립이 가능하다. |
| 환전 | 환율우대쿠폰을 출력하여 환전한다. 바쁘다면 인터넷으로 환전한 후 인천공항에서 수령할 수 있다. |
| 면세물품구입 | 공항에서 구입해도 되지만, 시내 및 인터넷 면세점이 더 저렴하다. 비행기 출발 시간에 따라 공항에서는 시간이 제한되므로 미리 구입하자. |
| 짐 싸기 | 짐은 최소한 이틀 전에는 싸놓는 것이 좋다. 전날 닥쳐서 짐을 챙기면 빼먹는 것이 많을 수 있어 주의해야 한다. 여행과 관련된 필요한 물건이 있으면 최소 1주일 전에는 주문해두는 것이 좋다. |

# 해외여행 중 한글이 지원되지 않는 컴퓨터에서 한글 사용하기

해외여행 중 인터넷은 굉장히 중요한 정보의 보고이다. 하지만 현지 컴퓨터에는 한글이 깔려있지 않을 수 있다. 그나마 다행인 것은 외국에도 최소한 Windows XP 이상의 운영체제가 깔려있어 한글이 설치되지 않아도 읽을 수는 있다. 또한 키보드 설정을 해주면 한글을 사용할 수 있는데, 설정을 막아놓은 컴퓨터도 많다.

## ● 영문 자판 상태에서 입력한 한글도 검색해주는 검색엔진

다음이나 네이버 같은 검색엔진은 한글 내용을 영문 자판 상태에서 입력해도, 인공지능으로 한글 처리하여 한글로 입력한 검색 결과를 보여준다. 하지만 이는 검색인 경우로 한정된다. 물론 필요한 단어가 있을 경우 그 단어를 영문으로 쳐서 검색 결과에서 붙여넣기를 하는 방법을 이용할 수는 있다.

다음에서 한글을 영문자판으로 입력한 후 검색

검색이야 급한 대로 해결할 수 있지만 친구에게 소식을 남기거나 블로그에 포스팅할 때처럼 한글을 입력하고 싶은 경우에는 한글이 지원되지 않는 시스템이라면 정말 난감할 수밖에 없다. 어렵게 카페에 접속하거나 친구의 페이스북에 가서 글을 남기더라도 다음과 같은 상황이 되는 건 어쩔 수 없다. 본인이 직접 쓴 것이 아니더라도 이렇게 작성된 글을 본 적이 있을 것이다.

Hello friends,
I'm fine. I'm in London. I arrived today. I like this city. Weather is bad, but I walked a lot. I miss you, see you~

그래도 이건 양반이다. 여기서 한층 업그레이드된 수준도 있다.

이렇게 난감한 글을 작성하고 있는 자신이 부끄러울 것이고, IME가 깔려있지 않은 컴퓨터에서도 한글을 입력할 수 있었으면 하는 희망을 누구나 갖게 된다. 다행히도 이런 상황을 타개할 수 있는 다양한 방법

an nyong!!
na london e do chak hae dda!!!
i je bu tu yo hang i si jak i ya!!
han dal hu e bo ja!!
bye!!

들이 있다. 바로 웹전용 한글입력기를 이용하는 방법이다. 이 방법 외에도 USB에 IME를 가지고 다니면서 필요할 때마다 설치하여 쓸 수 있지만, 설치가 제한된 컴퓨터에서는 별 도리가 없다.

- **한글 검색과 한글 입력이 쉬운 Hangul IME**

    검색 입력창에 검색할 단어를 입력한 후 엔터만
    치면 한글로 검색엔진을 이용할 수 있다. 자판의
    입력 상태는 한글인 경우에는 입력창 맨 오른
    쪽에 [한]이라는 표시가 된다. 〈Shift〉+〈Space
    Bar〉를 누르면 영문 입력 상태로 변경이 된다.
    긴 글을 입력해야 하는 경우 하단의 넓은 입력
    창에 입력할 내용을 타이핑한 후 복사하여 붙
    여넣기 방식을 이용하면 된다.

    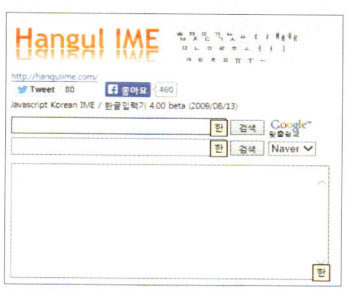
    HANGUL IME(colspan.net/hangulime)

- **세심한 배려가 눈에 띄는 온라인 한글입력**

    이 프로그램 또한 한글을 지원하지 않는 시
    스템에서 한글을 입력할 수 있도록 해준다.
    이 프로그램은 일반적인 두벌식 자판뿐만 아
    니라 세벌식 자판까지 지원하는 것이 특징이
    다. 〈Ctrl〉+〈Spacebar〉를 누르면 두벌식 한
    글과 영문 자판을 토글하여 사용할 수 있고,
    〈Shift〉+〈Spacebar〉를 누르면 세벌식 한글과
    영문 자판을 토글하여 사용할 수 있다. 이 외
    에도 한국과 다른 영문 자판 배열을 사용하는
    키보드에서는 〈Ctrl〉+〈Enter〉 키를 누르면 차

    온라인 한글입력(ohi.kr)

    례대로 영어식 자판 QWERTY → 독어식 자판 QWERTZ → 불어식 자판 AZERTY
    → 다시 영어식 자판 QWERTY 순으로 변경이 된다. 이렇듯 사용자에 대한 다양한 배
    려가 눈에 띄지만 가끔 해외 사이트에서 제대로 작동하지 않는 경우도 있다.

- **네이버 SE 한글입력**

    이 프로그램 또한 한글이 지원되지 않는 시스
    템에서 한글을 입력할 수 있도록 해준다. 검색
    창 옆의 [한글입력기]를 선택하면, 키보드로 입
    력하기와 마우스로 입력하기를 선택할 수 있다.
    키보드로 입력하기를 띄워놓고 자판을 입력하

    네이버 SE(se.naver.com)

    면, 영어로 설정되어 있어도 자동으로 한글로 입력된다. 다시 영어로 입력하려면 [한글
    입력기]를 닫으면 된다.

누구나 똑같은 여행을 하는 것은 아니다.
사람마다 여행 스타일이 있고,
좋아하는 국가가 다르기 때문에
얼마만큼 자신에게 맞는 여행지를 찾아 떠나느냐가 굉장히 중요하다.
여행지를 선택할 때에도 평소 자신의 취향과 성향을 잘 고려해서
여행을 떠나는 것이 기억에 남는 좋은 여행을 만들 수 있다.
그럼, 어떤 특별한 여행을 떠날 수 있는지 알아보자.

# 여행의 테마와
# 다양한 종류

# 나의 여행 테마는 무엇인가?

여행은 누구에게나 상상만으로도 즐거운 일이지만 떠나는 것이 쉽지는 않다. 학생이라면 시간은 많지만 금전적으로 어렵고, 직장인이라면 돈은 있지만 시간이 없어 여행을 떠나기 어렵다. 여행도 결국 추진력 있고 용기 있는 자만이 떠날 수 있는 것이다. 어렵게 준비한 여행. 그 황금 같은 시간을 어떻게 보낼지는 여행자 본인에게 달렸다.

## 01 여행의 테마는 자신이 하고 싶은 것을 선택하자

여행을 떠나기 전 여행의 테마를 미리 고민해본다면 한결 더 즐거운 여행을 할 수 있다. 테마라고 해서 거창한 것을 말하는 것이 아니다. 전망 좋은 해변 리조트에서 온종일 수영을 하거나 독서 또는 아무것도 하지 않아도 여행의 휴식이라는 테마가 될 수 있다. 테마는 하나를 정해야 하는 것은 아니다. 영화도 좋고, 음식도 좋고 그 어떤 것이라도 좋다. 여행 중 자신이 하고 싶었던 것이라면 그 무엇이라도 테마가 된다. 관심도 없는 곳을 그저 유명하다는 이유로 찾아가기보다는 비록 알려지지 않은 곳이라도 자신의 목적과 테마가 있으면 즐거운 여행을 할 수 있다.

자신만의 테마가 있는 여행은 기간에 크게 구애받지 않는다. 물론 시간이 짧다면 여행지가 한정되지만 그렇다고 원하는 것을 할 수 없는 것은 아니다. 이렇게 테마가 있는 여행을 하려면 여행 일정을 직접 짜는 것이 중요하다. 요즘에는 워낙 가이드북도 잘 나와 있고, 한국 사람들이 많이 가는 일본, 홍콩, 동남아 등의 여행지는 굳이 패키지가 아니라도 정보가 많아 쉽게 여행할 수 있기 때문이다.

1 멋진 자연풍광을 찾아 떠나는 여행
2 휴식을 위한 바닷가 여행
3 낭만적인 스카이라운지에서 칵테일 한 잔

## 02 맛을 찾아 떠나는 미식 여행

여행에서 가장 쉽게 테마로 잡을 수 있는 것이 좋은 음식을 즐기는 미식 여행이다. 각 나라의 새로운 음식을 맛볼 수 있는 기회 자체만으로도 충분히 즐거울 뿐만 아니라 새로운 여행자와 맥주 한 잔 기울인다면 행복은 배가 된다. 그래서 미식 여행은 일반적인 여행과는 조금 다르다. 막상 여행지에 볼 것이 없어도 맛있는 음식과 맥주 한 병이면 얼마든지 행복할 수 있기 때문이다.

미식 여행자라면 방문했던 여행지는 기억 못해도 맛보았던 음식은 잊을 수 없어 그 여행지를 다시 찾게 된다. 한국에서 쉽게 접할 수 없는 요리와 다양한 향신료가 기억 속의 후각을 수시로 자극하기 때문이다. 미식 여행자라면 한국은 지리적으로 너무 좋은 곳에 위치해 있다. 내오는 음식의 정갈함이나 맛도 일품인 일본, 없는 요리가 없는 중국, 그리고 특색이 있는 동남아 국가들의 전통음식까지 지리적으로 모두 한국 가까이에 즐비하다. 아프리카나 남미 여행에서 음식의 빈곤함을 호소하는 사람은 있어도 일본, 중국, 동남아 국가에서는 상대적으로 음식을 고민하는 사람이 적다.

미식 여행자라면 길거리에서도 맛있는 것이 보이면 걸음을 멈추고 만다. 다이어트 걱정은 여행 며칠간은 잊어도 좋다. 미식 여행의 센스는 길거리 음식이든 레스토랑 음식이든 일단 가리지 말아야 한다. 한국에서 미리 해당 국가의 맛집이나 음식에 대한 정보를 알고 간다면 더욱 행복한 여행이 될 것이다.

맛을 찾아 떠나는 여행

## 03　문화에 대한 갈증을 채우는 문화 여행

사람마다 자신이 좋아하는 문화 형식은 다를 수 있다. 그림에 심취한 사람도 있고, 연극이나 뮤지컬과 같은 공연을 좋아하는 사람도 있다. 그리고 애니메이션이나 영화에 빠진 사람도 있을 것이다. 만일 그렇다면 좋아하는 문화 코드에 맞춰 여행을 계획해보자. 그림을 좋아하다면 가이드북에 소개된 미술관만 둘러보지 말고 인터넷이나 주변 사람들에게 도움을 청해 새로운 미술관도 찾아보자. 여행의 목적이 문화인만큼 시간과 비용을 아낌없이 문화에 맞춰보는 것이다.

1 파리 오르세 미술관 2 파리 루브르 박물관 3 빈 레오파드 미술관 4 뉴욕 현대 미술관 5 마드리드 프라도 미술관

영화, 드라마, 명화 등에 나온 장소를 찾아보는 것도 멋진 여행이다. 영화를 촬영했던 곳에서 주인공처럼 시간을 보내거나 영화 속 커플이 앉았던 커피숍에 앉아 커피 한 잔과 상념에 빠지는 것도 행복할 것이다. 특히 영화 속 흐름을 따라 그대로 둘러보는 것도 좋다. 론하워드 감독의 〈천사와 악마〉에 나오는 성당들을 찾아 직접 여행 동선을 짜는 것이 한때 유행이었다. 또한 〈꽃보다 할배〉와 같은 예능에 나왔던 장소

도 최근 인기 여행지이며, 고흐Vincent van Gogh의 그림을 따라 아를Arles, 오베르쉬르우아즈Auvers-sur-Oise 등을 찾아가기도 한다. 만약 그 여행하는 지역에 축제가 있다면, 그야말로 빠질 수 없는 기회가 되기도 한다.

주라기 공원의 촬영지

고흐의 요양원 그림과 실제 장소

영화 세렌디피티의 카페

뮤지컬을 좋아한다면 보통 뉴욕이나 런던으로 향하게 된다. 뉴욕의 브로드웨이나 런던의 웨스트엔드에서는 1년 365일 유명한 뮤지컬을 볼 수 있기 때문이다. 조금 부지런을 떨면 러시티켓Rush Ticket이라는 할인 티켓으로 저렴하게 공연을 즐길 수 있다. 필자도 뮤지컬을 좋아해서 뉴욕에 4일 머무르는 동안 5편의 뮤지컬을 본적이 있다. 한 뮤지컬을 보자마자 맥도날드에서 후다닥 끼니 때우고 다음 뮤지컬을 보러 뛰어가던 그 순간이 추억으로 떠오른다.

뉴욕 할인 티켓 센터(TKTS)

라이언킹

## 04 눈이 즐거워지는 쇼핑 여행

쇼핑은 언제나 마음을 들뜨게 한다. 한국에서 접하기 어려운 다양한 브랜드 제품을 만날 수 있을 뿐만 아니라 저렴하게 구입할 수도 있다. 쇼핑을 좋아하는 사람들은 유럽이나 미주와 같은 곳도 빅 세일기간에 맞춰 여행을 떠난다. 주로 추수감사절이나 연말인데, 특히 미국의 프리미엄 아울렛, 유럽의 명품 아울렛 등은 가격대비 훌륭한 물건들을 구입할 수 있어, 일정에 필수적으로 넣는 사람도 많다.

쇼핑을 즐기는 여행자들은 여행기간 내내 면세점부터 수많은 쇼핑몰을 돌아다니고도 힘들어 하지 않는다. 오히려 숙소로 돌아와 자신만의 패션쇼를 하며 즐거운 한때를 이어간다. 최근 해외 직접구매가 현지에서 사는 것보다 저렴한 경우도 많아지고 있지만, 여행도 즐기면서 직접 보고 고르는 재미 때문에 쇼핑 여행의 인기는 식지 않는다.

1 뉴저지 가든 스테이트 플라자  2 로얄 하와이안 센터  3 프리미엄 아울렛  4 프라다 스페이스 아울렛

## 05 재충전을 위한 휴식 여행

휴식을 테마로 하는 여행이 가장 일반적인 여행의 형태이다. 육체적인 휴식도 의미가 있지만 갑갑했던 도심생활을 떠나 조용한 곳에서 즐기는 정신적인 휴식이야 말로 직장인에게는 꼭 필요하다. 아름다운 바닷가를 보면서 한가롭게 책을 보거나 재미있고 다양한 레포츠를 즐기면서 스트레스를 풀 수도 있다. 이러한 휴식 여행은 다시 일상으로 돌아왔을 때 힘을 낼 수 있는 재충전의 의미가 크다.

일반적으로 휴식을 위한 여행은 일정을 빡빡하게 짜지 않는다. 그날 하고 싶은 것을 그날 정해도 되고, 별달리 하고 싶은 것이 없다면 그저 가벼운 물놀이나 산책만으로도 여행의 목적을 충분히 달성할 수 있다. 과거 해외여행은 패키지 상품 위주로 빡빡한 일정에 따라 많은 곳을 둘러보는 것이었지만, 삶의 질이 높아지면서 휴식만을 위해 떠나는 사람의 비중이 크게 늘어나고 있다. 이런 여행의 경우 지역, 항공권, 호텔 정도만 결정하면 되기 때문에 다른 여행보다 여유롭고 편하게 다녀올 수 있다.

## 06 레포츠와 액티비티를 위한 여행

여름에는 스쿠버다이빙과 스노클링, 겨울에는 스키와 스노보드가 대표적이다. 스쿠버다이빙은 동남아에 아름다운 포인트가 많아 저렴한 비용으로 즐길 수 있고, 스키와 스노보드는 온천과 묶어 패키지로 일본 여행을 선택하는 사람이 많다. 경제나 시간적으로 여유가 있는 사람은 유럽이나 미주 쪽으로 스키 여행을 떠나기도 한다.

이밖에도 한국에서는 쉽게 즐길 수 없는 액티비티를 찾아 해외로 나가는 사람도 많다. 이국적인 자연을 배경으로 즐기는 액티비티는 일상에서 쌓인 스트레스를 풀기에는 아주 그만이다. 스카이다이빙, 번지점프, ATV, 열기구, 승마, 놀이동산, 서핑 등 즐길 거리는 얼마든지 많다. 액티비티를 위한 여행은 다른 여행보다 상대적으로 비용이 많이 들지만 한 번 즐겨보면 짜릿한 기분 때문에 돈을 아끼지 않게 된다.

1 빙벽등반
2 스노클링
3 ATV
4 서핑
5 바이크 하이킹
6 튜빙
7 낚시
8 승마

## 이색적인 경험을 위한 특별한 여행

특별하지만 우발적으로 여행을 떠나는 사람도 많다. 필자는 TV 채널을 돌리다 우연히 보게 된 하얀 사막에 매료되어 인터넷을 다 뒤져 우유니사막과 석고사막을 다녀온 경험이 있다. 이처럼 여행을 좋아하는 사람들은 문득 영화를 보다가 그 촬영지를 찾아가거나 책이나 잡지 등을 보면서 가고 싶은 여행지를 기억해뒀다가 찾아가는 사람도 많다.

한 번은 기상과 관련된 다큐멘터리를 보다가 갑자기 오로라가 보고 싶어져 1년 정도를 준비한 후에 캐나다를 다녀왔고, 해변 위로 착륙하는 한 장의 비행기 사진 때문에 세인트 마틴섬 마호비치까지 다녀오기도 했다. 이처럼 특별한 여행지들은 장기 해외여행 중이라면 얼마든지 일정을 조정하여 다녀올 수 있지만, 단기 여행이라면 쉽지 않은 현실의 벽에 부딪히게 된다. 하지만 일생에 한 번쯤은 일탈을 허용해보고 싶다면 이런 특이한 곳을 목적지로 잡고 다녀오는 것도 멋진 여행이 되지 않을까 싶다.

1 브로모화산 일출 2 마호 비치
3 미국 화이트샌드 석고사막 4 동굴 속 천연 수영장 세노떼

# 따로 고민할 필요가 없는
# 패키지 여행

패키지 여행은 시작부터 끝까지 사전에 그려진 여행이다. 결국 여행자는 원하는 패키지 상품만 구입해서 정해진 스케줄대로 움직이기만 하면 되는 것이다. 패키지 여행은 자유롭지는 않지만, 혼자 고민하지 않아도 여러 관광지를 둘러볼 수 있어 여행을 준비할 시간이 없는 직장인이나 여행 계획을 스스로 계획하기 힘든 어르신들이 많이 이용한다.

## 01 패키지 여행의 적당한 여행 일정은?

패키지 여행은 주로 1주일 내외의 단기 형태가 많은데, 2박 3일이나 3박 4일 일정으로 가까운 일본, 중국, 동남아 여행이 가장 흔하다. 일본이나 중국의 경우 비행시간도 2~3시간 이내이고, 짧은 여행이라도 많은 것을 볼 수 있다. 일본 패키지는 보통 온천과 관광이 포함된 통합적인 형태가 많은 반면, 중국은 베이징이나 상하이 같은 대도시 관광이나 삼림공원인 장가계 같이 멋진 자연 풍경을 둘러보는 형태로 나뉜다. 또한 동남아 패키지는 아름다운 해변에서 휴양하거나 일반 자유여행으로 쉽게 가지 못하는 유적지를 돌아보는 다양한 상품들이 있다.

6박 8일이나 8박 10일 일정으로 유럽, 호주, 미주를 여행하는 상품도 있다. 장거리 패키지의 경우 두 가지 형태가 있는데 하나는 한두 개 도시를 집중적으로 돌아보는 것이고, 다른 하나는 시간이 허락하는 내에서 가능한 많은 것을 관광하는 형태이다. 일반적으로 여행지까지 이동시간이 길고, 쉽게 올 수 있는 곳이 아니므로 더 많은 곳을 볼 수 있는 후자 형태가 인기가 있다.

여행 일정이 2주 전후인 패키지도 많은데, 이러한 패키지들은 방학시즌과 휴가철에 집중된다. 일정이 길어 갈 수 있는 곳이 많아지는 만큼 가격도 비싸, 2주 유럽 여행이 2~3백만 원 정도이다. 이동거리가 길어 일정 대부분을 비행기로 소화하는 아프리카나 남미의 경우 3~4백만 원 이상의 경비가 필요한 패키지들도 있다.

단체로 관광하는 패키지 상품 여행객

패키지 여행은 짧은 기간에 많은 것을 둘러봐야 하기 때문에 아침부터 저녁 늦게까지 일정이 빽빽하게 짜인 경우가 많다. 이렇게 바쁜 일정은 단시간에 많은 것을 소화할 수 있는 사람에게는 적합하지만 그렇지 않다면 일정이 여유로운 패키지 상품을 선택하는 것이 좋다. 여러 곳을 많이 볼 수 있어야 꼭 좋은 여행은 아닐 것이다.

## 02 패키지 여행을 선택하는 방법

패키지 여행에서 꼭 체크해봐야 할 것이 '노팁, 노옵션' 여부이다. 이 문구가 붙은 상품의 경우 다른 상품보다 가격은 비싸지만 여행 중 사소하지만 기분을 망칠 수 있는 여러 문제를 피할 수 있다. 물론 쇼핑센터를 들리기는 하지만, 쇼핑을 강요하지 않고 쇼핑 시간도 길게 잡지 않는다. 하지만 가격이 낮은 여행 상품은 가격 차이만큼을 쇼핑, 팁, 옵션 등으로 보충하기 때문에 곳곳에서 실랑이가 벌어질 수밖에 없다. 가이드와 싸우더라도 쇼핑과 현지 추가 옵션은 하지 않겠다는 각오가 있다면 저렴한 상품도 괜찮겠지만, 부모님을 위한 효도여행이라면 가격이 조금 비싸더라도 무조건 '노팁, 노옵션' 상품을 선택하는 것이 현명하다.

패키지 여행 상품을 선택할 때에는 가격에만 현혹되지 말고, 믿을만한 여행사인지, 일정에 쇼핑 강요는 없는지 등을 잘 확인하는 것이 중요하다. '싼 게 비지떡'이라는 말이 아주 딱 들어맞는 것이 바로 패키지 여행 상품이기 때문이다. 패키지 여행에서 가이드 또한 중요한 고려 사항이다. 요즘에는 인터넷 후기가 많이 올라오기 때문에 가이드에 대한 평판도 주의 깊게 살펴보는 것이 좋다. 가이드가 부족한 성수기에는 선택의 여지가 줄겠지만 비수기에는 실력 있는 가이드를 선택할 수 있으므로 조금만 관심을 갖는다면 같은 시간 같은 가격에 좀더 유익한 여행을 즐길 수 있다.

여행 기간이 긴 패키지는 가이드가 아닌 인솔자가 비행기 수속, 숙소 예약, 여행 일정 등을 관리하면서 현지 사정에 맞게 여행을 도와준다. 아프리카나 남미 같은 경우

인천공항의 여행사 카운터의 모습

에는 관광버스가 아닌 현지 대중교통을 이용해야 하고 한국어를 하지 못하는 현지 가이드에 의존해서 여행하는 경우도 많다. 기간이 긴 패키지의 경우 가격대가 높은 만큼 쇼핑에 대한 압박에서 자유로운 것이 사실이지만 전혀 없다고는 할 수 없다. 2주~1달이라는 기간 동안 5개국 이상을 둘러보기 때문에 여행 기간은 길지만 하루 일정은 빡빡하게 움직이는 경우가 많다. 결국 여행 기간 중에 체력 안배를 잘하는 것도 중요하다.

## 03 패키지 여행의 병폐, 쇼핑과 팁

패키지 여행의 대표적 폐단인 쇼핑은 여행사 간의 과다 경쟁이 원인인 경우가 많다. 주로 가까운 동남아 여행 상품 중에 이런 것이 많은데, 비행기 값도 안 될 것 같은 '특가상품'이라면 한 번쯤 의심해 봐야 한다. 여행사에서 전세기는 잡아놨으나 모객이 안 돼 울며 겨자 먹기로 싸게 내놓는 경우도 있지만, 아예 저가를 목표로 내놓는 엉터리 상품이 대부분이기 때문이다.

이런 저가 상품이 문제가 되는 것은 패키지 비용에는 현지 가이드에게 돌아갈 몫이 없다는 것이다. 결국 현지 가이드는 쇼핑이나 식사, 옵션 등을 통해 커미션을 챙길 수밖에 없다. 심한 경우 현지 투어를 담당하는 랜드사가 여행사에 커미션을 주고 고객을 모집한다고 하니 이런 여행을 한다면 어떤 서비스를 받을지 상상하지 않아도 알만하다.

물론 이런 상품도 정해진 일정은 모두 소화하지만 정작 관광 시간은 얼마 주어지지 않고, 쇼핑은 2시간 넘게 지체하는 경우가 많다. 또한 자유시간이나 옵션 상품이 터무니없이 비싼 가격으로 채워지는 경우가 많다. 10달러면 즐길 수 있는 레포츠도 패키지 손님에게는 50달러를 받는 경우가 대표적인 예라 하겠다. 쇼핑의 경우 강매에 가깝게 이뤄지다보니 마음 약한 어르신들은 그에 못 이겨 상품을 구입하는 경우도 많다. 지역 특산물이나 건강식품의 경우 기본 가격에 가이드 커미션이 붙다보니 바가지도 상당히 심하고, 가짜를 판매하는 경우도 종종 있다고 하니 주의해야 한다.

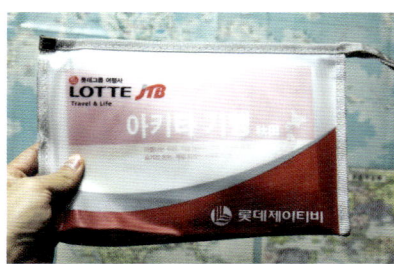
패키지 여행에서 받게 되는 지퍼백

쇼핑과 관련된 곳을 들리는 것은 거의 필수이다.

# 항공권과 숙박이 결합된 에어텔 여행

에어텔(Airtel)은 에어(air) + 호텔(hotel)의 합성어로 항공과 호텔이 결합된 상품을 말한다. 상품에 따라 아침식사를 포함하는 경우도 있지만, 기본적으로 항공권과 호텔 숙박 외 비용은 여행자가 직접 해결해야 하는 경우가 많다. 하지만 여행에서 항공권과 숙박이 가장 큰 문제이기 때문에 에어텔을 이용하면 여행 준비가 한결 쉬워진다.

## 01  에어텔은 어떤 여행에 적합할까?

에어텔은 항공권과 호텔만 포함되기 때문에 모든 것이 포함된 다른 패키지에 비해 저렴하다. 여행사에서 협력 관계에 있는 항공사와 호텔을 함께 구성하므로 개별적으로 예약하는 것보다는 훨씬 저렴해진다. 또한 항공과 호텔 외에는 모두 자유이기 때문에 팁이나 옵션, 쇼핑에 시달릴 필요가 없다. 에어텔은 캐세이패시픽의 홍콩수퍼시티, 싱가포르항공의 시아홀리데이, 타이항공의 로열오키드 홀리데이처럼 항공사에서 현지 호텔과 계약하여 판매하는 상품이 있고, 한국 여행사에서 지역에 맞게 항공권과 숙소를 결합하여 상품을 만드는 경우도 있다. 가격대비 서비스는 전자가 좋지만 선택할 수 있는 지역의 다양성은 후자가 좋다.

에어텔은 특정 지역을 벗어나지 않고 한 곳에만 머무는 형태라 도쿄, 싱가포르, 파리, 뉴욕처럼 여러 날을 머물러도 볼거리가 많은 도시에 에어텔 상품이 다양하다. 물론 런던+파리, 홍콩+마카오, 오사카+교토와 같이 2개 이상의 도시를 묶는 상품도 있다. 에어텔은 숙박과 항공권을 한 번에 해결하므로 출발 당일 비행기에서 가이드북을 읽으며 여행을 계획해도 멋진 여행을 할 수 있다.

항공권과 숙박이 포함된 타이항공의 에어텔 상품

에어텔 중에는 장기 여행 형태의 유럽 호텔팩도 있다. 이는 16박 17일, 24박 25일 등 장기로 여러 국가의 호텔을 미리 예약하고 여행하는 것이다. 호텔팩은 여행 중에 매번 숙소를 찾아서 예약해야 하는 번거로움을 덜어준다. 이 때문에 성수기에도 숙소를 걱정할 필요가 없지만, 여행 도중 일정 변경이나 차질이 생겨도 숙소를 바꿀 수 없다는 것이 호텔팩의 큰 단점이다.

## 02 에어텔을 선택할 때 주의해야 할 점

에어텔은 상품을 선택하기 전 호텔 위치에 관심을 가져야 한다. 에어텔도 여행사 가격 경쟁에서 자유롭지 않기 때문에 가격을 낮추기 위해 다소 외곽에 있는 호텔을 지정해 놓는 경우가 많다. 아무리 별 3개짜리 호텔이라도 시내까지 1시간 이상 걸린다면 이동 시간마저 아까운 단기 여행에서는 심각할 수 있다. 외곽보다는 중심가에 있어야 쉬고 싶을 때 호텔로 돌아와 쉴 수도 있고, 쇼핑을 하는 경우에도 호텔을 중심으로 돌아다닐 수 있어 편리하다.

최근에는 호텔 주소만 알고 있어도 구글맵 등에서 위치를 쉽게 파악할 수 있으므로 자신이 둘러볼 여행지와 호텔이 얼마만큼 떨어져 있고 교통수단은 어떤지 미리 체크해볼 수 있다. 에어텔은 같은 지역이라도 호텔 등급에 따라 다양한 상품이 구성되어 있으므로 선택할 때는 너무 싼 가격만을 보기보다 호텔의 위치 및 시설에 비중을 두는 것이 현명한 선택 방법이다.

에어텔 가격은 대부분 2인 1실 기준이기 때문에 혼자 여행한다면 싱글 차지를 별도로 지불해야 한다. 패키지도 2인 기준 가격이기 때문에 싱글차지가 붙지만, 에어텔의 경우에는 호텔이 차지하는 비중이 크다보니 상대적으로 지불하는 비용이 더 크다. 1인 기준의 에어텔 상품도 찾아보면 있으므로 혼자 떠나는 여행자라면 이런 상품을 선택하는 것이 좋다.

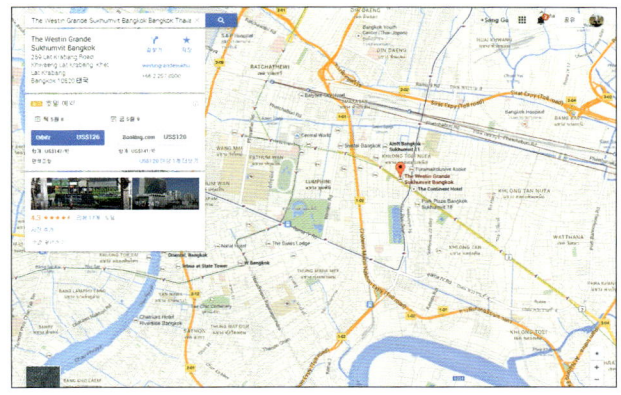

구글맵에서 호텔 위치를 가늠할 수 있다.

# 내 맘대로 계획하는
# 자유여행

여행을 준비하는 사람이라면 누구나 내 맘대로 할 수 있는 자유여행을 꿈꾼다. 예전에는 자유여행이라고 하면 배낭여행이 대다수를 차지했지만, 최근에는 가족 여행이나 휴식을 위한 여행을 항공권부터 호텔까지 혼자서 알아서 예약하고 떠나는 형태의 자유여행이 점차 늘어나고 있다.

## 01 모든 것을 스스로 결정해야 한다

자유여행은 항공, 호텔, 교통, 식사, 현지 일정까지 모두 혼자서 해결해야 하는 여행을 의미한다. 그만큼 여행을 준비하는데 있어 많은 시간이 들어간다. 가장 먼저 원하는 일정의 저렴한 항공권을 찾아야 하고, 숙박을 위한 호텔, 현지 여행 일정 등을 하나하나 스스로 짜야 한다. 여행이 장기화되면 숙소는 현지에서 찾을 수도 있지만, 항공권과 여행 일정을 짜는 것만으로도 많은 시간이 소요된다. 이렇게 시간과 노력이 필요하지만 직접 일정을 짜면 저렴한 항공권도 찾을 수 있고, 호텔 프로모션 등을 잘 이용하면 패키지나 에어텔보다 훨씬 저렴하게 여행을 다녀올 수 있다. 이외에도 가고자 하는 지역에 여행 패키지가 따로 없어서 자유여행으로 떠나야만 하는 경우도 있다.

자유여행은 자신의 취향에 따라 자유롭게 구성할 수 있기 때문에 누구나 꿈꾸는 여행 방법이다. 가고 싶지 않은 여행지를 억지로 둘러볼 필요가 없고, 여행을 준비하는 과정에서 또 다른 즐거움을 발견할 수 있다. 패키지 여행은 문제가 발생했을 때 여행사 측에서 해결해주지만, 자신이 직접 계획한 여행에서는 스스로 해결해야 하므로 그것도 여행의 추억으로 남는 경우가 많다. 자유여행은 출발 전까지 준비할 것도 많고 신경이 쓰이지만 그만큼 다녀오면 가장 기억에 남는 여행이 된다.

친구들과 함께 떠난 렌터카 자유여행
원하는 곳에 원하는 시간만큼 머물 수 있다.

## 02 자유롭게 짤 수 있는 여행 기간

3~5일짜리 자유여행은 대부분 일본이나 중국 또는 동남아인 경우가 많다. 저렴한 배낭여행은 굳이 숙소를 예약하지 않고도 출발하지만, 가능하면 숙소는 예약하고 떠나는 것이 좋다. 1주일 정도의 자유여행은 유럽이나 미주까지 고려하기도 한다. 만약 호텔이 아닌 호스텔이나 민박처럼 저렴한 숙소를 생각한다면 자유여행이 최선이다. 숙소 정보는 가이드북이나 호텔 예약사이트, 인터넷 카페 등에서 찾아볼 수 있다.

자유여행은 단기도 있지만, 1달에서 길게는 1년 이상인 경우도 많다. 여행을 하다 맘에 들면 더 머물고, 맘에 들지 않으면 미련 없이 떠나는 것이 자유여행의 최대 장점이다. 자유여행은 모든 것을 혼자 결정하는 만큼 위험도 늘 따른다. 여행 중 기차를 놓친다거나 사고를 당했을 때도 모든 것을 혼자 책임져야 한다. 그렇기 때문에 여행 중 일어날 수 있는 다양한 상황에 대한 정보를 미리 체크해보고 가는 것이 중요하다.

자유여행에서 만나는 사람은 모두 친구가 된다.

## 03 자유여행은 누구나 할 수 있을까?

많은 사람이 자유여행을 꿈꾸면서도 실제 떠나지 못하는 여러 이유가 있다. 그 중 하나가 바로 언어 문제이다. 패키지 여행은 가이드가 알아서 모든 것을 대행해주고, 에어텔은 항공권과 호텔 문제를 해결하고 출발하기 때문에 걱정할 부분이 상대적으로 적다. 하지만 자유여행은 호텔 예약부터 현지 교통편 등을 모두 스스로 해결해야 하는데 모든 것이 처음이라면 더 힘들게 느껴질 것이다. 또한 여행 도중 문제나 사고가 발생할 경우 혼자서 해결해야 하는 어려움도 있다. 그래서 자유여행을 준비하는 카페나 커뮤니티에서 동행할 여행자를 찾는 경우도 심심찮게 발견된다.

자유여행은 어렵다고 생각하면 한없이 어렵지만, 차근차근 준비한다면 꼭 그렇지는 않다. 요즘 인터넷이 워낙 발달해 여행지 정보를 얻는 것이 어렵지 않고, 현지인들과 보디랭귀지라도 소통할 수 있기 때문에 여행이 힘들지는 않다. 오히려 자유여행에서 주의할 것은 출발 전 두려움이 아니라 여행이 가진 잠재적 위험을 인지하는 것이다. 현지인들이 위험하다고 하는 곳을 여행하거나 늦은 밤 으슥한 곳을 돌아다니는 일, 모르는 사람이 주는 음식을 의심 없이 먹는 것과 같은 행동들이 바로 이에 해당한다.

# 사랑하는 사람이 있어
# 행복한 신혼여행

신혼여행도 자유여행처럼 많이 둘러보는 여행과 편안하게 휴양하는 여행, 두 가지 형태로 나뉜다. 일반적으로 결혼 준비부터 결혼식까지 과정이 힘들기 때문에 휴양 여행을 주로 선택하지만 여행을 좋아하는 부부라면 쉽지 않은 여행 기회를 둘만의 시간으로 만들기 위해 자유여행을 선택한다.

## 01 자유로운 신혼여행

최근 신혼여행을 7박 9일까지 가는 경우가 많아 평소 가보지 못했던 곳을 여행하는 추세이다. 유럽의 프랑스, 스위스, 미국의 뉴욕 등 비행거리가 만만치 않을 곳을 선택하거나 여러 국가를 묶어서 여행하는 경우도 있다. 여행, 휴양, 쇼핑을 한 곳에서 즐길 수 있는 하와이나 라스베가스, 뉴욕 등을 경유한 멕시코 칸쿤 코스도 꾸준히 인기가 늘고 있다. 신혼여행을 자유여행으로 선택할 때는 일정을 여유롭게 짜야 하며, 패키지로 선택해야 할 때라도 일반 패키지가 아닌 지역 전문 여행사의 허니문 패키지를 선택하는 것이 좋다. 또한 허니문 패키지는 일반 여행 패키지보다 가격이 높으므로 주의 깊게 살펴보면서 비교해 봐야 한다.

신혼여행은 여행 자체보다는 결혼한 상대와 함께 한다는 것이 중요하다. 일반 배낭여행을 하듯 빡빡하게 일정을 짰다가는 달콤해야 할 신혼여행이 일정에 쫓겨 신혼 기분마저 망칠 수 있다. 그렇기 때문에 신혼여행은 여유롭게 일정을 짜는 것이 가장 중요하고, 일반 여행에서 엄두도 못 내던 근사한 레스토랑에서 식사를 하는 것도 좋다. 여행지에서 둘만의 작은 이벤트를 준비하는 센스도 잊지 말자. 신혼여행은 얼마나 많은 곳을 보았느냐보다는 얼마나 좋은 것을 함께 했느냐에 초점을 맞추는 것이 중요하다.

라스베가스

두브로브니크

스위스 체르마트

하와이 오아후섬

## 02 휴양을 위한 신혼여행

휴양을 위한 신혼여행 역시 어느 곳을 선택하느냐에 따라 성격이 많이 달라진다. 일반적으로 3박 4일이나 4박 5일 정도로 동남아의 아름다운 에메랄드 빛 바다를 선호하지만 몰디브와 같이 다소 멀더라도 환상 속에 자리 잡고 있는 나라를 선택하기도 한다. 몰디브나 보라카이, 푸켓 등과 같이 에메랄드 빛 바다를 선호하는 사람도 있고, 시설이 잘 되어있는 리조트나 풀빌라에서 조용히 휴식을 즐기면서 레저나 휴양을 즐기는 사람도 많다. 미국 무비자가 시행된 이후 하와이도 신혼여행지로 각광을 받는다. 하와이의 경우 패키지 상품도 많지만 에어텔 상품과 렌터카를 이용해 가볍게 2~3개 섬을 돌아보는 여행을 즐기는 사람도 많다.

휴양 목적의 신혼여행에서 가장 중요한 것은 여행 시기이다. 특히 동남아 지역은 우기를 피하는 것이 좋다. 우기라도 스콜 형태로 비가 한꺼번에 쏟아지지만, 보라카이 같은 곳은 우기에는 바다 빛마저 변하기 때문에 우기에는 피해야 할 곳이다. 보라카이처럼 6~10월이 우기인 곳도 있지만, 발리는 건기이므로 이때라면 발리를 선택하는 것이 좋다. 몰디브처럼 우기라도 날씨는 그렇게 나쁘지 않으면서 리조트 등에서 각종 프로모션 할인을 제공하므로 일부러 이에 맞춰 여행하는 것도 한 방법이다.

1 마우이 안다즈 리조트 2 크로아티아 흐바르섬 3 신혼여행의 로망 몰디브 해변

휴양을 위한 신혼여행이라도 쇼핑을 좋아한다면 홍콩이나 싱가포르와 같은 도시를 경유해 목적지로 가는 방법이 있다. 휴양지 일정을 마치고 돌아오는 길에 쇼핑 가능한 도시에서 1박을 하며 쇼핑과 요리를 즐기면서 신혼여행을 마무리하는 것이다. 겨울에 결혼했다면 상대적으로 따뜻한 나라나 일본을 선택하는 경우도 있다. 홋카이도나 규슈 지역의 유명한 료칸에서 하룻밤을 보내고, 휴양이라는 테마에 맞게 온천과 일본의 다양한 요리를 먹는 것만으로도 즐거운 신혼여행의 테마가 된다.

## 03 직접 준비하는 신혼여행

신혼여행은 여행사를 통해 패키지로 가는 것이 일반적이었다. 허니문 패키지는 2인 기준으로 가이드가 한 명씩 따라 다니다보니 일반 패키지보다 가격이 높다. 그럼에도 실제 가이드가 해주는 일은 그다지 많지 않고, 인건비가 높은 여행지에서는 사실상 가이드도 없는 경우가 다수다. 또한 여행지에서 옵션으로 즐기는 다양한 레저나 식사는 커미션에 따라 움직이는 가이드 때문에 기분을 망치기 십상이다. 이런 상황이 싫다면 휴양지로 떠나는 에어텔 상품을 이용하는 것이 차선책이 될 수 있다.

베네치아의 아름다운 일몰　　　　　　　오스트리아 할슈타트

신혼여행은 특성상 일반 패키지보다 가격이 높지만 이를 직접 준비한다면 전체적으로 가격을 많이 절약할 수 있다. 항공권 예약부터 호텔, 그리고 현지에서 즐기는 액티비티까지 직접 준비한다면 최대 30~40%까지 비용을 줄일 수 있다. 하지만 자유여행을 해보지 않았거나 현지에서 직접 예약하는 것이 두려운 사람은 단지 가격이 싸다는 이유로 신혼여행을 자유여행으로 준비하면 여러 가지 문제에 직면할 가능성이 높다.

일반적인 자유여행이라면 시간이 걸리더라도 문제를 하나씩 해결하면 되지만, 신혼여행에서 발생하는 문제는 경험이나 추억으로 남기기에는 너무나 소중한 둘만의 시간이다. 때문에 자신이 없다면 안전하게 평가가 좋은 패키지 상품을 고르는 것이 좋다. 가격이 저렴하다는 함정에 빠져 후회할 일을 만들기보다는 안전하고 행복한 여행을 하는 것이 좋다.

# 해외 다국적 배낭여행

여러 국가의 사람과 어울리는 여행을 하고 싶다면 다국적 배낭여행 상품을 이용하는 것이 좋다. 유럽, 미주, 아프리카 쪽에 이런 배낭여행 상품들이 많은데 지역과 회사마다 여행 성격은 조금씩 다르다. 하루 종일 이동과 여행을 반복하는 프로그램이 있는 반면 오전에는 이동하고 오후에는 관광 그리고 저녁에는 파티와 같은 프로그램으로 짜여있는 경우도 있다.

## 01 해외 다국적 배낭여행이란?

우리나라는 다국적 배낭여행을 하는 사람이 많지 않지만 해외에서는 대중화된 여행 방법 중의 하나이다. 다국적 배낭여행 상품의 최소 기간은 10일 이상이기 때문에 여러 국가의 사람들과 짧지 않은 시간을 함께 보낼 수 있다. 다국적 배낭여행 참가자는 기본적으로 어느 정도 영어를 구사하는 젊은 사람들이 많다. 나이 제한을 둔 다국적 배낭여행의 경우 여행을 통해 외국인들과 자연스럽게 어울릴 수 있기 때문에 본인 스스로가 적극적이라면 여행하면서 어학연수를 하는 두 가지 효과도 누릴 수 있다.

자유여행에서도 투어를 하면 여러 국가의 사람들과 어울릴 수 있지만 장기간 이렇게 여행하는 투어를 현지에서는 찾기가 쉽지 않다. 그러므로 한국에서부터 미리 다국적 배낭여행을 예약하고 준비해서 떠나야 한다. 다국적 여행자들은 여행 기간 동안 계속 보게 될 사람이고, 대체로 열린 마음을 갖고 있기 때문에 친해지기가 쉽다. 참여한 사람이 많은 경우 모든 사람들과 친해질 수는 없겠지만 여행 중 관심사가 맞는 사람들과 좋은 관계를 맺는 경우가 많다. 여행을 통해 여러 국가의 사람들을 만날 수 있다는 것은 큰 장점이며, 서로 연락처를 교환하고 계속 연락한다면 다음 여행을 위한 더 좋은 기회로 발전시킬 수 있다.

다국적 배낭여행을 떠나기 전 고려해야 할 점은 이 여행 방법이 자신과 맞느냐는 하는 것이다. 우리나라 여행 상품이 아니다 보니 여행 프로그램이 서구적이라 한국의

다국적 배낭여행을 즐기는 사람들

여행 상품처럼 빡빡한 일정으로 움직이지 않는다. 한국 사람이라면 하루 이틀 만에 둘러볼 곳도 며칠씩 머무는 경우가 많다. 여유로운 여행을 좋아하는 사람이라면 적합하지만 짧은 기간 동안 많을 것을 보고 싶어 하는 사람에게는 맞지 않는 여행 방법이다. 또한 다국적 배낭여행의 경우 한국에서부터 항공권을 포함하지 않으므로 여행 상품이 비쌀 수밖에 없어 사람과의 만남을 중시하는 사람이 아니라면 가격만큼의 가치를 느끼기가 어렵다.

다국적 배낭여행에 참여하는 여행자들이 모두 영어를 잘하는 것이 아니므로 언어 문제는 크게 걱정할 필요가 없다. 다만 외국인과 어울리기 위해서는 적극적인 자세가 필요하다. 여행지를 돌아다니는 것만큼 여러 국가의 친구들과 재미있는 만남이 여행의 큰 의미가 되기 때문이다. 전 세계 다국적 여행사들은 한국에 지사를 운영하고 있거나 예약 및 판매를 대리하는 한국 여행사와 업무협조를 하기 때문에 한국에서도 신청할 수 있어 편리하다. 하지만 여행을 준비하기 전에 꼭 각 회사의 홈페이지들을 살펴보도록 하자. 한국에서 판매하는 것보다 더 저렴한 비용으로 여행을 떠날 수도 있다.

## 02 전 세계 다국적 배낭여행 컨티키

컨티키<sup>Contiki</sup>는 다국적 배낭여행 전문 여행사로 유럽, 호주, 뉴질랜드, 북미, 아시아에 걸쳐 다양한 여행 상품을 판매하고 있다. 한국 사람들에게는 단연 유럽 여행 상품이 인기가 있다. 투어에 참여할 수 있는 동일 국적 사람 수를 제한하기 때문에 한 팀에서 여러 국가의 사람들을 만날 수 있다는 장점이 있다. 또한 컨티키 프로그램에 참여할 수 있는 나이를 만 18~35세로 제한하기 때문에 좀 더 활기찬 여행을 할 수 있다. 컨티키의 다국적 배낭여행 상품은 타 회사 상품에 비해 좋은 평가를 받지만 가격이 비싼 것이 단점이다. 컨티키 투어 프로그램에는 기본적으로 숙박, 식사, 교통, 투어 매니저 등이 포함되며, 그 외 일정에 없는 식사나 현지 개별 관광, 옵션 투어 등은 개

컨티키 다국적 배낭여행

별 부담해야 한다. 식사를 할 경우 보통 요리사가 기본적으로 요리를 해주지만 설거지나 식사 준비는 참 가자들이 함께한다.

컨티키 한국어 홈페이지(www.contiki.co.kr)

컨티키는 한국에 지사를 운영하고 있으며 홈페이지에 소개되지 않은 상 품이라도 요청하면 선택도 가능해진 다. 장기간 여행이기 때문에 여행 상 품에 대해서 60일 전에 완납을 요청하고 있으며, 30만 원의 예약비를 지불해야 한다.

## 03 유럽 지역 다국적 배낭여행 탑덱

영국계 다국적 배낭여행사로 유럽을 메인으로 하고 있다. 프로그램에 따 라 약 15명 규모에서부터 35~45명 규모로 운영되는 탑덱<sup>Topdeck</sup>은 구성 에 따라 유로윈터, 유로호텔, 유로클 럽, 유로캠핑, 유로익스플로러로 구 분되어지며, 자신이 원하는 여행 스 타일에 따라 선택할 수 있다. 그 외

탑덱 한국어 홈페이지(topdeck.kr)

에 호주, 뉴질랜드, 북미 등의 상품도 있다. 탑덱 역시 참여할 수 있는 나이가 만 18 세에서 35세로 제한되어 있다. 탑덱은 다양한 가격대의 상품이 있어, 다른 다국적 배낭여행 상품의 가격이 부담될 때 좋은 선택이 된다.

## 04 미주 지역 다국적 배낭여행 트랙아메리카

트랙아메리카<sup>Trek America</sup>는 만 18~40 세의 여행자를 중심으로 하는 미주 지역 다국적 배낭여행사이다. 미국 과 캐나다 지역의 상품을 메인으로 하고 있지만, 트랙아메리카라는 이 름에 걸맞게 중미와 남미를 여행할 수 있는 상품도 다수 판매하고 있다.

트랙아메리카 한국어 홈페이지(www.trekamerica.co.kr)

나이제한이 있는 상품 외에도 모든 연령대가 참여할 수 있는 그랜드 어드벤처 프로그램도 있다.

주로 미국을 횡단하거나 서부의 국립공원, 캐나다의 록키국립공원, 동부의 대도시들과 나이아가라폭포 등을 방문하는 상품들이 인기가 있다. 영어권 국가를 여행하는 상품이다 보니 기본적으로 영어를 구사하는 사람들이 많으며, 아시아 사람들도 트랙 아메리카에 많이 참여한다. 숙박은 주로 캠핑과 호텔을 섞어서 구성하는데, 예약하기 전에 어떻게 숙박이 구성되는지 미리 확인해야 한다.

1 시카고 야경
2 옐로스톤국립공원
3 캐나다 로키산맥
4 그랜드캐니언
5 앤텔로프캐니언

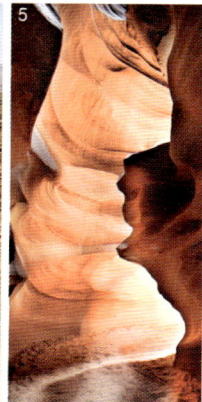

여행 중 미국과 캐나다 국립공원 내에서 캠핑은 모닥불에 둘러앉아 전 세계에서 참여한 여행자들과 다양한 이야기를 즐길 수 있고, 국립공원이 가지고 있는 자연 풍경에 빠져들 수 있는 기회를 제공한다. 다만, 겨울에는 캠핑하는 것이 고역일 수 있으므로 추위에 약한 여행자라면 한 번 고려해 봐야 한다. 트랙아메리카에는 기본적으로 포함되어 있는 것 이외에도 여행 도중 추가 비용을 내고 다양한 레저 활동을 즐길 수 있다.

미국 캠핑장에서의 모습

## 05 전 세계 다국적 여행

앞서 소개한 곳들이 대부분 젊은 사람들 위주였다면, 연령대와 상관없이 누구나 참여할 수 있는 다국적 여행사들도 많다. 그 중에서 한국에 대행사무소까지 운영하면서 홍보하는 곳으로 G어드벤처<sup>G Adventure</sup>, 인트레피드<sup>Intrepid</sup>, 게코스어드벤처스 <sup>Geckos Adventures</sup> 등이 있다.

본사 영문 사이트 외에도 대행사무소에서 운영하는 한국어 사이트가 있어 한국어로도 도움을 받을 수 있어 편리하다. 다만, 본사 사이트에 소개되는 모든 상품이 한국어 사이트에도 있는 것이 아니므로 자신이 원하는 다국적 여행이 있다면 반드시 비교하여 살펴보는 것이 좋다. 본사 사이트에서는 추가로 할인코드

인트레피드 한국어 홈페이지(www.intrepidkorea.com)

G어드벤처(www.gadventures.com)

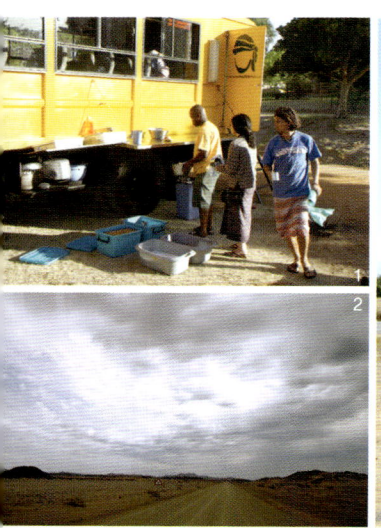

1 식사는 차나 근교에서 해결한다.
2 아프리카 비포장도로
3 아프리카 오버랜드 차량

등의 혜택 등을 받을 수도 있지만 본사를 통해 예약할 때에는 한국어 도움을 받을 수가 없다.

전 세계 다국적 여행 중 우리나라 사람들에게 가장 잘 알려진 지역으로는 아프리카 오버랜드 상품이 있다. 남아공의 케이프타운이나 케냐의 나이로비에서부터 빅토리아 폭포까지 가는 여행을 주로 선호한다. 아프리카를 여행하는 상품들은 짧게는 1주일에서 1달에 가까운 상품까지 굉장히 다양하므로 교통수단이 불편한 아프리카를 여행할 수 있는 가장 좋은 방법이다.

그 외에도 남미, 북미, 유럽, 아시아 등 다양한 지역을 전 세계 다국적 여행 상품을 통해서 여행할 수 있다. 이러한 여행 상품들은 쇼핑 등과 같은 불필요한 일정이 빠져 있는 대신, 기간 대비 한국 여행사의 상품들보다 가격이 높게 책정되어 있고 일정은 전체적으로 여유롭게 짜져 있는 편이다.

대부분의 일정이 텐트 일정

야외에서 해 먹는 식사

평소 경험해 볼 수 없는 텐트 생활

전 세계 다국적 여행은 보통 약 20명을 전후로 한 소규모 그룹으로 이뤄져 여행하는 경우가 많으며, 오지 여행일 경우에는 캠핑 등과 같은 방식으로 저렴하게 숙박과 식사를 해결하는 경우가 많다. 물론 가격이 높으면 그만큼 숙소의 등급도 좋아지는데, 보통 식사는 함께 간 요리사가 직접 준비해주기 때문에 크게 신경을 쓰지 않아도 된다. 하지만 의외로 여행자들이 식사를 직접 준비해야 하는 일들도 많은데, 평소 경험해볼 수 없는 것들이기 때문에 이 역시 여행의 재미로 생각한다면 충분히 즐길 수 있다. 반면 물가가 저렴한 나라를 여행하는 상품들은 대부분 호텔에서 묵는 경우가 많다.

연령 제한이 없는 다국적 여행이기 때문에 다양한 연령층의 외국인들을 만나볼 수 있다. 여행 그룹 내에는 노부부, 커플, 가족, 혼자 온 여행자 등 다양한 부류의 사람들이 섞여있고, 국적 또한 다양하기 때문에 일정이 길어지면 충분히 친해질 수 있다. 이렇게 친해진 사람이 있다면 다음 여행 시 그 사람이 살고 있는 국가를 여행할 때 많은 도움을 받을 수도 있다. 여행 중에 알게 된 사람들은 대부분 오픈마인드이기 때문에 그 나라를 찾아가면 대체로 환대해주는 경우가 많아 즐거운 여행을 할 수 있다.

# 일하면서 여행하는
## 워킹홀리데이

워킹홀리데이(Working Holiday)로 갈 수 있는 나라가 늘어나면서 다시 활기를 띠고 있다. 하지만 대상국가 중에는 실업률이 높거나 언어소통이 되지 않으면 직업을 구할 수 없다보니, 제대로 준비하고 떠나지 않으면 성공확률이 상당히 낮다. 성공담을 남긴 사람들은 운이 좋아 바로 일을 시작했거나 현지에서 적응력이 뛰어난 사람들이 대부분이라는 것을 명심해야 한다.

## 01 워킹으로 갈 수 있는 국가들

'여행과 일을 동시에'가 바로 워킹홀리데이 비자의 취지이다. 일을 하면서 여행과 학업을 허용하는 제도로 현지 언어, 여행 그리고 돈까지 벌 수 있는 아주 좋은 프로그램이다. 선택할 수 있는 일의 종류가 다양하다보니 워킹홀리데이로 떠난 사람들의 생활 패턴을 하나로 단정 지을 수는 없다. 도착하자마자 6개월 동안 열심히 일하고 남는 6개월 동안 여행을 즐기는 사람, 1년간 열심히 일하면서 어학도 늘리고 돈을 벌어오는 사람, 우프로 농장을 돌아다니는 사람, 서핑에 빠져 바닷가에서 사는 사람, 스키장에서 강사로 보내다 온 사람, 1년 동안 도시를 옮겨 다니며 영어만을 공부한 사람까지 매우 다양하다. 워킹홀리데이를 한다는 것은 이렇게 다양성에 자신을 시험해보는 도전의 기회가 되는 것이다.

워킹홀리데이가 한 번에 여러 가지를 얻을 수 있다는 점은 긍정적이지만, 프로그램을 기획된 의도대로 잘 활용하는 사람은 생각보다 많지 않다. 많은 사람들이 어학연수 대안으로 워킹홀리데이를 선택하지만 긴 시간동안 초심을 지키며 열심히 한다는 것은 쉽지 않다. 워킹홀리데이는 직접 현지인들과 부대끼면서 그들의 문화를 느끼고 경험하는 것이 목적이다. 워킹홀리데이는 여행, 어학과 일, 세 가지 모두를 동시에 해결하는 만능열쇠가 아니라 자신이 한만큼 돌려주는 거울이라고 볼 수 있다.

현재 우리나라와 워킹홀리데이 비자협정을 맺고 있는 국가는 네덜란드, 뉴질랜드, 대만, 덴마크, 독일, 벨기에, 스웨덴, 아일랜드, 영국, 오스트리아, 이스라엘, 이탈리아, 일본, 체코, 캐나다, 포르투갈, 프랑스, 헝가리, 호주, 홍콩까지 총 20개국이다. 국가마다 해당 연도별 쿼터가 정해져 있어, 신청을 받아 선발하는 캐나다, 일본 같은 국가가 있는 반면 호주와 같이 신청만 하면 언제든지 떠날 수 있는 국가도 있다. 새로 협정이 맺어진 국가들의 경우는 신청하는 사람들의 숫자가 적기 때문에 비자를 발급받기가 수월하지만, 정보가 그만큼 상대적으로 많지 않아 가기 전에 더 많은 정보를 확보해야 한다. 워킹홀리데이 선발 여부는 자신이 얼마나 시간을 투자하고 노력하느냐에 달려있다.

Government of Canada　Gouvernement du Canada
Embassy of Canada　Ambassade du Canada

Canadian Embassy
C.P.O. Box 6299
Seoul, Korea 100-662
Fax: 82-2-3783-6114
www.korea.gc.ca

2008년 캐나다 워킹홀리데이 프로그램에 선발 되신걸 축하 드립니다.

동봉하는 편지는 여러분에게 워킹홀리데이 프로그램이 승인되었다는 확인서이며,
캐나다에 **입국할 때 입국심사관에게 반드시 보여 주셔야** 적합한 비자를 발급받으실
수 있습니다.

이 확인서의 유효기간은 신체검사를 받은 날로부터 1년입니다. 반드시 그
기간내에 캐나다에 입국하셔야 합니다.

또한, 캐나다 대가른은 2008년 워킹홀리데이 프로그램의 수속료 CD$150을 수령
하였음을 확인합니다.　감사합니다.

캐나다 워킹홀리데이 선발 확인서

호주 워킹홀리데이 비자

---

**〈접수 시기 및 선발 인원〉2014년 6월 기준**

상시접수 : 대만, 덴마크, 독일, 스웨덴, 오스트리아(300명), 체코, 프랑스(2,000명), 헝가리(100명), 호주, 홍
콩(200명), 포르투갈(200명)

연 1회 : 뉴질랜드(1,800명), 아일랜드(400명), 영국(1,000명)

연 2회 : 캐나다(회당 2,000명)

연 4회 : 일본(총 10,000명)

발효 예정 : 네덜란드, 벨기에, 이스라엘, 이탈리아

---

　　워킹홀리데이 협정 국가는 현재 20개국 외에도 체결을 추진하고 있기 때문에 앞으로
워킹홀리데이로 떠날 수 있는 국가는 훨씬 더 많아질 전망이다. 워킹홀리데이 초기
에는 갈 수 있는 국가가 일본이나 영어권 국가로 제한됐지만 현재는 다양한 언어를
선택할 수 있어 도전하는 사람들에게는 좋은 기회가 된다.

1 캐나다
2 호주
3 독일
4 프랑스
5 일본

워킹홀리데이를 떠나기 위해서는 준비할 사항들이 많다. E-visa로 쉽게 갈 수 있는 곳이 있는 반면, 서류와 여행계획서 등을 직접 작성해서 보내야 하는 곳도 있다. 신체검사도 직접 받아야 하고, 현지 생활이 가능할 정도의 최소 언어실력도 갖춰야 한다. 이런 것들이 준비되어 있다면 언제든지 떠날 수 있는 것이 바로 워킹홀리데이이다. 과거에는 워킹홀리데이 비자 발급 쿼터가 상당히 적었고, 지원에 관한 정보가 별로 없어 대행업체를 이용했지만 요즘에는 인터넷 커뮤니티에서 쉽게 정보를 얻을 수 있고 얼마든지 자기 힘만으로 어렵지 않게 준비할 수 있다. 물론 대행해주는 곳이 많다 보니 이런 곳을 통해 지원하는 사람들의 숫자도 무시하지 못할 만큼 많다. 하지만 워킹홀리데이라는 것이 현지에서 직접 준비하고 살아가야 하는 것이니만큼 직접 모든 것을 준비하는 것이 더 도움이 될 것이다.

## 02 어느 정도까지 현지어 능력이 필요할까?

워킹홀리데이를 신청하는데 현지어 능력이 꼭 필요한 것은 아니지만, 실제 생활하는데 있어 많은 어려움이 있을 수 있고, 언어준비 없이 나갔다가 실패하고 조기 귀국하는 선례도 많다. 그러면 어느 정도 현지어 실력이 전제되어야 할까? 먼저 일과 여행을 함께 할 수 있는 워킹홀리데이의 취지를 생각해보자. 워킹홀리데이를 선택하는 가장 큰 이유는 비용이 많이 들지 않기 때문이다. 실제 워킹홀리데이로 떠나는 사람들을 보면 비행기 값을 제외하고 100~200만 원 정도만 들고 가는 사람이 많다. 하지만 돈이 적다는 것은 즉시 일을 시작해야 하고, 일을 하기 위해서 기본적으로 현지인들과 소통해야 하지만 현실은 그렇지 못해 결국 금전적인 고통 때문에 조기 귀국하는 사례가 발생하는 것이다.

기본적인 회화실력과 의지만 있다면 현지에서 직업을 구하는 것은 생각보다 어렵지 않다. 접시닦이나 청소와 같이 현지어 실력이 크게 요구되지 않는 일자리는 발로 열심히 뛰면 어렵지 않게 구할 수 있고, 그게 힘들다면 직업소개소와 같이 일자리를 소개시켜 주는 곳에서 찾아볼 수도 있다. 운이 좋다면 아는 사람에게 소개를 받을 수도 있지만, 현지에 머무는 시간이 얼마 되지 않는다면 이 또한 기대하기 쉽지 않다.

결국 모든 것은 자신의 마음가짐에 달려있다. 아주 기초적인 현지어 실력이더라도 머무는 동안 설정한 목표를 향해 열심히 달린다면 돌아올 때는 매우 발전된 자신의 모습을 기대할 수 있을 것이다. 반대로 떠날 때는 웬만한 현지어 실력이었더라도 나태하게 지낸다면 출발할 때 실력 그대로 밖에 돌아올 수 없을 것이다.

워킹홀리데이로 외국에 도착하면 뭘 해야 할지 막막한 경우가 많다. 이미 워킹홀리데이로 유명한 국가들이야 관련 커뮤니티들이 많지만, 신규로 생긴 국가는 정보조차 많지 않기 때문에 현지에 도착하면 생각만큼 쉽게 되지 않는 것이 현실이다. 그렇기 때문에 오자마자 해야 하는 일련의 일들이 어렵게 느껴지고, 남들에게 도움을 청하고 싶은 마음이 간절해진다. 어느 국가로 가느냐에 따라 준비해야 하는 것들이 조금씩 다르지만, 은행 계좌 개설, 워킹 퍼밋 받기, 심카드 구입, 집구하기 등은 기본적으로 해야 할 일이다. 이런 일들은 사실 혼자서도 얼마든지 할 수 있지만 낯선 곳이라 머뭇거리는 사람이 많다.

도착해서 처음에는 할 일이 많지 않으므로 숙제하듯이 하루에 하나씩 해결해보는 것이 좋다. 은행에서 계좌 개설을 하면서 인출 조건은 어떻게 되는지, 지켜야 할 사항들은 무엇인지 등에 대해서 질문해보고 이해가 되지 않는다면 다시 물어보면서 현지 적응훈련을 시작하는 것이다. 나중에 돌아보면 정말 별 것 아닌 일들이지만, 처음에는 모두 두렵고 어려운 것은 당연하다. 하지만 그런 경험이 쌓여가면서 더 훌륭한 워홀러로 만들어주는 발판이 되어준다.

만약 워킹홀리데이 기간에 여행을 계획하고 있다면 현지 여행사에서 각 상품들에 대해 질문하고, 관심이 가는 상품이 있으면 어떤 장점이 있고, 어떤 루트로 움직이게 되는지 질문해보자. 아마도 여행사 직원은 여행 상품을 팔기 위해서 아주 친절하게 설명해 줄 것이다. 고객의 입장에서는 언어 실력이 부족하더라도 무시당하는 경우는 드물고, 정말 맘에 드는 상품이 있다면 구입하면 되기 때문에 일석이조다. 특히 워킹홀리데이 초반에는 이처럼 회화 테스트를 해볼 수 있는 기회가 흔하지 않다.

## 03 워킹홀리데이에 드는 비용

워킹홀리데이 메이커로 떠나는 사람들이 가지고 가는 비용은 천차만별이다. 보통 200~400만 원 정도 준비하지만, 사실 준비 비용은 많을수록 좋다. 아무리 돈이 없더라도 최소 1달 이상은 지낼 비용은 준비해야 한다. 일이 쉽게 구해지지 않을 수도 있고, 다른 변수가 일어날 수도 있기 때문이다. 현지에 도착하면 필수적으로 사용되는 비용은 다음과 같다.

---

1. 집이 정해지기 전까지의 숙소 숙박비
2. 집이 정해지면 임대료 등의 비용
3. 현지 통신사 심카드 구입비용(없어도 되지만, 일이나 집을 구할 때 편한 필수품)
4. 식비
5. 차비 및 전화비(직업 및 일자리를 구할 때 필요한 비용)

---

그 이외에는 자신이 어떻게 하느냐에 따라 달려있다. 아껴 쓰려면 얼마든지 절약할 수 있고, 다양한 일을 하면서 모은 돈으로 풍족하게 지낼 수도 있을 것이다. 초기 정착할 수 있는 비용만 있다면 1년간 생활을 꾸려가는 것은 자신의 몫이다. 새롭게 협정을 맺은 국가들 중에는 임금이 낮으면서 체류비가 높은 곳들도 있다. 반면 호주는 시간당 인건비가 가장 높은 국가 중에 한 곳이다. 덕분에 나라마다 비용은 천차만별이므로 현지 상황에 맞춰 비용을 유동적으로 준비해야 한다.

## 04 워킹홀리데이와 어학원

워킹홀리데이 메이커로 왔지만 막상 현지에서 일할 만큼의 언어 실력을 갖추지 못한 경우가 많다. 이런 경우 어학원을 찾게 된다. 사설이나 대학부설 어학원이 있는데 사설은 회화 중심, 대학부설은 다소 학문적인 부분에 초점을 맞춰 교육을 한다. 언어 실력을 가다듬기 위해 학원을 다니겠지만 오랜 기간 다니는 것은 추천하지 않는다. 회화 위주 학원들이 그렇듯 수업이 시작되면 인사하고, 어제 했던 일 이야기 하고, 책 보고 공부 좀 하고, 언어와 관련 활동을 하고 수업을 끝내는 경우가 많다. 처음에는 입에서 말이 잘 나오지 않기 때문에 말할 기회를 만들어 주는 이런 수업이 도움이 되지만, 결국 비슷한 내용을 가지고 반복적으로 수업하는 것이라 지루해질 수밖에 없다.

관심 있는 사람이라면 알고 있겠지만 현지에서 학원을 등록하면 더 싸다. 한국 유학원을 통하면 커미션 관계가 있는 학원을 소개시켜 주기 때문이다. 유명한 곳은 한국에서 등록하는 것과 가격 차이가 별로 나지 않지만, 유명하지 않은 곳일수록 할인 폭이 크다. 워킹홀리데이 메이커는 학생비자와 달리 공부할 곳을 미리 지정하지 않기 때문에 얼마든지 현지에서 선택할 수 있으므로 미리 등록하고 올 필요는 없다. 4~5주 정도의 짧은 어학연수도 현지 적응 기간에 큰 도움이 될 수 있으므로 영어 실력이 부족하다면 어학원에

멜번의 HOLMES COLLEGE 어학원

어학원 게시판의 각종 공고물

다니는 것을 권하고 싶다. 단 월 100만 원 가까이 되는 학원비와 긴 시간을 등록했을 때, 금액 대비 얻을 수 있는 것이 부족하다는 것을 생각하면 최대한 빨리 적응하는 것이 자신을 위한 최선의 길이다.

## 05 워킹홀리데이로 할 수 있는 일들

현지 회화 수준이 그다지 좋지 않은 사람은 빌딩청소나 접시 닦는 일을 많이 하게 된다. 호주나 뉴질랜드 같은 곳에서는 더 좋은 돈벌이를 찾아 농장이나 공장 같은 곳에서 일하기도 하고, 캐나다에서는 일할 사람이 부족한 추운 지역에 들어가기도 한다. 하지만 회화가 어느 정도 된다면 구할 수 있는 일자리의 범위는 훨씬 넓어진다.

식당에서 일을 하더라도 접시를 닦는 것이 아닌 팁을 받을 수 있는 서버로 일할 수 있고, 커피숍이나 패스트푸드 카운터, 스키장이나 해변 리조트 등의 일자리들이 생겨난다. 한국에서 지게차 등의 특별한 경험이나 자격이 있다면 그 쪽 직업을 구하는 것도 어렵지 않다. 노력하면 길이 있듯이 몸을 써야하는 직업은 생각보다 구하기 쉬운 편이고 급여도 좋은 편이다.

워킹홀리데이로 일자리를 구하는 것은 현지인뿐만 워킹홀리데이를 준비한 모든 이들과의 경쟁이다. 인원 제한이 없는 호주의 경우 한국, 대만, 영국 등 여러 국가의 사람들이 몰리므로 일자리를 구하기가 힘들다. 상대적으로 적은 인원을 선발하는 국가를 선택하면 이러한 구직난에서 조금이나마 자유로워진다. 프랑스나 독일 같은 국가는 당연히 언어소통이 돼야 일을 구하기 좋지만, 파리나 프랑크푸르트처럼 대도시에서는 영어만 해도 일을 구할 수 있다. 하지만 사실상 언어는 생활하는데 필수 요소이므로, 가능하면 언어도 배울 수 있는 일을 찾는 것이 좋다.

워킹홀리데이 비자는 1년 밖에 머물 수 없기 때문에 전문적인 일을 하기 어렵다. 하지만 해외에서 지내는 동안 일을 하고 사람을 만나면서 많은 것을 배우다보니 많은 사람이 도전을 한다. 90%가 실패하고 돌아온다는 속설도 있지만, 자신의 노력으로 10%가 될 수 있다는 자신감만 있다면 꼭 한 번 도전해보자.

1 체리 피킹 2 캐나다 스타벅스 3 일반 식당 카운터 4 리조트 청소 5 한국 사람이 많이 일하는 캐나다 팀홀튼
6 스키장 리조트

# 해외 자원봉사와 워크캠프

단순히 보고 즐기는 여행도 좋지만, 여행 중 의미 있는 활동은 더 큰 추억이 된다. 한국에서 자원봉사는 자신의 시간만 투자하지만, 해외에서는 봉사 비용까지 일부 부담하는 경우도 많다. 장기 자원봉사는 오랜 시간을 머물기 때문에 사실상 여행보다는 봉사에 초점을 맞추게 된다.

## 01 저개발국 및 개발도상국에서의 자원봉사

저개발국이나 개발도상국으로 떠나는 해외 자원봉사는 봉사에 필요한 비용 대부분을 참여하는 사람이 부담하는 경우가 많다. 봉사를 하는 기관에 따라 숙식비와 기본적인 체재비 정도를 지원해주기도 하지만, 그렇게 여유로운 곳이 많지 않으므로 미리 감안해야 한다. 자원봉사자들이 많이 나가있는 국가는 기반 시설이 어느 정도 마련되어 있지만, 그렇지 않은 국가는 자원봉사를 하는 것 자체가 어려울 수도 있다. 그러므로 해당 국가에 있는 자원봉사 단체를 미리 알아보고 가야 한다.

한국에는 코이카<sup>KOICA-한국국제협력단</sup>가 가장 유명하며, 그 외에도 다양한 국가기관과 민간단체에서 해외 자원봉사자를 모집하고 있다. 이러한 해외 자원봉사는 파견 시기와 목적에 따라 기관에서 비용을 부담하기도 하고, 봉사를 떠나는 사람이 비용 일부를 부담하기도 한다. 자원봉사 기간은 매우 다양한데, 2~4주 정도의 단기부터 3~6개월 혹은 1년 단위로 나가는 장기 자원봉사로 나뉜다. 대학생에게는 단기로 다녀올

다양한 해외 봉사활동

수 있는 G마켓 청년봉사단, KRX 해피아리봉사단, 현대 해피무브 글로벌 청년봉사단 등 기업 또는 기관 주최의 자원봉사가 인기 있다.

자원봉사의 활동범위는 넓고 다양하다. 자연재해 등으로 파괴된 지역의 복구를 돕거나 식수가 부족한 지역에 우물을 만들어주는 등 사회 기반 시설이 열악한 지역의 재건을 돕는 봉사뿐만 아니라 언어, 컴퓨터, 농업 등 해당 지역의 학생 및 지역민들의 보다 나은 삶을 위한 교육 지원 봉사도 있다.

자원봉사는 국내의 기관 및 단체뿐만 아니라 해외 봉사단체를 통해서도 지원이 가능하며, 가장 유명한 자원봉사 기관인 인도 꼴까따의 마더테레사하우스는 자원봉사자가 직접 찾아가서 지원할 수도 있다. 또한 대학이나 종교기관 등에서 진행하는 자원봉사에 참여할 수 있다. 다음 표는 국내에서 지원 가능한 해외 봉사단체들이다.

| 봉사 단체 | 사이트 주소 |
| --- | --- |
| 라온아띠 | www.raonatti.org |
| 코피온 | www.copion.or.kr |
| 국제개발협력민간협의회 | www.ngokcoc.or.kr |
| 한국국제협력단(코이카) | www.koica.go.kr/ |
| 월드 프렌즈IT봉사단 | www.nia.or.kr/kiv |
| 한국 해비타트 | www.habitat.or.kr |

코피온(www.copion.or.kr)

해비타트(www.habitat.or.kr)

## 02 선진국에서의 자원봉사

선진국에서 하는 자원봉사는 국립공원의 자연보호, 축제 및 행사, 장애인을 돕는 등의 봉사가 주류를 이룬다. 자연보호와 관련된 봉사는 숙식을 제공받으며 하는 자원봉사도 있지만, 참가비를 내고 참여하는 봉사도 있다. 참가비를 내고 참여하는 대표적인 봉사가 호주 자원보호 프로그램인 CVA Conservation Volunteers Australia 와 CVNZ Conservation Volunteers New Zealand 이다. 이와 같은 자연보호 프로그램은 호주와 뉴질랜드로 가는 워킹홀리데이 메이커들에 의해 유명해졌다. 또한 나라마다 국립공원 같은 곳에서

호주 자원보호 프로그램 CVA
(www.conservationvolunteers.com.au)

뉴질랜드 자원보호 프로그램 CVNZ
(www.conservationvolunteers.co.nz)

도 자원봉사를 할 수 있고, 캐나다, 일본, 프랑스, 독일 등 워킹홀리데이로 갈 수 있는 나라에서는 자원봉사로 참여할 수 있는 단체들이 굉장히 많다.

축제나 국제행사를 지원하는 진행 요원은 다른 어떤 자원봉사보다 인기가 높다. 실제 월드컵이나 올림픽 같은 전 세계적인 행사의 경우 모집부터 엄청난 경쟁률을 보인다. 국내에도 국제영화제나 각종 축제에 자원봉사자를 모집하듯이 해외에서도 영화, 음악, 예술 등 다양한 분야에서 진행을 위한 자원봉사자를 모집한다. 축제 자원봉사는 보통 축제가 시작되기 몇 개월 전부터 모집 공고가 시행되므로 해당 축제의 홈페이지를 수시로 방문하여 자원봉사 모집 소식을 체크해봐야 한다.

고 볼런티어 캐나다(govolunteer.ca)

처칠노던 스터디센터(www.churchillscience.ca)

인터넷을 활용하면 자원봉사 기회를 쉽게 찾을 수 있다. 당장 구글에서 원하는 나라나 지역 또는 특정 축제나 행사 이름에 'Volunteer'를 추가로 검색해보자. 수많은 검색 결과가 나올 것이고, 그 중에서 본인이 관심 있는 자원봉사를 지원하면 된다. 행사 종류에 따라 외국인은 지원할 수 없는 경우도 있지만, 대부분의 행사 자원봉사는 국적을 문제 삼지는 않는다. 인터넷을 검색하지 않아도 지역마다 자원봉사 관련된 단체들이 있다. 이러한 단체를 찾아가 자원봉사자 리스트에 이름과 특기 등을 남겨두면, 자원봉사자가 필요할 때 연락을 받을 수 있다. 워킹홀리데이나 어학연수 기간에 참여한다면 이러한 자원봉사도 새로운 활력소가 될 수 있다. 또한 자원봉사자가 가진 능력에 따라 극지방에서 특정 현상을 조사하거나, 해양 생태계를 조사하는 등의 자원봉사도 할 수 있다. 이런 특별한 능력을 활용해야 하는 자원봉사의 경우 이색적인 경험을 할 수 있으므로 관심이 있다면 한 번 쯤 살펴보자.

2016 리우자네이로 하계올림픽 자원봉사　　　　　구글검색(www.google.com)

## 03 자원봉사와 국제 교류 프로그램 워크캠프

워크캠프<sup>WorkCamp</sup>는 자원봉사와는 조금 다른 성격이지만, 자원봉사 범주에 넣을 수 있다. 국내에서 신청할 때는 국제워크캠프기구 홈페이지에서 신청하면 된다. 유럽, 미주, 아시아, 아프리카 등 여러 국가에서 워크캠프 프로그램을 운영하므로 원하는 국가의 워크캠프를 신청할 수 있다. 인원이 정해져 있기 때문에 마감

국제워크캠프기구(www.workcamp.org)

전에 빨리 신청해야 한다. 특히 방학기간에 시행되는 워크캠프일수록 경쟁이 치열하다. 워크캠프는 보통 1~2주로 진행되며, 약 20~45만 원 정도의 참가비를 내야 한다. 여행비용을 줄이려는 많은 사람들은 상대적으로 저렴하면서 많은 경험을 할 수 있는 워크캠프를 끼워 넣어 여행 기간을 늘리기도 한다. 참가비용을 내면 숙식이 제공되므로 유럽처럼 물가가 비싼 지역에서는 1~2주라는 기간을 감안하면 기간 대비 굉장히 저렴하다 할 수 있다. 이때문에 대학생들이 방학기간에 워크캠프를 많이 이용한다. 워크캠프는 해당 지역에 가서 일을 하지만, 일 외에도 함께 워크캠프를 하는 사람들과 자유롭게 어울릴 수 있다는 장점이 있다. 팀으로 나눠져 각자 할 일을 맡아 진행하므로, 워크캠프 멤버들 간의 의사소통도 중요하고 사람들과 잘 어울리는 능력도 필요하다. 워크캠프에 참여하는 사람들은 국적이 다양하기 때문에 영어를 일정 수준 이상 구사할 수 있으면 사람들과 어울리는데 큰 도움이 된다. 영어가 부족하더라도, 많은 사람들과 대화를 통해 영어 실력을 향상시킬 수 있는 기회가 된다. 만약 유럽으로 2달 간의 배낭여행을 준비하는데, 여행비가 넉넉하지 않다면 1~2개 정도의 워크캠프 프로그램을 일정에 끼어 넣어 여행 기간을 늘리고 어학연수 효과를 기대할 수도 있다.

# 최고의 기회를 잡을 수 있는
## 공모전과 여행

대학생이라면 공모전을 통해 자신의 경험과 경력을 진일보시킬 수 있다. 공모전에서 수상하면 여러 가지 부상이 주어질 뿐만 아니라 취업에도 도움이 된다. 부상에는 현금이나 인턴 기회가 주어주기도 하지만 해외여행이나 연수를 보내주는 경우도 많기 때문에 해외여행 기회를 잡을 수 있다.

## 01 대학생이라면 꼭 한 번 공모전에 도전해보자

대학시절은 여행에 있어 최적의 기간이다. 하지만 시간만큼 넉넉하지 못한 것이 여행자금이다. 이런 답답한 현실에 그나마 희망이 되는 것이 바로 공모전이다.

기업에서는 이미지 마케팅뿐만 아니라 대학생들의 신선한 아이디어를 얻기 위해 이런 공모전들을 많이 진행한다. 여행을 좋아하는 학생이라면 공모전의 부상으로 해외여행을 할 수 있는 'LG 글로벌챌린지', '교보생명 대학생동북아대장정' 등의 공모전을 선택할 수 있다. 공모전의 종류에 따라 계획서를 내고 면접을 거쳐 선발되면 계획서대로 해외에 나갈 수 있는 경우도 있고, 공모전의 최종 수상자가 되어 그 부상으로 해외에 나갈 수도 있다. 때로는 올림픽이나 월드컵과 같이 큰 행사를 취재하는 대학생 기자로도 기회가 있으므로 그 기회를 잘 찾아보는 것이 중요하다.

LG 글로벌챌린저(www.lovegen.co.kr/global_main)

교보생명 대학생동북아대장정(dongbuka.kyobo.co.kr/)

## 02 공모전은 자기계발의 기회이다

공모전은 단순히 여행 측면에서 바라볼 것이 아니라, 해외에서 경험을 쌓고 자신의 커리어로 삼는다는 생각을 해야 한다. 이러한 공모전은 매력이 큰 만큼 경쟁률도 높고 참가자들의 실력 또한 우수하다.

공모전을 준비하려면 많은 시간이 소요된다. 여행을 보내주는 공모전은 보통 여행기간이 방학이기 때문에 방학이 시작되기 1~2달 전에 공모전과 발표까지 끝내는 경

우가 많다. 그러므로 공모전은 학기 중에 많
은 시간을 투자해야 한다. 어쩌면 아르바이
트 이상의 시간을 소요할 수도 있겠지만, 자
신의 전공과 관련된 곳에서 그 주제를 찾으
면 학과 공부에도 도움이 될 수 있다.

어느 정도 공모전에 대한 노하우가 쌓이고,
수상하다보면 그 맛에 빠져 공모전만을 찾
아다니는 '공모전 홀릭'이 되는 경우도 종종
있다. 대학생활 4년 모두를 공모전에만 치중
한다면 문제지만, 1년쯤은 전공 공부와 병
행한다는 생각으로 공모전에 미쳐보는 것도
나쁘지 않다.

런던 올림픽의 성화 봉송 주자로 참여

필자가 입상했던 인텔 사진 공모전

## 03 공모전 정보를 수집할 수 있는 곳

공모전을 메인으로 하는 사이트는 공모전가이드북의 씽굿, 각 학교에 정보를 제공하
는 대티즌 등이 있고, 취업 사이트에서 제공하는 잡코리아의 캠퍼스몬 같은 사이트
도 있다. 어떤 사이트는 순수하게 공모전만 다루기도 하고, 아르바이트나 인턴에 관
련 소식을 더불어 제공하는 사이트도 있다. 공모전에 대한 소식은 이러한 사이트만
돌아다녀도 90% 이상의 정보를 얻을 수 있다.

공모전 소식은 사이트마다 메인에 올라오는 것이 조금씩 다르므로 여러 사이트를 검
색해보는 것이 좋다. 처음에는 엄청나게 많은 공모전 횟수에 당황할지 모르지만 눈
에 익으면, 봐야 할 것만 딱딱 들어오기 때문에 효율적으로 검색할 수 있다. 여러 공
모전 사이트가 있지만 실제 유용한 곳은 큰 몇몇 곳으로 압축된다. 이런 곳들 위주
로 찾아보면 대부분의 정보를 얻을 수 있다. 물론 학교 게시판이나 대학내일과 같은
신문에 나오는 광고도 항상 눈 여겨 봐야 한다. 가끔씩 보다 빠르게 공모전 정보를
얻을 수도 있고, 사람들이 미처 체크하지 못하고 넘어간 공모전을 발견할 수도 있다.

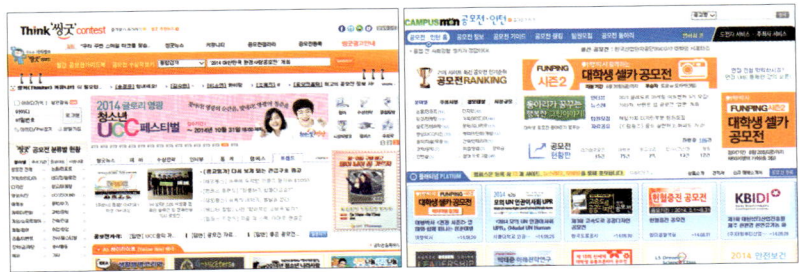

씽굿(www.thinkcontest.com)          캠퍼스몬(www.campusmon.com)

# 오로라를 찾아 떠나는
# 특별한 여행

필자 주변에는 오로라를 보고 싶어 하는 사람이 많다. 오로라는 볼 수 있는 지역이 한정되어 있고 실제 그 지역에 가더라도 보고 온다는 보장이 없기 때문에 오로라를 보고 싶어 하는 사람은 줄지 않는다. 하지만 오로라를 보는 것이 그렇게 어려운 일만은 아니다. 시간을 가지고 차근차근 준비하면 누구나 오로라를 볼 수 있다.

## ● 오로라 여행, 어느 곳으로 떠나야 할까?

오로라를 볼 수 있는 가장 대표적인 곳은 캐나다의 옐로나이프Yellowknife와 처칠Churchill, 아이슬란드 북부 Northern Iceland, 노르웨이의 트롬쇠Tromsø 등이 유명하다. 이들 지역에는 오로라를 관측하는 연구소가 모여 있는데, 연 200일 이상 오로라가 발생하는 곳이기도 하다. 이 지역들은 공통적으로 오로라대Aurora Oval;위도 60~80도 지역 바로 아래 위치한다. 그렇다보니

녹색으로 표시된 오로라대 지역

오로라가 발생하지 않는 이상 날씨만 좋다면 항상 오로라를 볼 수 있다.

오로라대 지역은 캐나다 서북부, 중부, 알래스카 북부, 그린란드 남부, 아이슬란드 북부, 노르웨이 북부와 러시아 북부가 해당된다. 이 외에도 캐나다의 화이트호스 Whitehorse, 도슨시티Dawson City 알래스카의 페어뱅크스Fairbanks, 핀란드의 로바니에미 Rovaniemi, 케미Kemi 스웨덴의 요크모크Jokkmokk, 보덴Boden, 아비스코Abisko 뉴질랜드 남섬 등이 유명하다.

오로라 하면 가장 대표적인 도시가 캐나다 옐로나이프이다. 오로라대 바로 아래 위치한 도시 중 접근성이 가장 좋고, 관광 상품 또한 많이 개발되어 있다. 캐나다 관광청의 적극적인 홍보로 옐로나이프에서 즐기는 오로라여행을 친숙하게 여기는 사람도 많아졌다. 특히 이 지역은 오로라를 볼 수 있는 맑은 날이 다른 곳에 비해 더 많기 때문에 오로라를 볼 확률이 그만큼 높다.

노르웨이의 트롬쇠도 접근성이 좋은 도시이다. 오슬로에서 노르웨이항공으로 약 25만 원 정도면 왕복할 수 있고, 버스편도 있지만 시간이 너무 많이 걸린다. 아이슬란드의 경우 유럽을 거쳐 들어가는데, 런던이나 코펜하겐에서 들어가는 아이슬란드 익스프레스 왕복 비행기가 50만 원 정도이다. 다만, 북유럽에서 오로라를 관찰할 수 있는 장소들이 대부분 바다에 접해 있는 특성상, 맑은 날보다는 하늘에 구름이 있는 날이 더 많아 어느 정도는 운에 맡겨야 하는 단점도 있다.

캐나다 처칠은 기차나 비행기로만 접근할 수 있는데, 기차의 경우 국영철도인 비아레일이 위니펙에서 40시간 이상 걸리고 비행기 역시 위니펙에서만 취항하기 때문에 접근성은 그리 좋지 않다. 하지만 캐나다를 일주할 수 있는 비아레일의 캔레일 패스 Canrail Pass를 사용하면 겨울에 캐나다를 횡단하면서 오로라를 볼 수 있어 오히려 저렴하게 느낄 수도 있다. 또한 북극곰의 수도라 불리는 처칠은 북극곰 시즌인 10~11월에 가면 북극곰도 볼 수 있기 때문에 오로라와 북극곰 모두를 보고 싶은 사람이라면 처칠은 최고의 여행지가 될 수 있다. 단, 성수기라 기차나 숙박 예약을 최대한 서둘러야 한다. 필자도 이 여행 방법을 선택했었다.

북극곰의 수도 처칠의 안내 표지판

### ● 오로라 여행 계획하기

어느 국가로 갈지를 정했으면, 이제 오로라를 보기 위한 본격적인 준비를 해보자. 오로라를 볼 수 있는 시즌은 북쪽의 겨울이 시작되는 10월부터 다음해 4월까지가 적기이다. 이 중 오로라를 볼 수 있는 최적의 시즌은 2~3월인데, 꼭 그때가 아니라도 오로라는 볼 수 있다. 오로라 시즌이라도 보름달이 뜰 즈음에는 달빛이 너무 밝아 오로라가 선명하게 보이지 않기 때문에 이런 날은 미리 체크하여 피하는 것이 좋다.

시기를 결정했으면 날씨도 체크해봐야 한다. 캐나다의 경우 웨더네트워크(www.theweathernetwork.com)에서 확인이 가능하고, 그 외의 국가들은 웨더닷컴(www.weather.com)을 참고하면 된다. 오로라 여행은 선택한 도시에서 최소 3박을 하는 것이 일반적이다. 그러므로 3박 4일 일정이라면 날씨정보에 너무 민감할 필요가 없다. 3일 중 최소 하루 정도는 오로라를 볼 수 있고, 운이 좋다면 3일 내내 오로라를 보게 된다. 필자는 삼일 중 이틀 동안 오로라를 볼 수 있었다.

출발 전에 오로라 예보를 해주는 사이트(www.gi.alaska.edu/Aurora-Forecast)에서 예보를 확인하는 것도 좋은 방법이다. 1주일 단위로 오로라 예보가 업데이트된다. 다음 그림이 오로라 예보인데, 필자가 방문했던 해 크리스마스이브에는 카테고리 3Moderate이 되어서 포트 맥머레이

카테고리 3을 나타내는 오로라 예보

나 도슨시티, 페어뱅크스 같은 도시에서도 오로라를 볼 수 있었다. 보통 카테고리 4^Active가 되면 엄청난 밝기로 너울거리는 오로라를 볼 수 있다고 하는데, 그런 날은 1년에 며칠 되지 않기 때문에 행운을 기대하기 힘들다.

출발 전에 한 가지 명심할 것은 이 지역은 북극에 가까운 곳이라는 것이다. 사진의 온도계처럼 낮에도 영하 30도를 가리키고, 아주 추운 시기에는 영하 40~50도까지 내려가는 지역이라 방한 장비는 필수이다. 필자는 두꺼운 패딩점퍼를 두 개 겹쳐 입고 양말을 3개 껴 신고, 바지도 여러 개 껴입은 상태로 오로라를 관찰했었다. 물론 가격이 비싼 오로라투어를 이용하면 좀 더 따뜻한 환경에서 오로라를 관찰할 수 있지만 여전히 오로라를 본다는 것은 극한의 추위를 감내해야 한다. 방한 장비는 각 지역의 숙소에서 빌릴 수 있으므로 미리 준비해가지 않아도 된다.

영하 30도를 나타내는 온도계   추위를 이길 수 있는 두꺼운 옷은 필수

### • 오로라를 촬영하는 방법

오로라 사진은 선명하게 촬영되지 않는다. 필자가 촬영한 사진들은 모두 8~30초 사이의 장노출로 촬영한 것이다. 오로라를 촬영하기 위해서는 기본적으로 카메라, 삼각대, 릴리즈, 여분의 배터리 등이 필요하다.

삼각대는 셔터스피드를 늦추기 위해서이며, 릴리즈는 촬영 시 흔들림을 방지하기 위함이지만 없어도 큰 상관은 없다. 카메라는 극한의 상황에서도 촬영할 수 있는 DSLR급이면 되고, 배터리는 여러 개가 필요하다. 워낙 추위가 심해 배터리 효율성이 떨어지기 때문에 얼마 찍지 않아도 배터리가 금방 소진된다. 이럴 경우 배터리를 갈아 끼우고, 사용했던 배터리는 주머니에 넣어 따뜻하게 하면 다시 그 배터리를 사용할 수 있다.

추위에 대비해 장갑은 반드시 있어야 하는데, 조작이 불편하다고 맨손으로 작업을 하다가는 삼각대나 카메라에 손이 붙을 수도 있으므로 조심해야 한다. 오로라 촬영

환상적인 오로라의 모습

을 시작하면, 촬영이 끝날 때 까지는 카메라를 절대 실내로 들여오면 안 된다. 실내외 온도차가 워낙 심하기 때문에 순식간에 카메라가 얼어버릴 수 있다. 렌즈 앞에 낀 수증기가 얼어붙으면 그날은 촬영을 포기해야 하기 때문에 촬영이 끝날 때까지는 따뜻한 곳으로 카메라를 이동시키면 안 된다.

오로라를 촬영하는데 있어 카메라 세팅은 굉장히 중요하다. 오로라가 보통 밝기일 때에는 노출 값과 ISO에 맞춰 약 8~30초 사이로 촬영하면 되지만 오로라 밝기는 시시각각 변하므로 촬영 중간중간에 세팅 값을 조절해 가며 촬영해야 한다. 필자는 24mm 렌즈에 ISO 200~800 사이로 촬영했는데, 노이즈 리덕션(노이즈 제거)을 끄고 ISO 200에서 촬영한 사진의 결과물이 제일 좋았다. 하지만 오로라가 약할 때에는 ISO를 800까지 올리지 않으면 셔터스피드를 30초로 늦춰도 제대로 촬영되지 않았다. LCD를 통해 그때그때 촬영한 사진을 확인한 후 상황에 맞게 세팅 값을 조절하는 것이 중요하다.

오로라를 보다보면 어느 순간 '밝고 화려한 오로라'를 만날 수 있다. 필자도 이틀 동안 6시간 가까이 오로라를 보면서, 그런 순간이 5분 정도 있었는데 이런 상황을 예측하지 못하고 15초로 촬영했다가 노출이 오버된 오로라 사진을 보고 안타까웠다. 이렇게 오로라가 순간 밝아지면, ISO를 최대로 낮추고 밝기만을 조절한 채 오토로 계속해서 연사 촬영을 하거나 셔터스피드를 5~10초로 세팅하고 촬영하면 된다. 5분이라는 잠깐의 시간이 6시간 동안 촬영한 사진보다 더 멋진 사진을 만들어 낼지도 모르기 때문에 긴장을 늦추면 안 된다. 필자는 사진으로는 온통 하얗게 남았지만 5분간의 화려한 오로라의 변화를 지금까지도 잊을 수 없는 최고의 순간으로 기억하고 있다.

아직까지 육로가 자유롭지 않은 한국에서
해외여행을 떠나려면 비행기를 이용하는 것이 가장 일반적이다.
지리적으로 가까운 국가는 2~3시간 비행이면 충분하지만,
유럽이나 미주의 경우 비행시간만 10시간을 훌쩍 넘기도 한다.
또한 여행 경비에서 가장 큰 비중을 차지하는 것 역시 항공료이므로
여행의 시작이자 가장 중요한 부분인 항공에 대해서 자세하게 짚고 넘어가자.

# 비행기에 관련된
# 모든 것

# 첫 해외여행
# 체크인부터 탑승까지

해외여행을 준비하는 사람 중에는 의외로 많은 사람이 '공항 어디로 가서 비행기를 타요?'라고 물어온다. 한 번이라도 해외여행을 다녀온 사람이라면 뭐 저런 질문을 하나 생각하겠지만. 처음 비행기를 타는 사람이라면 걱정할 수밖에 없는 부분이기도 하다. 인천국제공항에 도착하면 무엇부터 해야 할지 순간 난감해질 수도 있기 때문이다.

## 01 국제선을 이용하려면 인천국제공항으로 가자

일반적으로 국제공항은 비행기 출발 2시간 전에 도착해 있을 것을 권장한다. 비수기는 1시간~1시간 30분 전에 도착해도 탑승에 무리가 없지만 면세점에서 물건을 구입하거나 성수기에는 체크인 및 수속 시간이 오래 걸린다. 또한 자신이 타는 비행기가 외항사라면 탑승동에서 출발 시 이동 시간이 추가로 필요하기 때문에 일찍 도착하는 것이 여러모로 좋다. 한국에서 해외로 떠나는 비행기 대부분은 인천국제공항에서 출발한다. 일본이나 중국, 동남아는 김포, 부산, 제주공항 등에서도 출발하지만 그 외에는 모두 인천국제공항에서 출발한다.

### • 공항버스 이용하기

공항까지의 이동은 택시나 자가용이 가장 쉽고 편한 방법이지만, 일반적으로 여행자들이 가장 많이 이용하는 것은 공항버스이다. 서울과 경기 지역은 여러 곳에서 버스가 출발하므로, 거주지 근처를 검색해보면 가까운 곳에서 쉽게 공항버스 정류장을 찾을 수 있다. 또한 공항버스는 20~30분 간격으로 운영하는 편이라 오래 기다리지 않아도 된다.

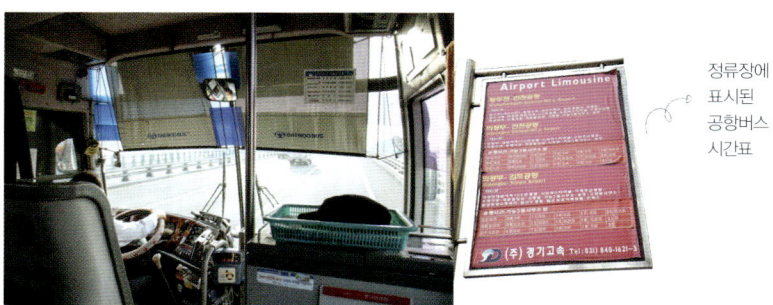

정류장에 표시된 공항버스 시간표

인천국제공항행 버스

지방의 주요 도시에도 인천국제공항행 버스가 운영된다. 배차 시간이 다소 길지만 인천국제공항으로 바로 직행한다. 공항버스가 없는 지역에 살고 있다면 가까운 공항버스가 있는 곳으로 이동해서 인천국제공항행 버스를 타거나 서울행 버스를 타고 고속버스터미널까지 이동한 후 공항버스로 갈아타면 된다.

## • 공항철도 이용하기

공항철도는 서울역에서 인천국제공항까지를 연결하는 열차로 지방에 사는 사람도 기차편을 이용하면 서울역까지 이동한 후 KARST 연결통로를 통해 바로 인천국제공항행 열차로 갈아탈 수 있다. 또한 2014년 수색연결선이 개통되면 신경의선(문산~용산)과 인천공항철도가 연결되므로 부산이나 목포, 광주 등에서도 KTX를 타고 서울역이나 용산역 등에서 환승할 필요 없이 인천공항까지 바로 KTX로 이동할 수 있다. 직통열차는 인터넷으로도 좌석을 예매할 수 있으며, 매시정각과 매시 30분마다 서울역발은 오전 6시 첫차를 시작으로 밤 10까지 운행하며, 인천국제공항발은 05:20~21:30까지 운행한다. 일반열차는 서울역발은 05:20~23:38, 인천국제공항발은 05:24~23:45까지 수시 운행된다. 운행 소요시간은 직통열차 43분, 일반열차 53분 정도 걸리며, 운임은 일반열차 이용 시 성인기준으로 서울역에서 인천국제공항역까지 3,950원, 직통열차는 8,000원(2015년 1월 1일 이후 14,500원)이다. KTX이용자, 국적 항공기 이용자 등은 추가 할인이 제공된다. 직통열차는 지하철이 아닌 일반열차와 같은 형태로 좌석이 배열되어 있다.

직통열차를 이용하면 탑승수속이나 출국심사 등 편의서비스도 이용할 수 있다. 탑승수속은 현재 대한항공, 아시아나항공, 제주항공 이용자만 가능하며, 체크카운터에서 좌석배정, 마일리지 적립, 수하물 위탁 등을 할 수 있다. 또한 출국심사까지 미리 받을 수 있어 인천국제공항에서 빠르게 출국할 수 있다.

1 공항철도 일반열차
2 공항철도 직통열차

- **자가용 이용하기**

4~5일 정도의 가족 여행이라면 자가용이 가장 편하다. 고속도로 통행료와 공항 주차비가 만만치 않지만, 짐이 많고 아이들이 있다면 불가피한 최선의 선택이 된다. 인천국제공항 고속도로 통행료는 신공항TG일 때 경차 3,800원, 소형 7,600원, 중형 13,000원, 대형 16,800원이며, 북인천TG일 때 경차 1,850원, 소형 3,700원, 중형 6,300원, 대형 8,100원이다.

인천국제공항 주차비는 단기 주차장(실외 및 지하)은 소형만 주차 가능하며 1일당 주중 12,000원, 주말 14,000원이다. 장기 주차장(실외)은 주중 소형 8,000원, 대형 10,000원, 주말 소형 9,000원, 대형 12,000원이며, 화물터미널 주차장은 소형 10,000원, 대형 12,000원이다. 장기 주차장이나 화물터미널 주차장은 별도 순환버스를 이용해야 하는 불편이 있다. 인천국제공항에서는 주차대행 서비스도 제공하는데, 불법 대행업체들이 난립해 있으므로 공식 업체인지 꼭 확인해야 한다. 인천국제공항의 공식 업체는(주)프로에스콤이다.

- **지하철 및 버스를 연계하여 이용하기**

인천국제공항까지 저렴하게 갈 수 있는 최선의 방법은 지하철을 이용하여 김포공항까지 이동한 후 인천국제공항행 버스로 갈아타는 것이다. 출발하는 날 시간적인 여유가 많거나 짐이 간결하다면 이용해볼만 하지만 반대라면 추천하고 싶지 않은 방법이다. 김포공항과 인천국제공항을 오가는 버스들은 많다. 김포공항에서 인천국제공항까지는 버스회사별로 가격이 다르며 4,000~7,000원 사이이다. 단 지하철과 버스 환승 거리가 멀어서 많이 걸어야 하는 단점이 있다.

더 저렴하게 가는 방법을 찾는다면, 전철을 타고 인천의 공항버스와 연계되는 전철역에 내려 버스를 환승하는 방법이다. 시간이 많이 소요되는 만큼 일반적으로 추천하지 않지만, 그래도 비용을 아끼고자 하는 사람이 종종 이용 한다. 동막역에서 내리면 303번, 303-1번 버스, 계산역에 내리면 302번, 111번 버스 등을 이용할 수 있다. 인천과 가까운 곳에 살거나 인천까지 접근성이 좋다면 한번 고려해 볼 만하다.

인천국제공항행 303번 버스

지하철 동막역

- ### 도심공항터미널 이용하기

도심공항터미널은 지하철 2호선 삼성역에 위치하고 있다. 지하철역에서 나와 지상 통로를 이용하거나 코엑스 지하 쇼핑몰을 관통해 이동할 수 있다. 도심공항터미널에서는 대한항공과 아시아나항공, 제주항공은 물론 타이항공, 싱가포르항공, 카타르항공, 중국동방항공, 일본항공 등의 탑승수속은 물론 출국심사까지 마칠 수 있어 편리하다.

도심공항터미널에서 출국심사를 할 경우에는 인천공항 내 전용 출국 통로를 이용할 수 있으므로 빠르게 출국수속을 마칠 수 있다. 또한 자신의 짐을 무겁게 인천국제공항까지 가져가지 않아도 되는 장점이 있다. 다만 세관검사를 거쳐야 하는 짐은 도심공항터미널에서 보낼 수 없다. 도심공항터미널에서 인천국제공항까지는 터미널에서 출발하는 리무진버스를 이용하면 편리하다.

도심공항터미널의 모습

## 02 비행기 탑승을 위한 첫 관문 체크인 과정

인천국제공항 체크인 카운터는 오른쪽 끝 대한항공 A카운터부터 왼쪽 끝 아시아나항공 M카운터까지 항공사별로 배치되어 있다. 자신이 이용할 항공사의 체크인 카운터는 공항 내 전광판에서 확인할 수 있다. 공항에서는 카트를 무료로 사용할 수 있으므로 짐이 많다면 카트를 이용하면 된다. 단 카트는 면세구역으로 들어가지 못한다.

항공사 카운터를 찾았으면 체크인을 진행한다. 항공권부터 확인하여 좌석 등급에 맞춰 해당 카운터로 이동한다. 이때 체크인 카운터에 사람이 많다면 셀프체크인으로 수하물만 부치거나 항공사에 운영

카트는 무료로 이용할 수 있다.

하는 웹체크인을 사전에 이용하면 더 편리하고 빠르게 수속을 마칠 수 있다. 또한 짐 없는 승객을 위한 카운터가 있으므로 짐이 없다면 이 카운터를 이용한다.

체크인 풍경

체크인 데스크의 모습

체크인 시에는 여권과 항공권^E-ticket이 필요하다. 요즘에는 여권만으로도 탑승자 정보를 알 수 있지만 만약에 대비해 E-ticket도 챙겨두자. 출국 시 문제없지만 입국 시 E-ticket을 요구하는 곳이 많다. 또한 칼처럼 끝이 뾰족한 물체, 와인따개, 액체류, 스프레이 등과 같이 기내 반입 제한 물품은 수하물로 미리 보내는 것이 좋다. 국제민간항공기구(ICAO)의 권고에 따른 기내 반입 제한 물품 23가지 중 특정 액체류의 경우 개당 100ml가 넘지 않고, 총 1리터 한도 내라면 투명지퍼백에 담아 탑승할 수 있지만 그 이상은 수하물로 보내야 한다. 단 영유아에게 먹일 음식과 의사 처방전이 있는 의약품은 예외이다. 그 밖에 다음에 해당하는 물건이 있다면 수하물로 보내는 것이 좋다.

> 액체류(7종) : 물 및 드링크류, 스프류, 소스류, 소스/액체류, 음식류, 로션류, 오일류, 향수류
> 분무류(2종) : 스프레이류, 탈취제류
> 젤류(13종) : 시럽류, 쨈류, 스튜류, 반죽류, 크림류, 화장품류, 헤어/사워젤, 면도거품제, 치약류, 액체/고체 혼합류, 마스카라, 립글로스, 립밤
> 기타(1종) : 실온에서 용기 없이 형상을 유지할 수 없는 물질

- ## 웹체크인은 어떻게 하나?

웹체크인은 항공사의 홈페이지의 웹체크인 메뉴를 이용해서 가능하다. 일반적으로 항공기 출발 2시간 전부터 24시간 또는 48시간 전까지만 가능하며, 2시간 이내나 48시간 이상의 경우에는 웹체크인을 할 수 없다. 웹체크인이 가능하더라도 웹체크인 전용 카운터가 있어 수속을 빨리 할 수 있는 곳과 단순히 정보 입력

아시아나항공 웹체크인 페이지

과 좌석을 지정하는 수준이라 일반 체크인 카운터로 가야 하는 곳으로 나뉜다.
웹체크인은 해당 항공사의 홈페이지에서 예약한 경우 바로 이용 가능하며, 여행사를 통한 경우 예약 확정 번호로 이용할 수 있다. 웹체크인과 별개로 좌석을 미리 온라인으로 지정할 수 있는 항공사도 많으므로, 원하는 좌석이 있다면 잊지 말고 챙기자. 최근에는 온라인이나 여행사를 통한 좌석지정이 많아 이렇게 해도 괜찮은 자리를 구하기가 쉽지는 않다.

## • 셀프체크인은 어떻게 하나?

이제는 셀프체크인<sup>Self Check-in</sup>이 많이 보편화됐지만, 아직도 생소해하는 사람이 많다. 특정 공항은 100% 셀프체크인으로만 수속을 진행하므로 이에 대한 사전 지식이 없다면 당황할 수 있다. 셀프체크인은 안내 메시지대로만 진행하면 되기 때문에 미리 걱정할 필요는

유나이티드항공 셀프체크인 풍경

없다. 또한 체크인 기계 주변에는 직원들이 항시 대기하므로, 진행이 순조롭지 않으면 즉시 도움을 청할 수 있다.

1 미국 뉴욕 공항 셀프체크인 풍경
2 캘거리공항 에어캐나다 셀프체크인 기계

대한항공, 아시아나항공은 물론 캐세이패시픽항공, 유나이티드항공, 델타항공, KLM네덜란드항공, 중국국제항공, 아메리칸항공 등의 외국항공사도 셀프체크인이 가능하다. 셀프체크인을 이용하면 긴 줄을 설 필요가 없이 보딩패스를 받고, 바로 짐을 부칠 수 있다. 셀프체크인은 특히 공항이 붐비는 시기에는 아주 유용하다. 실제 인천국제공항 셀프체크인 수속 과정은 5분도 채 걸리지 않는다.

다음은 인천국제공항의 셀프 체크인 기계들로, 항공사의 회원카드, 온라인 체크인 페이지의 QR코드, 항공권 번호, 여권스캔 등으로 본인 확인이 가능하다. 대한항공은 스카이패스카드, 아시아나항공은 아시아나클럽 카드로 가능하다. 외국에서는 여권정보만으로 확인이 불가능할 경우 자신이 이용할 항공편 이름과 E-ticket 예약번호 등의 정보를 추가로 입력하기도 한다.

인천국제공항 셀프체크인 부스

항공사를 먼저 선택한 후 진행한다.

셀프체크인 과정에서 가장 중요한 것은 자신의 스케줄 및 보내야 할 짐의 개수를 확인하는 것이다. 그리고 항공사에 따라서 셀프체크인을 할 때 좌석을 지정할 수 있으므로 원하는 좌석이 있다면 선택한다. 모든 사항이 확실하다면 탑승권을 출력하자.

캐세이패시픽 체크인

출력된 보딩패스

이제 출력된 보딩패스를 가지고 셀프체크인 수하물을 보내는 곳으로 가면 된다. 직접 보딩패스를 출력했으면 짐만 부치면 되는 것이다. 짐을 부친 이후에 수하물 꼬리표<sup>Baggage tag</sup>를 받았는지 꼭 확인하자. 이 모든 과정을 마쳤다면 이제 면세구역으로 이동하면 된다.

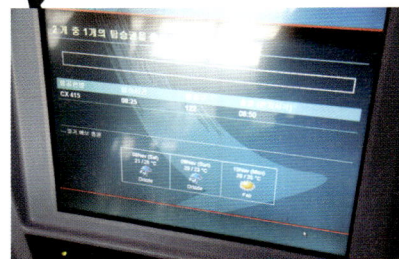
탑승권 출력

셀프체크인 수하물

## 03 탑승구 게이트 번호를 확인할 수 있는 보딩패스

체크인을 마치면 보딩패스<sup>Boarding Pass</sup>와 짐표를 받게 된다. 보딩패스로는 게이트 번호와 좌석 번호를 확인할 수 있으며, 짐표는 목적지에

보딩패스

보딩패스의 뒤에 붙어있는 짐표

도착했을 때 자신의 짐을 찾을 때 필요하다. 보통 짐표는 확인하지 않는 경우가 많지만, 혹시 문제가 생겼을 때나 공항 직원이 요구할 수도 있으므로 잃어버리지 않게 챙겨야 한다. 보통 짐표는 보딩패스나 여권의 뒤편에 붙여주는 것이 일반적이다.

### 짐표 확인하기

경유를 하는 경우에는 체크인 시 짐표에 표기된 목적지가 맞는지 반드시 확인해야 한다. 만일 목적지가 아니라면 변경을 요청하면 되는데, 짐 승계가 되지 않는 항공사라 불가능하다면 경유하는 공항에서 다시 수속을 해야 한다. 가능한 항공사일지라도 2개의 항공권을 각각 분리해서 발권하였다면 꼭 직원에게 2장의 이티켓을 보여주고 짐을 수속해야 목적지까지 보낼 수 있다. 제대로 확인하지 않고 수속 완료했다가는 자신만 목적지에 도착하고, 짐은 도착하지 않아 난감해질 수 있다. 일반적으로는 경유 공항에서 수속할 때 확인하지만 실수도 일어나므로 반드시 본인이 확인해야 한다. 자신의 목적지 공항코드를 모르겠다면, 직원에게 물어보면 된다. 짐이 목적지에 제대로 도착했다면 수하물에 붙은 짐표는 꼭 제거하자. 다른 항공편을 이용할 때 기존의 짐표가 남아있다면 엉뚱한 곳으로 짐만 날아 가버릴 수 있다는 것을 기억하자.

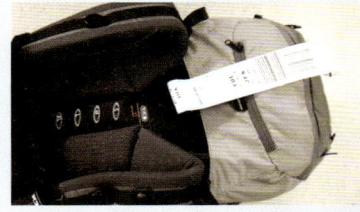
짐표가 붙어 있는 수화물

짐표를 꼭 확인하자

### 수하물이 도착하지 않았어요!

가끔씩 연결시간 부족이나 짐이 다른 곳으로 가버리는 경우 도착지 공항에서 수하물을 찾지 못할 수 있다. 짐이 바로 연결되지 않은 경우라면 다음 항공기에 실려 오므로 좀 늦게라도 찾을 수 있지만, 만약 다른 곳으로 가 버렸다면 2~3일 정도 걸려야 찾을 수 있다. 이렇게 항공사 실수로 짐이 도착하지 않았다면, 항공사마다 규정은 다르지만 의복 및 생필품 구입과 같은 필요 경비에 대해서 보상을 해준다.

### 남의 짐은 절대 운반하지 말자

초보 여행자들이 공항에서 하는 가장 큰 실수가 바로 남의 수하물을 운반해주는 것이다. 처음 보는 사람이 돈을 미끼로 짐을 부탁할 수 있는데, 이에 절대 응해서는 안 된다. 운반을 부탁받은 물건이 마약 등과 같이 문제 소지가 있기 때문이다. 실제 모르는 사람의 물건을 들어줬다가 마약사범으로 몰려 외국에서 감옥생활을 하는 사례도 많기 때문에 경각심을 갖아야 한다.

## 04 보안검색 및 출국심사 과정

체크인을 마치면 이제 출국장을 통해 면세구역으로 갈 수 있다. 면세구역에서는 면세 물품을 구입할 수 있는 면세점과 비행기를 탑승하는 게이트가 있는데, 여기로 들어가려면 먼저 보안검색과 출국심사 두 가지 과정을 거쳐야 한다. 보안검색은 가방, 재킷 등을 보안검색기에 통과시키는 방법으로 진

자동 출입국심사

행된다. 자신의 순서를 기다렸다가 자신의 물건들을 하나하나 바구니에 담아서 보내

면 된다. 보안검색을 진행하기에 앞서
챙겨야 할 것들을 알아보자.

① 노트북이나 액체류가 든 지퍼백은
　가방에서 꺼내 통과시켜야 한다.
② 휴대폰, 동전 등의 소지품들은 미
　리 통과시킬 가방에 넣어두면 편리
　하다.

보안검색

③ 재킷을 입고 있다면 벗어서 바구니에 담아야 한다.
④ 신발 및 벨트 종류에 따라 역시 벗어서 검색기에 통과시켜야 한다.
⑤ 혹시라도 경고음이 울렸다면 당황하지 말고 검색요원 앞에 가서 양 팔을 들고 있
　으면 된다.
⑥ 검색대를 지날 때 손에는 여권과 보딩패스만 들고 있자.

보안검색을 완료했다면 이제 출국심사를 할 차례이다. 예전에는 출국할 때에도 서류
가 필요했지만, 지금은 그냥 여권만 보여주면 바로 출국신고가 끝난다. 이 출국신고
가 끝나면 면세구역으로 들어갈 수 있다. 혹시 빠르게 출입국을 끝내고 싶다면 자동
출입국심사에 등록하면 조금이라도 빨리 통과할 수 있다. 자동출입국 심사등록은
출국심사장에 위치한 데스크에서 가능하다.

출국심사장의 모습

05 **여객터미널이나 탑승동으로 이동 및 비행기 탑승하기**

인천국제공항은 크게 여객터미널(동편, 서편)과 신규 탑승동으로 구분할 수 있다. 국
적기인 대한항공과 아시아나항공 그리고 제주항공 등이 출발하며, 신규 탑승동에서
는 외국 항공사들이 주로 출발한다. 여객터미널에는 44개의 게이트, 신규 탑승동에
는 약 30개의 게이트가 있다. 가끔 여객터미널에서도 외국 항공이 출발하지만 예외
적인 경우이고 일반적으로 외국 항공은 신규 탑승동에서 출발한다고 보면 된다.

1 탑승동으로 이동하는 곳
2 셔틀트레인을 기다리는 곳

여객터미널 게이트는 출국심사를 마치고 바로 이동할 수 있지만, 탑승동에 있는 게이트는 여객터미널과 탑승동 사이를 운행하는 셔틀트레인을 이용해야 한다. 출국심사를 마치고 나오는 곳에서부터 셔틀트레인을 타고 탑승동까지 이동하는 시간은 약 20분 정도가 걸리기 때문에 대한항공과 아시아나항공 등의 국적기를 제외한 외국 항공사를 이용한다면 이동 시간을 감안하여 체크인해야 한다. 탑승동으로 가야 하는 경우 이동시간에 관한 안내문을 나눠주므로 꼭 읽어보자.

탑승 게이트

보딩은 비행기와 공항에 따라서 다르나 일반적으로 30분 전에 시작해서 10분 전에 마감한다. 일찍 마감해야 정확한 시간에 비행기가 출발할 수 있기 때문이다. 보딩이 시작되면 항공사 직원에게 여권과 보딩패스를 보여주고 게이트 안으로 들어가 비행기에 탑승하면 된다. 만약 공항에 늦게 도착해서 보딩 시간을 맞추지 못했다면 공항 안내방송으로 자신이 탈 비행기에 대한 탑승 안내방송을 들을 수 있을 것이다.

# 비행기는
# 어떻게 타나요?

비행기를 처음 타는 사람에게 '비행기 탈 때는 신발을 벗어서 두 손에 들고 타야 되고, 이륙에 성공하면 박수를 쳐야 해요.'라고 잘못된 상식을 농담처럼 알려주는 사람도 있지만, 사실 남들 하듯이 따라만 해도 되는 것이 비행기 탑승이다.

## 01 자신의 좌석 찾아가기

대형 항공기의 경우에는 이코노미와 비즈니스, 퍼스트클래스의 입구가 다른 경우도 있고, 소형 항공기는 별도의 탑승교 없이 걸어서 비행기에 올라타기도 한다. 비행기에 탑승할 때에는 승무원들이 입구에서 보딩패스를 확인하여 승객들에게 좌석을 안내한다. 복도가 1개뿐인 비행기는 가볍게 확인만 하지만, 2개 이상인 경우에는 좌석번호에 따라 가야하는 복도를 안내해 준다. 승무원이 알려준 곳으로 가서 자신의 좌석번호를 확인한 뒤 착석하면 비행기 탑승이 끝난다.

작은 비행기는 직접 올라타기도 한다.

탑승교를 건너 항공기에 타게 된다.

## 02 지루한 기내에서는 무엇을 할 수 있나?

커다란 기내용 가방은 좌석 위쪽 짐칸에 올리고, 카메라나 보조 가방은 아래쪽에 보관하면 된다. 장거리 노선이라면 쿠션과 담요가 준비되어 있지만, 단거리 노선은 필요한 경우 승무원에게 요청할 수 있다. 항공사에 따라 장거리 노선인 경우 추가적으로 귀마개, 칫솔, 치약, 안대 등을 제공하기도 한다.

최근 많은 항공사들이 스마트폰 등의 소형 전자기기는 항공기 모드로 설정을 변경하면 이착륙 시에도 사용을 허용하고 있다. 다만 노트북 같은 전자기기는 여전히 사용이 제한되므로 사용해도 된다는 안내방송이 나오기 전까지는 꺼 두도록 하자. 비행기를 타고 가는 과정은 간단하다. 먼저 간단한 스낵과 음료가 제공되고, 얼마 있다 식사가 제공된다. 식사는 보통 2가지 중에 고를 수 있는데, 입맛에 맞게 고르면 된다. 혹시 부족하다면, 승무원에게 추가적으로 식사를 더 할 수 있는지 물어보자. 보통 승객수보다 조금 더 식사를 준비하기 때문에 2가지 메뉴 중 남은 것이 있다면 가져다준다. 식사 후에는 항공사에 따라 면세품 판매가 이어진다.

2~4시간 정도의 단거리 노선의 경우 보통 이정도 과정이 이루어진 후 별다른 일 없이 목적지까지 비행하는 경우가 많다. 하지만 8시간 이상 걸리는 장거리 노선의 경우 식사가 2~3번 제공되는 것이 보통이며, 그 사이에는 소등을 해서 취침할 수 있도록 해준다. 식사와 식사 사이의 시간에는 컵라면, 샌드위치 등의 간식을 제공하는 항공사도 있으며, 제공하지 않는 곳도 간식을 요청하면 승무원이 따로 먹을 것을 가져다 주는 것이 일반적이다.

비행기를 처음 타본다 하더라도 최소 2시간에서 8시간 이상인 비행시간은 지루할 수밖에 없다. 그래서 비행기에는 여러 가지 엔터테인먼트 시설이 준비되어 있다. 단거리 취항노선의 경우 메인 스크린으로 영화를 보여주는 것이 일반적이고, 장거리 취항은 개별 스크린에 영화, 다큐멘터리 등을 선택해서 볼 수 있다. 하지만 이 역시 항공기에 따라 다르므로 장거리 비행에 개별 엔터테인먼트 시스템이 없다고 너무 실망하지는 말자. 이런 경우를 대비해 태블릿과 보조배터리를 챙겨가는 것도 좋은 방법이다.

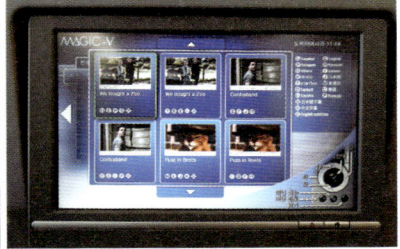

유나이티드항공 기내 엔터테인먼트 시스템          일본항공 기내 엔터테인먼트 시스템

## 03 목적지 도착과 입국수속 과정

비행기가 도착할 때쯤이면 승무원들이 입국에 필요한 서류 및 세관서류를 나눠준다. 입국서류에는 이름, 여권번호, 국적, 비행기 편명, 여행 목적, 숙박 장소 등을 기록하고, 세관서류에는 가지고 온 금액, 입국 제한 물품 소지여부 등을 체크하도록 되어 있다. 혹시 작성방법을 잘 모르겠으면 승무원의 도움을 받으면 된다. 필자도 남미를 처음 여행하면서 스페인어로만 된 입국서류를 들고 어떻게 작성해야 하나 당황한 적이 있다.

비행기가 착륙하고 나면 'ARRIVAL'이라는 글자를 따라가서 입국 절차를 거치게 된다. 기내에서 작성했던 서류와 여권을 함께 보여주면 별 문제 없이 통과된다. 심사관이 여러 가지 질문을 하는 경우도 있는데, 자신에 목적에 맞게 천천히 잘 설명하면 큰 문제가 없다. 영어를 못하더라도 거짓말

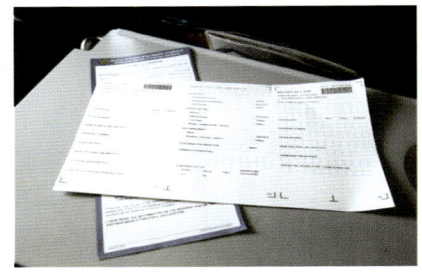

입국서류 작성

을 하지 말고 정직하게 말하는 것이 중요하다. 다만 캐나다, 콜롬비아, 영국 등 몇몇 국가들은 편도 티켓으로는 입국이 불가능한 경우도 있으므로 이런 것들은 미리미리 체크해보아야 한다.

입국 절차를 마치고 나서 'BAGGAGE CLAIM' 또는 'LUGGAGE CLAIM'이라는 글자를 따라가면 자신의 짐을 찾을 수 있다. 짐은 퍼스트/비즈니스 승객 및 우대 회원의 것이 먼저 나오고, 그 다음으로 일반석의 짐이 나온다. 대형 항공기일수록 짐 찾는 시간이 길어지는 것은 어쩔 수 없다. 짐을 찾았

공항에서 짐 찾기

으면 마지막으로 기내에서 작성한 세관서류를 제출해야 하는데, 별달리 신고할 것이 없다면 녹색라인, 신고할 것이 있다면 적색라인에서 대기하면 된다. 공항에 따라 이런 색 구분 없이 그냥 신고서류를 제출하고 나가는 곳도 있다. 보통 음식물 같은 경우에는 신고하더라도 진공 포장된 것이라면 별다른 문제없이 통과되는 경우가 많다. 때때로 신고할 것이 없다고 했음에도 가방을 보자고 하는 경우가 있는데, 이럴 경우에는 당황하지 말고 검색에 응하면 된다.

## 04 　다른 국가 경유하기(환승하는 경우)

원하는 목적지까지 직항편을 타고가면 좋지만, 경유 항공편에 비해서 가격이 비싸다. 경유 항공편의 경우 경유하는 도시에서 머물 수 있는 스톱오버라는 옵션을 제공하기 때문에 경유하는 국가까지 여행하려는 사람은 이 제도를 많이 이용한다. 하지만 목적지로 가기 위한 단순 경유라면, 공항에서 대기 시간도 있기 때문에 그만큼 많은 시간을 소비하는 단점이 있다. 결국 경유 항공편은 시간과 환승을 해야 하는 불편함 때문에 가격이 저렴한 것이다.

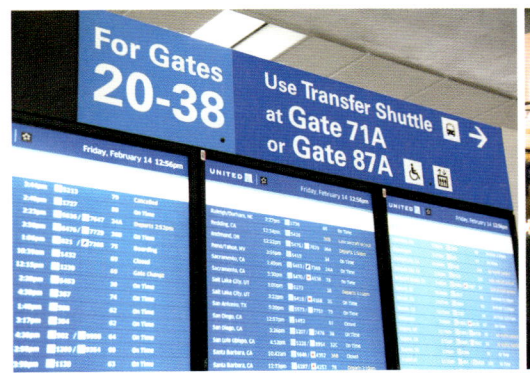

환승 안내스크린                                      환승 안내스크린을 체크하는 여행객

## • 국제선 → 국제선 환승

한국 사람이 많이 이용하는 국제선
환승 도시는 홍콩, 방콕, 도쿄, 싱가
포르, 상해, 쿠알라룸푸르, 타이베
이, 로스앤젤레스, 샌프란시스코, 뉴
욕, 밴쿠버, 파리, 런던 등이다. 최근
건설된 공항은 환승 시설이 편리하지
만 오래된 공항에 새로운 청사를 지
은 경우에는 오히려 환승이 불편할 수

미국은 환승과 입국심사를 무조건 거쳐야 한다.

도 있다. 일반적으로 국제공항에서 다른 국가로 이동할 때는 별다른 입국 절차 없이
'TRANSFER<sup>환승</sup>' 또는 그와 유사한 단어를 따라 이동한 후 시큐리티 체크<sup>보안검사</sup>만
하면 된다. 하지만 일부 국가의 국제공항에서는 환승하는 경우에도 입국심사를 받
아야 한다.

환승할 공항터미널로 이동한 후에는 환승 안내스크린에서 비행기 시간표와 게이트
번호를 확인하고 보딩패스에 적힌 보딩 시간을 체크하여 탑승하면 된다. 일반적으로
입국심사를 거치지 않는 국제선 환승은 1시간 전후로 가능하지만 비행기 연착과 같
은 다양한 상황이 벌어질 수 있으므로 환승시간은 2시간 이상으로 잡는 것이 좋다.
미국의 경우에는 국내선/국제선 여부와 상관없이 환승할 때도 무조건 입국심사와
세관검사를 거쳐야 한다. 특히 많은 사람들이 입국하는 로스앤젤레스, 애틀랜타, 뉴
욕 등의 공항 입국심사대는 한꺼번에 많은 사람들이 몰리기 때문에 시간이 많이 지
체될 수 있으므로 최소한 2~3시간 이상의 환승시간을 잡는 것이 좋다. 입국과 세관
검사를 마쳤다면 수하물을 연결편으로 보내는 카운터에서 다시 보내면 된다. 그 외
에 중국 등의 국가도 국제선 환승 시에 입국심사를 거쳐야 한다.

- **국제선 → 국내선 환승**

국내선은 이미 입국을 한 상태에서 국
내를 이동하는 비행기를 타는 것이기
때문에 대부분의 국가에서는 국제선
에서 국내선으로 환승할 때 입국심사
를 한다. 입국심사는 공항에 따라 환
승을 위한 입국심사대가 따로 있기도
하므로 그곳을 이용하면 더 빨리 입국
심사를 마칠 수 있다.

환승정보 표지판

국제선에서 국내선을 환승할 때 짐을 연결하는 카운터가 가까이 있는 경우도 있지
만, 국제선과 국내선이 다른 터미널을 사용하는 경우도 있으므로 이런 경우에는 직
접 짐을 찾아서 연결편으로 보내야 한다. 국제공항에 따라 조금씩 다르므로 미리 어
떤 식으로 연결해야 하는지 꼭 확인을 해둬야 한다. 이처럼 중간에 입국심사와 짐을
새로 붙이는 과정이 들어가면 환승시간은 더 길어진다. 그러므로 환승시간을 고려할
때에는 여러 가지 상황변수를 꼭 체크해야 한다.

- **국내선 → 국제선 환승**

일반적으로 국제선에서 국내선을 환승하는 것과는 반대이기 때문에 한국에서는 해
당국가로 입국할 때보다는 귀국할 때 이런 경우가 많다. 이 경우는 동일 국가에서
출국을 하는 것이라 이중으로 세관검사를 할 필요가 없어 국제선 환승과 마찬가지
로 대부분 도착국가까지 수하물이 자동으로 연결된다. 미국, 캐나다 등과 같이 출국
심사가 따로 없는 국가도 있지만 호주, 중국 등의 국가는 출입국을 모두 심사한다.
이 과정에서 신경 써야 하는 것 중 하나는 출국심사 시 출국세가 있는 국가들이다.
일반적으로 출국세는 항공권에 포함되는 것이 보통이지만 필리핀, 쿠바 등의 국가는
공항 출국 시 별도로 출국세를 내는 경우도 있다. 이 경우에는 출국 전에 출국세를
준비하지 않았다가 곤란을 겪을 수 있으므로 해당 국가에 출국세가 있는지 여부를
확인하고 미리 준비할 필요가 있다.

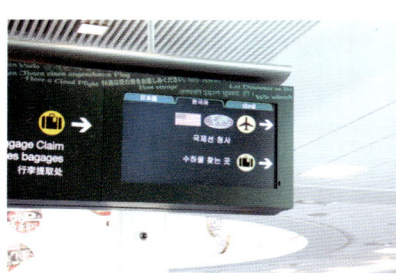

국제선 청사로 이동해서 환승한다.

출국세가 있는 쿠바에서는 출국세를 미리 준비하자

## 05 환승시간이 길어지면 무엇을 할 수 있나?

일반적인 경유 항공 환승시간은 2~4시간 정도이지만, 아주 저렴한 할인 항공권은 당일 연결이 안 되거나 당일 연결되더라도 10시간 이상인 경우가 많다. 밤늦게 도착해서 이튿날 아침에나 출발하는 항공편인 경우 항공사에서 호텔을 제공하기도 하지만 별도 제공 없이 공항에서 밤을 지새우는 경우가 다반사다. 다행히 아침 일찍 도착해서 저녁에 출발하는 상황이라면, 낮 시간 동안 경유도시를 둘러볼 수도 있다. 공항에서 할 일 없이 앉아서 다음 비행기를 기다리기보다는 뭔가 할 수 있는 것들을 찾아보자.

### • 공항 라운지에서 시간보내기

각 항공사의 우대 고객 또는 프라이어리티패스Priority Pass를 가진 사람이라면 느긋하게 라운지에서 시간을 보낼 수 있다. 4~5시간 정도의 환승시간이라면 가벼운 군것질과 함께 잡지를 읽거나 컴퓨터로 시간을 보낼 수 있다. 단 라운지들이 보통 밤 10시를 전후하여 폐장하기 때문에 밤을 새는 경우라면 라운지를 이용할 수 없다.

라운지 내 마사지 의자

런던 스카이팀 라운지

싱가포르 실버크리스 라운지

라운지 내 샤워시설

### • 면세품 쇼핑하기

홍콩이나 싱가포르공항과 같이 쇼핑할 것이 많은 곳에서는 면세구역을 돌아다니며 아이쇼핑으로 충분히 시간을 보낼 수 있다. 특히 쇼핑을 좋아하는 사람이라면 한두 시간 정도의 면세점 투어는 오히려 활력소가 된다. 때때로 환승시간이 너무 짧아서 면세점 구경을 제대로 못했다는 소리를 하는 사람이 있을 정도이다.

브리즈번 공항 면세점            싱가포르 공항 면세점

## • 트랜짓투어 이용하기

공항에 머무르는 동안 공항에서 할 수 있는 투어를 트랜짓투어<sup>Transit Tour</sup>라 하는데, 공항에 따라 무료로 운영되기도 하고 일정 비용을 지불하는 경우도 있다. 환승 대기 시간이 길고 익숙한 도시라면 혼자서도 관광을 즐길 수 있지만, 제한적인 시간을 활용해야 하는 경우라면 트랜짓투어를 추천한다. 대표적 트랜짓투어는 다음과 같다.

| 국제공항 | 트랜짓투어 형태 |
|---|---|
| 싱가포르 | 싱가포르 창이공항의 투어 부스는 2, 3터미널에 위치하고 있다. 무료 투어는 오전 9시, 11시 30분, 오후 2시 30분, 4시에 출발한다. 투어는 약 2시간 정도 소요되며, 무료이기 때문에 인기가 높다. 공항에서 5시간 이상 대기하는 손님이 대상이다. |
| 방콕 | 공항에서 공식적으로 운영하는 것은 없으나, 여러 투어여행사들이 6~12시간 정도 머무르는 고객을 대상으로 공항 트랜짓투어를 제공한다. |
| 홍콩 | 매일 오전 10시에 출발하는 란타우섬 투어(HK$750)와 10시 30분에 출발하는 홍콩섬 투어(HK$650)가 있다. |
| 타이베이 | 2가지 형태의 무료 투어로, 오전 8시와 오후 1시 30분에 출발한다. 최소 8시간 이상 대기하는 사람들이 대상이다. |
| 중국 | 중국은 비자가 필요하지만 상하이, 베이징 등을 경유할 때는 최대 72시간까지 무비자로 머무를 수 있어 여행사에서 당일 및 2~3일짜리 투어를 제공한다. 가격은 다소 높은 편이다. |

1 타이베이
2 싱가포르 공항 트랜짓 투어 데스크
3 방콕
4 상하이

Theme 04
비행기에 관련된 모든 것

## 06 비행기는 갈아타지 않지만 경유하는 통과 과정

환승과 비슷한 과정으로 통과<sup>Transit</sup>라
는 것이 있다. 환승과 비슷하지만 실
제로 비행기를 갈아타지는 않는데 비
행기가 중간 경유지에 들려 경유지
의 다른 승객을 태우거나 급유를 한
다. 통과 시에는 모든 사람이 공항
에서 대기하는 경우와 비행기 안에
서 대기하는 경우가 있다. 공항에서

코타키나발루국제공항에서 트랜짓을 위해 대기하는 승객

대기하는 경우 급유, 승무원 교대 등의 재정비를 하게 되는데, 승객들은 내릴 때 통
과하는 사람임을 증명하는 트랜짓카드를 받게 된다. 통과로 공항에 내릴 때에는 꼭
'TRANSIT<sup>통과</sup>' 출구로 나가야 한다. 실수로 'ARRIVAL<sup>도착</sup>' 출구로 나갔다가는 출국
심사와 입국심사를 다시 거쳐야 하는 엉뚱한 상황이 발생할 수도 있다.

대표적 트랜짓 구간은 케세이패시픽으로 홍콩에 갈 때 타이베이, 타이항공으로 방콕
에 갈 때 홍콩, 대한항공으로 몰디브로 갈 때 콜롬보 등에 머무르는 것이다. 트랜짓은
동일 항공기를 그대로 이용한다는 점이 환승<sup>TRANSFER</sup>과는 구분된다.

## 07 한 번 여행으로 두 곳을 둘러볼 수 있는 스톱오버

스톱오버는 중간 경유 도시에서 1박(24시간) 이상 체류하는 것을 의미한다. 단순히
최종 기착지로 이동하는 사람에게는 시간을 소비하는 귀찮은 일이지만, 경유 도시도
또 다른 여행의 장소로 생각하는 사람이라면 한 번의 여행에서 두 곳 이상을 여행할
수 있는 더할 나위 없이 좋은 기회이다.

스톱오버는 항공권을 발권할 때 미리 신청해야 한다. 인터넷으로 예약하는 항공권
은 스톱오버를 지정할 수 없지만 이런 경우 항공권을 예약하고 여행사에 연락해서
스톱오버를 신청하면 된다. 경유를 하는 모든 항공권이 스톱오버를 지정할 수 있는
것은 아니며, 스톱오버가 되는 경우 항공사 규정에 따라 1~2회에 한해 스톱오버를
무료로 제공해주지만 항공권에 따라 스톱오버 시에 추가 요금을 받는 경우도 있다.
저렴한 초저가항공권의 경우 경유가 불가능한 경우도 있으므로 경유 여부가 중요한
사람이라면, 항공권을 구입하기 전에 발권 조건을 잘 살펴봐야 한다.

수많은 경유 도시들 가운데 인기 있는 곳은 단연 케세이패시픽의 홍콩과 싱가포르
항공의 싱가포르, 일본항공의 도쿄, 타이항공의 방콕, 말레이시아 항공의 쿠알라룸
푸르, 에미레이트항공의 두바이 등이다. 이러한 도시들은 2박 3일 정도의 짧은 스톱
오버로도 충분히 구경할 수 있고, 관광할 곳도 많다. 또한 항공사 서비스도 좋은 평

가를 받고 있기 때문에 많은 인기를 얻고 있다. 최근에는 칸쿤 등의 여행지를 여행하면서, 라스베가스와 뉴욕 등을 스톱오버로 여행하는 사람도 늘고 있다.

스톱오버는 2박 3일 정도의 짧은 시간만 허용되는 것이 아니므로 스톱오버 자체를 또 다른 여행의 기회로 삼을 수도 있다. 터키항공을 이용해서 서유럽을 한 달 여행하고 스톱오버로 터키와 그리스를 2주 정도 여행하거나 타이항공을 이용해서 호주를 한 달 여행하고, 방콕에서 스톱오버로 동남아를 1달 여행하는 것이 대표적인 경우이다. 스톱오버는 일반적으로 항공권의 유효기간 내에서 가능하지만 항공사에 따라 스톱오버가 가능하더라도 머물 수 있는 일자가 제한된 경우도 있다.

1 쿠알라룸푸르
2 방콕
3 뉴욕
4 싱가포르
5 홍콩

# 모르면 주는 대로 먹는
# 기내식 완전정복

여행을 좋아하는 사람들은 주기적으로 기내식을 안 먹으면 금단증상이 온다는 농담을 할 정도로, 기내식과 여행은 떼려야 뗄 수 없는 관계이다. 흔히 비행기를 타면 항공사에서 제공하는 기내식을 그냥 먹어야 하는 것으로 생각하지만 의외로 기내식에는 다양한 종류가 있다. 이러한 기내식에 대해서 알아보자.

## 01  특별 기내식을 선택해보자

일부 저가항공을 제외하면 대부분 국제선 노선은 기내식을 제공한다. 3~5시간 정도의 동북아/동남아 노선에서는 1끼의 기내식, 유럽이나 미주와 같은 장거리 노선은 시간대에 따라 2~3끼의 기내식이 제공된다. 보통 비행기를 처음 타는 사람이라면 승무원이 건네는 기내식을 그대로 먹지만, 기내식에 관해 조금 더 들여다보면 많은 선택권이 있다는 것을 알 수 있다.

항공사와 비행 구간에 따라 선택 가능 여부는 달라질 수 있지만 많은 항공사에서 특별식을 제공한다. 체질이나 신념 때문에 채식하는 사람을 위한 채식, 다이어트나 당뇨 등이 있는 사람을 위한 식사 조절식, 종교적 이유로 먹지 않는 재료를 빼고 요리하는 종교식, 유아나 아동을 위한 유아식 및 아동식, 그 외에도 과일식 등 다양한 특별식이 제공된다.

이러한 특별식은 항공사에 따라 규정이 다르지만 출발 24시간 전에만 신청하면 기내에서 제공받을 수 있다. 특별 기내식의 신청은 각 항공사의 서비스센터로 전화하면 가능하다. 일반적으로 따로 신청한 특별식은 다른 사람의 기내식보다 일찍 제공되는데, 때때로 맨 나중에 제공되기도 한다. 또한 비행시간 2시간 전후의 단거리 노선의 경우에는 선택할 수 있는 기내식의 종류가 제한된다.

채식주의자를 위한 채식

특별식은 별도로 표시된다.

- **채식주의자를 위한 채식**

  고기를 먹지 않거나 다이어트 혹은 신념 등의 이유로 육식을 하지 않는 경우 미리 채식을 주문할 수 있다. 채식이라고 단순히 야채만 제공되는 것은 아니다. 육류나 생선류는 사용하지 않지만 계란과 유제품 등이 들어가는 채식, 순수하게 야채만 제공되는 채식, 과일만을 사용한 과일식 등 그 종류가 다양하다. 채식은 항공사에 따라 메뉴명이 다르기 때문에 특별식을 요구할 때 자신의 스타일을 설명해서 그에 맞는 음식을 제공받으면 된다. 채식은 꼭 채식주의자가 아니더라도 기내에서 소화가 잘 안되는 사람들이 많이 선택하는 메뉴이다.

채식주의자를 위한 채식

- **상황에 따른 식사 조절식**

  기내식 중에는 특별한 상황에 처한 사람들을 위한 상황에 맞는 조절식이 제공되기도 한다. 다이어트를 하고 있는 사람을 위한 저지방식과 저열량식, 소화기 장애가 있는 사람을 위한 연식, 고혈압이나 신장병이 있는 사람을 위한 저염식, 당뇨병이 있는 사람을 위한 당뇨식, 유당 알레르기가 있는 사람을 위한 유당 제한식 등 다양한 형태로 제공된다. 하지만 땅콩의 경우 워낙 다양한 음식에 알게 모르게 들어가기 때문에 땅콩 알레르기가 있는 사람을 위한 땅콩 제한식을 제공하는 항공사는 거의 없다. 만일 본인이 혹시라도 땅콩 알레르기가 있다면 미리 항공사에 알리고 그에 맞는 조치를 받는 것이 좋다.

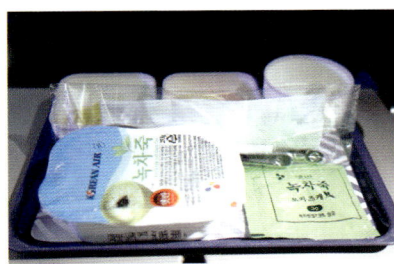

소화하기 쉬운 죽

## • 유아와 아동을 위한 유아 & 아동식

유아식의 경우에는 항공사에 따라서 12개월 이하의 영아와 2살 이하의 유아로 구분하는 경우도 있지만, 대부분 항공사는 2살 이하를 모두 유아로 분류하여 식사를 제공한다. 유아식Baby Meal의 경우 보통 지정된 회사의 조제분유, 이유식, 떠먹는 요구르트 등이 포함된다. 혹시라도 특별히 먹이는 유아식이 있다면 개별적으로 준비해야 한다. 기내 액체류 반입 제한규정은 있지만 유아를 위한 물, 요구르트, 유아식 등은 검색원에게 미리 알리면 가지고 탑승할 수 있다. 또한 유아의 경우 유아식 이외에도 아기요람을 신청할 수 있는데, 아기요람을 설치할 수 있는 자리가 한정되어 있으므로 미리 요청하는 것이 좋다.

2세에서 12세까지는 아동식Child Meal을 신청할 수 있다. 아동식은 아이들이 좋아할 만한 메뉴로 차려지는데 한국에서 출발하는 항공편이라면 선택의 폭이 더 넓다. 보통 카레라이스, 햄버거, 돈가스, 피자, 샌드위치, 스파게티, 치킨너겟 등이 제공되는데 각 항공편과 시기에 따라 다양하다. 아이가 특별히 좋아하는 음식이 있다면 아동식을 통해 미리 준비해주는 것이 좋다.

다양하게 준비된 아동식

## • 종교에 따라 제공되는 종교식

힌두교나 회교도 등 특정 음식 재료를 종교적 신념에 따라 먹지 않는 사람들을 위해 종교식으로도 제공된다. 회교도식, 힌두교식, 유대교식이 가장 대표적인 종교식이다. 이러한 종교식은 해당 종교의 조리 방법을 따라야 하기 때문에 별도로 주문되므로 기내식 중에서 단가가 가장 높다고 한다. 한국 사람이 이러한 종교식을 먹을 일은 거의 없겠지만, 한번쯤 먹어보는 것도 재미있는 여행의 과정이 된다.

특별하게 요리된 종교식

- **기타 특별식**

  항공사에 따라 다양한 특별식이 제공
  되는 곳도 있다. 대표적인 것이 해산물
  을 주재료로 하는 해산물식과 과일식
  인데, 해산물식은 말 그대로 생선 및
  해산물을 이용하고 과일식은 일반적
  인 기내식이 아닌 과일만으로 구성된
  다. 과일식도 대부분 다양하게 구성되
  지만, 몇몇 저렴한 항공사의 경우 달랑

기내에서 즐기는 별미 해산물식

바나나 1개와 오렌지 2개가 나오는 사례도 있다. 그 외에도 대한항공의 경우 생일이
나 허니문일 때 요청하면 축하 케이크를 제공 받을 수 있다. 요청해야 받을 수 있으
므로 특별한 날일 경우에는 꼭 챙기도록 하자.

## 02 기내식, 어떤 것을 선택할까?

비행기 탑승 전에 특별식을 신청하지 않았다면 항공사에서 제공하는 기내식을 먹게
된다. 일반적으로 두 가지 중 한 가지를 선택할 수 있는데 상황에 따라 조금씩 다르
다. 메뉴판을 나눠주고 어떤 기내식이 제공되는지 알려주는 항공사도 있고, 서빙을
시작하면서 '비프 or 치킨?' 또는 '치킨 or 피시?' 정도만 물어보는 항공사도 있다. 국
적기의 경우 비빔밥 같은 한국식 식단과 서양식 식단으로 나뉘는 경우도 있지만, 외
국 항공의 경우에는 그 나라의 식사와 서양식으로 나뉘는 경우가 일반적이다. 아침
식사는 대체로 간단한 과일이나 계란과
소시지, 죽과 같이 가볍게 먹을 수 있
는 식사가 제공된다.

에어프랑스의
이코노미 기내식 메뉴

1 에어프랑스 기내식
2 대한항공 비빔밥 설명서와 비빔밥

이코노미 클래스의 기내식은 미리 요리되어 있는 것을 데워서 나오는 형태이기 때문에 맛을 기대하기 힘들지만, 기내식으로 좋은 평가를 받고 있는 항공사의 경우 꽤 맛있는 기내식이 제공되기도 한다. 반면 입에 대기 힘들 정도로 맛없는 기내식을 제공하는 항공사도 있다. 그리고 국제선이지만 기내식을 제공하지 않는 저가항공사들도 있다.

기내식은 보통 2가지 메뉴를 제공하는데 승객이 어떤 메뉴를 요청할지 모르기 때문에 탑승 인원보다 더 여유 있게 준비한다. 하지만 기내식이 늦게 제공되는 뒷좌석의 경우 한 가지 메뉴가 품절되면 선택권마저 없는 경우가 발생하기도 한다. 그래서 장거리 노선의 경우 첫 번째 식사는 앞좌석부터, 두 번째 식사는 뒷좌석부터 서빙하는 경우도 있다.

만약 비행시간이 2시간 이내라면, 데우지 않아도 되는 종류의 기내식이 나오거나 샌드위치 같은 것으로 대체되는 경우도 있다. 주로 비행시간이 짧은 일본이나 중국 구간에서 이러한 기내식이 많이 제공된다. 그 외에도 해외여행 중 메이저 항공사의 단

대한항공 아침 기내식

에어캐나다 기내식

캐세이패시픽 기내식

아시아나 일본구간 기내식

단거리 구간 기내식

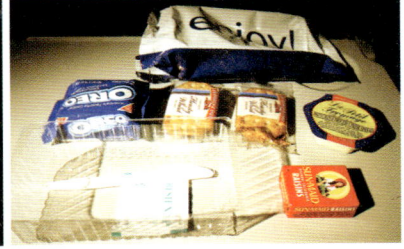
델타항공 미국 국내선 기내식

거리 국내선 구간을 이용할 경우에도 샌드위치 등이 기내식으로 나오는 경우도 있지만, 최근에는 추가 비용을 주고 구입하는 추세로 바뀌었다. 기타 저가항공사들은 비행시간과 상관없이 기내식을 모두 사먹어야 한다.

### 03 기내에서 추가로 먹을 수 있는 것들

제공되는 기내식을 먹고도 금방 배가 고프거나 한 개로는 양이 차지 않는 경우가 있다. 이런 경우 승무원에게 1개 더 먹을 수 있는지 물어보자. 기내식은 일반적으로 탑승객 수보다 조금 여유롭게 준비되는데, 식사를 하지 않는 승객이 있는 경우 기내식이 남게 되므로 요청하면 기내식을 추가로 제공받을 수 있다. 항공사 일반 규정은 기내식을 한 끼에 1회 제공하는 것이기 때문에 기내식을 추가로 제공받는 것은 항공사의 고객 서비스로 바라봐야 한다.

단거리 노선이라면 한 번의 기내식으로 충분하지만 10시간 이상 장거리 노선이라면 식사시간 사이에 배가 고파진다. 에어프랑스와 같은 항공사는 신라면, 샌드위치 등의 간식을 추가로 제공하지만 대부분의 항공사는 별도로 제공하지 않는다. 하지만 승무원에게 간단하게 요기할 수 있냐고 물어보면, 국적기의 경우 삼각김밥, 조각피자 등을 제공하고, 외국 항공의 경우 쿠키나 초코바, 머핀 등을 제공해준다.

1 오렌지주스와 초코바
2 삼각김밥
3 피자
4 기내에서 제공되는 맥주

비행기 안은 건조하기 때문에 물과 음료수를 자주 서빙해준다. 제공되는 음료수에는 물, 과일주스, 탄산음료 등이 있는데 선택적으로 마실 수 있다. 주스나 탄산음료는 컵에 따라 주는 것이 일반적이지만 캔을 요청할 수도 있다. 장거리 노선의 경우 승객마다 물을 별도로 미리 제공하는 경우도 있다. 또한 비행기에서도 술을 마실 수 있다. 단거리 노선은 맥주정도만 제공되지만 장거리 노선은 와인이나 위스키 종류도 제공한다. 기내에서 제공되는 주류는 특별히 제한은 없지만, 많이 마시는 경우 승무원이 자제를 요청하기도 한다. 최근에는 주류의 경우 별도의 비용을 받는 항공사들이 늘어나고 있다.

### 비즈니스 & 퍼스트클래스 기내식

정가를 주고 상위 좌석을 구입한 경우, 마일리지로 좌석을 업그레이드한 경우 또는 오버부킹 때문에 좌석이 무료 업그레이드된 경우에는 비즈니스 클래스에 앉을 수 있다. 비행기에 비즈니스 좌석 예약손님이 없고, 오버부킹으로 인해 이코노미 승객이 비즈니스로 업그레이드되었을 때는 이코노미 기내식이 제공된다. 반면 회원등급 등으로 인해 사전 업그레이드 된 경우에는 비즈니스 기내식이 제공되기도 한다.

비즈니스 클래스의 식사는 어떻게 다를까? 한 개의 식판으로 제공되는 이코노미 클래스와는 달리 모든 음식이 개별 접시와 잔으로 제공되며, 식사 전에 미리 메뉴판을 통해 어떤 음식이 제공되는지 알려주고 서빙을 시작한다. 과일, 빵, 샐러드 등으로 구성된 애피타이저와 스테이크, 비빔밥, 해산물 등의 본식 그리고 케이크나 치즈, 파이 등의 후식 등이 계속 이어진다.

비즈니스 클래스 기내식은 항공사에 따라 메뉴의 차이는 있지만 일반적으로 코스 요리로 제공된다. 항공사들이 비즈니스 클래스 이상에는 더 신경을 쓰기 때문에 단순히 데워서 나오는 이코노미 클래스의 기내식보다 당연히 만족도가 훨씬 높다. 일례로 이코노미 클래스에 뜨거운 물만 부은 컵라면이 제공된다면, 비즈니스 클래스에는 별도의 그릇에 끓인 라면을 내온다.

별도의 접시에 따로 나오는 비즈니스 기내식    라면도 별도의 용기에 담겨 나온다.

# 비행기도 잘 타는
# 요령이 있다

비행기를 탈 때 그냥 지정된 좌석을 이용해도 여행에는 별 문제가 없다. 하지만 어떤 좌석이 더 좋고 편한지, 그리고 비행기를 타는데 유용한 상식들을 알아두면 같은 비용으로 조금 더 편하고 쾌적한 여행을 할 수 있다. 어떤 좌석에 앉느냐에 따라 최악의 비행이 될 수도 있고, 최고의 비행이 될 수도 있다.

## 01  비상구 쪽 좌석이 항상 좋은가?

비행기 좌석 중 가장 편한 곳은 발을 뻗을 수 있는 비상구 쪽이라고 알려져 있다. 단거리 노선의 경우 비상구 쪽 좌석이 더 넓고 발을 뻗을 수 있어 편하다. 하지만 장거리 노선의 경우에는 비상구 좌석 앞에 화장실이 있거나 승무원들이 음식을 제공하는 공간으로 활용하기 때문에, 밤에 자려고 해도 계속 왔다 갔다 하는 사람들 때문에 잠을 설칠 수도 있다. 또한 비상구 좌석 창가 자리는 다리를 제대로 펼 수 없는 경우도 있으므로 이러한 것들을 사전에 체크해야 한다.

항공기에 따라 비상구 창가 자리는 발을 뻗기가 불편하다.   승무원과 마주볼 수 있는 비상구 좌석

## 02  어떤 자리가 최악의 좌석일까?

기내에서 최악의 자리 중 하나는 앞쪽 벽을 마주하는 좌석이다. 개별 엔터테인먼트 시스템이 장착되지 않은 비행기는 이곳에 스크린이 있어 반짝이는 불빛 때문에 잠을 자기 쉽지 않고, 아기를 동반한 승객에게 이 근처 좌석을 우선 배정하므로 때때로 끊임없이 울어대는 아기 울음소리에 고생할 수도 있다.

두 번째로 안 좋은 자리는 발을 뻗는 공간이 막혀있는 좌석이다. 엔터테인먼트 시스템 기기 등으로 좌석 앞 공간이 막혀있는 경우가 있는데, 장거리 노선이라면 더더

욱 불편하다. 모든 비행기의 좌석 확인은
Seatguru(www.seatguru.com)에서 미
리 확인할 수 있으므로 되도록이면 이런
자리는 피해야 한다. 좌석 배열이 3열 이
상이라면 옆 사람이 일행이 아닌 이상 가
운데 좌석은 되도록 피하자. 창밖을 볼 수
있는 것도 아니고, 통로를 마음대로 돌아
다닐 수 있는 것도 아닌 이 어중간한 좌석

비행기 중앙 가운데 좌석은 가장 불편하다.

은 발을 뻗는 공간이 막혀있는 경우가 많고, 양옆에 100kg이 넘는 거구 가 앉기라도
하면 최악의 좌석이 될 수 있다.

### 03 기내에서 편하게 누워서 가자

성수기가 아니라면 만석이 아닌 비행기를
종종 타게 된다. 비수기에 여행을 한다면
체크인 카운터 직원에게 탑승할 비행기가
만석인지 물어보자. 만약 만석이 아니라면
최대한 뒤쪽, 특히 자신이 앉게 될 열에 다
른 사람이 없는 좌석을 달라고 하자. 그리
고 자신이 앉게 될 열에 되도록이면 다른

옆자리가 비어있다면 행운이다.

사람을 우선적으로 앉히지 말아달라고 요청하는 것도 한 방법이다. 인천국제공항처
럼 한 항공사 카운터가 많은 경우에는 별 효과가 없지만 카운터가 한두 개 뿐인 곳
에서는 이런 부탁도 들어주는 경우가 많다.
일반적으로 좌석은 특별한 요청이 없는 한 뒷좌석은 나중에 채우기 때문에 뒤쪽으
로 갈수록 자리가 남는다. 이런 경우 자신의 좌석 열에 사람이 없다면 누워 갈 수 있
는 기회가 생기는 것이다. 대형 항공기는 뒷부분에서 양쪽 끝 열의 좌석이 3열에서 2
열로 바뀌는 지점이 있는데, 이 지점이 가장 좋은 공간 중 하나이다. 그리고 비행기
뒤쪽에는 화장실이 위치한 경우가 많으므로 되도록이면 뒤에서 4~5번째 좌석을 고
르는 것이 좋다. 미리 비행기 좌석 배열을 알아두면 더 좋다.

### 04 장거리 비행은 통로 쪽 좌석이 오히려 편하다

3시간 이내의 단거리 비행은 특별히 화장실에 갈 필요도 없고, 멋진 구름도 볼 겸 창
가 자리에 앉아도 큰 무리가 없다. 하지만 장거리 비행이라면 통로 쪽에 앉는 것이
좋다. 장거리 비행 중에는 화장실에 한두 번은 가게 되는데, 창가 쪽에 앉은 경우라

면 옆에 앉은 1~2사람에게 양해를 구해야 한다. 특히 소등된 후라면 깨워서 나가기 곤란한 상황에 처할 수도 있고, 고도가 높아지면 창가 쪽은 아무래도 안쪽보다 추워진다. 추위를 많이 타는 사람이라면 더더욱 창가 쪽은 피하는 것이 좋다.

통로 쪽 자리는 다른 사람 눈치를 보지 않고 화장실에 다녀올 수 있고, 긴 비행시간 동안 틈틈이 통로를 걷는 등 가벼운 운동을 할 수 있어 좋다. 그리고 통로 쪽에 팔과 어깨를 움직일 수 있는 공간이 더 넓고, 승무원에게 무엇을 요청하기도 편하다.

장거리 비행은 통로 쪽이 편하다.

## 05 알면 편해지는 장거리 비행 노하우

비행기를 처음 타본 사람이라면 하루 종일 창밖만 바라봐도 지루하지 않겠지만, 비행 횟수가 늘어나면 기내에서의 비행시간은 너무 지루하고 따분하게 느껴진다. 물론 엔터테인먼트 시스템이 있어 가는 내내 영화를 볼 수도 있고, 넷북이나 노트북이 있다면 게임 등으로 시간을 보낼 수도 있다.

 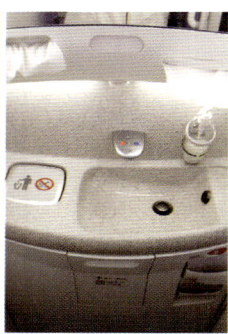

엔터테인먼트 시스템과 노트북          기내 화장실 모습

장거리 여행을 많이 한 사람들은 비행 노하우를 하나둘씩은 가지고 있다. 필자는 의도적으로 여행 전날 좀 무리를 해서(혹은 밤을 새서) 몸을 피곤하게 만든다. 이렇게 몸이 피곤하면 기내에서 간단한 주류와 함께 식사를 한 후 바로 곯아떨어져 푹 잘 수 있다. 이렇게 잠을 자두면 목적지에 도착했을 때 시차적응에도 도움이 된다.

장시간 비행 중에는 화장실을 가야 하는데, 화장실이 가장 붐비는 시간은 바로 식사시간 이후이다. 식사 후 이를 닦으려는 사람이나 식사 중에 주류나 음료수를 많이 먹은 사람 때문에 화장실이 일시적으로 붐비게 된다. 식사 시간 바로 전이나 식사 후 30분 정도 후에 이용하면 여유롭게 화장실을 사용할 수 있다.

## 06 가벼운 운동과 수분 보충은 틈틈이 하자

10시간이 넘는 장거리 비행에서는 좌석에 가만히 앉아 있는 것도 고역에 가깝다. 거기다 고도가 높아 몸이 쉽게 붓고, 기내가 건조하기 때문에 피부도 푸석푸석하고 목도 마르게 된다. 하지만 가벼운 운동으로 어느 정도 예방효과를 기대할 수 있다. 기내 공간은 한정되어 있기 때문에 할 수 있는 운동은 통로 걷기와 간단한 스트레칭밖에 없다. 만일 부츠나 꽉 끼는 신발을 신었다면, 여분의 양말이나 슬리퍼를 준비해 기내에서 갈아 신도록 하자. 참고로 양말 같은 기내용품은 별도로 제공해주는 항공사들도 있고, 만약 기본적으로 제공하지 않더라도 승무원에게 요청하면 제공받을 수 있다.

기내가 건조하므로 자다 깨면 심한 갈증이 느껴진다. 하지만 기내 소등 이후에는 승무원도 자주 돌아다니지 않기 때문에 갈증을 해소하기가 쉽지 않다. 승무원을 호출해서 음료수를 요청해도 되지만, 이럴 때를 대비하여 기내식에 함께 제공되는 물은 따로 챙겨두고 음료수 등을 받아서 식사하는 것도 한 가지 요령이다. 또한 건조해서 피부가 푸석푸석해지기 쉬우므로 스킨이나 로션 등을 세면 후에 발라주는 것도 좋은 방법이다. 100ml 이하의 액체는 지퍼백에 넣어서 가져갈 수 있으므로 샘플용 스킨, 로션을 이용하면 된다. 쉽게 구할 수 있는 보습팩 등을 이용하는 것도 좋은 방법이다.

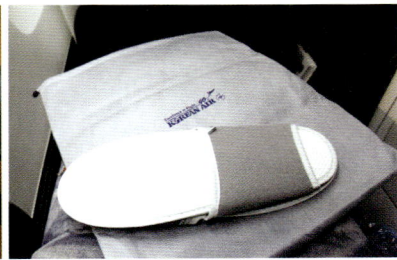

소등 후에도 가벼운 산책이나 스트레칭을 하자.　　기내용 슬리퍼

## 07 전원 콘센트가 있는 비행기도 있다

요즘 대형 항공기에는 노트북 등을 충전할 수 있는 콘센트가 장착되어 있는 경우가 많다. 이 콘센트 장착 여부는 승무원에게 물어보거나 탑승 전에 관계 직원에게 물어보면 알 수 있다. 업무상 장거리 출장에서 노트북으로 업무를 봐야 한다면 큰 도움이 된다. 비록 피곤하겠지만 비행 내내 일을 할 수 있도록 도와주기 때문이다. 과거에는 표준 규격의 콘센트가 아닌 항공기 전용 콘센트를 사용했지만, 요즘에는 표준 형태의 콘센트로 많이 제공된다.

항공기에 따라 이 콘센트 위치는 아주 다양하다. 보통은 좌석 아래에 있는데, 최근에는 AVOD 시스템 옆이나 앞 받침 쪽에 설치되어 있어 사용하기가 편리하다. 콘센트뿐만 아니라 USB 충전을 제공하는 항공사도 있다. 일반적으로 11자 형태의 콘센트가 많고, 멀티콘센트라 하더라도 한국의 플러그는 두께가 두꺼워 들어가지 않는경우도 있다. 이럴 때를 대비해 11자 형태로 바꿔주는 변환 플러그(일명 돼지코)를한두 개 정도 준비하면 좋다. 집근처 전파상에서 300~500원 정도면 구입할 수 있다. 이 전원을 이용해 노트북을 이용할 때에는 폭발 위험이 있으므로 배터리는 빼고전원만 연결해서 사용하는 것이 권장된다.

항공사마다 콘센트의 위치가 다르다.

## 08 사전에 좋은 좌석을 확보하자

요즘에는 항공권을 발권하면서 좌석을 지정할 수 있는 항공사가 많으므로, 이때 좋은 좌석을 지정해야 한다. 항공사에서 좌석 지정을 제공하지 않거나 단체 항공권인경우에는 어쩔 수 없지만, 최대한 일찍 공항에 도착하여 좋은 자리를 지정하는 것이기내에서 편할 수 있는 방법이다.

늦게 도착하면 때때로 좌석이 업그레이드되는 행운도 있지만 오버부킹 시 자리가 없을 때에는 높은 멤버십 등급을 가진 사람부터 우선 업그레이드하는 것이 일반적이기때문에 그런 기회는 자주 오지 않는다. 오히려 남은 좌석이 얼마 없어 창가나 통로가아닌 가운데 자리에 앉아서 가게 될 수도 있고, 최악의 경우에는 그 비행기를 타지못하는 상황도 발생한다.

친구나 가족과 함께 떠나는 여행이라면 더더욱 일찍 갈 필요가 있다. 그래야만 일행이 좌석을 붙여서 갈 수 있다. 특히 신혼여행처럼 함께 하는 시간이 중요한 여행에서체크인을 늦게 하면, 함께 앉을 수 없어 비행시간 동안 이별할 수도 있다. 물론 탑승후 자리를 바꿔달라고 부탁할 수도 있지만 이 역시 창가자리면 창가자리, 통로자리면 통로자리와 같이 동급의 자리일 때나 가능한 경우가 많다. 통로자리에 앉은 사람에게 사람들 사이에 끼어 앉는 자리와 바꾸자고 하면 거절당하기 일쑤이다. 이런 사태를 방지하기 위해서는 최대한 일찍 공항에 도착하는 것이 방법이다.

## 09 안대와 귀마개를 이용해 숙면을 취하자

기내에서 숙면을 취하려고 일부러 피곤한 상
태를 만들기도 하지만 휴가 전날까지 일을
겨우 마무리 짓고 여행길에 올랐다면 피곤
할 수밖에 없다. 피곤해서 비행시간 내내 아
무도 건들이지 않기를 원하는 사람도 있고,
잠은 들었지만 기내식은 먹어야 되는 사람도
있다. 후자라면 승무원에게 깨워달라고 미리
부탁을 해두면 식사시간 맞춰 깨워준다.

안대와 귀마개

기내에서 숙면을 취하고 싶다면 미리 챙겨야 하는 것이 안대와 귀마개이다. 장거리
노선의 경우 알아서 준비해 주지만, 최근에는 국적기가 아닌 외항사의 경우 주지 않
는 경우가 많다. 이럴 때를 대비해 2~3천 원이면 구할 수 있는 저렴한 안대와 귀마
개까지 하나씩 준비해두면 요긴하게 사용할 수 있다. 비행 중에는 지속적인 소음에
노출되므로 실제 얼마나 시끄러운지 느끼지 못하지만, 귀마개를 해보면 확연한 차이
를 알 수 있다. 사소한 것 같아도 기내에서 소음과 빛을 차단한 것만으로도 숙면을
취하는데 큰 도움이 된다.

## 10 비행기 안의 물건은 맘대로 가져가도 되는 것이 아니다

비행기 탑승 후 생수나 칫솔, 양말, 안대 등
이 제공되었다면 그러한 것은 일회용품이라
가져가도 상관이 없다. 하지만 비행기 내에
비치된 다양한 잡지, 담요, 베개 등은 항공
사 자산이기 때문에 함부로 가져가면 안 된
다. 1회성 일간신문 및 기내지는 가져가도 되
지만, 비행기 안에 비치된 시중에서 판매하
는 주간이나 월간잡지의 경우 기내에 일정
기간 비치하는 것이므로 들고 나오면 안 된
다. 특히 담요의 경우 승무원에게 가져가도
되냐고 물어보면 고객 서비스 차원에서 승인
하는 경우도 있겠지만 공식적으로는 가져가
면 안 된다. 만일 항공 담요가 맘에 든다면
항공사 쇼핑몰에서 구입할 수도 있으므로
이런 물건에 욕심내지 않도록 하자.

담요와 쿠션

대한항공 기내지 비욘드와 모닝캄

## 유아나 아동을 동반하고 탑승한다면?

기내에서 조용한 시간을 보내고 싶은
사람은 아기가 있는 쪽의 좌석은 피해
야 하지만, 유아와 함께 여행하는 부
모라면 베씨넷Baby Bassinet을 설치할 수
있는 좌석을 확보하는 것이 필요하다.
항공사 규정에 따라 조금씩 다르지만
24개월 미만 유아의 경우 국내선은 무
료, 국제선은 성인의 10%의 비용으로

유아용 베씨넷

탑승할 수 있다. 만일 유아를 동반한다면 항공권을 예약할 때 베씨넷을 신청해야만
설치가 가능한 좌석을 구할 수 있다. 기내에 설치할 수 있는 공간이 한정적이고, 휴
양지의 경우 예약이 빠르게 마감되므로 미리 예약하는 것이 유리하다.

베씨넷을 신청할 수 있는 규정은 항공사에 따라 개월 수에 차이가 있다. 아시아나항
공은 만 6개월 미만, 아메리칸항공은 만 12개월 미만의 유아에게만 베씨넷을 제공
한다. 개월 수에 제한이 없는 항공사도 있으므로, 예약할 때 이러한 사항을 꼭 체크
해야 한다. 또한 대상 유아의 신체 제한 규정을 두는 항공사도 있는데, 대한항공은
몸무게 11kg 미만, 신장 75cm 미만의 유아에 한해 이용이 가능하고, 아시아나항공
은 몸무게 14kg 미만, 신장 76cm 미만의 유아에 한해 이용이 가능하다.

유아가 아닌 아동의 경우에도 비행기 안에서 조용히 있기란 쉽지 않다. 그렇다고 아
이들을 기내에서 뛰어다니게 놔두면 다른 승객들에게 피해를 끼칠 뿐만 아니라, 안
전에도 문제가 생길 수 있다. 기내용 엔터테인먼트 시스템AVOD이 있다면, 아동을 위
한 만화나 영화를 틀어주면 된다. 또한 대부분의 비행기에는 아이들을 위한 장난감
을 보유하고 있는데, 승무원에게 요청하면 제공받을 수 있다. 색칠 공부나 종이접기,
간단한 게임 책과 같은 것들이 준비되어 있는데 아이들이 좋아할 만한 캐릭터를 사
용하여 아이들 반응이 좋은 편이다.

아이들의 무료함을 견디게 해주는 기내 제공 물품

# 공항에서부터 숙소까지는
## 어떻게 이동하나?

입국수속을 마치고 짐을 찾아 출국장으로 빠져나왔으면 이제 원하는 숙소로 가는 일만 남았다. 하지만 낯선 곳에 내리면 어디로 가야 할지 몰라 순간 난감해진다. 그러나 대부분의 국제공항은 대중교통이나 리무진버스 등이 잘 되어 있으므로 당황하지 말고 표지판 등을 확인하면서 이동하면 어렵지 않게 목적지까지 이동할 수 있다.

## 01 공항버스 이용하기

공항이 도심과 멀지 않고 교통수단이 공항과 잘 연결된 곳은 시외버스만 타도 어렵지 않게 한 번에 시내로 이동할 수 있다. 공항버스 중에는 바로 시내까지 무정차로 이동한 후 시내 곳곳의 정류장을 도는 버스가 있는 반면, 일반 대중버스처럼 많은 정거장을 지나 도심과 연결되는 지역까지만 이동하는 버스도 있다. 이런 경우 시내로 이동하여 다시 시내버스나 지하철 등으로 갈아타야 한다. 일반적으로 공항버스가 비용 면에서 가장 저렴하기 때문에 여전히 많은 사람들이 이용하는 대표적 교통수단이다.

가이드북이 있다면 공항버스나 대중교통에 대한 설명이 잘되어 있으므로 그것을 참고하여 타고내리면 되지만, 그런 정보가 없다면 여행자안내센터부터 찾아 시내로 접근할 수 있는 방법을 물어봐야 한다. 공항버스 및 대중교통은 오전 이른 시간부터 저녁 10시정도까지만 운행하기 때문에 운행 외 시간에 도착한 사람들은 별도의 교통수단을 이용해야 되기도 한다. 때문에 자신이 가고자 하는 교통수단의 운행시간을 미리 체크해 보는 것이 필요하다. 유럽의 몇몇 외곽 공항들은 저가항공사가 활발히 비행하기 때문에 허브가 되는 공항은 새벽까지 운행하는 공항버스도 있다.

말레이시아 쿠알라룸푸르 공항버스

마카오 공항버스

캐나다 몬트리얼 버스      모로코 마라케시 공항버스

## 02 공항철도 이용하기

공항버스에 비해 공항철도는 상대적으로 가격이 조금 더 비싸다. 공항에서 도심으로 바로 연결되는 공항철도가 발달한 곳은 보통 대중교통으로 연결하기에는 시내와 공항 간의 거리가 너무 먼 경우이다. 가격이 비싼 대신 이를 이용하면 일반적인 버스나 지하철처럼 많은 정류장을 거치지 않고 직접 시내까지 논스톱으로 갈 수 있다.

공항철도는 공항에서 바로 연결되며, 특히 일본 철도는 연결 시스템이 잘되어 있어 편리하게 이용할 수 있다. 그 외에도 시드니와 같이 대중교통으로 바로 연결되는 도시가 있는 반면, 런던처럼 히드로 익스프레스와 커넥트 같은 급행열차 위주로 다니는 도시도 있다. 공항철도를 이용하면 도심까지 빠르게 이동할 수 있지만 정류장이 많은 버스와 달리 종착역에서 다른 교통수단으로 갈아타야 한다.

런던 히드로 익스프레스      런던 히드로 커넥트

오사카 특급 라피도                    오사카 난카이선 로컬

### 03 셔틀버스 이용하기

국제공항이 아닌 규모가 작은 도심 공항은 정기적으로 운행하는 공항버스나 공항
철도가 없는 경우가 많다. 이런 경우 셔틀버스가 그 역할을 대신하는데, 일정 시
각을 기준으로 어느 정도 인원이 차면 출발하는 식이다. 그 외에 대형 공항 역시
셔틀 서비스를 제공하는 업체가 많다. 공항 셔틀버스의 장점은 중심가에 위치한
호텔은 바로 앞까지 데려다주지만, 일반적인 버스나 철도보다 가격이 높다는 단점
이 있다. 또한 탑승객의 투숙호텔이 다양할 경우 빙빙 도느라 시간이 더 소요되기
도 한다. 그 외에 호텔에서 서비스 차원으로 운행하는 셔틀버스도 있다. 공항 근처
에 위치한 호텔은 무료 셔틀버스를 운영하고, 공항이 시내와 가깝다면 대부분 호
텔까지 셔틀버스를 무료로 운행한다. 호텔의 무료 셔틀버스 정보는 숙박하는 호텔
의 홈페이지를 보면 자세히 안내되어 있다.

공항 셔틀 버스

## 04 픽업 서비스 이용하기

한국 사람이 많이 살고 있는 도시에는 한국 사람들이 하는 픽업 서비스를 이용할 수 있다. 보통 숙소 주인이 공항까지 데리러 오는데, 픽업 비용은 따로 지불하는 것이 일반적이다. 공항에서 숙소까지 가장 쉽게 이동할 수 있지만, 픽업의 경우 여러 명이 타면 일인당 개별 비용을 받는 경우도 많다. 처음 해외여행을 하는 사람이라면 이 방법을 이용하는 것도 좋지만, 어느 정도 해외여행에 익숙해지면 대중교통을 이용하는 것이 훨씬 저렴하다. 일반적으로 픽업 서비스는 공항버스보다는 비싸지만 택시보다는 싼 게 상식이다. 또한 허가받지 않은 불법 픽업서비스도 있으므로 주의해야 한다.

브리즈번에서 픽업 서비스

## 05 택시 이용하기

택시는 비싸지만 공항에서 원하는 목적지까지 가장 쉽게 이동할 수 있는 방법이다. 보통 출국장 앞에 택시 정류장이 있으므로 이곳에서 순서를 기다려 타면 된다. 택시 강도와 같은 사고가 빈번하게 일어나는 곳에서는 공항 내에 위치한 부스에서 목적지를 말하고 금액을 지불한 뒤 티켓을 택시기사에게 주면 목적지까지 데려다 주는 곳도 있다. 선진국보다는 후진국에서 이러한 택시강도가 빈번하게 일어나므로 택시를 이용할 때에는 안전여부를 사전에 꼭 확인해야 한다. 몇몇 공항에서는 택시비가 꽤 비싼 곳이 있는데, 이런 곳에서는 출국장이 아닌 입국장에 도착하는 택시를 타고 시내로 나가는 방법을 이용하기도 한다.

뉴욕 공항의 택시                     런던의 택시

# 오버부킹과 볼런티어, 항공기 결항과 지연

주변에서 여행 이야기를 듣다보면, 오버부킹되서 비즈니스 클래스로 업그레이드 받았다는 이야기를 종종 들을 수 있다. 그렇다 보니 비즈니스 클래스에 앉고 싶다면, 성수기에 체크인 카운터 마감 시간에 맞춰서 가면 된다는 이야기도 떠돈다. 그럼, 모든 사람들이 이런 기회를 잡을 수 있는 것일까?

## 01 항공사 오버부킹이란 무엇인가?

가격이 저렴한 항공권의 경우 체류 날짜도 제한적이고 일정 변경을 하려면 추가 수수료를 물어야 하는 것이 일반적이다. 하지만 제 가격을 지불한 경우 만약 비행기를 놓치더라도 다음 비행기를 탈 수 있도록 조치 받을 수도 있고, 상대적으로 일정 변경도 자유로운 경우가 많다. 이 때문에 예약했던 항공편을 취소할 가능성도 있고, 비행기를 놓치거나 개인 사정으로 인해서 비행기를 탈 수 없는 사람이 생길 수 있다. 이렇게 취소 가능성이 있음에도 어떤 날은 비행기 좌석이 모자라는 경우가 발생한다. 항공사에서는 어떻게 높은 탑승률을 확보할 수 있을까? 그 비밀이 바로 오버부킹에 있다. 항공사에서는 이러한 취소 가능성을 감안해서 만석이라도 일정 수준 이상의 예약을 추가로 신청 받는다. 쉽게 300개 좌석이 있다면 330개 좌석을 예약 받는 것이다. 이 오버부킹 비율은 항공사마다 정책이 조금씩 다르고, 시기에 따라 비율도 조금씩 조정하는데 성수기에는 항상 오버부킹이 이뤄진다고 보면 된다.

## 02 좌석 업그레이드는 행운인가?

항공사 측에서 예상한 정도로 취소가 발생해 남는 좌석을 제대로 활용할 수 있으면 좋지만, 항상 그럴 수는 없다. 오버부킹 비율은 그대로인데 예상보다 취소율이 낮은 경우 항공사는 고객들에게 대안을 제시한다. 가장 일반적인 것이 일반석을 비즈니스 클래스로 업그레이드해주는 것이다. 항공사 정책에 따라 이코노미에서 비즈니스로 승급되는 승객의 조건이 상이하다. 일반적으로 해당 항공사 우수고객이나 등급이 높은 항공권을 구입한 사람에게 우선순위로 업그레이드해준다. 좌석 업그레이드는 사전 업그레이드를 통해 체크인할 때 알게 되기도 하지만, 탑승 막바지에 이르러 게이트에서 알게 되는 경우도 있다. 필자도 한창 비행기를 많이 타던 시기에는 이렇게 좌석이 업그레이드되어 비즈니스 클래스를 탄 적이 몇 번 있다.

좌석 업그레이드가 항상 이같은 기준으로 행해지는 것은 아니다. 업그레이드가 가능한 대상을 모두 업그레이드해주고, 어느 정도 마무리된 상황에서 공항에 늦게 도착한 사람이 막바지 체크인으로 좌석이 없는 경우 업그레이드가 되는 케이스도 있다.

싱가포르항공 비즈니스 클래스

하지만 명심해야 할 것은 우수고객 및 항공권 등급에 따라 전산으로 업그레이드하는 것이 더 일반적이므로, 늦게 도착한 것은 비즈니스 클래스를 보장받는 길이 절대 아니다. 오히려 좌석이 부족해 다음 항공편을 이용해야 하는 난감한 상황이 벌어질 수도 있다. 일정에 여유가 있다면 상관없지만, 패키지나 친구들과 함께 가는 여행이라면 큰 낭패가 된다. 이러한 불확실성에 기대를 가지는 것보다는 어느 정도 여유 시간을 가지고 일찍 도착하는 것이 좋다.

## 03 업그레이드 후에도 좌석이 없다면?

비즈니스 클래스를 이용해서 좌석을 추가로 확보했음에도 탑승률이 100%를 넘어 더 이상 탑승시킬 수 없을 때가 있다. 이럴 때 항공사 측에서 다음 항공편을 이용할 자원자를 선발한다. 자원자가 없을 경우 강제로 어쩔 수 없이 다음 항공편을 이용해야 하는 경우도 생기지만, 다음 항공편을 이용할 사람을 찾는 것도 의외로 흔하게 볼 수 있는 공항 풍경이다. 보통 이런 상황에서는 다음 항공편을 이용하는 사람에게 여러 가지 혜택을 제공한다. 대부분 이에 응하는 사람들은 일정에 여유가 있고, 항공사가 제공하는 보너스 혜택에 만족하는 사람들이다.

미국 항공사의 경우 오버부킹이 되면 체크인할 때 '이 비행기는 오버부킹되었습니다. $200 상당의 상품권을 받는 조건으로 다음 항공편을 이용하시겠습니까?'와 같이 물어 보며 좌석을 확보하기도 한다. 이 외에도 체크인할 때 직원이 볼런티어(자원)할 생각이 있냐고 묻는 항공사도 있는데, 시간을 두고 자원자를 받는 경우 자원하더라도 보상이 다소 적은 것이 일반적이다.

보상이 가장 큰 경우는 게이트 보딩이 시작되기 전 방송을 통해 공개적으로 자원자를 받는 경우이다. 보딩 시간이 다 되도록

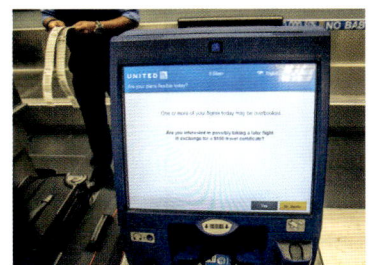
다음편 탑승 권유 화면

좌석을 확보하지 못한 경우로 항공사로서는 어떻게든 좌석을 확보해야 하기 때문에 보상 조건은 그만큼 좋아진다. 다음 날 항공편을 타는 경우라면 호텔 숙박 및 식사뿐만 아니라 하루에 상당하는 보상금도 두둑이 쥐어준다.

### 필자의 볼런티어 경험담

체크인할 때 볼런티어를 몇 번 경험한 적이 있지만, 게이트에서 직접 받는 볼런티어는 유럽이 처음이었다. 몇 년 전 회사 동료들과 A항공사를 이용해서 영국으로 출장을 갔을 때 볼런티어를 했는데 정말 평생 한 번 있을까 말까 한 기회였다. 영국에서 프랑스를 경유해 입국하는 항공편이었는데, 프랑스에서 환승시간이 5시간 정도 여유가 있었다. 그날 할 일이 많은데다 날씨까지 좋지 않아서 우리 일행 6명 모두는 비행기 출발 시간 1시간 전에 겨우 공항에 도착했다. 그런데 비행기가 오버부킹되어 6명 중 2명은 좌석을 받을 수가 없었다. 다행히 파리에서 환승할 한국행 비행기 시간이 5시간 정도 여유가 있었으므로 3시간 뒤에 출발하는 다음 비행기를 타더라도 2시간이라는 여유 시간이 있으므로 문제는 없을 것 같았다. 그래서 필자와 동료 1명이 100유로와 식사 바우처를 받는 조건으로 다음 비행기를 타기로 했다.

그런데 문제는 그 다음에 일어났다. 그날 비가 오전부터 내렸었는데, 시간이 지날수록 빗줄기가 더 강해지면서 비행기가 연착되더니 결국 예정 시간보다 1시간 30분이나 늦게 출발을 했고, 도착했을 때는 환승할 한국행 비행기 출발 시간이 채 10분도 남지 않은 상황이었다. 결국 필자는 한국행 비행기를 놓쳤고, 항공사에서 마련해 준 다음 날 비행기를 탈 수밖에 없었다. 하지만 파리공항에서도 기상이 점점 악화되더니 비행기들이 줄줄이 결항되어 이틀이 지나서야 겨우 한국행 비행기를 탈 수 있었다.

덕분에 항공사로부터 위로금으로 1인당 500유로와 공항 근처의 호텔 숙박, 비즈니스 좌석으로 업그레이드, 아침과 저녁 식사 바우처까지 제공을 받았다. 천재지변이긴 했지만 처음부터 항공사 측의 문제로 발단이 되었기 때문에 보상조건이 파격적이었던 것이다. 비행기가 출발하지 못한 이틀간 필자와 동료는 파리에서 여행을 즐겼음은 물론이고, 입국 후 회사에서도 그 기간이 주말이라 크게 문제될 것이 없었다.

필자가 경험한 볼런티어는 거의 횡재에 가까운 수준이라 할 수 있고, 대부분 오버부킹과 관련해서 문제가 생기면 $100~200 정도의 보상금이나 비즈니스 좌석으로 업그레이드를 받는 것이 일반적이다.

## 04 항공기 결항과 지연은 누구의 책임인가?

항공기 지연은 여러 가지 이유로 발생한다. 가장 대표적인 것이 기체 결함과 천재지변이다. 항공기 기체 결함은 전적으로 항공사 측의 문제이므로 항공사에서는 당일 연결편을 제공하지 못할 경우 호텔을 제공하기도 하고, 지연에 따른 여러 가지 보상을 제시한다. 다행히 다음 연결편이 있고, 자리가 있다면 그 연결편으로 대체해주면서 소정의 위로금을 제공하는 것이 일반적인 지연 보상이다.

하지만 천재지변에 따른 지연은 별다른 보상을 받기가 힘들다. 인천국제공항에서도 기록적인 폭설 또는 태풍과 같은 기상악화 때문에 예정되었던 항공편이 줄줄이 결항되거나 지연된 적이 여러 번 있었다. 그 당시 항공사 측에서는 호텔이나 교통비, 보조금 등을 지급하기는 했지만, 일반적으로 몇 시간 정도 지연되는 것에 대해서는 별

다른 보상을 하지 않고, 결항되더라도 다음 대체편을 제공하는 것으로 마무리되는 경우가 일반적이다. 특히 메이저 항공사의 경우는 그나마 최소한의 성의라도 보이지만, 유럽이나 동남아 저가항공사를 이용할 때는 지연도 탑승의 과정이려니 하고 받아들여야 한다.

지연이나 결항과 관련해서 가장 큰 문제는 연결편이다. 항공동맹이 동일하거나 제휴관계가 있는 항공사 연결편이라면 지연이나 연착으로 공항에 늦게 도착했을 경우, 경유하는 공항에서 다음 대체편을 마련해준다. 하지만 별개 예약이거나 제휴관계가 없는 항공사라면 다음 연결편에 대한 책임을 지지 않는다. 물론 도의적 이유로 다음 연결편을 알아봐주기도 하지만 비록 연착이라도 목적지에 제대로 도착했다면 더 이상의 지원을 해주지 않는 항공사도 있으므로 지연이나 결항이 발생할 가능성이 있다면 이러한 부분을 잘 챙겨야 한다.

보통 지연이나 결항이 발생하면 게이트에서 대기하고 있던 승객들은 해당 항공사 직원들에게 항의를 한다. 지연이나 결항으로 인해 손해를 보기 때문이다. 하지만 이렇게 단체로 항의하는 경우 항공사에서도 뚜렷한 보상을 해줄 방법이 없다. 다음 항공편에 좌석이 많이 남아 모두 그 항공편을 타고 갈 수 있으면 좋겠지만, 대체 항공편을 새로 준비하는 대기 시간은 길어질 수밖에 없다.

항공기 도착시간을 알려주는 안내판

항공기 출발시간을 기다리는 사람들

이런 경우 우르르 몰려 단체로 항의하기 보다는 조용히 해당 항공사 직원을 찾아서 자초지종을 설명하고 그에 대한 대책을 요구하는 것이 좋다. 한꺼번에 몰려드는 승객들의 모든 요구는 들어줄 수 없지만 개별적으로 요구하는 승객에 대해서는 재량에 따라 최대한 배려를 해주기 때문이다. 언제나 목소리가 크다고 좋은 것은 아니다. 개별적으로 침착하게 자신의 권리를 요구하는 것이 이러한 상황에서는 더 현명한 대처 방법이다.

# 공항 라운지
# 실속 있게 이용하기

탑승 시간까지 남아도는 시간에 라운지에서 휴식을 취하거나 간단한 식사를 하는 것이 꼭 비행기를 많이 타는 우수회원들만의 특권은 아니다. 몇몇 신용카드사들은 몇 만 원 정도의 연회비로 공항 라운지를 이용할 수 있는 프라이어리티패스를 제공한다. 이 카드만 있어도 여행을 보다 편하게 즐길 수 있다.

## 01 프라이어리티패스란 무엇인가?

많은 사람들이 공항 라운지는 비행기를 많이 타는 사람이나 돈 많은 사람들이 이용하는 곳이라고 생각한다. 하지만 프라이어리티패스<sup>Priority Pass</sup>가 있다면 일반인도 라운지를 마음대로 이용할 수 있다. 이 프라이어리티패스만 있다면 인천국제공항뿐만 아니라 전 세계 300개 도시에 600여 개의 공항 라운지를 마음대

프라이어리티패스

로 드나들 수 있다. 드나들 수 있다. 프라이어리티패스로 한국에서 이용할 수 있는 대표적인 라운지는 다음 표와 같다. 신용카드에 따라서 한국 내 라운지는 프라이어리티패스가 아니라 신용카드를 제출해야 하는 경우도 있다.

| 공항 | 라운지 이용 안내 |
|---|---|
| 인천국제공항 | 대한항공 라운지 – 탑승동(06:30~23:50)<br>아시아나항공 라운지 – 메인 터미널(06:00~21:00), 탑승동(06:00~24:00)<br>마티나 라운지 – 메인 터미널(07:00~21:00) |
| 김포국제공항 | 대한항공 라운지 – 국내선 터미널(월~목, 토~일 05:40~20:00, 금 05:40~21:00)아시<br>아나항공 라운지 – 국내선 터미널(05:00~21:30)<br>에어 라운지 휴(HUE) – 국제선 터미널(06:40~20:00) |
| 제주국제공항 | 대한항공 라운지 – 체크인 카운터 옆(06:00~21:20)<br>아시아나항공 라운지 – 체크인 카운터 옆(06:00~21:00) |
| 김해국제공항 | 대한항공 라운지 – 국내선 터미널(06:00~20:30), 국제선 터미널(05:40~22:00)<br>아시아나항공 라운지 – 국내선 터미널(06:00~21:00), 국제선 터미널(06:00~20:00) |
| 대구국제공항 | 대한항공 라운지 – 국제선 터미널(06:00~18:30) |
| 광주국제공항 | 아시아나항공 라운지 – 국내선 터미널(06:15~19:00) |

어느 국가 어느 공항에 라운지가 있는지 궁금하다면 프라이어리티패스의 홈페이지에서 전 세계 600여 개의 라운지 위치와 운영시간 및 서비스 내역이 나와 있는 PDF

파일을 다운로드 받을 수 있다. 이것을 다운받아서 가지고 있으면 자신이 가려는 도시에 어떤 라운지가 있고, 그 라운지가 어떤 시설을 가지고 있는지 언제든지 파악할 수 있다. 프라이어리티패스는 본인만 사용할 수 있고, 동반자가 있을 경우에는 $27의 추가 비용을 지불해야 한다.

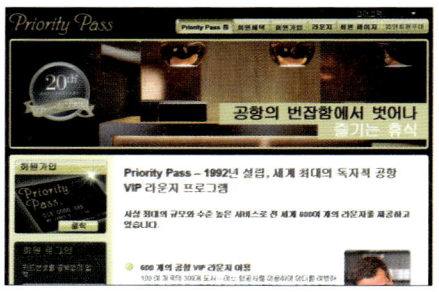

프라이어리티패스의 홈페이지(www.prioritypass.co.kr)

## 02 프라이어리티패스의 등급별 차이

프라이어리티패스는 기본적으로 프라이어리티패스 홈페이지에서 발급받을 수 있다. 프라이어리티패스에는 세 가지가 등급이 있는데 등급별로 이용하는데 차등이 적용된다. 등급별 혜택은 다음 표의 내용과 같다.

| 프라이어리티패스 등급 | 연회비 | 회원 라운지 이용료 | 동반자 라운지 이용료 |
|---|---|---|---|
| 스탠더드<br>(Standard Membership) | US$99 | US$27 | US$27 |
| 스탠더드 플러스<br>(Standard Plus Membership) | US$249 | 라운지 10회 방문까지 무료,<br>10회 이후 US$27 | US$27 |
| 프레스티지<br>(Prestige Membership) | US$399 | 무료 | US$27 |

## 03 플래티늄 신용카드로 프라이어리티패스 받기

VIP 라운지를 이용하려면 기본적으로 연회비를 내야 하는데, 연중무료로 이용하려면 $399(약 50만 원)를 지불해야 한다. 휴가기간에 연 1~2회 정도 해외여행을 한다고 보면, 라운지 이용 횟수가 2~4회 정도밖에 되지 않는데도, 10회 무료인 스탠더드 플러스도 30만 원이 넘어간다. 그러면 어떻게 저렴하게 이 카드를 구할 수는 없을까?

플래티늄 신용카드 중에는 부가서비스로 프라이어리티패스를 제공하는 것도 있다. 발급받기 쉬웠던 과거와 달리 최근에는 최소 연회비 10만 원 이상의 카드만이 프라이어리티패스를 제공하고 있으며, 이 중에서도 무제한 입장이 아닌 연 10회 입장으로 제한하는 카드도 있으므로 잘 확인하고 발급받아야 한다. 신용카드의 연회비를 생각하면, 1년에 1~2번 공항 라운지를 이용하는 사람보다는 최소 10번 이상은 이용해야 그나마 효용성이 있다고 볼 수 있다.

- **씨티카드**

| 카드 종류 | 혜택 및 연회비 |
|---|---|
| 프리미어마일<br>비자시그니처카드 | 카드 사용액 1,000원당 1프리미어마일이 적립된다. 해당 프리미어마일은 타 항공<br>사의 마일리지 프로그램으로도 전환 가능하다. 또한 사용액 연동으로 5천만 원<br>이상 10,000마일, 1억 원 이상 30,000마일을 추가로 제공한다.(연회비 : 12만 원) |

프리미어마일카드(VISA)는 발급 시 아
시아나항공과 대한항공 둘 중 하나를
선택한다. 기본 혜택 이외에 인천국제
공항 워커힐 다이닝 서비스를 월 1회,
연 12회까지 무료로 즐길 수 있다. 기
존 적립한 프리미어마일은 1마일당 12

| 항공사(마일리지 프로그램) | 전환율 |
|---|---|
| 아시아나항공(아시아나클럽) | 1.35 |
| 대한항공(스카이패스) | 1.0 |
| 싱가포르항공(크리스플라이어) | 1.2 |
| 델타항공(스카이마일즈) | 1.2 |
| 타이항공(로열오키드 플러스) | 1.2 |
| 캐세이패시픽항공(아시아마일즈) | 1.0 |

원으로 계산해서 다음 달 청구서 결제 대금 차감 방식으로 환급도 가능하다.

- **외환카드**

외환은행의 크로스마일카드(AMEX)는 크로스마일 일반(연회비 2만 원)과 SE(연회
비 10만 원)로 나뉘며, 1,500원당 1.8크로스마일이 적립된다. 그리고 사용액 연동으
로 1천 5백만 원 이상 5,000크로스마일, 3천만 원 이상 10,000크로스마일, 5천만
원 이상 15,000크로스마일이 적립된다. 일반과 SE의 가장 큰 차이점은 프라이어리
티패스의 제공 및 공항에서의 식사 가능 여부다.

| 구분 | 상용고객우대 프로그램 명 | 항공사명 | 전환율 |
|---|---|---|---|
| 국적 항공사 | Skypass | 대한항공 | 1.0 |
| | AsianaClub | 아시아나항공 | 1.2 |
| 외국 항공사 | SkyMiles | 델타항공 | 1.0 |
| | Royal Orchid Plus | 타이항공 | 1.0 |
| | Enrich | 말레이시아항공 | 1.0 |
| | Sky Pearl Club | 중국남방항공 | 1.0 |
| | Asia Miles | 케세이퍼시픽 등 | 1.0 |
| Global Hotel Network | Hilton HHONORS | | 2.0 |
| 여행사 | 투어익스프레스 | | 10원가치사용 |

크로스마일카드 외에도 프라이어리티패스를 제공하는 카드로 외환플래티늄 레전
드원 스카이패스카드(MasterCard)가 있으며, 연회비는 12만원이다. 마일리지는
1,500원당 1대한항공 마일이 적립되므로 큰 이득은 없는 편에 속한다.

- **현대카드**

T3 에디션2카드는 가장 저렴하게 프라이어리티패스를 받을 수 있는 카드지만 1년당
5회 라운지 사용제한이 있다. 또한 당월 이용금액에 따라 마일리지를 적립해 주는

데, 200만 원 이상을 사용해야 겨우 1,500원에 1마일을 적립해준다. 현대카드의 더 레드 에디션2카드는 항공 마일지가 아닌, M포인트(업종별 0.5~2%)를 적립해준다. 프라이어리티패스가 기본으로 제공되며, 연회비에 상응하는 여행 및 럭셔리 바우처를 제공한다. 이보다 상위 등급카드인 퍼플카드 역시 프라이어리티패스를 제공하며, 자체적인 마일리지 프로그램으로 1,500원당 1마일을 제공한다.

| 카드 종류 | 연회비 및 혜택 |
| --- | --- |
| T3 에디션2(T3 Edition2) | 연회비 : 7만원, 당월 이용액 50만 원 이하 적립 없음, 50~200만 원 1,500원당 0.8마일, 200만 원 이상 1,500원당 1마일 |
| 더 레드 에디션2(The Red Edition2) | 연회비 : 20만 원, M포인트 업종별 0.5~2% 적립, 여행 및 럭셔리 바우처 제공 |
| 더 퍼플(The Purple) | 연회비 : 60만 원, 동반자 무료 항공권(국제선), 연 1회 바우처 4매 제공 |

- **SC은행카드**

리워드플러스카드는 현재 가능한 프라이어리티패스 발급 카드 중 가장 저렴한 카드지만 연 3회 제한이므로 아주 큰 혜택이라 하기는 애매하다.

| 카드 종류 | 연회비 및 혜택 |
| --- | --- |
| 리워드 플러스 카드 | 연회비 : 1만 원, 프라이어리티패스 발급 추가 연회비 3만 5천 원, 기본 포인트 0.7% 및 업종별 1~10% |

## 04 공항 라운지에서는 무엇을 할 수 있을까?

항공사 우대회원이거나 프라이어리티패스카드가 있다면 경유 시간이나 공항에서 남는 시간을 라운지에서 보낼 수 있다. 라운지는 시설에 따라 다양한 서비스를 즐길 수 있다. 그럼 라운지에서 할 수 있는 일들이 어떤 것이 있는지 알아보자.

공항 라운지

- **식사 제공**

많은 사람들이 라운지에서 가장 기대하는 것이 식사이다. 공항에서 사먹는 식사는 일반 식당보다 비싸고, 기내식은 입맛에 맞지 않다보니 라운지에서 식사를 하는 사람이 많다. 혹은 공항 도착과 비행기 탑승 시간 사이가 식사시간이라면 간편하게 라운지에서 해결할 수 있다.

한국의 라운지뿐만 아니라 해외 공항의 라운지도 다양하게 음식을 갖추고 있으므로 한 끼를 해결하는 데 부족함이 없다. 라운지에 따라서 라운지 영업시간 동안 항상 음식을 제공하는 곳도 있고, 식사시간대에만 음식을 제공한 후 그 외 시간에는 간식거리만 제공하는 곳도 있다. 보통 아시아권의 라운지는 식사가 없더라도 최소한 라면 이상의 것들을 제공하고 있다.

하지만 미국처럼 공항 라운지에서 요리가 불가능한 곳은 샌드위치나 쿠키, 과일과 같은 간단한 간식거리만 제공되는 경우도 있다. 그 외에도 공항 자체가 작은 경우 먹을 것이 많지 않다. 반면 홍콩, 싱가포르, 도쿄, 인천, 밴쿠버, 멕시코시티 등 대형 국제공항 라운지에서는 어느 정도 식사가 가능한 수준이라 생각해도 좋다.

라운지의 음식들

## • 인터넷 사용

많은 라운지들이 인터넷을 할 수 있도록 컴퓨터와 네트워크를 제공하고 있다. 라운지에 따라 단 1대만 있는 경우도 있고, 여러 대가 준비되어 있는 경우도 있다. 경우에 따라서는 컴퓨터는 없지만 전원 연결선과 노트북을 사용할 수 있는 장소가 마련된 곳도 있다. 요즘에는 무선 인터넷도 제공하는데, 라운지에 따라 무료로 열어놓거나 무선랜 암호를 요구하는 곳도 있다. 그 외에도 자체적으로 시작 페이지를 만들어 놓은 경우도 있으므로 무선랜 사용과 관련된 부분은 라운지 데스크에 물어보면 된다.

노트북 사용공간이 있는 라운지    인터넷을 사용할 수 있는 컴퓨터가 설치된 라운지

## • 잡지와 신문, TV 시청

대부분의 라운지에는 읽을거리가 모두 비치되어 있다. 한국 사람이 많이 가는 공항 라운지에는 한국 신문도 구비되어 있는 경우가 많으며, 푹신한 소파들이 제공된다. 공항에 따라 신문 이외에도 이코노미스트나 포브스 같은 주간지들을 함께 비치해 놓은 곳들도 있다. TV는 보통 영어로 된 방송을 틀어놓는 곳들이 많다.

잡지

신문

TV

## • 샤워시설

대형 공항의 라운지에는 샤워실이 있는 경우가 많은데, 라운지 담당자에게 샤워실 사용을 요청하면 된다. 라운지 샤워실에는 기본적으로 수건과 샴푸, 비누, 칫솔 등 샤워 용품들이 모두 갖춰져 있기 때문에 세면도구를 따로 준비하지 않아도 된다.

특히 10시간이 넘는 장거리 비행이라면 샤

라운지 샤워실 내부 모습

워만큼 개운한 것이 없다보니, 장거리 비행 후나 경유 시에는 라운지의 샤워실을 자주 이용하게 된다. 시차 때문에 도착하자마자 활동할 경우 샤워실은 굉장히 도움이 된다. 라운지에 들어가기 전에 물어보면 샤워실 유무를 알 수 있다.

## • 수면시설

만일 경유 시간이 길어 잠시 잠을 청하고 싶다면 공항 라운지 수면실을 이용하면 된다. 알람시설이 되어 있으므로 비행기를 놓치는 일은 방지할 수 있고, 침대 수준은 아니지만 편히 누워서 쉴 수 있다. 세계 모든 공항 라운지에 수면시설이 있지는 않지만 라운지 의자는 적어도 팔걸이가 있어 공항 의자보다는 편하게 되어 있다.

라운지 수면 시설

# 면세점 쇼핑, 가격비교와 할인 방법

해외여행을 나갈 때 많은 사람이 빠지지 않고 들리는 곳이 면세점이다. 면세점은 화장품, 향수, 술, 담배, 가방 등의 제품이 일반 쇼핑몰보다 훨씬 저렴하기 때문에 인기가 높다. 또한 면세점에서 파는 물건은 신뢰할 수 있는 정품이고, 한국에서 구하기 힘든 물건도 구입할 수 있다. 면세점에서 다양한 할인 방법을 알고 있다면 더욱 알뜰하게 쇼핑할 수 있다.

## 01 면세점 이용 전에 알아야 할 사항

면세점은 크게 시내 면세점, 인터넷 면세점, 기내 면세점, 공항 면세점으로 나눌 수 있다. 정가는 동일하더라도 쿠폰 및 멤버십 할인을 받을 수 있는 인터넷 면세점이 가장 저렴하고, 공항 면세점이 가장 비싸다. 공항 면세점의 경우 출국 시간을 고려해야 하므로 느긋하게 돌아보기 힘들고, 매장의 크기 또한 크지 않다 보니 시내 면세점보다 물건이 다양하지 않다. 인터넷 면세점은 가격은 저렴하지만 판매하지 않는 물건들도 있어 상품이 다양하지 못한 단점이 있고, 시내 면세점은 규모가 크고, 물건이 다양하다는 장점이 있지만 여행 전에 개별적으로 방문해야 한다. 이렇기 때문에 각각의 장단점을 잘 알아둬야만 현명한 면세점 쇼핑을 할 수 있다.

시내 면세점

인터넷 면세점

면세점을 이용하기 전에 우선 알고 있어야 되는 것이 구입 한도이다. 면세품은 해외에서 사용할 물건을 구입하는 것이기 때문에 3,000달러 구입 한도에 400달러까지만 면세된다. 면세 범위를 넘어 물건을 구입했다면 세금 신고를 해야 한다. 국내 면세점은 400달러 이상 구입할 경우 자동으로 전산에 등록되기 때문에 들어올 때 세관 조사대상이 될 가능성이 높다. 고의로 세금 신고를 하지 않을 경우 벌금을 물 수도 있으므로 꼭 기억하자. 면세 금액을 초과하여 구입하였는데도 운이 좋게 조사대상이 되지 않을 수도 있지만, 이는 법을 위반하는 것이므로

공항 면세점

면세금액 이상 구입했을 때에는 신고를 하는 것을 권장한다. 시내 면세점을 이용하려면 여권(혹은 복사본), E-ticket(혹은 출국날짜, 비행기편명, 시간), 할인쿠폰(혹은 멤

버십카드) 등을 반드시 지참해야 한다. 구매할 때 여권과 E-ticket이 없으면 판매를 거부당할 수도 있다.

## 02 시내 면세점 이용하기

시내 면세점은 백화점 형태라 다양한 물건을 갖추고 있으며, 직접 물건을 눈으로 보고 고를 수 있다는 장점이 있다. 시내 면세점은 도심 곳곳에 있으므로 접근이 편리하다. 서울의 경우 사람들이 많이 몰리는 광화문에 동화면세점, 장충동에 신라면세점, 명동 롯데백화점에 롯데면세점이 자리하고 있다. 워커힐 면세점은 강변역에서 다소 떨어져있어 대중교통으로 이용하기에는 불편하다. 부산의 경우에는 신세계 면세점과 롯데면세점이 있다.

시내 면세점은 명품 브랜드가 많이 입점해 있으므로 직접 눈으로 보고 구입하려는 사람에게 안성맞춤이다. 시내 면세점은 다양한 상품을 보유하고 있기 때문에 쇼핑하는 즐거움도 누릴 수 있다. 시내면세점에서만 살 수 있는 물건들도 있다 보니 좀 더 싸게 구입하려고 시내 면세점에서는 물건만 확인하고 인터넷 면세점에서 검색하는 경우 동일한 상품이 없는 경우도 있

시내 면세점 내부 풍경

다. 시내 면세점에서 면세품을 저렴하게 구입하려면 멤버십카드를 발급받아야 한다. 매장에서 즉시 발급도 가능하며, 5~10% 할인이 가능하다. 또한 시내 면세점을 이용하기 전에 면세점 쿠폰 사이트에서 쿠폰을 출력해가는 것도 좋은 방법이다. 쿠폰을 출력해갈 경우 보통 15%까지 할인을 받기 때문에 멤버십카드보다 싸게 구입하는 경우도 있다. 그리고 대부분의 면세점이 정기적으로 세일이나 이벤트를 하므로 이 기간을 이용하면 더욱 저렴하게 구입할 수 있다. 한 가지 알아둬야 할 것은 같은 상품이라도 면세점마다 가격은 다를 수 있다.

면세점은 꼭 해외로 나갈 때만 이용할 수 있는 것은 아니다. 내국인이 제주도를 갈 때 이용할 수 있는 JDC 면세점이 있는데, 제주공항과 제주항 여객터미널에 위치하고 있다. 이곳 면세품들은 다른 시내 면세점만큼 저렴하지는 않지만, 시중가보다 저렴한 물건들이 많으므로 제주도로 여행을 간다면 한 번쯤 둘러보는 것도 좋다.

면세점 멤버십 데스크

## 03 인터넷 면세점 이용하기

인터넷 면세점은 물건을 가장 저렴하게 살 수 있는 곳이다. 기본적으로 면세점에서 적용하는 할인 이외에도 금액별 할인, 브랜드별 할인, 적립금 할인 등의 혜택을 받을 수 있기 때문에 시내 면세점을 이용하는 것보다 훨씬 저렴하게 물건을 구입할 수 있다. 대표적인 인터넷 면세점 사이트에는 동화, 신라, 신세계, 롯데, 워커힐, JDC가 있고 사이트 주소는 표를 참고하자.

| 인터넷 면세점 | 사이트 주소 |
| --- | --- |
| 동화면세점 | www.dutyfree24.com |
| 신라면세점 | www.shilladfs.com |
| 신세계면세점 | www.ssgdfs.com |
| 롯데면세점 | www.lottedfs.com |
| 워커힐면세점 | www.skdutyfree.com |
| JDC면세점 | www.jdcdutyfree.com |

동화면세점

신세계 면세점

인터넷 면세점에서 가장 큰 힘을 발휘하는 것은 구매 금액 단위로 할인을 해주는 금액별 할인이다. $200을 구입하면 $20을 할인해주고, $100을 구입하면 $10을 할인해주는 방식인데, 이 할인율도 면세점에 따라 조금씩 다르다. 금액별 할인은 대체로 모든 인터넷 면세점에서 1년 내내 할인받을 수 있다.

롯데면세점

그리고 특정 시간대에만 발급하는 타임 쿠폰도 할인율이 높으므로, 시간대를 잘 체크했다가 이용해보자. 또한, 구입 금액이 많을수록 회원 등급이 높아지는데, 우수회원 등급이 되면 추가 할인율을 제공하기도 한다.

인터넷 면세점은 다양한 할인과 이벤트 이외에도 가입할 때 적립금과 가입축하 쿠폰 등을 제공하므로 미리 가입하지 말고 필요할 때 가입하면 혜택을 제대로 누릴 수 있다. 가입 시 적립금이나 쿠폰은 사용금액에 따른 제한이 거의 없기 때문에 더욱 요긴하다. 그 외에도 출석체크 등 여러 가지 이벤트들을 꼼꼼히 살펴보자.

금액별 쿠폰 가격은 다양하므로 같은 면세점이라도 할인율에 따라 물품을 나눠서 결제하는 것도 하나의 방법이다. 또한 인터넷 면세점은 가격비교가 쉬우므로, 여러 면세점을 비교해본 후 가장 저렴한 곳에서 구입하면 된다. 이때 추가로 제공되는 쿠폰의 할인율 및 구매시점에 따라 가격은 달라질 수 있다. 사실상 인터넷 면세점의 가격 차이는 이

인터넷 면세점 금액별 할인쿠폰

러한 추가적인 쿠폰 및 이벤트에 의해 달라진다고 봐도 과언이 아닌데, 주로 주말 쿠폰이나 특정 시간 반짝 쿠폰이 금액대비 할인율이 높다.

면세점 가입 축하 적립금 & 쿠폰

여러 면세점에서 구입했더라도 어차피 인천국제공항 내의 같은 인도장 내에서 수령하기 때문에 기다리는 시간만 충분하다면 큰 문제는 없다. 인터넷 면세점에서 물건을 구입한 후 교환권을 출력해두면 인천국제공항 인도장에서 수령할 때 편리하다. 면세품 인도장은 롯데가 가장 붐비고, 동화나 신라도 붐비는 편이다. 하지만 신세계, 워커힐 등은 고객카운터의 수는 적지만 상대적으로 붐비지 않으므로 가격이 적당하다면 이곳을 이용하는 것도 한 방법이다.

인터넷 면세점에서 저렴하게 구입하는 또 다른 방법은 각 면세점에서 제공하는 적립금 혜택을 최대한 활용하는 것이다. 할인 쿠폰 외에도 대부분의 면세점이 적립금 제도를 이용하는데, 이를 잘 활용하면 추가 할인을 받을 수 있다. 적립금은 대체로 전체 금액의 30% 까지 이용할 수 있다. 적립금은 매달 달라지므로 인터넷에서 '면세점 적립금'으로만 검색해도 매월 정리해놓은 글을 쉽게 발견할 수 있다.

면세점 인도장 풍경                                    번호표 기계

인터넷 면세점은 물건이 다양하지 않다는 약점이 있다. 시내 면세점에서 확인한 물건이라도 인터넷에는 없는 경우가 많다. 인터넷 면세점에 입점한 브랜드라면 각 면세점에서 제공하는 특별 주문을 이용할 수 있다. 하지만 고가의 명품 브랜드는 특별 주문으로도 이용할 수 없으므로, 시내 면세점을 이용해야 한다. 인터넷 면세점 주문은 공항 인도장까지 배달해야 하므로 구입할 수 있는 시간이 제한된다. 보통 출국 24시간전 또는 3시간 전 등으로 구분되며, 시간이 촉박하면 인터넷 면세점에서는 구매 자체가 불가능하므로 미리미리 출국 날짜와 시간을 확인해 구입해야 한다. 공항 면세점역시 은행이나 공항버스 등에 할인 쿠폰이 비치되어 있는 경우가 많다.

## 04 공항 면세점 이용하기

공항 면세점은 탑승 전 면세 상품 구입을 위한 최후의 보루이다. 일반적으로 공항 면세점에서는 온라인으로 구매할 수 없는 술이나 담배 같은 상품을 주로 구입하게 된다. 그 외에도 여행 직전까지 시간이 부족해서 매장이나 인터넷 쇼핑을 하지 못한 사람이 이용한다. 공항 면세점은 시내 면세점보다 상품도 다양하지 않고, 쇼핑하는 사람은 많아 상품을 제대로 살펴보기도 힘들다. 공항 면세점에서 최대 할인을 받으려면 안내데스크에서 멤버십카드를 발급받는 것이 좋다. 그러나 알뜰하게 쇼핑하는 사람이라면 미리미리 알아보고 구입하는 것이 최선의 선택이다. 공항 면세점 역시 은행이나 공항버스 등에 할인 쿠폰이 비치되어 있는 경우가 많다.

공항 면세점 풍경

## 05 기내 면세점 이용하기

대부분의 항공사들이 기내에서 면세품을 판매하고 있는데, 출국뿐만 아니라 귀국할 때에도 면세품을 구입할 수 있다. 기내 면세품의 특성상 종류가 제한되지만 주로 인기상품 위주로 판매하기 때문에 필요한 물건을 구입할 수도 있다. 항공사에 따라 기내 면세품을 판매하는 시간이 별도로 책정된 항공사도 있고, 고객이 요청해야만 응하는 항공사도 있다. 기내 면세품은 귀국 시 준비하지 못한 선물 대용으로 초콜릿이나 술 등을 구입할 수 있다. 기내 면세품은 1개월 전 환율을 기준으로 적용하기 때문에 환율이 갑자기 많이 오른 경우 기분 좋게 구입할 수 있다. 미리 기내 면세점 환율을 체크해보면 더 경제적으로 기내 면세점 쇼핑을 할 수 있다.

기내에서 구입한 면세품

대한항공 기내 면세점 잡지 SKY SHOP

# 국내외 여행사에서 항공권 싸게 구입하기

해외여행을 계획할 때마다 가장 큰 고민거리는 바로 항공권이다. 단기 여행일수록 여행비에서 항공권이 차지하는 비중이 크다보니, 많은 사람들이 저렴한 항공권을 찾게 된다. 최저가항공권은 비행거리와 성수기 유무에 따라 구매 가능성이 크게 달라진다. 또한 시간을 많이 투자했다고 항상 저렴한 항공권을 구입할 수 있는 것은 아니다.

## 01 성수기라면 항공권을 최대한 빨리 구매하자

성수기에는 항공권이 없어 대기 예약까지 걸 정도로 가격보다는 원하는 날짜에 떠날지가 더 큰 문제이다. 결국 성수기에는 항공권을 최대한 빨리 예약해야 하며, 특히 여름휴가철 유럽은 최소 2~3개월 전에는 예약해야만 한다. 예약할 때 가격이 미확정이라도 작년에 저렴했던 항공사라면 올해도 타 항공사에 비해 저렴할 가능성이 높다.

항공권 예약은 발권시한<sup>Ticket Time Limit</sup>이라는 것이 있다. 예약한 후 최대 며칠까지는 발권해야 하는 날짜인데, 좀 더 유리한 항공권을 원한다면 발권시한을 최대한 늦춰 결제하는 것이 좋다. 항공사마다 다르지만 출발 60일 이전이면 30일 이내, 30일 이전이면 15일 이내 발권 등과 같이 구입 시기에 따라 발권시한도 달라진다.

성수기가 다가오고 대부분의 항공권이 대기라면 이미 저렴한 항공권을 찾을 가능성은 많이 사라진 것이다. 이런 경우 가능한 항공사 모든 곳에 대기를 걸어 두는 것이 좋지만 성수기에는 가장 저렴한 항공권의 대기가 풀릴 가능성은 매우 낮다. 이때 동일 항공사에 중복 예약을 하면 항공사에 의해 취소될 수도 있고, 대기 예약마저 불가능하다면 거의 포기하는 것이 맞다. 대기가 풀려 항공권이 확정되더라도 발권시한이 남았다면, 마지막까지 더 좋은 조건의 대기가 풀리기를 기다리는 것이 현명하지만, 보통 대기가 풀린 좌석은 발권시한이 1~2일 정도로 짧다. 성수기라도 좌석이 많이 남는 경우가 있는데, 여행의 목적지가 비수기거나 신종플루, 홍수 등의 대형 재해가 터진 경우이다.

## 02 가격 확인의 첫걸음은 여행사의 웹페이지부터

크고 작은 온라인 여행사들이 많지만 다음 표에서 소개한 여행사들 정도만 가격을 비교하더라도 거의 최저가에 가까운 가격을 찾아낼 수 있다. 물론 지역에 따라 최저가를 제시하는 여행사가 조금씩 다르기 때문에 모두 꼼꼼하게 살펴봐야 한다. 여행사에서 직접 검색할 때에는 항공요금, 유류할증료, 유효기간, 좌석여부를 한 번에 확인할 수 있지만, 유류할증료는 예약이 완료되어야만 나오는 경우도 있다. 그 외에 지마켓 여행과 옥션 여행은 여러 여행사들의 가격을 비교해주기도 하므로, 함께 참고하기에 좋다.

요즘 온라인 여행사들은 제로 커미션을 외치며, 자신들의 항공권이 최저가라고 주장한다. 하지만 항공사에 따라 항공요금 자체는 최저가이지만 유류할증료가 다른 여행사보다 높은 경우가 종종 있다. 요즘에는 이런 경우가 많이 줄기는 했지만, 그래도 이런 상황을 피하기 위해서 항공권은 꼭 최종 가격으로 비교해야 한다.

| 온라인 여행사 | 사이트 주소 |
| --- | --- |
| 인터파크투어 | tour.interpark.com |
| 와이페이모어 | www.whypaymore.co.kr |
| 투어익스프레스 | www.tourexpress.com |

투어익스프레스                                        와이페이모어

온라인 여행사의 최저가항공권을 이용할 때 가장 주의할 것은 반드시 여행 일정이 확정된 다음에 선택하라는 것이다. 최저가항공권은 여러 가지 제약 조건이 있어서, 일정을 변경하거나 취소하려면 높은 수수료를 물어야 하거나 아예 불가능한 경우도 있다. 또한 많은 온라인 여행사들이 인터넷으로만 질문을 받고, 전화 연결은 거의 불가능한 경우도 있기 때문에 돌발 상황에 대응하기 힘들다. 결국 여행 일정이 확실하지 않다면 취소나 일정 변경이 자유로운 항공권을 구입하는 것이 좋다.

## 03 최저가항공권 가격비교와 땡처리!

대표적 여행사 사이트뿐만 아니라 항공권 가격비교 사이트 검색도 필수다. 국내 항공권 가격비교는 지마켓 여행 및 옥션 여행이 유명하다. 인터파크항공, 와이페이모어, 롯데관광, 온라인투어, 투어2000 등 규모를 가리지 않고 모든 여행사 사이트들의 가격을 비교해주기 때문에 저렴한 항공권을 찾기에 굉장히 유용하다. 단, 투어캐빈 사이트는 출발일이 굉장히 여유 있게 잡혀있고 좌석 가능 여부와 TAX 확인이 불가능하다. 지마켓항공은 검색 시점에 좌석이 있는 항공권만 별도로 검색해볼 수 있어 좀더 쉽게 원하는 항공권을 찾을 수 있다. 일단 자주 가는 여행 사이트에서 최저가를 확인하고, 이곳에서 더 낮은 가격이 검색된다면 그 여행사 사이트에서 직접 확인해보는 것이 좋은 방법이다.

지마켓 여행(gtour.gmarket.co.kr)　　　　옥션 여행(tour.auction.co.kr/Flights)

땡처리항공권은 하드블럭<sup>Hard Block</sup>이라고도 한다. 이는 특정 여행사가 패키지 상품이
나 성수기 좌석확보가 어려울 때를 대비하기 위해 모객수를 예측하여 예측된 여행
자 수만큼 미리 항공권을 선불로 확보해놓은 티켓을 말한다. 예측된 모객수가 채워
진다면 문제가 없지만 채워지지 않을 경우 확보했던 좌석을 처리하기 위해 일시적으
로 판매를 하는데, 이렇다 보니 패키지 상품인 경우가 많고, 출발 날짜가 촉박한 것
이 땡처리항공권의 특징이다. 이곳에서 구할 수 있는 항공권은 패키지 여행이 많은
중국, 일본, 동남아가 대부분이고 아주 드물게 장거리 항공권이 나온다.

땡처리항공권이 나오는 기간은 대중이 없다. 1~2주 후의 항공권이 땡처리로 나오는
가 하면, 당장 내일이나 모레 출발하는 항공권도 허다하다. 특히 출발 날짜가 임박
할수록 항공권 가격은 바닥을 치는데, 세금 제외 10만 원 이하에 나오는 경우도 많
다. 이런 경우 단기로 여행하거나 지역에 따라서 편도 요금보다도 저렴하므로 편도용
으로 구입해 활용할 수 있다. 모든 노선이 항상 인기가 있는 것이 아니기 때문에 땡
처리항공권은 성수기에도 찾을 수 있다. 출발 날짜가 촉박하다는 단점이 있지만 그
날짜에 여행할 수만 있다면 굉장히 유용하다.

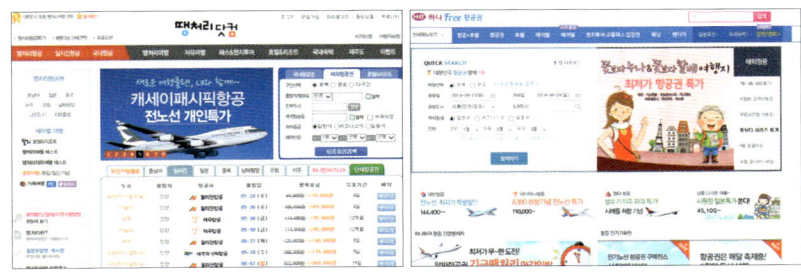

땡처리닷컴(www.072.com)　　　　하나투어 땡처리항공권(www.hanatour.co.kr)

## 04　항공사의 홈페이지를 확인하자

여행사를 통한 판매에 주력했던 항공사들이 과거와 달리 지금은 자사 홈페이지에서
직접 판매하는 비중이 높아지고 있다. 메이저항공사의 경우 여행사와 자사 홈페이지

양쪽 모두에서 판매를 하기도 하지만, 저가항공사는 홈페이지에서만 항공권을 판매하기도 한다. 제주항공, 진에어 등은 여행사에서도 예약이 가능하지만, 에어아시아, 세부퍼시픽과 같은 항공사는 홈페이지 프로모션을 잡는 것이 훨씬 저렴하다. 특히 주기적으로 나오는 프로모션을 이용하면 훨씬 저렴한 가격으로 예약할 수 있다. 최근에는 국내, 일본 외에도 동남아로 향하는 저가항공사가 많이 늘어났다.

에어아시아(www.airasia.com)   유나이티드 항공(www.united.com)

## 05 항공권 구입 시 이런 것들도 꼭 체크하자

일본, 중국, 동남아 쪽 항공권이라면 앞에서 설명한 사이트만 검색해도 최저가항공권을 구할 수 있다. 하지만 유럽, 호주, 미주 같은 장거리 노선은 여행사마다 가격 차이가 나고, 확실히 알아보기가 힘든 편이다. 반대로 추가 할인을 해 주는 경우도 꽤 있는데, 대표적인 것이 신용카드사의 여행 페이지를 이용하는 것이다. 삼성카드 여행, 현대카드 PRIVIA, 신한카드 올댓 여행, 비씨카드 라운G투어 등 각 신용카드사마다 자체적으로 여행 사이트를 운영하고 있다.

신용카드사의 여행페이지에서는 자사 고객이 카드를 사용하여 항공권을 결제하는 경우, 인터파크나 탑항공 등 잘 알려진 여행사의 가격에 추가 할인을 제공하므로 상대적으로 저렴하게 예약 가능한 경우가 많다. 특히 장거리 항공권일수록 그런 할인율의 혜택은 더 커진다.

또한 한번쯤 체크해 볼 만한 곳이 탑항공과 같은 항공권 전문 여행사이다. 단순 왕복의 경우 큰 차이가 나지 않지만, 그 외에 비행기를 더 갈아타야 하는 다구간이라

삼성카드 여행(travel.samsungcard.com)   비씨카드 G투어(loung.bccard.com)

거나 여러 클래스를 혼합해야 하는 경우 항공권 전문 여행사에서 최적의 항공권을 찾아주기도 한다. 무조건 인터넷에만 의존하지 말고, 여행사의 항공권 발권 담당자에게 한 번쯤 문의해 보는 것이 좋다. 다만 이 부분은 직원의 역량에 따라 결과가 많이 달라진다.

## 06 해외여행 중 해외 여행사에서 항공권 싸게 구입하기

해외의 여행 사이트를 통해 항공권을 구입하는 경우라면 대부분 해외여행 중 해당 국가에서 다른 국가로 이동할 때이다. 한국에서 출발하는 항공권은 한국의 여행사를 통해 구입하는 것이 가장 저렴하다. 하지만 가끔 미주나 유럽 같은 장거리 노선에서 한국의 여행사보다 저렴한 항공권이 나오기도 하므로 한 번쯤 체크해볼 만하다. 또한 한국의 여행사에서 저렴한 항공편이 만석이더라도 외국의 여행사에서는 비슷한 가격에 좀 더 높은 클래스 좌석이 나오는 경우도 있다.

해외에도 많은 가격비교 사이트가 있는데 카약과 스카이스캐너가 유명하다. 카약의 경우 한 번의 검색 조건으로 프라이스라인<sup>Priceline</sup>, 익스피디아<sup>Expedia</sup>, 트레블로시티<sup>Travelocity</sup> 등도 검색 가능하다. 카약은 다구간 검색도 지원하며, 스카이스캐너는 단순 편도나 왕복 검색만 가능하다. 대부분 메이저 항공사의 항공권은 이 두 곳만 검색해도 거의 최저가로 구입할 수 있다. 항공사에 따라 홈페이지에서 직접 구입하는 것이 제일 싼 곳도 있지만, 한국 주소나 카드로는 결제가 되지 않으므로 이럴 때는 여행사 사이트를 통해서 예약을 해야 한다.

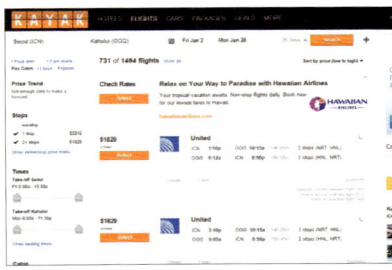

카약(www.kayak.com)  스카이스캐너(www.skyscanner.com)

가격비교 사이트에서는 메이저 항공사와 저가 항공사를 가리지 않고 가격을 검색한다. 그렇지만, 미국의 사우스웨스트항공<sup>Southwest Airlines</sup>처럼 가격비교 사이트에 가격을 노출하지 않는 항공사도 있으므로, 해당 구간을 이용할 때는 가능한 모두를 확인해 보는 것이 좋다. 특히 미국의 경우 일찍 예약하면 LA에서 뉴욕까지 편도 항공권을 100달러 전후 가격으로 구할 수도 있다.

# 항공권 검색 요령과
# 알아야 할 것들

많은 사람들이 무조건 저렴한 항공권이 최고라고 생각하고 싼 항공권만을 찾는다. 하지만 가격이 저렴한 항공권은 그만큼 제약사항이 많다는 것을 기억해야 한다. 무조건 저렴하다고 싼 항공권을 구입할 것이 아니라, 자신의 일정 및 계획에 맞는 항공권을 구입하는 것이 좋다.

## 01  어떤 항공권이 저렴할까?

동일 항공권인데도 항공사의 항공권이 여행사보다 비싸 보이는 경우가 있다. 항공사 홈페이지에 표시된 가격은 할인이 적용되지 않은 1년 유효기간 항공권부터 기간에 따른 정규할인만 적용된 경우가 많기 때문이다. 반대로 여행사에서는 항공사에서 제공하는 특가를 이용해 더 저렴하게 가격을 내놓기 때문에 가격 차이가 난다. 다만 많은 항공사들이 자체 홈페이지를 개편하면서, 여행사의 가격과 큰 차이가 없는 가격을 제공하는 경우도 점점 늘어나고 있다.

여행사를 통한 다양한 옵션 가운데 가장 일반적인 것이 항공권의 유효기간이다. 유효기간은 12개월, 6개월, 3개월, 1개월, 15일, 심지어는 7일까지도 단축된다. 유효기간이 짧을수록 또한 출발과 도착 날짜 변경이 불가능하거나 변경하려면 높은 수수료를 물어야 한다. 경유 시에도 무료로 제공되는 스톱오버가 비용이 따로 청구되거나 아예 불가능하기도 하고, 결제한 항공권을 취소하려면 항공권 가격에 가까운 수수료를 물어야 할 때도 있다. 그러므로 제약이 많은 항공권은 여행계획이 확실하게 확정된 이후에나 예약해야 한다. 또한 항공권 클래스에 따라 마일리지 적립이 불가능하거나 일부만 적립되고, 스카이팀, 스타얼라이언스, 원월드와 같은 항공연맹에 가입되어 있지 않은 중소규모의 항공사는 그 항공사를 계속해서 이용할 것이 아닌 이상 마일리지를 쌓아도 별 쓸모없는 경우가 많다.

항공권을 검색할 때 한 가지 더 알고 있어야 할 점은 주말보다는 평일 항공권이 더 저렴하다는 것이다. 학생들이 많이 몰리는 방학시즌에는 주말 여부가 큰 영향을 미치지 않지만, 비수기에는 좌석의 여유가 많은 평일 항공권이 저렴하다. 또한 상대적으로 가까운 지역일수록 주말 항공권은 더 빨리 매진된다. 한국에서 출발하는 국제선의 경우 시간의 영향을 크게 받지 않지만, 미국이나 유럽 내의 단거리 항공권은 출발하는 시간이 아주 이르거나 늦은 항공권의 경우 가격이 저렴한 경우가 많다. 이렇듯 최저가항공권은 다양한 제한 옵션이 있다는 것을 미리 감안하고 구입한다면, 저렴한 가격에도 계획적인 멋진 여행을 할 수 있다.

## 02 항공권 예약 전에 꼭 확인하자

E-ticket에 인쇄된 이름과 일정은 꼭 다시 확인하자.

항공권을 발권한 후 E-ticket에서 꼭 다시 한 번 확인해야 할 부분이 이름과 일정이다. 항공권에 표시된 영문 이름과 여권에 표시된 영문 이름이 다를 경우 탑승을 거부당할 수도 있다. 필자의 영문 이름이 'JUNG SANGGU'인데, 'JUNG SAMGGU'와 같이 철자 하나를 잘못 표기한 경우나 'SANGGU JUNG'처럼 성과 이름을 뒤바꿔 표기한 경우에는 항공사에서 패널티를 물고 변경할 수 있다. 하지만 몇몇 항공사의 경우 변경이 불가능할 수도 있다. 보통 이런 경우 해당 국가에서 입국이 거절되더라도 항공사에 책임을 묻지 않겠다는 각서를 쓰고 출국하기도 한다. 또한 성별도 잘 확인해야 하는데, 남자의 경우 MR로 표기되어야 하는데 MS로 표기되지 않았는지 잘 살펴봐야 한다.

발권 후 변경이 불가능한 경우도 있다. 'JUNG SANGGU'가 아닌 'KIM SANGGU'로 예약되어 있다면, 성이 다르므로 완전히 다른 사람으로 간주되기 때문에 많은 항공사에서 변경이 아닌 취소 후 재발권을 해야 한다. 사소한 것처럼 느껴지는 이름과 관련된 부분은 절대 틀리지 않도록 주의해야 한다. 이 외에도 여권 번호나 여권 유효기간 등도 실수하면 안 될 항목이다. 항공권을 구입하는데 필요한 항목들을 잘못 입력하면 수정에 따른 수수료가 붙게 되므로 최대한 신중하게 입력해야 한다.

## 03 항공권 리컨펌하기

요즘에는 발권까지 마친 항공권이 갑자기 취소되는 경우가 많이 없지만, 저가항공사에서는 모객이 제대로 안 되면 항공편 자체가 취소되는 경우도 가끔씩 일어나므로 출발 전 확인을 해야 한다. 특히 한국에서 출발하는 항공권이 아닌 외국 현지에서 출발하는 국내선 같은 항공권들은 최소한 웹사이트에서 예약 현황을 한 번 더 리컨펌하는 것이 필요하다. 이런 일은 자주 일어나지 않지만 '돌다리도 두들겨보고 건너라'는 말처럼 잠깐 확인으로 황당한 경우는 피할 수 있다.

# 전 세계 저가항공 이용하기

과거 비행기는 가장 비싼 교통수단이었지만, 저가항공이 많아진 오늘에는 다른 교통수단과 가격이 비슷하면서 상대적으로 빠르게 도심을 이동할 수 있어 편리하다. 우리나라는 아직까지 저가항공이 제한적이지만, 해외에서 해외로 이동할 때에는 저가항공만큼 유용한 것이 없다. 여기서는 우리나라 사람이 많이 이용하는 저가항공사들을 살펴보겠다.

## 01 유럽의 저가항공사 알아보기

유럽의 저가항공사들은 여러 국가에 취항노선이 있다. 유럽대륙은 많은 나라가 몰려 있고, 1~3시간 정도 비행으로 대부분의 도시를 이동할 수 있어 저가항공이 발달할 수 있었다. 현재 유럽에는 다양한 저가항공사들이 있는데, 그 중 가장 많은 사람이 이용하는 곳은 아일랜드를 기반으로 한 라이언에어와 영국을 기반으로 한 이지젯이다. 이 외에도 원하는 구간의 항공사라면 한 번쯤 검색해볼 만하다. 그 과정에서 가격비교 사이트에서도 구할 수 없는 저렴한 항공권을 찾는 행운이 따를 수 있다.

저가항공사는 우리가 잘 알고 있는 공항보다는 공항사용료 등 제반비용이 저렴한 도심 외곽 공항을 이용한다. 심지어 수하물까지 유료인 경우도 많지만, 저가항공이 유럽에서 가지는 매력은 다른 어느 곳보다 크다. 다음 소개되는 리스트는 초저가를 지향하는 항공사도 있지만 상대적으로 저렴한 항공권을 판매하는 곳도 포함시켰다.

### • 서유럽의 저가항공사

| 항공사 | 홈페이지 주소 | 항공사 | 홈페이지 주소 |
| --- | --- | --- | --- |
| 영국 Easyjet | www.easyjet.com | 스페인 Vueling | www.vueling.com |
| 영국 Flybe | www.flybe.com | 스페인 Volotea | www.volotea.com |
| 영국 Jet2 | www.Jet2.com | 스위스 Helvetic | www.helvetic.com |
| 영국 CityJet | www.cityjet.com | 독일 TUI Fly | www.tuifly.com |
| 영국 Thomson | flights.thomson.co.uk | 독일 Air Berlin | www.airberlin.com |
| 영국 Wow Air | www.wowair.co.uk | 독일 Germanwings | www.germanwings.com |
| 아일랜드 Ryan Air | www.ryanair.com | 이탈리아 Air One | flyairone.com |
| 네덜란드 Transavia | www.transavia.com | | |

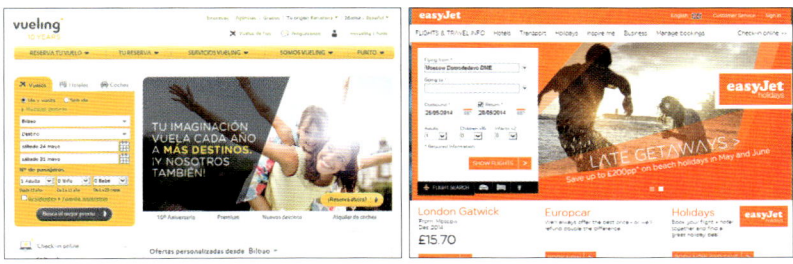

스페인 Vueling                    영국 Easyjet

• **북유럽, 동유럽의 저가항공사**

| 항공사 | 홈페이지 주소 | 항공사 | 홈페이지 주소 |
|---|---|---|---|
| 노르웨이 Norwegian | www.norwegian.no | 헝가리 Wizz Air | www.wizzair.com |
| 루마니아 Blue Air | www.blueairweb.com | 체코 Smartwings | www.smartwings.net |
| 스웨덴 Kullaflyg | www.kullaflyg.se | 라트비아 Air Baltic | www.airbaltic.com |

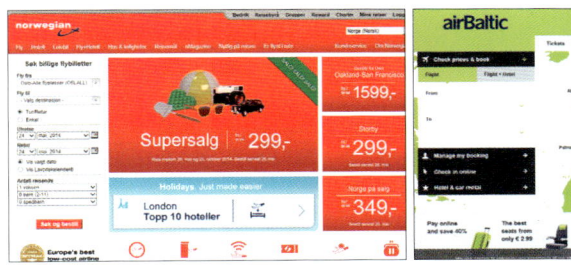

노르웨이 Norwegian                라트비아 Air Baltic

## 02 아시아의 저가항공사 알아보기

한때 아시아에는 수많은 저가항공사들이 난립했다가 안전 문제로 현재는 그 수가 많이 줄어들었다. 에어아시아처럼 자본이 튼튼한 저가항공사는 취항노선이 과거와 비교할 수 없이 늘어났지만, 수십 개의 항공사가 난립했던 인도네시아의 경우 현재는 몇 개의 항공사만 남아있다. 상대적으로 덜 알려진 곳은 유럽의 저가항공사에 비해 안전상의 문제는 여전히 회자되지만 믿을 만한 항공사 위주로 이용한다면 저렴한 여행을 할 수 있다.

• **동남아의 저가항공사**

동남아의 대표적인 저가항공사는 에어아시아이다. 스카이트랙스Skytrax가 발표한 저가항공사 순위에서 1등을 하기도 했던 에어아시아는 말레이시아, 태국, 인도네시아, 베트남, 캄보디아 등의 동남아 국가뿐만 아니라 인도, 스리랑카, 네팔 그리고 중국, 일본, 한국까지도 취항한다. 말레이시아뿐만 아니라 주요 거점 공항에서 여러 국가로 취항하는데, 우리나라의 인천공항에서 쿠알라룸푸르, 방콕, 보라카이로 직항을 운항한다.

말레이시아 다음으로 저가항공이 활성화된 나라는 태국으로 에어아시아도 있지만, 방콕에어와 녹에어도 많은 여행자들이 이용한다. 싱가포르는 싱가포르항공의 자회사인 실크에어와 타이거에어가 있다. 인도네시아는 워낙 항공사들이 생겼다가 사라지는 경우가 많아 신뢰가 많이 떨어지지만, 라이언에어가 그나마 믿을 만한 편이다. 필리핀의 세부퍼시픽은 한국에서 출발하는 직항을 굉장히 저렴한 가격에 내놓는 경우가 많아 인기가 있다.

| 항공사 | 홈페이지 주소 | 항공사 | 홈페이지 주소 |
|---|---|---|---|
| 말레이시아 Air Asia | www.airasia.com | 싱가포르 Silk Air | www.silkair.com |
| 말레이시아 Firefly | www.fireflyz.com.my | 싱가포르 Tiger Airways | www.tigerairways.com |
| 필리핀 Cebu Pacific | www.cebupacificair.com | 싱가포르 Scoot | https://www.flyscoot.com |
| 베트남 Vietjet Air | www.vietjetair.com | 인도네시아 Lion Air | www.lionair.co.id |
| 태국 Bangkok Air | www.bangkokair.com | 인도네시아 Citilink | www.citilink.co.id |
| 태국 Nok Air | www.nokair.com | 인도네시아 Sriwijaya Airlines | www.sriwijayaair.co.id |
| 태국 Solar Air | www.solarair.co.th | 호주 Jetstar | www.jetstar.com |

태국 Nok Air

싱가포르 Tiger Airways

## • 서남아의 저가항공사

동남아와 인도를 연계해서 여행하는 사람에게 가장 인기 있는 저가항공사가 바로 에어인디아의 계열의 에어인디아 익스프레스<sup>Air India Express</sup>이다. 동남아 쪽은 방콕과 싱가포르, 인도 쪽은 스리랑카 콜롬보와 방글라데시 다카를 연결한다. 특히 항공권 예약을 서두르면 방콕에서 캘커타 편도 항공권을 10만 대에 구입할 수도 있다. 그 외에도 인도가 워낙 크다보니 국내선을 주력으로 하는 다양한 항공사들이 있으며, 스리랑카에도 저가항공사가 한 곳이 있다.

| 항공사 | 홈페이지 주소 | 항공사 | 홈페이지 주소 |
|---|---|---|---|
| 인도 Air India Express | www.airindiaexpress.in | 인도 Spice Jet | www.spicejet.com |
| 인도 Go air | www.goair.in | 인도 Jet Konnect | www.jetkonnect.com |
| 인도 IndiGo | www.goindigo.in | 스리랑카 Mihin Lanka | www.mihinlanka.com |

인도 Air India Express      스리랑카 Mihin Lanka

### • 동북아의 저가항공사

동북아에도 대표적인 저가항공사들이 있다. 한국에서 가장 익숙한 것은 일본의 저가항공사들로 서울과 일본의 대도시를 연결한다. 오사카, 도쿄 왕복 항공권이 20만원도 채 하지 않는 경우가 많아, 단기간으로 짧게 여행하는 사람들이 점점 더 많아지고 있다. 중국 내에도 저가항공사가 있지만, 상대적으로 국내선 위주로 취항하며, 홍콩 익스프레스같이 한국까지 연결하는 저가항공사도 있다.

| 항공사 | 홈페이지 주소 | 항공사 | 홈페이지 주소 |
|---|---|---|---|
| 일본 AIR DO | www.airdo.jp | 일본 Vanilla Air | www.vanilla-air.com |
| 일본 Skymark Air | www.skymark.co.jp/ko | 중국 Spring Airlines | www.china-sss.com |
| 일본 Starflyer | www.starflyer.jp | 중국 West Air | www.chinawestair.com |
| 일본 Solaseed Air | www.skynetasia.co.jp | 홍콩 HK express | www.hkexpress.com |
| 일본 Peach | www.flypeach.com | | |

일본 Peach      홍콩 HK Express

미주의 저가항공사 알아보기

전 세계적으로 저가항공을 처음 선보인 국가는 미국이다. 미국의 저가항공사는 파격적인 가격보다는 비용 절감을 통해 일반 항공사보다 저렴한 가격을 제공한다. '최저가 1유로'와 같은 가격은 없어도 저렴하면서 안전하게 이용할 수 있다. 반면 미국과 캐나다를 제외한 중남미 국가는 저가항공이 많지 않고, 그나마 어느 정도 저가항공을 운영하던 멕시코마저 최근에는 숫자가 크게 줄어들었다.

## • 캐나다의 저가항공사

캐나다 저가항공은 크게 웨스트젯과 에어트랜잿이라는 항공사가 유명하다. 에드먼튼을 허브로 하는 웨스트젯이 캐나다 국내선 및 중미를 위주로 운항하는 반면, 몬트리얼을 허브로 하는 에어 트랜잿은 유럽 노선도 활발하다. 그 외에도 캐나다 북쪽을 연결하는 항공사들이 있는데 위니펙에서 처칠 및 더 북쪽을 연결하는 캄항공이 유명하다.

| 항공사 | 홈페이지 주소 | 항공사 | 홈페이지 주소 |
|---|---|---|---|
| WestJet | www.westjet.com | Porter | www.flyporter.com |
| Air Transat | www.airtransat.ca | Calm Air | www.calmair.com |
| Sunwing Airlines | www.flysunwing.com | | |

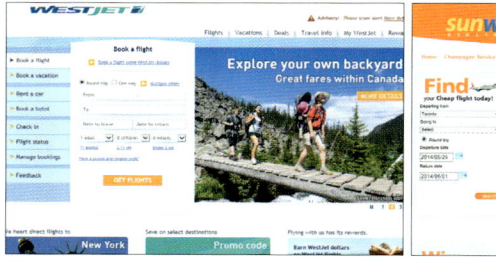
Westjet

Sunwing Airlines

## • 미국의 저가항공사

미국은 저가항공사가 처음 생긴 곳이지만 최소 비용을 받는 유럽의 저가항공사와 달리 저렴한 항공권이 주를 이룬다. 댈러스를 허브로 하는 사우스웨스트항공은 최초의 저가항공사로 유명하며, 뉴욕을 허브로 하는 제트블루, 덴버를 허브로 하는 프런티어항공, 밀워키를 허브로 하는 미드웨스트항공, 애틀랜타를 허브로 하는 에어트란항공, 멕시코와 캐리비안을 주로 운항하는 선컨트리항공, 스피릿항공 등이 있으며,

특히 스피릿항공은 중남미 쪽 노선이 많다. 미국의 저가항공은 가격비교사이트에서
검색되지 않는 곳들이 많다.

| 항공사 | 홈페이지 주소 | 항공사 | 홈페이지 주소 |
|---|---|---|---|
| Southwest Airlines | www.southwest.com | Spirit Airlines | www.spiritair.com |
| JetBlue Airways | www.jetblue.com | Virgin America | www.virginamerica.com |
| Frontier | www.frontierairlines.com | Sun Country Airlines | www.suncountry.com |
| Air Tran Airways | www.airtranairways.com | Allegiant | www.allegiantair.com |

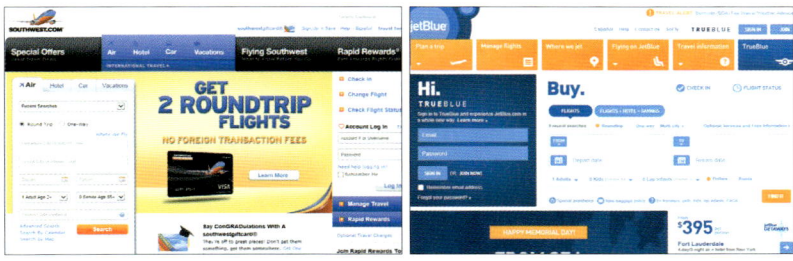

Southwest Airlines          JetBlue

## • 중남미의 저가항공사

중남미는 지역이 워낙 넓다보니 저가항공사가 거의 발전하지 못했다. 경제 상황이 상
대적으로 좋은 멕시코, 브라질, 콜롬비아에는 여전히 저가항공이 있지만, 그 외의 국
가에는 저가항공이 제대로 자리 잡지 못했다. 이런 환경 때문에 중남미를 저가항공
으로 여행하기는 쉽지 않다.

| 항공사 | 홈페이지 주소 | 항공사 | 홈페이지 주소 |
|---|---|---|---|
| 멕시코 Volaris | www.volaris.com | 아르헨티나 Lineas Aereas Del Estado | www.lade.com.ar |
| 멕시코 Viva Aerobus | www.vivaaerobus.com | 콜롬비아 Easy Fly | www.easyfly.com.co |
| 멕시코 Interjet | www.interjet.com | 콜롬비아 Viva Colom-bia | www.vivacolombia.co |
| 멕시코 Aero Mar | www.aeromar.com.mx | 칠레 PAL Airlines | www.palair.cl |
| 볼리비아 Amazonas | www.amazonas.com | 칠레 Sky Airline | www.skyairline.cl |
| 브라질 Voe Gol | www.voegol.com.br | 페루 Star Peru | www.starperu.com |
| 브라질 Azul | www.voeazul.com.br | 페루 Peruvian | www.peruvian.pe |

멕시코 Volaris                         페루 Star Peru

**04** **한국의 저가항공사 알아보기**

한국의 저가항공사들도 저가항공이라기보다는 저비용 항공이라는 말이 더 잘 어울린다. 일반 항공사들의 가격의 60~80% 정도가 대부분이지만, 때로는 파격적인 가격의 프로모션 항공권을 내놓기도 한다. 한국의 저가항공사들은 대부분 성공적으로 운항하고 있으며, 오사카, 방콕, 타이베이, 괌, 나리타, 오키나와, 세부 등의 정기노선뿐만 아니라 다양한 지역으로의 전세노선도 운영하고 있다.

| 항공사 | 홈페이지 주소 | 항공사 | 홈페이지 주소 |
|--------|--------------|--------|--------------|
| 제주항공 | www.jejuair.net | 이스타항공 | www.eastarjet.co.kr |
| 진에어 | www.jinair.com | 티웨이항공 | www.twayair.com |
| 에어부산 | www.flyairbusan.com | | |

제주항공                             진에어

# 저가항공권을 잡고 싶다면
## 알아야 할 것들

저가항공사의 항공권이라고 해서 항상 저렴하지는 않다. 저가항공도 전략을 가지고 접근해야 저렴하게 구입할 수 있다. 지역에 구애받지 않고 대부분의 저가항공사가 비슷한 가격정책을 취하므로 구입할 때 미리 방법을 알고 있으면 최대로 저렴한 항공권을 구할 수 있다.

## 01 예약은 최대한 일찍 서두르자

저가항공사는 좌석별로 가격을 지정해놓고 판매한다. 처음 몇 좌석은 $5, 그 다음 몇 좌석은 $10, $20 등의 형태로 비싸진다. 그렇다보니 항공권을 일찍 예약할수록 저렴한 항공권을 잡을 수 있는 가능성이 높아진다. 보통 2~3달 전에 예약하면 저렴한 항공권을 구할 가능성이 높지만 취소나 환불이 안 되거나 되더라도 수수료가 비싸고, 현금이 아닌 항공사 적립금으로 환불되는 경우도 있다. 1유로 항공권 같은 경우도 이런 맥락에서 나오는 항공권인데, 결제 과정에 세금이 붙더라도 저렴한 항공권임에는 틀림없다. 일반적인 노선은 1달 전에만 예약하더라도 저렴한 항공권을 찾을 수 있고, 인기 없는 시간대와 노선일수록 저렴한 항공권이 오래 남아있을 가능성이 높다.

## 02 새벽이나 늦은 밤 시간대의 항공권을 찾아보자

공항버스도 운행하지 않는 새벽 6시에 출발하는 비행기이거나 밤 11시가 넘어서 출발하여 목적지에는 새벽 3~4시쯤에 도착하는 비행기라면 상대적으로 탑승하는 사람이 적을 수밖에 없다. 이런 시간대 항공권이라면 저렴한 항공권이 늦게까지 남아있을 가능성이 높다. 물론 이러한 항공권을 이용하기 위해서는 공항에서 밤을 새거나 새벽에 제대로 잠을 못자는 불편함은 감내해야 한다.

공항에 일찍 도착해서 자고 있는 사람들

## 03 예약 시기와 출발 시간에 따라 가격이 달라진다

저가항공사 중에는 요일 및 시간에 따라 가격이 달라지는 곳도 있다. 주말이나 저녁 시간대에는 가격이 올라갔다가 평일 낮 시간대에는 가격이 다시 떨어지는 항공사도 있다. 그러므로 예약을 위한 시간이 많다면, 하루나 이틀정도는 다양한 시간대에 가격을 검색해보는 것도 좋은 방법이다. 보통 금, 토요일에 출발하는 항공권이 비싸고, 화요일이나 수요일 항공권이 저렴한 경우가 많다. 또한 교통이 불편한 이른 새벽, 늦은 밤 비행기 역시 가격이 저렴하다. 다만, 항공권 가격이 자신이 생각한 예산에 적합하다고 생각되면 바로 결제하는 것이 좋다. 가격 변동을 고려하다가 저렴한 항공권을 놓치는 경우도 많이 발생한다.

공항에 미리 와서 밤을 새는 사람               예약시기에 따라 가격이 달라지는 웨스트젯

## 04 적절한 프로모션 시기를 노려보자

저가항공사 홈페이지에서는 특정 노선에 대한 프로모션 진행이 많다. 신규 또는 항공기를 증편했거나 인기 없는 노선의 경우 지정 일까지만 예매하면 저렴한 가격에 이용할 수 있다. 이런 정보를 미리 알면 항공권을 예약하는데 도움이 된다.

1 에어아시아 프로모션
2 피치항공 프로모션
3 세부퍼시픽 프로모션

하지만 프로모션이 진행 중이더라도 할당된 좌석이 모두 소진되면 이전 가격을 지불해야 하므로 최대한 빨리 결정하는 것이 좋다. 최근에는 이런 프로모션 정보도 활발히 공유되다보니, 프로모션 예약이 풀리자마자 저렴한 좌석은 다 사라지는 경우가 비일비재하다.

## 05 모든 저가항공사를 검색해보자

각 노선을 취항하는 저가항공사가 다르고 어떤 항공사에서 어떤 노선을 취항하는지 알기 힘들다. 일일이 저가항공사 사이트를 모두 확인하기 힘들 때 바로 위치버짓이 큰 도움이 된다. 여기서 노선을 검색하면 해당 구간의 저가항공사들을 검색할 수 있고 몇몇 항공사는 최저가까지 알 수 있다. 하지만 때때로 이 사이트에 나오지 않는 저가항공사들도 있으므로 그러한 곳은 별도로 확인을 해봐야 한다.

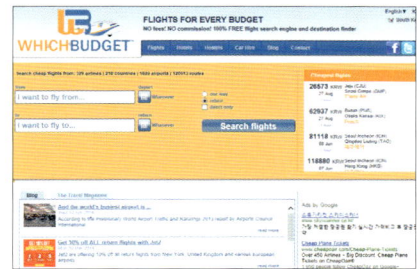

위치버짓(www.whichbudget.com)

## 06 여행에 불필요한 짐은 최대로 줄이자

저가항공사의 경우 기내 수하물과 위탁 수하물의 무게를 철저하게 체크한다. 만일 수하물 무게가 기준 이상 초과되었을 때에는 그에 대한 비용을 별도로 부과하므로 최대한 규정에

짐은 이 안에
들어가야
통과된다.

비행기 짐칸이 가방으로 가득 차 있다.

맞게 짐을 꾸리는 것이 중요하다. 또한 위탁 수하물에 대해서는 추가 비용을 부과하는 곳이 많으므로 최대한 콤팩트하게 기내로 가져갈 수 있도록 짐을 꾸리는 것이 좋다. 저가항공사는 대부분의 승객이 짐을 기내로 가지고 들어오기 때문에 일찍 탑승해서 짐을 싣는 것도 중요하다. 실제 저가항공을 자주 이용하는 유럽의 승객들은 짐에서 옷 무게를 줄이기 위해 옷을 4~5겹씩 껴입고 이동하는 웃지 못 할 풍경도 연출한다.

## 07 시간은 여유롭게, 공항 위치는 정확히 파악해두자

저가항공사의 경우 한 대의 비행기로 시간에 따라 여러 노선을 운항하는 경우도 있기 때문에 만일 특정 노선에서 연착 사고가 발생하면 그 뒤 노선들은 줄지어 연착될 수밖에 없다. 그러므로 저가항공을 이용한 후 계속해서 다른 교통편을 이용하는 경우라면 다음 교통수단의 예약 시간을 넉넉하게 잡아둘 필요가 있다. 시간을 촉박하게 잡으면 연착이 아니더라도 예상치 못한 사고에 대비할 수 없기 때문이다.

또한 저가항공사들은 비용을 줄이기 위해 메이저 공항보다는 도심 외곽의 작은 공항을 이용하는 경우가 많다. 그래서 몇몇 공항의 경우 공항에서 시내까지 이동하는 교통수단이 변변찮거나 요금이 비싼 경우도 많다. 이런 저가항공을 잘못 이용하면 시내로 이동하는 교통비가 항공료보다 더 나오는 웃지 못 할 일도 발생한다. 그렇기 때문에 저가항공을 결제하기 전에 반드시 공항의 위치와 연결 교통편을 확인하는 것이 필요하다.

공항 위치 검색은 구글맵에 공항 이름을 검색하면 쉽게 확인할 수 있고, 교통편은 각 공항 홈페이지에서 자세히 안내하고 있다. 독일 프랑크푸르트 한공항[Frankfurt-Hahn Airport]은 시내와 공항 거리가 대표적으로 먼 저가항공 공항이다. 프랑크푸르트라는 이름을 가지고 있지만 실제로는 프랑크푸르트에서 120km나 떨어져있을 정도로 먼 공항이다.

구글맵으로 찾아본 프랑크푸르트 한 공항 위치　　　런던 루톤공항 홈페이지

## 08 저가항공은 경유가 없고, 필요한 것은 직접 구입해야 한다

대부분의 저가항공은 경유가 없기 때문에 자신에게 가장 중요한 노선을 찾아야 하고, 어쩔 수 없이 일정 문제로 경유해야 한다면 두 번 수속을 해야 하는 불편함이 있다. 그렇다보니 수속에 더 많은 시간이 걸리고, 평소에 비행기 타는 것처럼 환승하는 것이 불가능하다. 만약 연결하려는 저가항공사가 이용하는 공항이 서로 다르다면 문제는 더욱 커질 수 있다. 그러므로 저가항공권을 찾을 때는 자신이 원하는 목적지로 직접 향하는 항공권을 찾거나, 환승시간을 최대로 여유롭게 잡아야 한다.

또한 한국의 저가항공은 그래도 음료수와 간단한 먹거리 정도는 제공하지만 해외의 저가항공사는 물조차도 사먹어야 한다. 비행시간이 1시간이건 4시간이건 상관없이 아무것도 제공되지 않기 때문에 필요하다면 미리 준비하거나 기내에서 사먹어야 한다. 또한 기내에서 파는 음식은 간단한 샌드위치 종류이기 때문에 탑승 전에 식사는 해결해두는 것이 좋다.

에어아시아 기내식 판매 메뉴판

에어아시아 판매 기내식

## 09 저가항공 좌석은 어쩔 수 없이 불편하다

저가항공은 운영상 어쩔 수 없이 많은 사람을 태워야 하기 때문에 기내는 여유 공간이 없을 정도로 좌석이 많다. 그러다보니 좌석 공간이 매우 좁고, 아예 의자가 뒤로 젖혀지지 않는 비행기도 있다. 저가항공은 대부분 중단거리를 운행하므로 좌석에서 느껴지는 불편함보다는 저렴한 가격이 더 큰 메리트로 기억된다.

빽빽한 에어아시아 좌석

저가항공의 좌석 공간

# 전 세계여행,
# 세계일주항공권과 개별 항공권

세계일주를 하려면 반드시 세계일주항공권이 필요한 것은 아니다. 일반 개별 항공권과 저가항공의 네트워크가 활성화되었으며, 가격에 있어서도 훨씬 경쟁력이 있고 노선 결정에서도 좀 더 자유롭기 때문에 가능하다면 개별 항공권을 이용한 세계여행에 도전해 보는 것도 좋은 방법이다.

## 01 세계일주항공권 이해하기

세계일주는 해외여행을 좋아하는 사람이라면 누구나 꿈꾸는 것이다. 이들에게 가장 유용한 것 중의 하나가 세계일주항공권이다. 같은 항공연맹에 있는 항공사를 자유롭게 이용해 전 세계를 여행할 수 있다. 세계 여행자들에게 가장 인기 있는 항공권은 상대적으로 가격이 저렴하고 선택권이 많았던

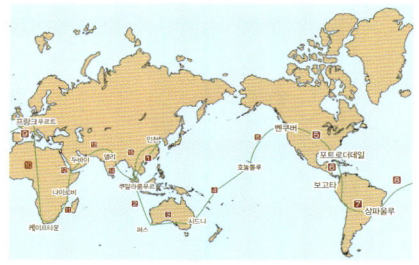
세계지도에 자신의 세계여행을 그려보자.

원월드의 세계일주항공권이었다. 비행거리와 상관없이 20구간을 마음대로 이용할 수 있었던 과거에는 이보다 더 훌륭한 대안은 없었다. 하지만 여러 번의 개악을 거쳐 옛날의 영화는 남아있지 않지만, 여전히 매력적인 항공권임에는 변함이 없다.
원월드로 4대륙(아시아–유럽–남미–북미)을 끊으면 세금을 포함해 약 500만 원 정도이다. 스카이팀과 스타얼라이언스도 세계일주항공권이 29,000마일 정도로 가격대비 적합한데, 이 역시 유류할증료와 세금을 합치면 그 가격이 만만치 않게 올라간다. 더군다나 세계일주항공권의 가격은 꾸준히 오르기 때문에 그 메리트는 점점 낮아진다.

### • 원월드

한때 가장 인기 있었던 세계일주항공권이지만 이용 가능한 비행횟수가 줄고, 가격이 많이 올라 상대적으로 메리트가 줄어들었다. 하지만 남미 쪽 노선이 다른 항공사보다 많고, 특히 칠레의 이스터섬을 다녀올 수 있다는 장점이 있다. 원월드 세계일주항공권은 두 가지가 있는데, 첫 번째는 원월드 익스플로러Oneworld Explorer로 최대 16회까지 비행기를 탈 수 있으며, 육로 이동 등에 의한 오픈조Open Jaw 구간도 1회 비행으로 계산된다. 3대륙, 4대륙, 6대륙 여부에 따라 금액이 달라진다.
두 번째는 글로벌 익스플로러Global Explorer로 26,000, 29,000, 34,000, 39,000 중 하나

를 선택해 그 거리만큼 여행할 수 있다. 여행하고자 하는 항공루트는 원월드 플래너를 이용해 계획할 수 있으며, 특히 원월드 익스플로러로 여행 시 규정에 맞게 루트가 짜였는지 확인할 수 있도록 도와준다.

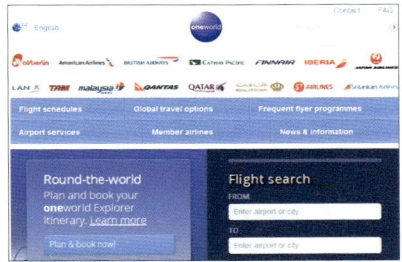

원월드(www.oneworld.com)

• **스타얼라이언스**

스타얼라이언스는 아시아나항공이 소속되어 있는 항공연맹으로 세계일주 항공권으로 연결되는 전 세계 노선이 가장 많아 세계여행을 하기에 가장 적합하다. 다만, 세계일주항공권을 거리로 계산하고, 비행할 수 있는 구간이 16개 구간으로 제한된다. 또한 가격이 상대적으로 비싼 것이 가장 큰 단점으

스타얼라이언스(www.staralliance.com/ko)

로 꼽힌다. 스타얼라이언스의 노선은 남미 쪽이 다소 빈약하고, 아프리카 쪽은 여행하기 편리한 편이다.

스타얼라이언스의 세계일주 계산기(www.staralliance.com/ko/booking/book-and-fly)를 이용하면 편하게 세계일주 노선을 그려 볼 수 있다. 자신만의 세계일주 노선을 계획하면, 세계일주 계산기가 금액을 알아서 자동으로 계산해준다. 세계일주 항공권의 가격은 정해져있지만, 여행하는 공항에 따라 TAX 금액이 다르기 때문에 도움이 된다. 스타얼라이언스 세계일주항공권의 26,000마일 스페셜 요금은 가장 저렴하지만 스톱오버가 5회밖에 되지 않는다. 그 외 29,000마일 이상의 요금은 스타얼라이언스 세계일주항공권 규정을 따른다.

• **스카이팀**

스카이팀은 대한항공이 소속되어 있는 항공연맹으로, 스카이팀의 세계일주 항공권 역시 마일리지로 총거리를 계산한다. 역시 가격이 비싼 편에 속하며, 세계일주항공권으로 할당된 좌석이 항공사에 따라서 많지 않은 곳이 있어 때로는 좌석을 구하기 힘든 구간도 있다. 에어프랑스와 케냐항공으로 아프리카 구간을 여행하기 좋고, 마다가스카르를 가는 구간 역시 가능하다.

최소 10일에서 최대 1년까지 여행할 수
있으며, 최소 3회, 최대 15곳에서 머무
를 수 있다. 스타얼라이언스와 마찬가
지로 26,000마일 요금은 5회까지만 스
탑오버가 가능하며, 29,000마일 이상
요금만 15회 스탑오버를 할 수 있다.

스카이팀(www.skyteam.com)

## 02 세계일주의 또 다른 대안, 개별 항공권

세계일주로 지구를 한 바퀴 돌려면 아시아, 유럽, 북미 등 3개 대륙은 기본적으로 포
함해야 한다. 한국에서 출발해 유럽과 미주 대륙의 한 도시를 직항으로 여행하더라
도 약 17,000~18,000마일을 비행해야만 지구를 한 바퀴 돌 수 있다. 하지만 이는 지
구를 한 바퀴 돌기 위한 최소 거리이고, 자신이 원하는 국가와 도시를 여행하려면
더 많은 비행 거리가 필요하다.

세계일주를 계획하는 사람들은 일생에 한 번뿐일지 모를 여행이기에 더 많은 곳을 둘
러보려고 한다. 결국 가격을 고려해 원월드에서는 4대륙, 스타얼라이언스나 스카이팀에
서는 29,000마일을 많이 선택한다. 하지만 이런 등급의 세계일주항공권은 항공권 자
체 가격에 유류할증료와 세금을 포함하면 일반적으로 500만 원을 넘는 경우가 많다.

그렇다면 개별 항공권을 이용하여 세계일주를 할 수 있을까? 물론 노선과 시기만 적
절하다면 6대륙을 500만 원도 안 되는 금액에 여행할 수 있다. 요즘에는 전 세계적
으로 저가항공이 많이 발달해서 대부분의 지역을 저가항공으로 이동할 수 있다. 특
히 저가항공이 잘 발달한 미주, 유럽, 동남아의 경우 굉장히 저렴한 비용으로 다른
지역을 여행할 수 있다. 저가항공 노선이 없는 지역이라도 일반 항공권으로 얼마든
지 연결할 수 있기 때문에 비용 절감이 가능하다.

전 세계를 개별 항공권으로 여행할 수 있는 노선은 어떻게 계획할까? 다음에 제시
한 가격은 2014년 6월 기준 비성수기의 항공권 중 저렴한 가격을 기준으로 대략적
으로 뽑은 가격이므로, 여행하는 시기와 예약 상황에 따라 가격은 차이가 날 수 있
다. 6대륙을 모두 넣은 일정이고, 저가항공으로 여행 가능한 노선은 모두 계산에
넣었다. 계산에 사용된 환율은 원달러 환율 1,100원이며, 세금이 포함된 금액이다.

### • 개별 항공으로 3대륙 일주 구간별 비용

3대륙을 여행하는 세계일주항공권의 가격은 세금을 포함해 약 250만 원 정도이다.
3대륙을 여행하려면 기본적으로 아시아→미주→유럽→아시아의 루트로 여행하게

된다. 실질적으로 이러한 루트를 여행하기 위해서 세계일주항공권을 끊는 것은 가격 대비 그리 훌륭하지 않기 때문에, 일반항공 및 저가항공을 이용해 편도로 발권하는 것이 가격 면에서 경쟁력이 있다. 최근에는 한국에서 쿠알라룸푸르로 향하는 에어 아시아 직항이 생겨 더 저렴하게 갈 수 있게 되었다.

여행 노선 : 아시아 → 미주 → 유럽 → 아시아

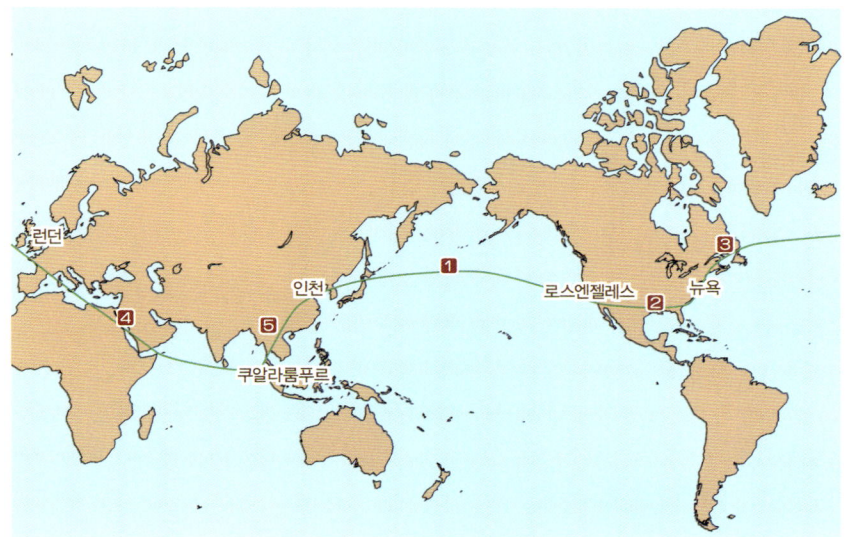

①, ②, 인천 → 미국 서부, 미국 내 이동
인천국제공항에서 미국 서부의 로스앤젤레스, 샌프란시스코, 시애틀, 밴쿠버 등의 도시로 편도를 이용해서 70~80만 원에 갈 수 있다. 한국 출발이므로 한국의 여행사에서 구매 가능하다. 서부 도시에서 뉴욕 편도는 저가항공을 이용하면 20만 원 정도면 가능하다.

③ 뉴욕 → 런던
미국 뉴욕이나 보스턴에서 영국 런던으로 향하는 항공권은 50만 원에 가능하다. 특히 겨울철에는 아이슬란드를 경유하는 아이슬란드에어를 이용하면, 아이슬란드에 며칠 머무르면서 오로라를 볼 수 있는 행운도 누릴 수 있다. 기타 도시도 60만 원이면 미국에서 유럽으로 이동할 수 있는 곳들이 많다. 유럽 내에서는 저가항공으로 저렴하게 이동할 수 있다.

④ 런던 → 아시아

유럽에서 아시아로 향하는 저렴한 편도 티켓은 40~50만 원 선에 자주 나온다. 방콕, 쿠알라룸푸르, 싱가포르 등 동남아의 대부분의 국가로 연결 가능하다.

⑤ 아시아 → 인천

최근에는 동남아에서 한국으로 향하는 저가항공사 루트들이 굉장히 다양해 선택의 폭이 넓어졌다. 한국 국적의 저가항공사는 홈페이지에서 외국출발 발권이 안 되기도 하지만 여행사를 이용하면 가능하고, 에어아시아 등은 홈페이지에서 직접 구매할 수도 있다. 이와 같이 저가항공 및 개별항공권을 이용하더라도 위와 같은 루트를 220만 원 정도면 이동할 수 있다. 성수기라면 전체적인 항공권의 가격이 오르겠지만, 여전히 경쟁력 있는 가격임에는 틀림없다.

## • 개별 항공으로 6대륙 일주 구간별 비용

인천에서 출발해 6대륙을 도는 여정을 개별 항공으로 구성했을 때 최저가는 세금을 포함해 400만 원 정도면 가능하다. 이 역시 세계일주항공권처럼 약 16회 정도의 비행을 해야 한다. 그리고 다소 비싼 항공권을 구입하고 구간을 더 추가해서 여행을 하더라도 세금을 포함해 550만 원 정도면 6대륙을 여행할 수 있다. 6대륙을 여행하기 위해 세계일주항공권을 구입하려고 한다면 세금을 제외하고도 가격은 500~600만 원 정도로 비슷한 편이다.

여행 노선 : 아시아 → 오세아니아 → 미주 → 남미 → 유럽 → 아프리카 → 아시아

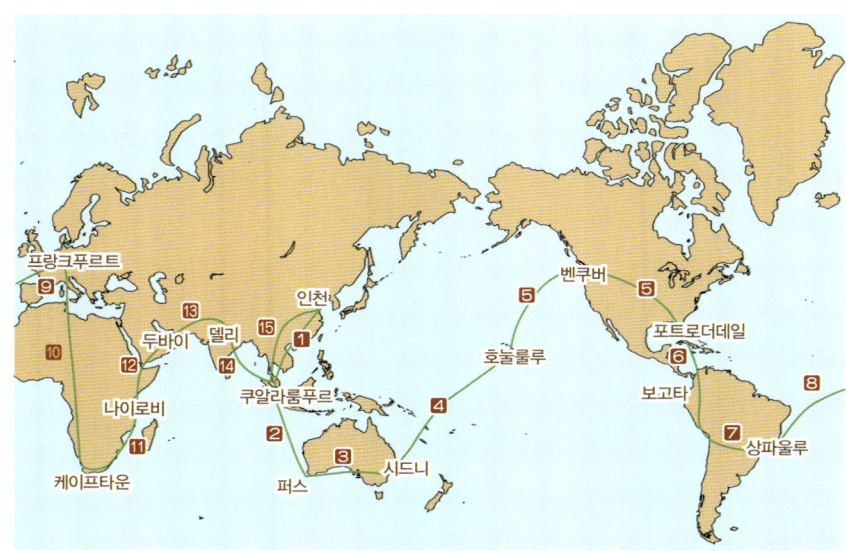

① 인천 → 동남아 국가

많은 저가항공사가 인천에서 쿠알라룸푸르, 방콕 등으로 취항한다. 일찍 예약하면 15~20만 원 정도에 동남아로 향하는 편도 항공권을 구입할 수 있다.

② 동남아국가 → 호주

호주 서쪽 퍼스나 동쪽 시드니로 가는 항공권이 20~30만 원 정도면 구입 가능하고, 메이저 항공사라도 편도 30~45만 원 사이면 구입 가능하다. SCOOT, 에어아시아X 등의 저가항공사부터 베트남항공, 말레이시아항공 등이 호주로 연결한다.

③ 호주 → 미주

호주 동부 도시에서 젯스타를 이용해 미국 하와이 호놀룰루까지 가는 항공편이 약 50~60만 원 정도이다. 미국 호놀룰루에서 캐나다 및 미국 서부 도시들까지는 30~40만 원 정도면 편도로 이동할 수 있다.

④ 미주 내 이동

미국 서부 도시에서 동부로 이동하는 항공은 워낙 많기 때문에 젯블루나 버진아메리카 같은 저가항공이 아닌 유나이티드항공을 이용하더라도 일찍만 예약하면 15~20만 원 정도에 서부 도시에서 동부 도시로 이동할 수 있다. 남미로 가는 항공의 메인이 되는 플로리다 역시 일찍만 예약하면 20~25만 원 정도에 비행할 수 있다.

⑤ 미주 → 중남미 또는 남미

플로리다는 미국 저가항공인 스피릿항공의 거점이면서 남미로 향하는 다른 항공사들이 많이 취항하는 허브공항이다. 미국 포트로더데일에서 멕시코 칸쿤까지는 15만 원 전후의 저렴한 항공권들이 많다. 중미에서 남미로 여행할 경우 파나마 → 콜롬비아 구간 항공권은 약 30만 원 정도이다. 세계일주를 하는 사람들 중에는 중미를 거치지 않고 바로 남미로 향하는 경우도 많다. 미국 포트로더데일에서 콜롬비아 보고타까지는 25만 원, 페루의 리마까지는 35만 원 정도면 항공권을 구입할 수 있다.

⑥ 남미 내 이동

보통 리마에서 시작해 브라질로 이동하는 육로구간을 많이 이용한다. 이 구간은 별다른 저가항공도 없을 뿐더러 육로로 브라질까지 이동하는 남미의 하이라이트 구간이다. 시간이 많다면 콜롬비아 메데진이나 보고타에서 여행을 시작하는 경우도 많다.

⑦ 남미 브라질 → 유럽

가장 항공권이 비싼 구간 중 하나로 콘도르항공을 이용하면 약 60~70만 원 정도에 브라질에서 독일로 이동할 수 있다. 그 외 일반 항공을 이용하면 시기에 따라 85~100만 원 정도로 브라질이나 아르헨티나에서 유럽까지 가는 항공권을 구할 수 있다.

⑧, ⑨ 유럽 내 이동, 유럽 → 아프리카
유럽에는 저렴한 저가항공들이 포진해 있다. 일찍 예약하면 많은 구간을 10만 원 이내에 이용할 수 있다. 또한 북아프리카의 모로코나 북유럽 국가도 저가항공으로 쉽게 여행할 수 있다. 남아공에는 유럽인들이 선호하는 휴양지가 많으므로 유럽에서 출발하는 비행기가 많다. 파리나 마드리드에서 케이프타운이나 요하네스버그까지 45~55만 원대 편도 항공권을 쉽게 찾아볼 수 있다. 그 외 도시에서 출발하는 비행기도 65만 원 정도면 이용할 수 있는데, 때때로 뮌헨에서 케이프타운까지 35만 원 정도의 특가로 에어베를린에서 나오기도 한다.

⑩, ⑪ 아프리카 나이로비 → 아랍에미리트, 나이로비 → 지중해 → 아랍에미리트
보통 케이프타운에서는 오버랜드 투어를 많이 하기 때문에 나이로비로의 이동이 많다. 그 외 아프리카 지역을 여행하더라도 항공노선이 발달해 있지 않아 대부분 육로 이동을 하게 된다. 대체로 여행을 마치는 곳은 케냐의 나이로비인 경우가 많은데 이곳에서 중동국적의 항공사를 이용하면 중동 및 인도 혹은 북아프리카로의 이동도 40~50만 원 정도면 가능하다. 그 외 터키나 그리스로 향할 수 있으며, 아테네에서 아랍에미리트까지 25만 원 정도면 이동할 수 있다.

⑫ 아랍에미리트 → 인도
에어아라비아가 아랍에미리트의 샤르자에서 인도 델리 등 여러 도시를 취항한다. 두바이에서 1시간 정도 떨어진 도시인 샤르자에서 두바이로 여행할 수도 있다.

⑬ 인도 → 동남아
꼴까다, 방갈로 등의 도시에서 에어인디아익스프레스, 타이거항공, 에어아시아 등이 방콕, 쿠알라룸푸르, 싱가포르 등으로 취항한다. 인도에서 동남아로 가는 항공권들은 10~15만 원 정도로 굉장히 저렴하다.

⑭ 동남아 → 인천
동남아에서 인천으로 향하는 편도 항공권은 항공사에 따라서 15~30만 원 정도면 충분히 구매할 수 있다.

개별 비행으로 세계일주를 한다면 최저가항공권을 구하기 위해서는 2~3달 전에 예약을 해야 하지만 저가항공 구간의 경우 취소 및 일정 변경이 불가능하다. 하지만 기간의 제약 없이 2~3달 전에 예약만 하면 되기 때문에 여유를 부릴 수 있는 장점이 있고, 몇몇 구간은 마일리지 적립도 가능하다. 그리고 조금 더 다양하게 세계여행 노선을 구성할 수 있다는 장점이 있다. 앞서 제시한 금액은 무조건 최저가가 아닌 일반적인 구입가이고 준성수기인 2014년 여름 전후를 기준으로 작성되었다.

앞서 소개한 노선 이외의 지역을 여행하려면 금액이 더 올라갈 수 있지만, 제시된 노선에서 움직인다면 최대 비용을 넘어설 일이 그리 많지 않다. 다만, 개별 항공권을 예약할 때 문제가 될 수 있는 것은 편도 입국이다. 세계일주항공권은 전체 항공권을 발권한 상태에서 입국하기 때문에 별 문제가 되지 않지만, 개별 항공권은 미리 다음 항공권을 예약해두지 않으면 문제가 발생할 수 있는 국가가 많다. 이런 경우 환불 가능한 다른 항공권을 미리 예약해두거나 다른 지역의 출국 항공권을 보여주면서 잘 설명하면 통과할 수 있다.

살펴본 것처럼 개별 항공권도 엄청난 경쟁력이 있으므로 더 이상 세계일주항공권에 너무 얽매일 필요가 없다. 6대륙을 꼭 여행해야 하는 것도 아니고, 얼마든지 자신의 기분에 맞춰 항공권을 가감할 수 있기 때문이다. 어쩌면 세계일주항공권을 대신해서 개별 항공권이 오히려 비용 절감을 할 수 있는 시대가 온 것이다. 세계일주를 하는데 있어서 항공권이 전부는 아니지만 이를 잘 이용하면 전체적인 비용을 많이 아낄 수 있다.

에어아시아

# 색다른 크루즈 여행은 어떨까?

작성자 : 고고씽(wkwmd81)

네이버 파워블로거(이기적인 여자의 이기적인 세상 운영 – http://blog.naver.com/wkwmd81)

네이버 오픈캐스트 '직장인의 휴가내서 떠나는 여행~' 여행 분야 최다 구독자수(33,000명)

네이버 오픈캐스트 파이널리스트

지중해 크루즈

크루즈 여행 하면 턱시도와 드레스를 차려 입은 신사숙녀가 샴페인 잔을 들고 선상 파티를 즐기는 장면이 먼저 떠오른다. 과거 부유층이나 노년의 전유물로 여겨졌지만 전 세계적으로 매년 수백만 명의 다양한 계층과 연령이 즐기고 있으며, 2001년 이래 해마다 9척 이상의 새로운 선박을 건조할 정도로 이미 전 세계 여행 산업의 중요한 테마가 되었다. 크루즈 여행은 얼마나 적극적으로 선상 생활을 즐기느냐에 따라 여행의 만족도가 크게 달라진다. 크루즈라는 제한된 공간 안에서 열린 마음으로 세계 여러 나라 사람들과 즐기는 것에 익숙해진다면 그 어떤 여행보다 만족할 것이다.

크루즈 갑판 모습

## • 크루즈 여행의 장점

### ▶ 여행지를 이동하느라 더 이상 시간낭비를 하지 않아도 된다

크루즈 여행의 가장 큰 장점은 열차나 버스를 타고 오랜 시간 이동하는 수고를 덜 수 있다는 점이다. 크루즈에서 자유롭게 파티와 레크리에이션, 쇼 관람 등을 즐기는 동안 거대한 크루즈는 다음 여행지로 나를 자연스럽게 이동시켜 준다. 이제 더 이상 빡빡하고 좁은 좌석에 앉아 지루해 할 필요도 없고, 여행지마다 호텔을 바꿔가며 짐을 싸고 푸는 수고를 반복하지 않아도 된다.

### ▶ 매일 풀코스로 제공되는 전 세계 음식들

여행을 하면서 큰 비중을 차지하는 것 중 하나가 바로 음식이다. 음식이 입에 맞지 않으면 여행 내내 힘들 수밖에 없지만 크루즈 여행이라면 더 이상 그런 걱정은 하지 않아도 된다. 매일 저녁 제공되는 세계 각국의 풀코스 요리와 아침, 점심, 저녁, 간식까지 거의 24시간 운영되는 인터내셔널 뷔페에서 원하는 음식을 마음껏 즐길 수 있다. 물론 모든 식사 요금은 크루즈 요금에 포함되어 있으니 마음껏 즐기면 된다.

### ▶ 모든 것을 할 자유와 하지 않아도 되는 자유

패키지 여행은 원하던 원치 않던 가이드가 이끄는 대로 이리저리 움직여야 하는 불편이 있지만 크루즈 여행은 한없이 자유롭다. 크루즈 선박 안에서 24시간 내내 수영, 댄스 강의, 스포츠, 취미 프로그램, 쇼 관람, 카지노 등 다양한 선상 프로그램을 마음껏 즐길 수 있고, 관광을 하고 싶다면 자유롭게 기항지를 돌아다니며 여유롭게 관광을 즐길 수도 있다. 이 모든 선택권은 바로 스스로 결정에 따라 달라진다.

1 풀코스로 제공되는 식사
2 크루즈 내의 공연
3 크루즈 내 운동 시설

### ● 크루즈 여행을 즐겁게 즐기기 위한 팁

### ▶ 다양한 크루즈 내 시설과 프로그램 파악은 필수이다

뭐든지 아는 만큼 즐길 수 있는 법이다. 크루즈 여행 내내 크루즈에 어떤 시설이 있는지조차 모르고 여행을 마치는 사람은 크루즈 여행을 100% 즐겼다고 말할 수 없다. 크루즈 여행 일정이 정해지면 본인이 탑승할 크루즈 선박 홈페이지를 먼저 살펴보고 (대부분 한국어 페이지를 지원한다.) 관심 있는 프로그램이나 이용할 시설을 체크해 두는 것이 중요하다. 만약 출발 전에 그럴 시간이 없었다면 크루즈 객실로 매일 배달되는 크루즈 신문을 참고하여 즐길만할 프로그램과 시설을 체크하면 된다.

수영장이나 골프장, 식사, 각종 공연, 강습 프로그램 등 무료로 제공되는 것들이 대부분이지만 크루즈 요금에 포함되지 않은 프로그램이나 시설도 있으므로 미리 체크해보는 것이 필요하다. 아시아를 순항하는 크루즈의 경우는 한국인 승무원이 탑승하는 경우도 있으므로 승무원과 미리 친해지는 것도 좋은 방법이다

매일 배달되는 크루즈 신문

\* 지중해 7박 8일 로얄캐리비안 보이저호의 선내 무료 프로그램 & 시설

| 구분 | 포함 사항 |
|---|---|
| 식사 | 아침, 점심, 저녁 식사 – 윈재머 카페(뷔페), 다이닝룸(정찬) 물, 오렌지 주스, 커피, 차 등 음료, 햄버거, 피자, 아이스크림 등, 룸서비스 |
| 편의시설 | 암벽 등반, 아이스 스케이트, 9홀 미니 골프장, 배구/농구 코트, 피트니스 시설, 건식 사우나, 자쿠지, 실내외 수영장 및 선베드(타월), 인라인 스케이트 코스 등 |
| 엔터테인먼트 | 뮤지컬, 마술, 코미디, 아이스 쇼, 바 & 라운지의 라이브 공연, 나이트클럽, 로얄 프라머네이드 퍼레이드, 다양한 게임, 야채/얼음 조각 등 시현 |
| 강습 | 몸무게, 피부 등 건강 관련 강습, 살사, 스윙 등 댄스 강습, 컴퓨터 관련 강습 |
| 기타 | 어드벤처 오션 어린이/청소년 프로그램 |

\* 지중해 7박 8일 로얄캐리비안 보이저호의 선내 유료 프로그램 & 시설

| 구분 | 포함 사항 |
|---|---|
| 식사 | 스페셜티 레스토랑 – 포토피노(이탈리아 레스토랑), 찹스그릴(그릴 요리 전문 레스토랑) 팁을 포함한 예약비 1인당 US$20<br>와인, 칵테일 등 알코올성 음료, 탄산음료 – 소다 패키지 구입 가능, 벤 & 제리스 아이스크림, 시애틀 베스트 커피, 죠니로켓의 팁을 포함한 예약비 1인당 US$3.95 |
| 편의시설 | 미용 서비스, 로얄 캐리비안 온라인(인터넷), 카지노, 쇼핑 센터, 골프 시뮬레이터 |
| 엔터테인먼트 | 빙고 게임, 카지노 토너먼트 (블랙잭, 슬롯머신) |
| 강습 | 요가, 필라테스 등 강습 (US$10), 와인 테이스팅 (US$9.95~14) |
| 기타 | 선택 관광, 베이비 씨터 서비스, 포토 갤러리, 승무원 팁 |

### ▶ 크루즈 선박이 도착하는 기항지도 미리 파악하자

크루즈 여행 내내 크루즈 안에서만 여유롭게 즐기는 것도 좋지만 세계 여러 나라의 유명 관광지를 기항하는 크루즈 특성상 평소 가고 싶었던 관광지를 둘러보는 것도 또 다른 재미이다. 보통 아침에 기항지에 도착해서 그날 저녁 다시 다른 기항지로 출발하기 때문에 한 곳에 오래 머물 수는 없다. 그러므로 주어진 시간 내에서 제대로 여행을 즐기려면 미리 기항지 정보를 파악해두는 것이 시간을 아끼는데 큰 도움이 된다. 미리 준비하지 못했다면 크루즈에서 유료로 운영하는 기항지 관광 프로그램을 이용하는 것도 좋은 방법이다. 보통 한 기항지마다 관광의 종류에 따라 수십 가지 프로그램이 준비되어 있다. 인기 있는 관광 프로그램의 경우 조기에 예약이 마감될 수도 있으므로 미리미리 체크해야 한다.

### ▶ 조깅, 헬스, 골프, 수영 등 운동은 필수이다

크루즈에서는 보통 6~7끼의 식사가 제공되기 때문에 엄청나게 많은 칼로리를 섭취하게 된다. 돌아오는 비행기 안에서 불어난 몸무게 때문에 후회하기 전에 수영이나 헬스, 조깅, 골프 등을 통해서 운동을 하는 건 필수이다. 무료로 열리는 댄스 강좌나 스포츠 강좌도 있으므로 마음껏 이용해보자.

기항지에서 즐기는 관광

### ▶ 열린 마음으로 세계 여러 사람들과 친해지기

크루즈 안에서 생활하다보면 많은 외국인들과 마주치고 그들과 대화할 기회도 많아진다. 세계 각국의 외국인들과 친해질 수 있는 기회를 언어의 장벽 때문에 놓치지 말고 한 걸음 더 그들에게 가까이 가보는 것은 어떨까? 꼭 영어를 잘해야만 그들과 친해지는 건 아니다. 영어 울렁증이 있는 필자도 처음에는 그들과 대화하는 것이 어색하고 쑥스러워 한마디도 못했지만 필자를 배려하며 보디랭귀지로 한국이란 나라에 관심을 가져준 그들 덕분에 축구 스타 박지성 이야기나 요즘 한국에서 유행하는 미국 스타들의 이야기를 하며 자연스럽게 친해질 수 있었다. 새로운 외국인 친구가 생겼을 뿐만 아니라 외국인들과 자연스럽게 대화할 수 있는 자신감도 생겼다.

### • 크루즈 여행의 필수 준비물

– 거대한 수영장에서 자유롭게 수영을 즐기기 위한 수영복

– 크루즈 선장님과의 갈라디너Gala dinner파티나 칵테일파티에 꼭 필요한 턱시도(슈트), 이브닝드레스

– 각 기항지의 기후에 맞는 의상

– 비상 구급약(소화제, 진통제, 연고 등)

수영복은 필수품

간혹 멀미약이 필요한지를 묻는 사람들이 있다. 거대 크루즈 선박의 경우 크루즈가 움직인다는 느낌을 거의 받지 못한다. 실제로 멀미를 많이 하는 필자도 전혀 멀미를 하지 않았으니 특수한 경우가 아니면 멀미약은 굳이 챙기지 않아도 된다.

정찬을 위한 슈트

여행을 자주 가는 사람이라면
항공 마일리지를 쌓아서 얻게 되는 무료 항공권은 큰 혜택이다.
항공 마일리지는 어떻게 적립하는지도 중요하지만,
어떤 곳에 적립하는지도 중요하다.
각 항공사마다 마일리지 적립 조건이 다르고,
자주 타는 사람들에 대한 혜택도 상이하기 때문이다.
마일리지에 대해서 제대로 이해하고 적립한다면
여행비용을 줄이는 좋은 방법이 된다.

# 최적의 항공 마일리지 적립과 사용 방법

휴가를 위한 *재테크*
항공 *마일리지*

해외여행을 즐기는 사람이라면 꼭 짚고 넘어갈 것이 항공 마일리지이다. 하지만 필자 주변을 봐도
그렇고 항공 마일리지를 제대로 활용하는 사람은 많지 않다. 이번 섹션에서는 여행하는데 있어 항
공사 마일리지가 어떻게 도움이 될 수 있는지에 대한 개념을 잡아보자.

## 01  항공 마일리지란 무엇인가?

항공사 마일리지는 비행기를 타면 비행 거리만큼 적립이 되고, 일정 이상 마일리지가
적립되면 보너스항공권을 지급하는 프로그램이다. 국내에서는 국적기인 대한항공과
아시아나항공을 많이 이용하는데, 과거와 달리 유효기간이 생겼지만 최소 10년이기
때문에 활용하는데 크게 불이익은 없다고 볼 수 있다.

비행기로 이용한 거리만큼 적립된다는 기본 개념은 간단하지만 마일리지를 좀 더 자
세히 들여다보면 오히려 굉장히 복잡하다는 것을 알 수 있다. 다양한 규정을 가진
항공권이 팔리다보니, 마일리지 적립 조건도 항공사마다 천차만별이고, 마일리지 적
립이 아예 안 되거나 부분적으로 적립되는 항공권도 있다. 최근에는 델타항공과 같
이 2015년부터 비행거리가 아닌 사용한 금액 당 마일리지를 적립하는 방법으로 바
꾸는 항공사도 생겼다. 또한 비행기를 이용하지 않더라도 숙박, 카드 사용 등으로도
마일리지를 적립할 수 있는 방법도 있다. 최근 마일리지는 유효기간이 있기 때문에
이 역시 잘 챙겨야만 아까운 마일리지가 사라지는 것을 막을 수 있다. 휴가를 위한
재테크의 한 수단으로 마일리지 적립을 시작했다면 마일리지에 대해서 제대로 알고
있어야 한다. 다만 마일리지의 가치는 시간이 갈수록 낮아지기 때문에, 무조건 모으
기보다는 필요한 만큼 모였을 때마다 이용해야 한다.

각 항공사마다 마일리지를 사용할 수 있는 조건이 다르고, 보너스항공권을 얻는데 필
요한 마일리지와 조건도 제각각이다. 게다가 몇몇 항공사는 마일리지를 사용할 수 없
는 기간을 설정하거나 성수기 등의 이유로 마일리지를 추가로 공제하기도 한다. 그렇
기 때문에 마일리지를 제대로 사용하려면 공부를 해야 하는 상황이 벌어지기도 한다.

## 02  실제 비행을 통해 적립하기

항공 마일리지를 쌓는 가장 기본적인 방법은 비행기를 이용하는 것이다. 인천국제공
항에서 홍콩까지 직항으로 왕복하면 2,570마일, 미국의 애틀랜타공항까지 왕복하면

14,270마일이 적립된다. 이렇게 가장 기본적인 것이 이동한 거리 대비 적립이다. 만약 경유라면 출발지에서 경유지, 경유지에서 목적지까지의 합산 이동거리가 적립 마일리지가 된다. 마일리지를 적립하려면 먼저 해당 항공사의 마일리지 프로그램에 가입해야 한다. 가입 전 탑승했던 항공편에 대해서는 마일리지가 적립되지 않는다는 것을 기억하자.

그럼 자신이 이용하는 항공사에만 마일리지를 적립할 수 있을까? 아니다. 항공사 간의 연합이라는 것이 있어 연합된 항공사 어느 곳에서나 마일리지를 적립할 수 있다. 항공연맹에는 크게 대한항공이 소속된 스카이팀Skyteam, 아시아나항공이 소속된 스타얼라이언스Star alliance, 그리고 원월드Oneworld가 있다. 같은 항공연맹끼리는 타 항공사 마일리지 프로그램에 적립이 가능하다. 즉 같은 스카이팀인 델타항공을 타고 대한항공에 마일리지를 적립할 수도 있고, 같은 스타얼라이언스인 싱가포르항공을 타고 아시아나항공에 적립할 수도 있다.

탑승 마일리지는 이렇게 타 항공사로 적립할 수 있지만, 이미 적립된 마일리지를 타 항공사의 마일리지로는 전환할 수는 없다. 물론 연합공제표를 통해 타 항공사의 보너스항공권을 발권 받을 수는 있다. 그 외에 하와이안항공, 에미레이트항공, 알라스카항공 등 항공연맹에 소속되지는 않았지만 항공사끼리 제휴를 맺고 있는 경우도 있으므로 미리 적립여부를 확인해보는 것이 좋다.

이론상으로는 위와 같지만, 적립되는 마일리지는 비행한 거리만큼 항상 100% 적립이 되는 것이 아니다. 실제 비행 거리와 함께 자신이 탑승한 클래스를 확인해야 한다. 항공사마다 규정이 다른데 대한항공의 경우 일등석(R, P, F), 비즈니스 클래스(J, C, D, I), 일반석(Y, W, B, M, H, E, L, K), 단체(G), 특별할인 운임(Q, T)) 등급으로 나누고 있다. 이런 클래스들을 잘 확인해야만 얼마만큼의 마일리지가 적립되는지 체크해볼 수 있다. 다음 표는 대한항공과 아시아나항공의 자사 항공편 탑승 시 마일리지 적립비율이다.

| 탑승 클래스 및 예약등급 | | | 적립비율 |
|---|---|---|---|
| 구분 | 일등석 | R | 200% |
| | | P | 165% |
| | | F | 150% |
| | 프레스티지석 | J | 135% |
| | | C, D, I | 125% |
| | 일반석 | Y, W, B, M, H, E, L, K | 100% |
| | | G(단체) | 80% |
| | | Q, T(특별 할인 운임) | 70% |
| | A, O, X, N, V | | 적립불가 |

〈대한항공의 탑승 마일리지 적립비율〉

| 탑승 클래스 및 예약등급 | | 적립비율 |
|---|---|---|
| 퍼스트 스위트 | P | 200% |
| 퍼스트 | F | 150% |
| 비즈니스 스위트 | J | 135% |
| 비즈니스 | C, D, Z | 125% |
| | U | 100% |
| 이코노미 | Y, B, M, H, E, Q, K S | 100% |
| | G, T(단체) | 80% |
| | V, W | 70% |
| O, I, R, L, X, N | | 적립불가 |

〈아시아나항공의 마일리지 적립비율〉

타 항공사 탑승 시 마일리지 적립비율은 대한항공과 아시아나항공의 제휴 항공사 페이지에서 확인할 수 있다. 그 외 다른 항공사들도 이렇게 제휴 항공사들의 클래스별 적립비율을 홈페이지에서 소개하고 있으므로, 자신이 모으고자 하는 항공사의 정책과 적립 조건 등을 정확히 파악하고 있어야만 제대로 적립할 수 있다. 공식 가격을 지불하고 제약이 없는 항공권을 이용한다면 별문제 없이 100% 적립되지만, 패키지 여행을 통한 그룹 항공권이거나 할인 항공권을 구입했다면 적립비율이 다르므로 이러한 것들을 꼼꼼히 살펴봐야 한다. 복잡하게 생각할 것들이 많지만 이렇게 마일리지 프로그램을 제대로 파악해서 가입한 예제를 하나 보도록 하자.

필자가 2014년 11월에 출발하는 델타항공으로 예약한 항공편의 경우 탑승 클래스가 V클래스였다. 다음 표를 보면 델타항공의 V클래스는 대한항공에 적립했을 경우 적립률이 0%이지만, 델타항공에 직접 적립했을 때에는 100% 모두를 적립할 수 있다. 미주 왕복의 경우 최소 9,000마일리지 이상이 쌓이는 구간이기 때문에 이러한 차이는 절대 적지 않다. 평소 모으던 마일리지 항공사가 대한항공이라고 무조건 적립하면 안 되는 케이스라고 보면 된다.

이와 같이 각 항공사별 클래스 적립비율을 잘 확인하면 손해를 보지 않고 보다 많은 마일리지를 적립할 수 있는 기회가 의외로 많다. 이렇게 어느 정도 마일리지에 대해서 이해를 하고 있으면, 적립하는데 큰 도움이 될 수 있다. 자신이 자주 이용하거나 이용할 예정인 항공사 마일리지 프로그램에 미리미리 가입해둔다면 추후 마일리지 적립을 효율적

대한항공의 델타항공 적립 표

델타항공의 자사 적립 표

으로 할 수 있다. 어차피 마일리지 적립
은 여행을 떠나기 전에 10분 정도만 시
간을 할애한다면 알 수 있는 정보이기
때문에 관심을 갖는 것이 중요하다.

비행기를 타면 적립이 되는 마일리지

## 03  신용카드 사용을 통해 적립하기

요즘에는 항공사와 카드사가 파트너십을 맺고 신용카드 사용 금액에 따라 마일
리지를 적립해주고 있다. 일반적으로 대한항공은 1,500원당 1마일, 아시아나항공
은 1,000원당 1마일을 적립할 수 있다. 보너스로 받는 항공권 가격을 감안할 때 약
1~2% 정도의 적립 효과가 있는 것으로 보고 있다. 대부분 신용카드가 국내 항공사
에만 적립이 가능하지만, 항공 마일리지 적립에 특화된 몇몇 카드들은 다른 외국 항
공사에도 적립하거나 전환이 가능하다.

신용카드는 잘만 사용하면 비행기를 타는 것 다음으로 가장 유용한 적립 수단이 된
다. 단 신용카드로 적립한 마일리지는 항공사 회원등급을 업그레이드하는 자격요건
에는 포함되지 않는다. 신용카드를 사용하다보면 월사용 금액에 따라 적립된 마일리
지가 어느 순간 부쩍 늘어나는 경우가 있다. 특히 자동차 구입이나 결혼식 등의 각
종 행사 시 신용카드를 사용하면 한 번에 높은 마일리지를 적립할 수 있다. 비행기를
많이 이용하는 편이라면 전 세계 라운지 사용권을 제공하는 프라이어리티패스<sup>Priority</sup>
<sup>Pass</sup>를 제공하는 신용카드를 선택하는 것도 좋은 방법이다.

다음에 소개하는 카드들은 일반적인 적립비율보다 높은 적립비율을 가진 카드들이
다. 2014년 6월 현재 모두 발급이 가능한 카드들이다.(신용카드 특성상 직업 등 일정
조건 이상을 요구하는 상위 등급 카드는 제외한다.) 마일리지가 적립되는 카드는 카
드대금이 연체되면 대부분 마일리지를 지급하지 않는 경우가 많으므로 연체되지 않
도록 신경 써야 한다. 또한 무이자 할부를 이용하거나 지방세 등을 납부하는 경우에
도 마일리지가 적립되지 않는다.

### • 대한항공 마일리지

대한항공 마일리지는 적립할 수 있는 방법이 상대적으로 많지 않고, 사용 금액 대
비 적립비율도 낮은 편이라 마일리지 대비 가격이 상대적으로 더 높게 평가된다. 씨
티 스카이패스 마스터카드의 적립비율이 1,500원당 1.8마일로 가장 높고, 그 외에는

1,500원당 1.5마일이 적립되는 카드들이 다수 존재한다. 해외 이용이 많다면 롯데 스카이패스 골드 아멕스도 유용하다.

| 카드 종류 | 적립 내역 | 연회비 |
|---|---|---|
| 씨티 메가마일 스카이패스카드 | 1,500원당 0.7마일 적립 (엔터테인먼트 15마일, 여행 7마일, 라이프 5마일, 쇼핑 5마일 적립 – 월 최대 1,000마일) | 국내전용 8,000, 국내외 겸용 10,000 |
| 씨티 스카이패스 마스터카드 | 1,500원당 1.8마일 적립 | 실버 25,000, 골드 30,000 |
| 롯데 스카이패스 골드 아멕스카드 | 국내 1,000원당 1마일, 해외 1,000원당 2마일 | 국내외 겸용 20,000 |
| 신한 더 클래식카드 | 1,500원당 1마일, PP카드제공 (전월 200만 원 이상 사용 시, 당월 50% 추가 마일리지 적립) | 국내외 겸용 100,000 |
| 외환 NEW 스카이패스 | 1,500원당 국내 1.5마일, 면세점 2마일, 해외 3마일 | 국 내 외 겸 용 50,000~130,000 |
| 삼성 스카이패스 아멕스카드 | 1,500원당 국내 1마일, 해외 2마일 | 국내외 겸용 20,000 |
| BC 다이아몬드 스카이패스카드 | 1,500원당 2마일 | 발행사별 상이 |

- **아시아나항공 마일리지**

아시아나항공의 마일리지는 적립할 수 있는 방법이 다양하고, 사용 금액대비 적립비율이 높아 마일리지 대비 가격은 대한항공에 비해 낮게 평가된다. 1,500원당 2마일이 적립되는 씨티 아시아나 마스터카드가 가장 적립비율이 높다.

| 카드 종류 | 적립 내역 | 연회비 |
|---|---|---|
| 씨티 메가마일 아시아나카드 | 1,500원당 1마일 적립 (엔터테인먼트 20마일, 여행 10마일, 라이프 7마일, 쇼핑 5마일 적립 – 월 최대 1,000마일) | 국내전용 8,000, 국내외 겸용 10,000 |
| 씨티 아시아나 마스타카드 | 1,500원당 2마일 적립 | 실버 15,000, 골드 20,000 |
| 롯데 아시아나클럽 골드 아멕스카드 | 국내 1,000원당 1마일, 해외 1,000원당 2마일 | 국내외 겸용 20,000 |
| 신한 더 클래식카드 | 1,000원당 1마일, PP카드 제공 (전월 200만 원 이상 사용 시, 당월 50% 추가 마일리지 적립) | 국내외 겸용 100,000 |
| BC 다이아몬드 아시아나클럽카드 | 1,500원당 2마일 | 발행사별 상이 |

- **다양한 마일리지로 전환할 수 있는 신용카드**

다양한 마일리지로 전환할 수 있는 신용카드는 대표적으로 씨티 프리미어마일카드와 외환 크로스마일카드가 있다. 두 카드 모두 그 특징이 뚜렷하기 때문에 자신의 사용패턴과 필요에 맞는 카드를 선택하는 것이 바람직하다. 두 카드 모두 자체 적립 프로그램을 이용해 다른 항공사의 마일리지로 전환할 수 있는데, 발급 시에 국내 적립 항공사로 대한항공과 아시아나항공 중 하나를 필수로 선택해야 한다. 그 외의 항공사는 모두 마음대로 전환할 수 있다.

| 카드 종류 | 씨티 프리미어마일카드 | 외환 크로스마일카드 |
| --- | --- | --- |
| 마일리지 적립 | 1,000원당 1프리미어마일 | 1,500원당 1.8크로스마일 |
| 연회비 | 12만 원(가족 면제) | 일반 2만 원, SE 10만 원 |
| 사용액 대비 추가 마일리지(연간 기준) | 5천만 원 이상 = 추가 10,000프리미어마일<br>1억 원 이상 = 추가 30,000프리미어마일 | 1천 5백만 원 이상 = 추가 5,000크로스마일<br>3천만 원 이상 = 추가 10,000크로스마일<br>5천만 원 이상 = 추가 15,000크로스마일 |
| 마일리지 유효기간 | 없음 | 5년 |
| 대한항공/아시아나 전환비율 | 1프리미어마일 = 1마일(대한항공) /1.35마일(아시아나항공) | 1크로스마일 = 1마일(대한항공) / 1.2마일(아시아나항공) |
| 기타 항공사 전환비율 | 1프리미어마일 = 1.2마일 싱가포르항공<br>1프리미어마일 = 1.2마일 델타항공<br>1프리미어마일 = 1.2마일 타이항공<br>1프리미어마일 = 1.0마일 캐세이패시픽항공 | 1크로스마일 = 1마일 말레이시아항공<br>1크로스마일 = 1마일 델타항공<br>1크로스마일 = 1마일 타이항공<br>1크로스마일 = 1마일 캐세이패시픽항공<br>1크로스마일 = 1마일 중국남방항공 |
| 기타 전환비율 | 1프리미어마일 = 12원 현금 환급 | 1크로스마일 = 2.0포인트 힐튼아너즈(HHONORS)<br>1크로스마일 = 10원 투어익스프레스 |
| 글로벌 혜택 | 비자 시그니처(Visa Signiture) | 아멕스 플래티넘(Amex Platinum) |

씨티 프리미어마일카드의 프리미어마일은 대한항공(또는 아시아나항공), 싱가포르항공, 델타항공, 타이항공, 캐세이패시픽항공으로 마일리지 전환이 가능하다. 사용액과 연동하여 연 5천만 원 이상 10,000마일, 1억 원 이상 30,000마일을 추가로 제공한다. 1,000원당 1 대한항공 마일리지, 1.35 아시아나 마일리지가 적립된다.

씨티 프리미어마일카드

외환 크로스마일카드의 크로스마일은 대한항공(또는 아시아나항공), 말레이시아항공, 델타항공, 타이항공, 캐세이패시픽항공, 중국남방항공 마일리지로 전환이 가능하다. 프리미어마일보다 전환 가능한 항공사가 많다.

외환 크로스마일카드

크로스마일카드는 1,000원당 1.2 대한항공 마일리지, 1.44 아시아나 마일리지가 적립된다.

## 04 호텔, 렌터카 이용을 통해 적립하기

많은 항공사들이 호텔이나 렌터카 회사와 파트너십을 맺고, 이용에 따른 마일리지를 제공하고 있다. 호텔은 숙박 횟수 또는 숙박비 기준으로 마일리지를 제공하는데, 호텔 홈페이지에서 직접 예약하는 경우에만 적립되는 것이 일반적이다. 호텔은 자체 포인트 프로그램도 운영하고, 추후 항공 마일리지로 전환할 수 있으므로 어떤 곳에 적립하는 것이 유리한지는 판단해볼 필요가 있지만 호텔을 많이 이용하는 경우라면 항공 마일리지 적립이 손해인 경우가 많다. 렌터카 역시 공식 홈페이지를 통해 예약한 경우에만 적립되며, 렌터카 회사에 따라 대여 기간 또는 총 대여 비용으로 마일리지를 제공하는데, 할인요금과는 상관없이 대부분 적립된다.

호텔로비와 체크인 카운터                    렌터카 데스크 모습

## 05 기타 방법을 통해 적립하기

항공사마다 마일리지를 제공하는 다양한 이벤트가 진행된다. 이메일로 매달 전달되는 코드를 입력하면 추가 마일리지를 제공하기도 하고, 특정 구간 이용 시 추가 마일리지를 제공하기도 한다. 또한 항공사와 연계되어 있는 쇼핑몰에서 물건을 구입하면 금액 대비 마일리지를 적립해 주기도 한다. 이와 같은 적립은 비정기적이지만 잘 찾으면 매우 유용한 적립 방법이기도 하다.

그 외에도 OK캐쉬백이나 GS포인트 등의 적립된 포인트를 마일리지로 전환하는 방식으로 마일리지를 모을 수도 있다. 이런 방법은 별 도움이 되지 않을 것 같지만, 쌓여있는 포인트를 마일리지로 한 번에 확보할 수 있는 아주 좋은 방법이 된다.

OK CASHBAG 마일리지 전환(www.okcashbag.com)

# 신용카드 포인트를 마일리지로 활용하자

신용카드를 사용하면 포인트가 쌓이기 마련이다. 이렇게 쌓인 포인트를 대체로 카드사에서 운영하는 포인트몰에서 사은품으로 교환하는 경우가 많지만, 잘 살펴보면 이러한 포인트를 모두 마일리지로 교환할 수도 있다. 상시 교환이 가능하고, 연간 전환할 수 있는 한도가 높기 때문에 마일리지를 적립할 수 있는 좋은 방법이 된다.

## 01 삼성카드 포인트 이해하기

삼성카드 보너스포인트는 다른 카드사와 차별화된 서비스를 제공한다. 보너스포인트를 싱가포르항공이나 아나항공, 캐세이패시픽항공, 대한항공, 아시아나항공 마일리지로 전환할 수 있다. 삼성카드 포인트 대비 각 항공사 마일리지 전환 정보는 다음 표를 참고하자. 제휴업체에 따라서는 특정 카드가 있어야만 전환이 가능한 경우가 있으므로, 같이 확인을 해야 한다. 대표적인 카드가 삼성의 아멕스카드이다.

| 구분 | 기타 제휴 업체 | 대한항공, 아시아나항공 |
|------|----------------|------------------------|
| 전환요건 | 제휴사별 상이 | 1,500포인트 이상 |
| 연간한도 | 제휴사별 상이 | 300,000포인트(20,000마일리지) |
| 전환비율 | 10포인트=1 싱가포르항공 마일리지 (최소 10,000포인트)<br>18포인트=1 아나항공 마일리지 (최소 10,008포인트)<br>10포인트=1 캐세이패시픽 마일리지 (최소 10,000포인트)<br>10포인트=1 타이항공 마일리지 (최소 10포인트)<br>15포인트=1 델타항공 마일리지 (최소 15포인트)<br>15포인트=1 에티하드항공 마일리지 (최소 15포인트)<br>15포인트=1 말레이시아항공 마일리지 (최소 15포인트)<br>20포인트=1 스타우드 호텔 포인트 (최소 6,600포인트)<br>10포인트=1 힐튼 호텔 포인트 (최소 10포인트) | 15포인트=1 대한항공 마일리지<br>15포인트=1 아시아나항공 마일리지 |
| 전환시점 | 신청 후 15~30일 후에 확인 가능 | 신청 후 2주 후 |
| 취소방법 | 전환신청 당일만 취소 가능 | 전환신청 당일만 취소 가능 |

삼성카드 홈페이지(www.samsungcard.com)

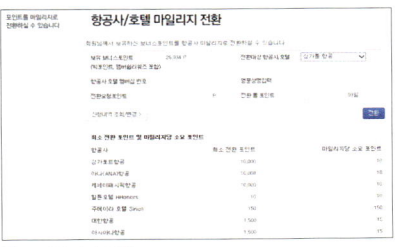

항공 마일리지 전환

- **싱가포르항공, 아나항공, 캐세이패시픽항공, 타이항공, 델타항공, 에티하드항공, 말레이시아항공**

삼성카드 포인트는 이전보다 더 활용가능성이 늘어났다. 특히 아멕스카드를 발급받으면 전환가능한 곳들이 더 늘어나는데, 전환가능한 곳들 중 마일리지를 꽤 유용하게 이용할 수 있는 항공사들이 다수 포함되어 있다. 아나항공의 경우 비수기에 한국 → 일본 국제선은 12,000마일로 보너스항공권을 받을 수 있기 때문에 대한항공이나 아시아나항공의 30,000마일과 비교해서 굉장히 유리하다고 할 수 있다.
삼성카드를 주력으로 사용하면서 보너스포인트를 많이 모을 수 있는 사람이라면, 마일리지의 활용가치가 높은 아나항공이나 캐세이패시픽의 마일리지 프로그램을 주력으로 사용해 보는 것도 좋은 방법이다. 특히 월간, 연간 전환한도가 없기 때문에 보너스포인트를 많이 모을 수 있는 카드를 사용하는 사람일수록 좋은 프로그램이다. 과거에는 띠앗과 신세계 포인트를 응용하는 방법도 있었으나, 현재는 막혀서 더 이상 이용할 수 없게 되었다.

- **스타우드호텔, 힐튼호텔**

삼성카드 포인트를 활용할 수 있는 가장 좋은 방법 중 하나가 바로 스타우드호텔 포인트이다. 스타우드 계열 호텔에 숙박할 때 이용할 수도 있지만, 삼성카드에서 전환이 불가능한 또 다른 항공사로 전환할 때 스타우드호텔 포인트만큼 유용한 포인트는 없다. 특히 20,000마일 이상 전환하면 5,000마일을 추가로 제공하기 때문에 상대적으로 꽤 유용하게 활용할 수 있는 방법이다. 다만 삼성카드 포인트를 모으기가 쉽지 않다는 것이 단점이다.

- **대한항공, 아시아나항공**

삼성카드의 보너스포인트는 삼성 아멕스계열 카드를 사용하고 있는 사람에 한해 전환이 가능하며, 최소 전환단위는 100마일(1,500포인트)이다. 특히 대한항공 마일리지로의 전환이 15:1로 다른 곳들에 비해 조금 더 좋다.

## 02 BC카드 포인트 이해하기

BC카드 포인트는 BC TOP인데, BC카드를 사용하면 적립할 수 있다. TOP포인트는 일반적인 카드사용으로 인한 적립 이외에도 탑포인트 홈페이지를 통해 충전할 수 있다. 본인 소유의 신용카드로만 충전할 수 있으며, 충전 단위는 1,000포인트, 1일 충전한도는 30,000포인트, 월간 충전한도는 100,000포인트이다. BC TOP포인트는 대한항공 마일리지로만 전환할 수 있다.

| 구분 | 대한항공 |
|------|---------|
| 전환요건 | 30,000포인트 이상 |
| 연간한도 | 200,000포인트(10,000마일리지) |
| 전환비율 | TOP 20포인트=1 대한항공 마일리지(100마일리지 단위) |
| 전환시점 | 매월 1일에서 말일까지 전환신청한 마일리지는 익월 15일 경 적립 |
| 취소방법 | 전환신청 당일에만 취소 가능 |

탑포인트 마일리지 전환 페이지(www.bccard.com)

탑포인트 충전 페이지(top.bccard.com)

## 03  국민카드 포인트 이해하기

국민카드 포인트리는 사람들이 많이 이용하는 다양한 제휴사에서 사용할 수 있고, 3만 점 이상일 때에는 결제 대금을 차감하는 것도 가능하므로 거의 현금에 가까운 포인트라 할 수 있다. 하지만 국민카드에서 자체적으로 항공 마일리지 전환서비스를 제공하지 않으므로, OK캐쉬백과의 연동을 통해서 대한항

국민카드 포인트리페이지(card.kbcard.com)

공 또는 싱가포르항공 마일리지로 전환하는 방법밖에 없다. 대한항공은 22포인트당 1마일, 싱가포르항공은 25포인트당 1마일로 전환 가능하다.

## 04  현대카드 포인트 이해하기

현대카드에는 다양한 포인트가 있지만 항공 마일리지로 전환이 가능한 포인트는 M포인트이다. 현대카드 M포인트는 적립은 쉽지만, 대신 전환율이 타사 마일리지 전환비율과 비교하면 상대적으로 좋지 않은 편이다. M포인트는 최소 전환포인트도 높게 설정되어 있어 웬만큼 포인트를 적립한 사람이 아니면 항공 마일리지로 전환하기도 쉽지 않다. 퍼플 등 고급 카드를 가진 경우에는 전환 비율이 35:1에서 28:1로 줄어든다.

| 구분 | 대한항공 | 아시아나항공 |
|------|---------|-------------|
| 전환요건 | 35,000포인트 이상 | 100,000포인트 이상 |
| 연간한도 | 700,000포인트(20,000마일리지) | 400,000포인트(20,000마일리지) |
| 전환비율 | 35M포인트=1 대한항공 마일리지 | 20M포인트=1 아시아나항공 마일리지 |

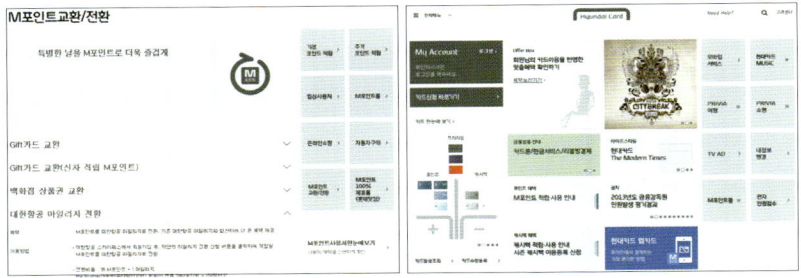

현대카드 홈페이지                                   현대카드 마일리지 전환안내

## 05 씨티카드 포인트 이해하기

씨티카드의 포인트는 대한항공 마일리지로만 전환할 수 있다. 20포인트를 1 대한항공 마일리지로 전환할 수 있으며, 특별한 제한 조건은 없다.

| 구분 | 대한항공 |
|------|----------|
| 전환요건 | 10,000포인트 이상 |
| 연간한도 | 없음 |
| 전환비율 | 20포인트=1 대한항공 마일리지 |
| 취소방법 | 당일 취소 |

씨티포인트 전환 페이지

## 06 신한카드 포인트 이해하기

신한카드는 전환비율이나 최소 전환요건이 평준화되어 있으나, 대한항공 마일리지나 아시아나항공 마일리지로 전환하기 위해서는 특정 카드를 소지해야 한다는 단점이 있다. 대한항공은 HI-POINT, TRABIZ, THE PREMIER/BEST, PREMIUM AMEX카드가 필요하고, 아시아나항공은 Premier, TRAVEL카드가 필요하다. 신

한카드의 경우에는 보유카드에 따라 전환비율 및 한도 등이 다르다. 현재 TRABIZ, TRAVEL카드는 발급이 중단된 상태이다.

| 구분 | 대한항공 | | | |
|------|-----------|--------|------------------|----------------|
| | HI-POINT | TRAVIZ | THE PREMIER/BEST | PREMIUM AMEX |
| 전환요건 | 1,250포인트 이상 | 5,400포인트 이상 | 5,400포인트 이상 | 1,600포인트 이상 |
| 교환단위 | 1,250포인트 | 900포인트 | 900포인트 | 1,600포인트 |
| 연간한도 | 75만 포인트 | 없음 | 125만 포인트 | 없음 |
| 전환비율 | 25포인트=1 대한항공 마일리지 | 18포인트=1 대한항공 마일리지 | 25포인트=1 대한항공 마일리지 | 16포인트=1 대한항공 마일리지 |
| 전환시점 | 전환신청 2일 후(영업일 기준) | 전환신청 2일 후(영업일 기준) | 전환신청 2일 후(영업일 기준) | 전환신청 2일 후(영업일 기준) |
| 취소방법 | 당일 취소 | 당일 취소 | 당일 취소 | 당일 취소 |

| 구분 | 아시아나항공 | | |
|------|-----------|--------|-------------|
| | HI-POINT | TRAVEL | THE PREMIER |
| 전환요건 | 1,000포인트 이상 | 5,000포인트 이상 | 5,000포인트 이상 |
| 교환단위 | 1,000포인트 | 1,000포인트 | 1,000포인트 |
| 연간한도 | 200만 포인트 | 없음 | 112만 5천포인트 |
| 전환비율 | 20포인트=1 아시아나항공 마일리지 | 15포인트=1 아시아나항공 마일리지 | 15포인트=1 아시아나항공 마일리지 |
| 전환시점 | 전환신청 2일 후(영업일 기준) | 전환신청 2일 후(영업일 기준) | 전환신청 2일 후(영업일 기준) |
| 취소방법 | 당일 취소 | 당일 취소 | 당일 취소 |

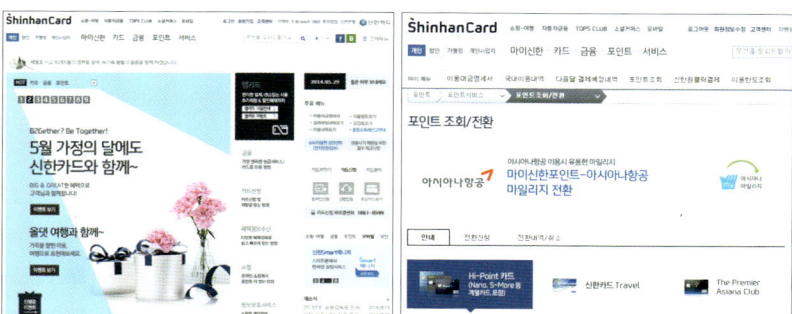

신한카드 홈페이지                    포인트 전환

# 다양한 마일리지
# 적립 및 전환 방법

비행기를 타는 것과 신용카드를 사용하는 것 이외에도 마일리지를 적립하거나 전환할 수 있는 방법은 다양하다. 필요한 만큼 마일리지를 구입할 수도 있고, 그동안 모아놓은 포인트를 마일리지로 전환할 수도 있다. 보너스항공권을 발급받으려고 할 때 일정 부분의 마일리지가 부족하다면 전환이나 구입과 같은 방법으로 마일리지를 제대로 활용할 수 있다.

## 01 OK캐쉬백 포인트를 마일리지로 전환하기

OK캐쉬백 포인트는 편의점이나 마트 등에서 쇼핑할 때 쉽게 적립할 수 있기 때문에 이 포인트를 모으는 사람이 많다. 꼭 관심을 가지고 모으지 않더라도, SKT와 관련된 서비스를 사용하다보면 차곡차곡 모이기도 한다. OK캐쉬백도 거의 현금처럼 사용할 수 있는 포인트로 대한항공 마일리지로 전환이 가능하다.

OK캐쉬백(www.okcashbag.com)

OK캐쉬백의 마일리지 전환율은 대한항공 22포인트당 1마일리지, 싱가포르항공 25포인트당 1마일리지이다. OK캐쉬백은 카드사 포인트에 비해 상대적으로 모으기 쉽다는 장점도 있으므로 부가적인 적립방법으로 유용하다. OK캐쉬백은 5만점 이상 모았을 경우 현금으로 캐쉬백도 가능하다.

| 구분 | 대한항공 | 싱가포르항공 |
|------|----------|--------------|
| 전환요건 | 22포인트 이상 | 25포인트 이상 |
| 전환한도 | 연 132만 포인트 | 없음 |
| 전환비율 | 22포인트=1 대한항공 마일리지 | 25포인트=1 싱가포르항공 마일리지 |
| 전환시점 | 실시간 | 48시간 이내 |

## 02 GS&POINT를 아시아나항공 마일리지로 전환하기

GS&POINT는 OK캐쉬백 포인트와 마찬가지로 생활 속에서 조그만 신경 쓰면 적립할 수 있는 포인트이다. GS&POINT의 아시아나항공 전환비율은 20:1로 타사 포인트들과 비교하면 좋지 않은 전환비율이다. GS&POINT홈페이지 내 포인트환전소에서 전환 가능하다.

| 구분 | 아시아나항공 |
| --- | --- |
| 전환요건 | 2,500포인트 이상 |
| 전환한도 | 일 250,000, 년 2,500,000포인트 |
| 전환비율 | 25포인트=1 아시아나항공 마일리지 |
| 전환시점 | 실시간 |

GS&POINT(www.gsnpoint.com)

## 03 S-OIL S-포인트를 대한항공 마일리지로 전환하기

S-OIL에서 주유를 할 때 쌓이는 S-포인트는 포인트몰에서도 결제가 가능하지만, 대한항공으로도 마일리지 전환이 가능한 포인트이다. S-OIL에서 주유를 한다면, 모아둔 포인트를 대한항공 마일리지로 적립하여 이중으로 적립하는 효과를 노릴 수 있다.

| 구분 | 대한항공 |
| --- | --- |
| 전환요건 | 2,000포인트 이상 |
| 연간한도 | 200,000포인트 |
| 전환비율 | 20포인트=1 대한항공 마일리지 |
| 전환시점 | 3일 이내 |

S-oil 보너스(www.s-oilbonus.com)

## 04 SHOP&MILES 제휴사를 통한 항공 마일리지 적립하기

아시아나항공에서 새롭게 시작한 리워드 프로그램으로 아시아나클럽과 제휴된 곳에서 구매했을 경우 1,000원당 최대 5마일까지 적립해주는 서비스이다. 샵앤마일즈 제휴사들의 기본 적립비율이 정해져 있기는 하지만, 시기에 따라서 기본 적립률 이외에 추가로 마일리지를 제공한다. 이렇게 추가로 마일리

샵앤마일즈(www.flyasiana.com)

지를 제공하는 쇼핑몰을 이용하면 조금 더 쉽게 마일리지를 적립할 수 있다. 다만 최근에는 네이버쇼핑이나 어바웃 등을 경유할 경우 가격이 더 저렴해지는 경우가 많기 때문에, 적립되는 마일리지의 가치와 경유해서 할인받았을 때의 가치를 비교해 보고 더 유리한 방법을 선택하는 지혜가 필요하다.

## 05 각 항공사 제휴사를 통한 항공 마일리지 적립하기

각 항공사들은 항공연맹 외에도 다양한 업체들과 제휴를 맺고 있다. 이런 제휴사들을 이용하면 마일리지를 추가로 적립할 수 있는데 대표적으로 호텔, 렌터카, 은행, 면세점 등이 포함된다. 제휴사 목록은 각 항공사 홈페이지의 마일리지 프로그램 페이지에서 확인할 수 있다.

### • 호텔

호텔은 일반적으로 본인이 직접 호텔 사이트를 통해 결제한 경우에 한해서 적립이 되며, 여행사 등을 통해 숙박하는 경우 적립되지 않는다. 항공사와 제휴 조건에 따라 조금씩 다른데 보통 1회 숙박당 250~500마일리지를 제공하거나, US1달러당 1~2마일을 제공하는 것이 일반적이다. 국내 항공사뿐만

호텔

아니라 외항사로의 적립도 가능하다. 아시아나항공을 경유해 호텔앤조이 또는 익스피디아에서 호텔을 예약할 경우 1,000원당 3마일을 적립해 준다.

### • 렌터카

대한항공은 한진렌터카, AJ렌터카, HERTZ, AVIS, ALAMO, NATIONAL을 이용할 때 마일리지 적립이 가능하고, 아시아나항공은 금호렌터카 및 렌탈카스를 이용할 때 적립 가능하다. 특히 렌탈카스는 1,000원당 5마일을 적립해주므로 적립율이 높은 편이다. 다른 외국항공사들도 항공사마다 다르

렌터카

나 HERTZ, AVIS, BUDGET 등 국제적으로 유명한 항공사들과 제휴를 맺고 있는

경우가 많다. 항공사에 따라 1회 임차당 또는 총 결제액을 기준으로 마일리지를 제
공한다.

- **환전**

  대한항공과 아시아나항공은 제휴를 맺
  은 은행에서 환전했을 경우, 일정 금액
  당 마일리지를 적립해준다. 하지만 이
  와 같은 마일리지 적립혜택을 받으려면
  환율우대를 포기해야 하는데, 일반적
  으로 환율우대를 통해서 얻을 수 있는
  이익이 더 큰 경우가 많기 때문에 환전
  을 통한 마일리지 적립을 하는 경우는
  많지 않다.

대한항공 환전 시 마일리지 적립 안내 페이지

- **기타 제휴사**

  아시아나항공의 샵앤마일즈와 같은 곳
  을 통해 적립할 수도 있고, 캐세이패시
  픽과 같은 경우 따로 쇼핑몰을 운영하
  기도 한다. 그 외에도 항공사와 직간접
  적으로 연결된 제휴사들을 이용할 때
  마일리지를 적립할 수 있다. 대한항공
  의 한진택배나 아시아나항공의 신라면
  세점, 에스로밍, 현대해상보험 등이 대
  표적인 예이다.

아시아나 적립 제휴사 소개 페이지

# 국내 항공사 마일리지 가치는 어느 정도일까?

마일리지를 적립하는 사람은 많지만 마일리지가 현금과 비교해서 얼마만큼의 가치가 있는지 알고 있는 사람은 많지 않다. 그도 그럴 것이 마일리지는 어떻게 사용하느냐에 따라 1마일 당 5원이 될 수도 있고, 50원이 될 수도 있기 때문이다. 마일리지 사용 가능 범위도 보너스항공권에서부터 점점 다양화가 되면서 호텔 숙박이나 쇼핑몰에서도 사용할 수 있게 되었다.

## 01 마일리지의 가격은?

요즘 신용카드사 포인트나 각종 적립 포인트를 항공 마일리지로 전환해주는 곳이 많다. 전환비율은 각 회사마다 다르지만, 일반적 비율은 15~20포인트 당 1마일 정도로, 보통 현금과 1:1 취급하는 포인트 전환시점에서 볼 때 15~20원 정도의 가치를 가진다고 할 수 있다. 하지만 이는 사용자 입장이고, 각 회사들이 항공사에서 마일리지를 구입하는 가격은 이보다 훨씬 저렴하다고 볼 수 있다. 그럼 마일리지를 직접 구매하면 얼마나 할까? 외국 항공사는 마일리지를 직접 구매할 수 있는 경우가 많다. 사용자가 직접 마일리지를 구입할 때 각 항공사별 가격은 다음 표를 참고하자.

| 항공사 | 델타항공(스카이팀) | 타이항공(스타얼라이언스) | 캐세이패시픽(원월드) |
|---|---|---|---|
| 판매 단위 | 2,000마일 | 2,000마일 | 1,000마일 |
| 판매 가격 | 2,000마일당 USD $70 | 2,000마일당 USD $75.25 | 1,000마일당 USD $29.50 |
| 최대 구매 한도 | 60,000마일 | 150,000마일 | 80,000마일 |

각 항공연맹 소속사들의 마일리지 판매 가격은 조금씩 다르지만 평균적으로 100마일 당 $3~4이다. 국내선을 이용하려면 10,000마일리지이므로 약 330,000원의 비용이 든다. 이 비용으로 마일리지를 구입해 국내선을 탈 사람은 없겠지만, 50,000마일로 갈 수 있는 목적지가 있는데, 적립 마일리지가

델타항공 마일리지 구입 페이지

48,000이라면 2,000마일 정도만 구입해도 된다. 항공사에 따라 주기적으로 구매 시 추가 마일 증정 프로모션을 하므로 그때 구입하면 20~30%까지 저렴하게 구입할 수도 있다.

**02  마일리지는 항공권을 구입할 때 최고의 가치가 있다**

포인트 전환과 마일리지 구매를 통한 가격은 실질적인 마일리지 가치보다 훨씬 높게 책정된다. 그러면 항공권과 판매 상품으로 마일리지 가치를 비교해보자. 항공권 가격은 시기에 따른 가격차가 크므로 준성수기 저렴한 항공권 가격을 기준으로 하였으므로 다음 표는 마일리지 가치를 판단하기 위한 기준 정도로만 생각해야 한다.

| 구분 | | 한국, 제주도 | 일본, 도쿄 | 인도네시아, 발리 | 인도, 뭄바이 | 영국, 런던 | 미국, 뉴욕 |
|---|---|---|---|---|---|---|---|
| 이코노미 좌석 | 항공권 가격 | 145,000 | 440,000 | 700,000 | 1,140,000 | 1,350,000 | 1,600,000 |
| | 요구 마일리지 | 10,000 | 30,000 | 40,000 | 50,000 | 70,000 | 70,000 |
| | 1마일당 가치 | 14.5 | 14.6 | 17.5 | 22.88 | 19.2 | 22.9 |
| 비즈니스 좌석 | 항공권 가격 | 243,000 | 985,000 | 2,222,500 | 2,380,000 | 5,720,000 | 6,440,000 |
| | 요구 마일리지 | 12,000 | 45,000 | 60,000 | 75,000 | 105,000 | 105,000 |
| | 1마일당 가치 | 22.0 | 21.8 | 37 | 32.7 | 55.6 | 59.8 |
| 이코노미 → 비즈니스 좌석 승급 | 항공권 가격 | 75,000 | 425,000 | 1,042,500 | 1,190,000 | 4,120,000 | 4,520,000 |
| | 요구 마일리지 | 3,000 | 20,000 | 25,000 | 25,000 | 60,000 | 60,000 |
| | 1마일당 가치 | 40 | 27 | 60.9 | 52.7 | 74.8 | 78 |

가장 가까운 제주도로 갈 때 이코노미 좌석은 1마일 당 14.5원이었던 것이 뉴욕으로 가면 22.9원으로 8.4원이나 상승한다. 비즈니스 좌석에서는 무려 59.8원으로 36.9원이나 상승했다. 이코노미와 비즈니스 사이의 가격 차이로 계산한 좌석 승급 가치는 뉴욕을 갈 때 마일리지 가치가 78원에 달한다.

유류할증료와 세금을 포함하지 않았기 때문에 마일리지의 가치가 조금 더 높게 나왔지만, 유효기간이 긴 마일리지 항공권 특성상 할인항공권보다는 그 가치가 더 크다고 볼 수 있다. 비즈니스 좌석은 할인 항공권이 나오는 경우가 드물기 때문에 마일리지로 비즈니스 좌석을 타게 되면 그 가치가 더 크다고 할 수 있다.

**03  마일리지를 다른 곳에서 사용하면 그 가치는 어느 정도일까?**

마일리지의 사용 가치는 사용하는 사람 입장에 달려있다. 여행으로 마일리지를 쌓았지만 더 이상 쌓을 일이 없다면 쇼핑몰에서 물건을 구입하는 것이 득일 것이다. 반면 항공권을 위해 꾸준히 적립한 사람에게는 다른 곳에 사용하는 마일리지는 빛 좋은 개살구에 지나지 않는다.

- **호텔**

호텔은 숙박비 대비 마일리지 요구가 높은 편이라 많이 사용하지 않지만, 에어텔의 경우 자주 사용하게 된다. 그렇다면 마일리지를 이용해 호텔을 예약하면 얼마만큼의 가치가 있는 걸까? 다음 표에 표시된 금액은 1달 후의 공식 홈페이지 기본룸 숙박가격이며, 마일리지는 가장 낮은 요구마일을 기준으로 하였다.

| 항공사 | 호텔명 | 숙박비 | | 요구 마일리지 | 1마일당 가치 |
|---|---|---|---|---|---|
| 대한항공 | KAL호텔(제주도) | 평일(월~목) 160,000원 | | 12,000마일 | 13.3원 |
| | | 주말(금~일) 210,000원 | | 20,000마일 | 10.5원 |
| | | 성수기(여름, 연말) 260,000원 | | 25,000마일 | 10.4원 |
| | 하얏트리젠시(인천) | 평일(일~목) 270,000원 | | 23,000마일 | 11.7원 |
| | | 주말(금~토) 290,000원 | | 27,000마일 | 10.7원 |
| | 와이키키 리조트(하와이) | 1일 약 160,000원 | | 15,000마일 | 10.6원 |
| 아시아나항공 | 금호리조트(제주) | 주중 105,000원 | | 12,500마일 | 8.4원 |
| | | 주말, 성수기 160,000원 | | 21,000마일 | 7.6원 |
| | 금호리조트(설악) | 주중 69,000원 | | 14,500마일 | 4.8원 |
| | | 주말, 성수기 125,000원 | | 26,500마일 | 4.7원 |

호텔 예약 가치는 가장 낮은 곳은 4원대, 높은 곳은 13원 정도로 발권하는데 이용하는 것보다 훨씬 낮은 가치라는 것을 알 수 있다. 더군다나 전체적으로 선호하지 않는 호텔이 많으므로 마일리지로 호텔을 예약할 필요는 없다고 봐도 무방하다.

대한항공 호텔 마일리지 예약 페이지

- **렌터카**

대한항공은 한진렌터카를 통해 제주도에서 렌터카를 빌릴 수 있으며, 아시아나 항공은 렌트카 서비스는 제공하지 않는다. 한진렌터카는 공식 가격은 높게 책정되었으나, 실제로는 50~70% 할인된 가격에 예약할 수 있다. 마일리지로 예약하는 렌터카는 자차를 별도로 들어야 한다. 결국 1마일 당 가치는

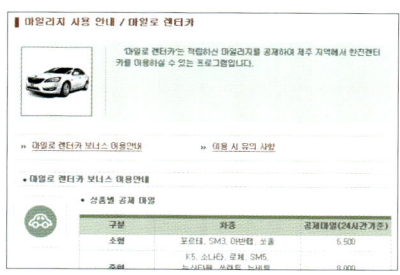

대한항공 렌터카 예약 페이지

성수기를 제외하면 다음 표에 표기한 것보다 50~70% 더 낮을 수밖에 없다고 봐도 무방하다. 그러므로 마일리지로 렌터카를 빌리는 것은 현명한 방법은 아니다.

| 항공사 | 자동차 종류 | 렌트 비용 | 요구 마일리지 | 1마일당 가치 |
|---|---|---|---|---|
| 대한항공 | 소형 | 70,000원 | 6,500마일 | 10.7원 |
| | 중형 | 100,000원 | 8,000마일 | 12.5원 |
| | 대형 및 고급 | 140,000원 | 13,000마일 | 10.7원 |

## • 그 외 평가 가치

대한항공은 그 외에도 마일리지로 리무진을 이용할 수 있는 서비스(인천~시내 2,000마일, 김포~시내 1,000마일)와 한진투어를 통한 마일리지 투어 서비스를 제공한다. 마일리지는 해외의 경우 60,000마일부터 공제되는데, 한진투어가 비싸다고는 하지만 그래도 동일 투어를 현금으로 참여하는 것과 비교하면

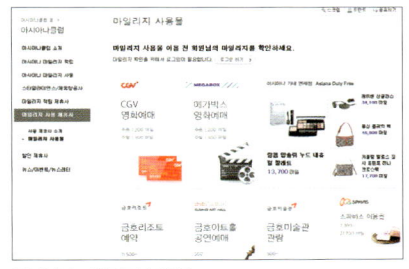
아시아나 마일리지 사용몰

1마일 당 7~9원 정도로밖에 평가되지 못하는 경우가 많다. 마일리지 투어를 예약했을 때 TAX 및 유류할증료는 별도이다.

아시아나는 영화관, 미술관 및 기내면세점 등에서 마일리지를 이용할 수 있는데, 다음 가격표를 보면 가치가 그리 높지 않다는 것을 알 수 있다. 9,000원인 평일 영화권이 1,200마일이 필요하고, 동남아 왕복항공권을 구할 수 있는 4만마일 이상으로는 롱샴 클러치백을 구입하는 정도이다. 동남아 왕복의 경우 가깝다면 그 정도 가치겠지만, 먼 곳이라면 클러치백 289,876원 이상의 가치를 하는 경우가 많다.

| 항공사 | 상품명 | 가격 | 요구 마일리지 | 1마일당 가치 |
|---|---|---|---|---|
| 대한항공 | KAL 리무진 | 16,000원 | 2,000마일 | 8원 |
| | | 7,500원 | 1,000마일 | 7.5원 |
| | 아키타 자유온천 3일 | 439,000원 | 60,000마일 | 7.3원 |
| | 미동부/캐나다동부 10일 | 2,090,000원 | 220,000마일 | 9.5원 |
| 아시아나항공 | CGV | 월~목 9,000원 | 1,200마일 | 7.5원 |
| | | 금~일 10,000원 | 1,300마일 | 7.7원 |
| | 기내면세점 – 비오템옴므로션 | 42,000원 | 8,000마일 | 5.25원 |
| | 기내면세점 – 롱샴 클러치백 | 289,876원 | 46,900마일 | 6.2원 |

# 도시 간을 운항하는 항공사, 이동거리와 시간 계산 방법

마일리지 적립을 위해 도시 간 운항거리를 궁금해 하는 사람이 많지만 경유를 하면 거리계산이 쉽지 않다. 국적기라면 한국어 홈페이지에서 그나마 찾을 수 있지만, 외국 항공사라면 원하는 항공편이 있는지조차 파악하기 쉽지 않기 때문에 알아보려면 많은 시간과 노력을 들여야 한다. 하지만 각 항공연맹에서 제공하는 프로그램을 사용하면 이런 수고를 덜 수 있다.

## 01 항공 관련 사이트의 운항 정보 도움받기

항공 마일리지를 적립하는 가장 기본적인 기준은 공항 간의 거리이다. 이 거리는 때때로 보너스항공권을 신청하는데 있어 중요한 잣대가 된다. 동북아, 동남아, 인도, 미주 등을 지역으로 구분해서 보너스항공권에 필요한 마일리지를 구분하는 항공사도 있지만, 공항 간 이동 거리를 합산하여 보너스항공권 발권에 필요한 마일리지를 산정하는 항공사도 있다. 과거에는 각 얼라이언스의 타임테이블까지 확인해가며 계산해야 했지만, 요즘은 여행사 사이트에서 운항 거리를 함께 표기해주는 경우가 많으므로 굳이 그런 수고를 하지 않아도 된다. 또한 항공사 홈페이지에서도 자체적으로 운항거리를 표기하는 곳들이 많다.

### • 항공권 예약 웹사이트

카약KAYAK의 경우 원하는 루트의 항공편을 검색하면 가격과 함께 비행시간, 비행거리 등의 정보를 추가내역Detail에서 알 수 있다. 또한 환승이 포함될 경우 환승에 따른 시간 및 각 항공편 거리도 알 수 있어 어느 항공편을 이용하

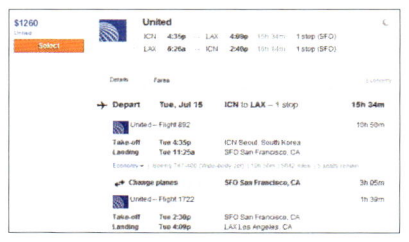

이동거리가 표시되는 카약의 검색결과

느냐에 따라 적립되는 마일도 확인 가능하다. 국내 사이트 중에도 이동 마일을 알려주는 곳이 있지만, 대부분 일목요연한 것이 아니라 여러 번 클릭해서 들어가야 하는 불편함이 있다.

### • 거리 계산 웹사이트

MILECALC, WebFlyer 등은 공항코드만 차례로 입력하면 자동으로 각 거리를 계산해주고, 추가적으로 항공사의 회원 등급, 부킹한 클래스 등을 입력하면 최종 적

립될 마일까지 보여주는 유용한 사이트다. 사이트가 거의 텍스트로만 되어 있어 처음에는 좀 어색하지만, 익숙해지면 공항코드만으로 바로바로 쉽게 전체 거리를 계산할 수 있다. 적립될 마일 확인뿐만 아니라, 거리제 마일리지 프로그램을 이용하는 항공사 예약 시에도 유용하다.

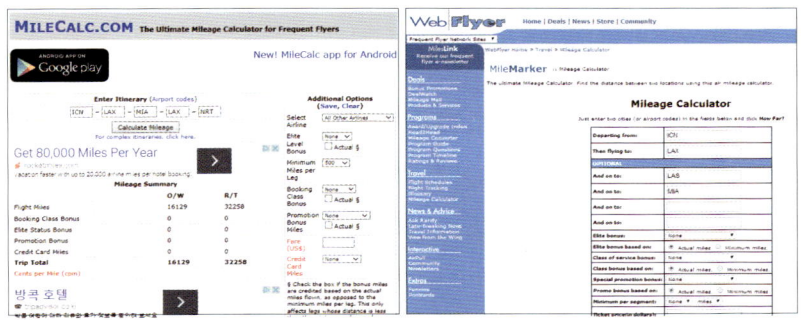

거리계산(milecalc.com)                    WebFlyer(www.webflyer.com/travel/mileage_calculator)

두 사이트 중 WebFlyer를 통해서 인천(ICN) – 로스엔젤레스(LAX) – 뉴욕(NYC) – 프랑크푸르트(FRA) – 인천(ICN) 루트를 검색해보니 총 거리가 17,580마일이 나왔다. 총 거리를 계산하기는 WebFlyer가 좋지만, 구간별 거리까지 보고 싶다면 MILECALC가 더 유용하다. 직항이 없는 경우 최단거리로 계산하므로, 세세하게 계산하고 싶다면 경유공항도 다 입력해줘야 한다. 직항의 위치를 잘 모르겠다면, 플라이트매퍼$^{FlightMapper}$ 사이트를 이용하면 된다.

MILECALC 결과

WebFlyer 결과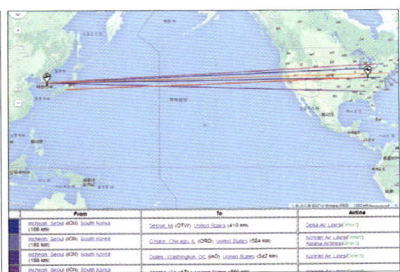
                               Flightmapper.net에서 검색해본 직항

• **얼라이언스 타임테이블**

항공사의 타임테이블을 이용하면 출도착 시간, 항공편, 소요 시간, 비행 거리까지 모두 일목요연하게 볼 수 있으며, 도시들을 직접 입력해보면서 취항여부까지 확인할 수 있다. 월 주기로 업데이트되며, 개별 여행에 어떤 항공기가 운행되는지 알고 싶은 사람들에게도 이 사이트는 매우 유용하다.

스카이팀의 경우 더 이상 타임테이블이 제공되지 않지만, 스타얼라이언스(www. staralliance.com/ko)와 원월드(www.oneworld.com)는 여전히 타임테이블을 제공한다. 스타얼라이언스는 [서비스] – [도구 및 다운로드] – [스타얼라이언스 시간표]를 클릭하여 다운로드할 수 있으며, 원월드는 [Flight Schedules] – [Down-loadable Timetable&apps]를 클릭하여 다운로드 할 수 있다. 그 외에도 각 얼라이언스에서 제공하는 세계일주 플래너를 이용하면, 단계적으로 항공권 여부와 거리 계산을 할 수 있어 이를 이용해도 좋다.

스타얼라이언스 타임테이블

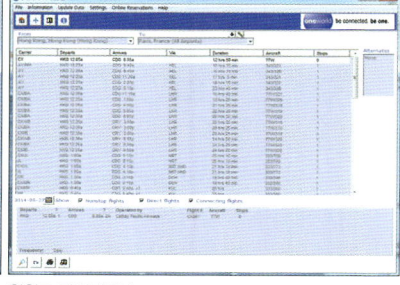

원월드 타임테이블

## 02 항공사노선지도 프로그램 이용하기

항공사노선지도 Airline Route Mapper 프로그램은 시각적으로 도시 간을 운항하는 항공사와 운항거리를 알고 싶을 때 유용하게 활용할 수 있다. 이 프로그램으로 비행기 출도착 시간은 알 수 없지만, 어떤 노선이 있는지 확인할 수 있기 때문에 거리 계산뿐만 아니라 한국에서 출발하지 않는 다양한 노선을 검색해

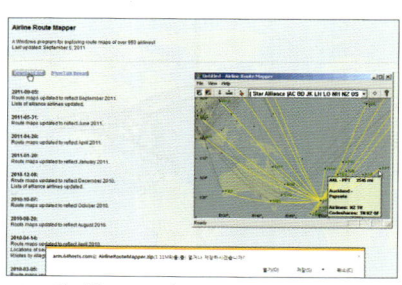

프로그램 다운로드 주소(http://arm.64hosts.com)

볼 수 있다. 전 세계의 항공기 노선이 주기적으로 업데이트되지만 최근 업데이트 기간이 느슨해졌다.

이 프로그램에서는 항공사 및 도시를 모두 코드로 표기한다. 대한항공KE, 아시아나항공OZ, 일본항공JL 등의 항공사 코드와 인천국제공항ICN, 도쿄 나리타공항NRT, 로스앤젤레스공항LAX 등과 같은 공항코드들이다. 하지만 각 도시에 마우스 포인터를 위치시키면 공항코드에 따른 이름과 취항하는 항공사의 항공코드까지 자

세하게 안내해주므로 이런 정보를 검색
하는데 큰 불편함은 없다.

지도상에 나와 있는 두 도시를 클릭하
는 것만으로 도시 간의 정보를 확인할
수 있는데, 그 외에도 공항코드, 이름
등으로도 검색할 수 있다. 또한 전 세
계 모든 항공사를 한꺼번에 검색할 수
도 있지만 스카이팀, 스타얼라이언스,

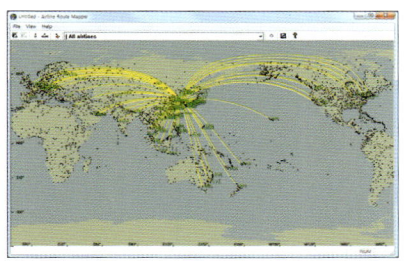

AIRLINE ROUTE MAPPER

원월드와 같은 항공연맹별로 볼 수 있고, 개별 항공사의 노선만을 확인할 수 있기
때문에 좀 더 자세한 정보를 필요로 하는 사람에게는 굉장히 유용한 프로그램이다.

## • 마일리지 계산하기

에어라인 루트맵퍼를 이용하면 쉽게 마일리지를 계산해볼 수 있다. 자신이 비행할
구간의 마일리지를 실제 계산해보자. 이렇게 계산하다보면, 거리계산뿐만 아니라 얼
마나 다양한 노선들이 있는지 찾아보는 재미에 빠져들기도 한다. 여기서는 한국에서
많이 이용하는 직항 및 경유 노선들을 계산해보겠다. 이 프로그램에서는 자신이 출
발하고자 하는 도시를 선택하면 그곳에서 연결되는 공항들이 모두 나타나므로 원하
는 노선에 마우스포인터를 가져다 대면 추가적인 정보를 확인할 수 있다.

비행기를 탈 때 직항을 이용하는 것이 가장 편리하지만 여행 기간이 길고 중간에 경
유하는 국가도 여행하고 싶다면 다른 나라를 경유하는 스톱오버 가능 항공권을 구
입하는 것이 좋다. 일본을 거쳐서 뉴욕으로 가는 항공편은 직항과 경유편이 약 600
마일 정도지만 싱가포르를 거쳐 파리로 가는 항공편은 약 4,000마일 정도가 차이난
다. 만약 마일리지가 적립 가능한 항공권이고, 싱가포르까지 여행할 계획이라면 당
연히 후자를 이용하는 것이 훨씬 유리하다. 그만큼, 여행을 하면서 다양한 노선들이
있으므로 항공권을 구입할 때 자신이 구입할 항공권이 어디를 경유하는지를 확인하
고 마일리지를 계산해보면 재미있는 결과를 얻을 수 있다.

에어라인 루트맵퍼에서 나오는 거리는 실제 소요 마일과 다소 다른 경우도 있으므
로, 거리제 보너스항공권을 발권할 예정이라면 항공권 예약 시에 다시 한 번 확인할
필요가 있다. 장거리 구간이라면 100~200마일 정도의 오차도 있기 때문에, 루트매
퍼에서 불가능해 보이는 루트가 때로는 가능할 수도 있고, 그 반대가 될 수도 있다.

## • 한국 인천국제공항(ICN) → 미국 JFK국제공항(JFK)

한국의 인천국제공항에서 미국의 JFK국제공항까지 항공노선을 확인해보면 직항을
이용할 때는 비행거리가 6,898마일로 계산된다. 하지만 경유를 하는 경우에는 마일

이 생각보다 많이 길어지는데, 인천 국제공항에서 일본의 도쿄 나리타공항을 경유하여 미국 JFK국제공항까지 가는 항공노선을 검색해보자. 인천국제공항에서 도쿄 나리타공항까지가 782마일이고, 도쿄 나리타공항에서 미국 JFK국제공항까지는 6,736마일이므로 총 7,518마일이 된다.

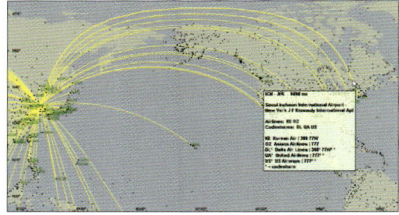

직항 이용 시 6,898마일

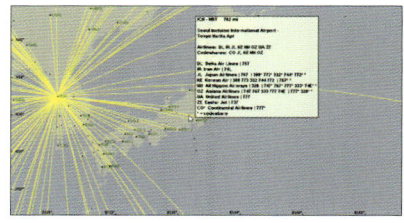
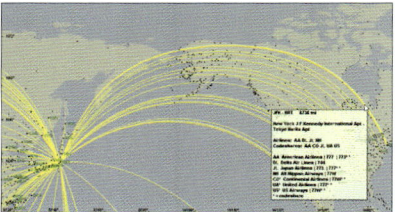

일본의 도쿄 경유 시 782마일 + 6,736마일 = 7,518마일

### • 한국 인천국제공항 → 프랑스 샤를드골국제공항

이번에는 한국의 인천국제공항에서 프랑스의 샤를드골국제공항까지 항공노선을 확인해보자. 직항으로 계산해보면 비행거리는 총 5,552마일로 계산된다. 여기서도 경유 도시의 공항을 선택한다면 비행거리가 달라진다. 만일 싱가포르를 경유하여 프랑스 샤를드골국제공항까지 비행 노선을 검색해보면, 인천 국제공항에서 싱가포르 창이국제공항까지가 2,877마일이고, 싱가포르 창이국제공항에서 프랑스 샤를드골국제공항까지는 6,670마일이므로 총거리는 9,547마일로 계산된다.

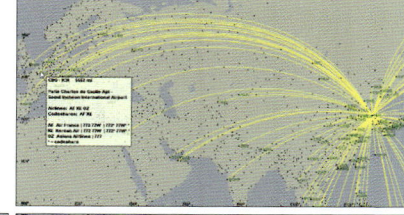

직항 이용 시 5,552마일

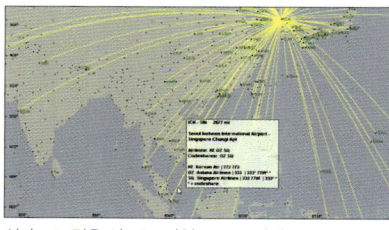

싱가포르 경유 시 2,877마일 + 6,670마일 = 9,547마일

## 대한항공의
## 마일리지 분석

대한항공은 아시아나항공과 함께 가장 많이 이용하는 항공사이다. 특히 마일리지에 관심이 없는 사람도 기본적으로 가입되어 있어 비행기를 이용할 때 마일리지가 적립된다. 대한항공은 스카이팀 일원으로 다른 항공사를 이용할 때도 대한항공 마일리지를 적립할 수 있다.

### 01 대한항공의 마일리지 프로그램 스카이패스 이해하기

대한항공 마일리지 프로그램은 스카이패스Skypass이다. 대한항공 마일리지는 쌓기가 다소 어렵지만, 보너스항공권을 신청할 때에는 좌석의 여유가 상대적으로 많아 유리하다. 탑승 외에도 신용카드나 기타 포인트 등으로 마일리지를 적립할 수 있고, 이를 활용해 홈페이지에서 간단하게 항공권을 구하거나 업그레이드할 수 있다. 대한항공 마일리지

대한항공 스카이패스(kr.koreanair.com)

는 유효기간이 10년이지만, 2008년 이전에 적립된 마일리지는 유효기간이 적용되지 않는다. 과거 평생 유지에서 10년으로 한정됐지만 마일리지를 적립하고 활용하기에는 충분한 시간이다.

대한항공의 스카이패스는 모닝캄등급까지는 어렵지 않지만, 그 이상의 등급인 모닝캄프리미엄과 밀리언마일러가 되기는 쉽지 않다. 두 등급은 자격마일 자체가 높기 때문에 일반적인 여행을 하는 여행자들은 등급 자격조건을 채우기가 어렵다. 모닝캄등급의 경우 2년 유효기간 중 총 4회 라운지를 이용할 수 있다. 모닝캄프리미엄 이상은 탑승 당일 라운지를 동반인과 사용할 수 있다. 이렇게 등급이 올라가면 무료 수화물 허용량이 증가되고 전용카운터, 수하물 우선처리 등의 혜택이 주어진다.

| 등급 | 자격 마일리지 | 자격 비행횟수 | 유효기간 | 스카이팀등급 |
|---|---|---|---|---|
| 밀리언마일러 | 1,000,000 이상 | 없음 | 평생/없음 | Elite Plus |
| 모닝캄프리미엄 | 500,000 이상 | 없음 | 평생/없음 | Elite Plus |
| 모닝캄 | 50,000(대한항공 탑승 실적 3만 이상) | 대한항공 40회 | 2년/대한항공 3만 이상 또는 20회 이상 탑승 | Elite |
| ※ 국내선 1회 탑승 0.5회로 계산. 적립 불가 항공권은 탑승 횟수에 포함되지 않는다. | | | | |

## 02

## 대한항공 마일리지 적립 방법과 적립비율

대한항공은 스카이팀의 회원사로 스카이팀에 가입된 항공사를 이용할 때 스카이패스로 적립할 수 있다. 이용하는 항공사가 스카이팀에 해당하지 않더라도 에미레이트항공, 하와이안항공, 알라스카항공, 에티하드항공의 경우 대한항공에 마일리지를 적립할 수 있다. 다음 표는 대한항공이 속한 스카이팀과 제휴 항공사 리스트이다.

| | |
|---|---|
| 스카이팀 회원사 | 아에로플로트, 아르헨티나항공, 아에로멕시코, 에어유로파, 에어프랑스, 알이탈리아, 대만중화항공, 중국동방항공, 중국남방항공, 체코항공, 델타항공, 가루다인도네시아항공, 케냐항공, KLM네덜란드항공, 대한항공, 중동항공, 사우디아항공, 루마니아타롬항공, 베트남항공, 샤먼항공 |
| 대한항공 제휴 항공사 | 에티하드항공, 에미레이트항공, 하와이안항공, 알라스카항공 |

대한항공 마일리지 프로그램에는 가족 마일리지제도가 있다. 가족의 마일리지를 합산해서 사용할 수 있는데, 마일리지 합산 외에도 보너스 양도도 가능하다. 마일리지 합산은 본인을 중심으로 배우자, 친부모, 자녀, 친조부모, 친손자녀까지 가능하다. 이렇게 합산한 마일리지는 본인 마일리지가 부족할 때 가족 마일리지를 가져다 쓸 수 있어 유용하게

대한항공 가족마일리지 안내

활용할 수 있다. 형제자매 등은 마일리지 합산은 불가능하지만 본인 마일리지로 양도 가능한 범위라면 마일리지 항공권을 끊어주는 보너스항공권 양도는 가능하다.

대한항공은 스카이팀등급에 따른 마일리지 추가 적립 혜택은 없으며, 기타 제휴 항공사들의 좌석 클래스에 따른 적립비율도 다른 제휴사에 비해 낮은 편이다. 때문에 다른 스카이팀 항공 이용 시 해당 항공사에는 100% 적립되지만, 대한항공에는 50%나 0%가 적립되는 경우도 꽤 있다.

대한항공 마일리지는 호텔, 렌터카, 신용카드, 기타 제휴사를 통해 적립할 수 있는데, 호텔이나 렌터카의 경우 여행사를 통해 할인된 가격으로 결재하면 적립이 안 될 수도 있다. 사실 일

| 탑승 클래스 및 예약등급 | | | 적립비율 |
|---|---|---|---|
| 구분 | 일등석 | R | 200% |
| | | P | 165% |
| | | F | 150% |
| | 프레스티지석 | J | 135% |
| | | C, D, I | 125% |
| | 일반석 | Y, W, B, M, H, E, L, K | 100% |
| | | G(단체) | 80% |
| | | Q, T(특별 할인 운임) | 70% |
| | A, O, X, N, V | | 적립불가 |

〈대한항공 클래스별 적립비율〉

반인들은 비행기를 타는 것보다 신용카드를 이용하면서 적게는 1,500원당 1마일, 많게는 1,500원당 3마일까지 적립할 수 있다. 이외에도 OK캐쉬백, 환전 등 다양한 기타 제휴사의 적립 프로그램으로 적립이 가능하다.

## 03 대한항공 마일리지 사용하기

마일리지는 적립보다는 사용에 관심이 더 크다. 대한항공의 보너스항공권 공제 내역을 살펴보면, 이코노미 항공권을 마일리지로 구할 경우 일본, 동북아 30,000, 동남아 40,000, 인도 50,000, 북미, 유럽 70,000, 남미 100,000마일이 필요하다. 이는 아시아나항공과 큰 차이가 없다. 대한항공은 보너스항공권을 편도로도 받을 수 있는데 이때는 요구 마일리지의 50%만 공제한다. 홍콩이 동남아에서 동북아로 변경되어 요구 마일리지가 30,000마일로 변경된 점은 환영할 만하다.

| 구간 | 시즌 | 일반석 | 프레스티지석 | 일등석 |
|---|---|---|---|---|
| 한국 내 국내선 | 평수기 | 10,000 | 12,000 | |
| | 성수기 | 15,000 | 18,000 | |
| 일본, 동북아 | 평수기 | 30,000 | 45,000 | 65,000 |
| | 성수기 | 45,000 | 65,000 | 95,000 |
| 동남아시아 | 평수기 | 40,000 | 70,000 | 90,000 |
| | 성수기 | 60,000 | 105,000 | 135,000 |
| 서남아시아 | 평수기 | 50,000 | 90,000 | 115,000 |
| | 성수기 | 75,000 | 135,000 | 175,000 |
| 북미, 대양주, 유럽, 중동, 아프리카 | 평수기 | 70,000 | 125,000 | 160,000 |
| | 성수기 | 105,000 | 185,000 | 240,000 |
| 남미 | 평수기 | 100,000 | 180,000 | 220,000 |
| | 성수기 | 150,000 | 270,000 | 330,000 |

〈대한항공 마일리지 공제표, 한국 출발 기준〉

대한항공은 마일리지 공제 외에도 스카이팀과 제휴 항공사 프로그램을 이용해 보너스항공권을 발급받을 수도 있다. 스카이팀 보너스 공제표는 대한항공 공제율보다 높은 마일리지를 요구하지만, 잘 살펴보면 유리한 부분도 많다. 동일한 100,000마일로 대한항공이 상파울로만 취항하지만 스카이팀 공제표는 남미뿐 아니라 중남부 아프리카나 인도양까지 갈 수 있다. 또한, 직항인 대한항공 보너스항공권과 달리, 2번의 스톱오버 또는 1번의 스톱오버와 1번의 오픈조Open Jaw(도착지와 연결되는 출발지가 다른 경우)를 이용할 수 있다.

스카이팀 외에도 제휴 항공사의 보너스항공권은 유용하게 사용할 수 있다. 에미레이트항공은 중동 지역 내에서 10,000~25,000마일로 두바이, 이란, 이집트, 파키스탄,

오만 등 다양한 지역을 왕복할 수 있으며, 하와이안항공은 10,000마일로 하와이에서 주내선 왕복을 이용할 수 있다.

| 출발지 | 목적지 | 일반석 | 비즈니스석 | 일등석 |
|---|---|---|---|---|
| 동북아<br>(한국포함) | 동북아 | 40,000 | 60,000 | 80,000 |
| | 동남아 | 50,000 | 75,000 | 100,000 |
| | 서남아 | 60,000 | 90,000 | 115,000 |
| | 대양주, 미국/캐나다, 멕시코/하와이/중미, 유럽, 북아프리카, 중동 | 80,000 | 140,000 | 180,000 |
| | 남미1 | 90,000 | 16,000 | 210,000 |
| | 남미2 | 100,000 | 180,000 | 200,000 |
| | 중/남부아프리카, 인도양 | 100,000 | 170,000 | 220,000 |

〈스카이팀 마일리지 공제표〉

그 외에도 마일리지로 좌석 승급을 할 수 있다. 일본, 동북아는 20,000, 동남아는 25,000, 북미, 유럽은 60,000, 남미는 100,000마일로 보너스항공권을 받는 것과 별반 차이가 없고, 남미의 경우 보너스항공권과 공제마일리지가 동일하다.

| 구간 | 시즌 | 일반석→프레스티지석 | 프레스티지석→일등석 |
|---|---|---|---|
| 국내선 | 평수기 | 3,000 | |
| | 성수기 | 4,000 | |
| 일본, 동북아 | 평수기 | 20,000 | 25,000 |
| | 성수기 | 30,000 | 35,000 |
| 동남아시아 | 평수기 | 35,000 | 35,000 |
| | 성수기 | 50,000 | 50,000 |
| 서남아시아 | 평수기 | 40,000 | 60,000 |
| | 성수기 | 40,000 | 60,000 |
| 북미, 대양주, 유럽, 중동 | 평수기 | 80,000 | 80,000 |
| | 성수기 | 120,000 | 120,000 |
| 남미 | 평수기 | 130,000 | 130,000 |
| | 성수기 | 195,000 | 195,000 |

〈대한항공 좌석 승급 마일리지 공제표〉

대한항공은 마일리지 공제율이 높은 편이고, 보너스항공권이나 좌석 승급에 성수기라면 50%를 추가공제하므로, 성수기에는 매우 나쁜 보너스항공권 공제율이 된다. 과거에는 2명을 한꺼번에 공제할 때 10% 할인이 가능했지만, 현재 그 제도는 폐지되었다. 대한항공 마일리지를 이용한 세계일주항공권은 140,000마일(비즈니스 클래스 220,000마일)로 발급받을 수 있다. 세계일주항공권으로 최대 6회의 중도 체류가 가능하며, 스카이팀 항공사를 모두 이용할 수 있다. 미국을 2번 왕복할 마일리지라면 세계일주를 할 수 있기 때문에 이것을 목표로 마일리지를 모으는 사람도 많다.

| 노선 | 출발지 | 목적지 | 2014년 | 2015년 |
|---|---|---|---|---|
| 국내선 | 한국 내 국내선 | | 1.1 / 1.29~2.3 / 5.3~5.6 / 6.6~6.8 / 7.19~8.24 / 9.5~9.10 / 10.3~10.5 / 10.9 / 10.11~10.12 / 12.25~12.31 | 1.1~1.4 / 2.17~2.23 / 5.1~5.5 / 5.22~5.25 / 7.23~8.23 / 9.25~9.30 / 10.9~10.11 / 12.25, 12.27 / 12.31 |
| 미주 이외 노선 | 한국, 일본, 중국/ 동북아, 동남아/괌, 서남아, 유럽/중동/ 아프리카, 대양주 | 한국, 일본, 중국/ 동북아, 동남아/괌, 서남아, 유럽/중동/ 아프리카, 대양주 | 1.1~1.5 / 1.29~2.3 / 7.18~8.24 / 9.5~9.10 / 12.20~12.31 | 1.1~1.4 / 2.17~2.23 / 7.17~8.23 / 9.25~9.28 / 12.19~12.31 |
| 미주노선 | 한국, 일본, 동북아, 서남아, 대양주 | 북미, 남미 | 1.1~1.5 / 1.29~2.3 / 7.18~8.24 / 9.5~9.10 / 12.20~12.31 | 1.1~1.4 / 2.17~2.23 / 7.17~8.23 / 9.25~9.28 / 12.19~12.31 |
| | 북미, 남미 | 한국, 일본, 동북아, 동남아, 서남아, 대양주, 북미, 남미 | 5.16~7.1 / 12.10~12.25 | 5.15~6.30 / 12.10~12.25 |

〈대한항공 보너스 성수기〉

## 04  대한항공 마일리지 프로그램 총평

대한항공 마일리지 프로그램은 한국 사람이라면 그나마 메리트가 있지만 전체적으로 보면 평범한 편이다. 해외여행을 자주하지 않는 사람들에게 가장 큰 메리트였던 평생 마일리지가 10년 제한으로 변경되고, 성수기에는 공제마일리지가 높아져 사용하기 힘들기 때문이다. 그렇지만 우리나라 국적기이기 때문에 적립과 활용이 쉽고, 실제 비행기를 타지 않고도 적립할 수 있는 방법이 다양하기 때문에 가장 많이 이용하는 마일리지 프로그램이기도 하다.

대한항공의 보너스항공권은 성수기가 아니라면 구하기가 어렵지 않다. 일반적으로 1~2달 정도 여유를 잡으면 보너스항공권을 구할 수 있고, 장거리의 경우 마일리지 좌석이 상대적으로 여유가 있다. 또한 대한항공 홈페이지에서 직접 보너스항공권 신청이 가능하므로 좌석 여부를 확인하기도 편리하다. 그런 이유로 대한항공 마일리지는 한국어가 지원되지 않는 타 항공사에 적립하는 것이 불안하거나 신용카드를 사용해서 적립하는 마일리지가 비행 마일리지보다 많은 사람에게 적당하다.

*에어프랑스항공의*

*마일리지 분석*

에어프랑스를 타고 유럽으로 여행한 사람이라면 에어프랑스의 마일리지 프로그램인 플라잉블루 마일리지를 적립했을 것이다. 보통 에어프랑스 단체 항공권이 대한항공에서는 적립되지 않지만 에어프랑스에서는 25%를 인정해준다. 이번 섹션에서는 에어프랑스항공 마일리지를 분석해보자.

## 01 에어프랑스항공의 마일리지 프로그램 플라잉블루 이해하기

에어프랑스 마일리지 프로그램인 플라잉블루<sup>Flying Blue</sup>는 KLM네덜란드항공과 마일리지 프로그램을 공유한다. 에어프랑스는 순수 비행 마일리지 외에는 적립 방법이 없어 많은 사람이 가입하지 않지만, 스카이팀 항공사를 많이 이용하는 사람 중에는 가입한 사람이 꽤 있다. 에어프랑스의 플라잉블루는

에어프랑스 플라잉블루(www.airfrance.co.kr)

마일리지 공제율이 타 항공사에 비해 높지만, 등급이 올라가면 추가로 적립해주는 마일리지가 높다보니 비행기를 자주 타면 탈수록 유용한 마일리지 프로그램이다. 또한 홈페이지에서 한글을 지원하기 때문에 플라잉블루 프로그램의 혜택을 받는데 별 어려움이 없다.

에어프랑스는 과거 프랑스가 아프리카의 여러 나라를 식민지로 둔 영향 때문에 아프리카 취항노선이 많고, 그 중에는 에어프랑스를 이용하지 않으면 가기 힘든 도시도 여러 곳 있다. 에어프랑스 마일리지는 유효기간이 20개월이지만 기간 내에 에어프랑스나 KLM네덜란드항공, 에어칼린 또는 스카이팀 항공사를 이용한다면 다시 적립 시부터 20개월로 연장된다. 그렇기 때문에 탑승이 잦은 사람이라면 에어프랑스 마일리지를 계속 유지하기가 어렵지 않다. 심지어 가장 저렴한 국내선을 이용해 마일리지 유효기간을 연장하는 방법도 있다.

플라잉블루의 첫 번째 등급인 실버는 25,000마일이 필요한데, 이를 갖추면 바로 유효기간 1년의 실버등급으로 승급된다. 1년 동안 자격마일을 유지하거나 그 이상 적립하면 승급하게 된다. 최소 실버등급만 유지하더라도 비행 마일에서 50%를 추가로 적립해주기 때문에 등급이 높아질수록 적립 마일리지는 기하급수적으로 늘어난다. 단 보너스로 받은 마일은 자격 마일리지에 해당하지 않는다. 이 덕분에 에어프랑스

의 보너스항공권 요구 마일이 다소 높음에도 다른 항공사들에 비해 불리하게 보이지는 않는다.

| 등급 | 자격 마일리지 | 자격 비행횟수 | 보너스 마일 | 유효기간 | 스카이팀등급 |
|------|----------------|----------------|-------------|----------|----------------|
| 플래티넘 | 70,000 이상 | 60회 | 100% | 1년 | Elite Plus |
| 골드 | 40,000 이상 | 30회 | 75% | 1년 | Elite Plus |
| 실버 | 25,000 이상 | 15회 | 50% | 1년 | Elite |

에어프랑스의 골드등급 이상은 스카이팀의 라운지를 무료로 이용할 수 있는 스카이팀 엘리트플러스Skyteam Elite Plus 등급이 되며, 그에 따른 모든 혜택을 누릴 수 있다.

## 02 에어프랑스항공의 적립 방법과 적립비율

에어프랑스/KLM네덜란드항공은 스카이팀 회원사로 다른 스카이팀을 이용할 때에도 마일리지 적립이 가능하다. 스카이팀 이외에도 제휴 항공사가 굉장히 많은데, 일본항공(JAL), 말레이시아항공, 알라스카항공, 뉴칼레도니아로 유명한 에어칼린 등이 있다. 제휴 항공사가 많다보니 스카이팀의 항공사를 이용하지 않아도 마일리지를 적립할 기회는 많다. 단 기타 항공사 이용 실적은 자격마일로 산정되지 않는다.

| | |
|---|---|
| 스카이팀 회원사 | 아에로플로트, 아르헨티나항공, 아에로멕시코, 에어유로파, 에어프랑스, 알이탈리아, 대만중화항공, 중국동방항공, 중국남방항공, 체코항공, 델타항공, 가루다인도네시아항공, 케냐항공, KLM네덜란드항공, 대한항공, 중동항공, 사우디아항공, 루마니아타롬항공, 베트남항공, 샤먼항공 |
| 에어프랑스/KLM네덜란드항공 제휴 항공사 | 에어칼린, 에어코르시아, 에어 모리셔스, 알라스카항공, 방콕항공, 콤에어, 코파항공, 골, HOP!, 일본항공, 제트에어웨이즈, 말레이시아항공, TAAG앙골라항공, 트란사비아, 트윈젯, 우크라이나항공 |

에어프랑스는 취항하는 지역과 클래스마다 다른 적립비율을 적용한다. 한국은 기타 국제선 지역 클래스 적립비율을 보면 되고, 에어프랑스로 파리를 경유해서 유럽의 다른 지역을 가면 한국 ↔ 파리는 기타 지역, 파리 ↔ 유럽은 유럽의 클래스를 보면 정확하게 적립되는 것을 확인할 수 있다. 에어프랑스에 마일리지를 적립한다고 해서 에어프랑스만 타는 것이 아니므로, 탑승하고자 하는 항공사의 플라잉블루 적립률도 같이 확인해야 한다.

에어프랑스는 세계적인 체인호텔뿐만 아니라 작은 소규모 호텔과도 제휴가 많다. 유럽 쪽 호텔이 많이 포함되어 있으므로 유럽 쪽 호텔 숙박이 많다면 굉장히 유리하다. 또한 HERTZ, AVIS, NATIONAL, EUROPCAR 등의 렌터카 회사에서도 마일리지 적립이 가능하다. 그 외에도 다양한 제휴사가 있지만 한국 사람이 적립할 수 있는 것은 거의 없다.

## 에어프랑스항공 마일리지 사용하기

에어프랑스는 항공기 탑승에 따른 마일리지 적립이 쉬운 편이고, 보너스항공권 요구 마일리지도 그리 높지 않다. 하지만 프리미엄 이코노미라는 중간 등급이 있다. 동북아나 동남아, 서남아의 경우 이코노미 공제율은 대한항공과 큰 차이가 없지만 비즈니스는 요구마일이 꽤 높아진다. 북미

| 출발지 | 도착지 | 이코노미 | 이코노미 플러스 | 비즈니스 |
|---|---|---|---|---|
| 한국 | 동북아 | 30,000 | 60,000 | 75,000 |
| | 동남아 | 40,000 | 80,000 | 100,000 |
| | 서남아 | 40,000 | 80,000 | 100,000 |
| | 북미/중미 | 80,000 | 160,000 | 200,000 |
| | 유럽 | 80,000 | 160,000 | 200,000 |
| | 아프리카 | 80,000 | 160,000 | 200,000 |
| | 남미 | 100,000 | 200,000 | 250,000 |

〈에어프랑스/KLM네덜란드항공 그리고 스카이팀 공제표〉

와 유럽도 기본 요구 마일리지가 높은 편이지만 아프리카의 다양한 국가도 동일 마일리지 공제인 점은 꽤나 메리트가 있다. 또한 에어프랑스일 경우 유럽을 경유해서 미국까지 가는 것도 가능하다.

전체적으로 요구마일이 높음에도 플라잉블루의 마일리지가 매력적인 이유는 바로 프로모 어워드에 있다. 기본 요구 마일리지의 25~50%까지 할인을 해 주는 것인데, 편도로도 이용이 가능하고 주로 비즈니스 티켓이기 때문에 꼭 필요한 구간이 있을 경우에는 상대적으로 저렴하게 이용할 수 있다. 다만, 원하는

프로모 어워드

구간을 선택하는 것이 아니라, 프로모션으로 공개된 구간만을 이용할 수 있다는 것이 단점이며, 발권 후에는 취소가 되지 않는다.

## 04

## 에어프랑스 마일리지 프로그램 총평

에어프랑스는 스카이팀 항공사들과 JAL, 말레이시아항공, 에어칼린 등을 많이 이용하는 사람에게 유리하다. 특히 1년에 탑승 마일이 25,000마일 이상인 사람이라면, 처음 실버등급으로 올라간 이후에는 다른 항공사들보다도 훨씬 빨리 마일리지를 적립할 수 있다. 일반석을 이용해서 대한항공에서 연간 25,000마일을 적립하던 사람이라면 에어프랑스에서는 37,500마일을 적립할 수 있는 것이다. 또한 서남아, 아프리카 등으로 향하는 보너스항공권이 저렴하므로 이 지역으로 많이 다니는 사람들에게는 특히 유리하다. 단 한국에서 신용카드 등으로 포인트를 적립할 수 없기 때문에 에어프랑스가 유용한 사람은 한정적일 수밖에 없다.

**델타항공의**

**마일리지 분석**

델타항공 마일리지 프로그램은 꾸준히 개악을 반복하고 있지만, 여전히 아시아권 거주자들에게는 대한항공 직항을 이용할 수 있는 매력이 남아있다. 유효기간 폐지로 평생 마일리지를 유지할 수 있지만, 미주에서는 스카이마일스가 아닌 스카이페소라 불릴 정도로 악평을 받고 있다. 인천-디트로이트, 인천-시애틀 직항을 운항하므로 탑승 기회가 많은 항공사이다.

**01 델타항공의 마일리지 프로그램 스카이마일스 이해하기**

델타항공은 비행 거리 및 클래스에 따른 기존 마일리지 적립 방식을 2015년 1월 1일부터는 지불 비용에 따른 적립으로 변경한다. 이는 대부분의 사람들이 개악이라 평할 정도로, 일반 여행자들에게는 좋지 않은 적립방식이다. 특히 상대적으로 저렴한 이코노미를 이용하면 기존 마일보다 50~70% 적

델타항공 스카이마일스(ko.delta.com)

게 적립된다. 결국 탑승보다는 카드사 포인트 등을 전환해서 이용하는 형태의 마일리지 프로그램으로 전락한 것이다.

델타항공 마일리지는 유효기간이 없기 때문에 한 번 적립된 마일리지는 평생 유효하다. 스카이마일스<sup>Skymiles</sup> 프로그램의 장점이 추가 마일리지를 제공하는 것이었지만, 2015년부터는 그것도 큰 의미가 없게 되었다. 델타항공의 스카이마일스 승급은 상황에 따라 쉬울 수도 어려울 수도 있다. 자격마일 반영기간이 1월 1일~12월 31일로 1년 안에 25,000마일 이상을 적립해야 하는데 보통 사람들에게는 쉬운 일은 아니다. 다만, 그해 자격마일을 초과 적립했을 경우 초과한 마일만큼 다음해 자격마일에 그대로 반영해주기 때문에 일정 등급을 유지하기가 수월하다. 델타항공의 모든 정보는 2014년 6월 기준이며, 2015년 1월부터 적용되는 내용은 대부분 발표되었지만 미국 이외 지역에서의 마일리지 항공권 차트는 2014년 말에 발표 예정이다.

| 등급 | 자격 마일리지 | 자격 비행횟수 | 보너스 마일 | 유효기간 | 스카이팀등급 |
| --- | --- | --- | --- | --- | --- |
| 다이아몬드 | 125,000 이상 | 140회 | 125% | 1년 | Elite Plus |
| 플래티넘 | 75,000 이상 | 100회 | 100% | 1년 | Elite Plus |
| 골드 | 50,000 이상 | 60회 | 100% | 1년 | Elite Plus |
| 실버 | 25,000 이상 | 30회 | 25% | 1년 | Elite |

스카이마일스는 골드 이상 멤버가 되면 여러 가지 혜택 중 하나를 선택할 수 있다. 플래티넘등급은 무료 비즈니스 업그레이드 4장, 20,000 보너스 마일리지, 타인에게 실버등급 선물, 스카이클럽 입장권 4장, 기프트카드 중 1개를 선택할 수 있고, 다이아몬드등급은 무료 비즈니스 업그레이드 6장, 25,000 보너스 마일리지, 타인에게 골드등급 선물, 스카이클럽 입장권 6장, 기프트카드 중 2개를 고를 수 있다.

## 02 델타항공의 마일리지 적립 방법과 적립비율

스카이마일스는 스카이팀 제휴사뿐만 아니라 기타 제휴사들도 상당히 많은 편이고, 각 항공사 클래스별 적립비율이 높기 때문에 할인 항공권을 이용하는 사람도 적립할 수 있는 기회가 더 많은 장점이 있다. 2015년 이후 델타항공의 적립방법이 변경되어도 타 항공사 탑승 시 여전히 탑승 거리에 따라 적립이 된다. 다만 예외사항이 좀 많다. 스카이팀 이외에도 꽤 여러 제휴 항공사가 있는데 그 중에서도 알라스카항공과 하와이안항공은 한국사람 이용 빈도가 높은 항공사이다.

| 스카이팀 회원사 | 아에로플로트, 아르헨티나항공, 아에로멕시코, 에어유로파, 에어프랑스, 알이탈리아, 대만중화항공, 중국동방항공, 중국남방항공, 체코항공, 델타항공, 가루다인도네시아항공, 케냐항공, KLM네덜란드항공, 대한항공, 중동항공, 사우디아항공, 루마니아타롬항공, 베트남항공, 샤먼항공 |
| --- | --- |
| 델타항공 제휴 항공사 | 알라스카항공, 꼴, 버진아틀란틱, 버진오스트레일리아, 하문항공, 그레이트레이크항공, 하와이안항공, 올림픽항공 |

델타항공 마일리지는 한국에서 신용카드를 통해서도 적립할 수 있는데, 델타스카이마일스 삼성플래티늄카드로는 1,500원당 1마일(해외는 더블마일리지 2마일 적용), 씨티 프리미어마일카드는 1,000원당 1.2마일, 외환 크로스마일카드는 1,500원당 1.8마일을 적립할

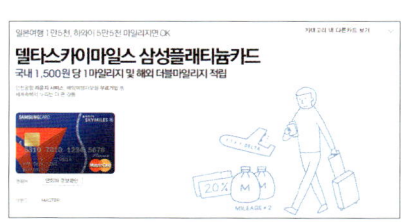

델타스카이마일스 삼성플래티늄카드(www.samsungcard.com)

수 있다. 외국 항공사 중에서는 한국에서 신용카드로 적립할 수 있는 선택의 여지가 가장 많다고 할 수 있다. 그 외에도 렌터카나 호텔, 쇼핑을 통해서 마일리지 적립할 수 있지만 신용카드 이외에 다른 적립 방법은 적립이 쉽지 않다.

## 03 델타항공 마일리지 사용하기

델타항공의 스카이마일스 보너스항공권은 이코노미와 비즈니스 구분 외에도 좌석 상황에 따라 낮음, 중급, 높음으로 요구 마일리지를 구분해 놓았다. 다만, 스카이팀

보너스항공권을 이용해서 발권할 경우 이와 같은 구분이 적용되지 않으므로, 무조건 델타항공 이외의 항공사를 이용하는 것이 이득이다.

| 출발지 | 도착지 | 이코노미 | 비즈니스 |
|---|---|---|---|
| 한국 | 한국 국내선 | 10,000 | 12,000 |
| | 일본 | 15,000 | 30,000 |
| | 중국, 홍콩, 대만, 필리핀, 괌, 사이판 | 30,000 | 50,000 |
| | 동남아 | 45,000 | 70,000 |
| | 하와이 | 55,000 | 85,000 |
| | 남아시아 | 75,000 | 110,000 |
| | 미국/캐나다 | 70,000 | 140,000 |
| | 중미 | 80,000 | 140,000 |
| | 유럽 | 90,000 | 140,000 |
| | 남미 북부 | 100,000 | 170,000 |
| | 남미 남부 | 120,000 | 180,000 |

〈델타항공 마일리지 공제표.jpg〉

이전에는 동남아를 20,000마일, 괌을 25,000마일, 하와이를 40,000마일에 갈 수 있어서 최고의 프로그램 중 하나였지만, 현재는 모두 상승하여 동남아가 무려 45,000마일이고, 괌 30,000마일, 하와이도 55,000마일로 상승했다. 그 외에도 지역별로 전체적으로 공제 마일이 올랐는데, 2015년 1월에 발표되는 새 공제차트는 더 안 좋아질 것이라는 예상이 대다수다. 그렇기는 하지만 여전히 일본은 15,000마일이면 왕복할 수 있다 보니, 사람에 따라서는 무조건적인 개악이라고 하지는 않는다. 또한 보너스항공권에 유류할증료를 받지 않아 장거리라도 세금이 적게 나온다.

델타항공의 홈페이지는 여러 번 개편을 하면서 이제는 쉽게 마일리지 항공권 조회도 가능해져서, 여행하고자 하는 기간에 보너스항공권 티켓이 있는지도 쉽게 확인할 수 있게 되었다. 가끔은 홈페이지와 콜센터를 통해서 확인하는 내용이 조금 다른 경우도 있으니 둘 다 확인해 보는 것이 좋다.

## 04 델타항공 마일리지 프로그램 총평

과거보다 메리트는 많이 줄어들었지만 여전히 일본을 15,000마일에, 괌을 30,000마일에 갈 수 있다는 점이 델타항공 마일리지를 유지하게 하는 이유다. 이나마도 2015년 1월 이후에는 어떻게 될지 모른다는 불안감이 있기 때문에, 가능하면 델타항공 마일리지는 있는 것을 정리하고 새롭게 적립하지는 않는 것을 권한다.

# 아시아나항공의
# 마일리지 분석

아시아나항공은 스타얼라이언스 소속 항공사로 스타얼라이언스에는 스카이팀보다 많은 제휴 항공사가 있다. 아시아나 마일리지의 명성은 한 번에 여러 나라를 여행할 수 있는 한붓그리기 덕분이었지만, 2013년 6월부터 새로운 공제규정이 적용되어 여러 나라를 여행하고 싶은 사람들에게는 개악이지만, 단순왕복이 목적인 사람들에게는 조금의 이익이 생기기도 한다.

**01** ## 아시아나항공의 마일리지 프로그램 아시아나클럽 이해하기

아시아나항공의 마일리지 프로그램은 아시아나클럽Asiana Club이다. 대한항공보다 신용카드 적립비율이 좋고, 온라인으로 좌석 상황을 실시간으로 확인할 수 있어 편리하다. 물론 성수기는 여전히 마일리지 좌석이 부족하지만 과거 예약이 거의 불가능했던 것에 비하면 여유 있다 표현할 정도이다.

아시아나항공 홈페이지(www.flyasiana.com)

아시아나항공도 가족마일리지 합산제도가 있는데, 대한항공과 달리 최대 5명까지로 인원을 제한한다. 아시아나항공 역시 마일리지 유효기간 10년(골드 이상 12년) 제한이 있지만, 마일리지 적립이 쉬운 편이라 많은 사람이 이용하는 프로그램이다.

아시아나클럽 등급은 대한항공 회원제보다 훨씬 현실적이다. 기준일로부터 2년간 탑승실적으로 회원등급을 부여하는데, 2년간 20,000마일만 적립하면 골드회원으로 승급된다. 24개월 전이라도 자격 기준만 되면 승급되고, 유지조건은 등급 만료일 전 2년간의 적립된 마일 내역으로 재평가된다. 2년간 20,000이나 40,000마일은 현실적이기 때문에 승급이 그리 어렵지 않다. 2008년 9월 30일 이전에 가입한 사람은 2008년 10월 1일이 기준일이며, 그 이후 가입한 사람은 가입일이 기준일이다.

| 등급 | 자격 마일리지 | 자격 비행 횟수 | 보너스 마일 | 유효기간/유지조건 | 스타얼라이언스 등급 |
|---|---|---|---|---|---|
| 플래티늄 | 1,000,000 이상 | 1,000회 | 20% | 평생/없음 | GOLD |
| 다이아몬드 플러스 | 누적 500,000 이상 or 2년간 100,000 이상 | 500회 또는 2년/100회 | 15% | 평생/없음 | GOLD |
| 다이아몬드 | 2년간 40,000 이상 | 50회 | 10% | 2년/4만 또는 50회 탑승 | GOLD |
| 골드 | 2년간 20,000 이상 | 30회 | 5% | 2년/2만 또는 30회 탑승 | SILVER |

《아시아나클럽 등급》

골드등급은 아시아나 라운지 이용쿠폰, 탑승 시 5% 추가 마일리지, 5,000마일 공제 마일리지 할인쿠폰을 받는다. 다이아몬드(스타얼라이언스 골드) 이상은 마일리지 유효기간 12년, 수하물 우선처리, 우선 탑승, 무료 수하물 추가, 스타얼라이언스 항공사 라운지 이용 혜택이 주어진다. 그 외에도 공제마일리지 할인쿠폰(좌석 승급 시 50% 할인 또는 보너스항공권 발권 시 10,000마일 할인) 1매, 다이아몬드플러스등급은 2매, 플래티늄등급은 10만 마일 탑승 시마다 2매씩 제공한다.

## 02 아시아나항공의 마일리지 적립 방법과 적립비율

아시아나항공의 적립 기준표는 등급에 따라 세부적으로 나뉘며, 퍼스트와 비즈니스도 스위트 여부에 따라서 마일리지 적립비율이 다르다.

아시아나항공은 스타얼라이언스의 회원사로 스타얼라이언스에 가입된 항공사를 이용했을 때에도 아시아나항공의 아시아나클럽에 마일리지를 적립할 수 있다. 스타

| 탑승 클래스 및 예약등급 | | 적립비율 |
|---|---|---|
| 퍼스트 스위트 | P | 200% |
| 퍼스트 | F | 150% |
| 비즈니스 스위트 | J | 135% |
| 비즈니스 | C, D, Z | 125% |
| | U | 100% |
| 이코노미 | Y, B, M, H, E, Q, K, S | 100% |
| | G, T(단체) | 80% |
| | V, W | 70% |
| O, I, R, L, X, N | | 적립불가 |

〈아시아나항공 적립 기준표〉

얼라이언스 항공의 제휴사는 다음과 같다. 스타얼라이언스 회원사 이외에도 한국에서 많이 이용하는 에티하드항공과 카타르항공이 아시아나항공 제휴 항공사이다.

| 스타얼라이언스 회원사 | 아드리아항공, 에게안항공, 에어캐나다, 에어차이나, 에어 뉴질랜드, 아나항공, 아시아나항공, 오스트리안항공, 아비앙카항공, 브뤼셀항공, 코파항공, 크로아티아항공, 이집트항공, 에티오피아항공, 에바항공, 폴란드항공, 루프트한자, 스칸디나비아항공, 신천항공, 싱가포르항공, 남아프리카항공, 스위스국제항공 탑 포르투갈, 타이항공, 터키항공, 유타이티드항공 |
|---|---|
| 아시아나항공 제휴 항공사 | 에티하드항공, 카타르항공 |

스타얼라이언스 제휴 항공사 각 클래스별 적립비율은 아시아나클럽의 스타얼라이언스 회원사 마일리지 적립 기준표를 참고하자. 그 외에도 신용카드, 호텔, 렌터카, 기타 수단을 통해 마일리지를 적립할 수 있다. 아시아나항공은 일반적으로 신용카드를 이용했을 때 대한항공보다 적립비율이 훨씬 높다. 그렇다보니 신용카드를 이용해서 마일리지를 모으는 사람 비율이 대한항공보다 많다.

## 아시아나항공 마일리지 사용하기

아시아나항공은 온라인으로 좌석 조회와 예약이 가능하므로 마일리지 관리가 편하다. 또한 날짜별 보너스항공권 좌석 상황까지 확인할 수 있으며, 1월 시즌에도 동남아 항공편 마일리지 좌석이 여유로운 편이다. 스타얼라이언스 및 제휴항공사들 역시 홈페이지를 통해 예약 발권이 가능하나, 특정 조건에 따라서 지점으로 가야만 발권할 수 있다.

마일리지 좌석 상황보기

아시아나항공의 마일리지 공제율은 대한항공과 비슷하지만, 남미 쪽을 운항하지 않기 때문에 100,000마일을 요구하는 남미는 마일리지 공제표에 존재하지 않는다. 다음은 아시아나항공의 보너스항공권 마일리지 공제표이다.

| 구간 | 일반석 | 비즈니스 | 비즈니스 스마티움 | 퍼스트 | 퍼스트 스위트 |
|---|---|---|---|---|---|
| 한국 내 국내선 | 10,000 | | | | |
| 일본, 동북아 | 30,000 | 45,000 | 50,000 | 60,000 | 65,000 |
| 동남아시아 | 40,000 | 60,000 | 70,000 | 80,000 | 90,000 |
| 서남아시아 | 50,000 | 75,000 | 90,000 | 100,000 | 115,000 |
| 미주, 대양주, 유럽 | 70,000 | 105,000 | 125,000 | 140,000 | 160,000 |

〈아시아나항공 마일리지 공제표, 한국 출발 기준〉

아시아나항공도 성수기에는 50%를 추가공제하고, 편도라면 왕복여정의 50%만 공제한다. 다만 다이아몬드플러스 이상은 성수기라도 추가공제를 하지 않는 혜택이 있다. 아시아나항공의 2014, 2015년 보너스 성수기 기간은 다음과 같다.

| 구분 | 노선 | 기간 |
|---|---|---|
| 2014년 | 국내선 | 1.1 / 1.29~2.3 / 5.3~5.6 / 6.5~6.8 / 7.18~8.24 / 9.5~9.10 / 10.2~10.5 / 12.30~12.31 |
| | 국제선 | 미주지역에서 출발 시 : 5.16~7.6 / 12.6~12.23<br>미주지역 이외 출발 시 : 1.1~1.12 / 1.24~2.2 / 7.24~8.25 / 9.5~9.9 / 12.24~12.31 |
| 2015년 | 국내선 | 1.1 / 2.17~2.23 / 5.22~5.25 / 7.17~8.23 / 9.25~9.29 / 10.8~10.11 / 12.24~12.27 / 12.30~12.31 |
| | 국제선 | 미주지역에서 출발 시 : 5.16~7.5 / 12.5~12.23<br>미주지역 이외 출발 시 : 1.1~1.11 / 2.13~2.22 / 7.23~8.24 / 9.24~9.30 / 12.24~12.31 |

〈보너스 성수기 기간〉

아시아나항공의 마일리지를 100% 활용하는 방법은 스타얼라이언스 공제표를 이용하는 것이다. 2014년 6월부터 다소 개악됐지만, 그래도 여전히 유효한 구간들이 많다. 특히 단순 왕복을 하는 사람들에게는 장점도 꽤 있는 편이다.

## 04 스타얼라이언스 공제표를 이용한 아시아나 마일리지 활용하기

한붓그리기의 영광은 사라졌지만, 여전히 스타얼라이언스 공제표는 쓸 만하다. 구간
제로 변경되면서 편도 발권이 가능한 것이 가장 큰 장점이다. 또한 인천-싱가포르-
몰디브 구간도 과거보다 5,000마일이 줄었지만, 싱가포르에서 스톱오버를 하지 않는
조건이 붙었다. 예를 들어 인천-싱가포르-몰디브의 편도는 25,000마일이지만, 싱가
포르에서 스톱오버로 인해 인천-싱가포르 그리고 싱가포르-몰디브와 같이 구간이
2개로 나뉘게 되면 25,000+25,000마일이 되어 50,000마일을 공제하는 것이다.

| 출발지 | 목적지 | 이코노미 | 비즈니스 | 퍼스트 |
|---|---|---|---|---|
| 동북아<br>(한국 포함) | 동북아 | 40,000 | 60,000 | 80,000 |
| | 동남아 | 50,000 | 75,000 | 100,000 |
| | 서남아 | 50,000 | 75,000 | 100,000 |
| | 대양주 | 80,000 | 120,000 | 160,000 |
| | 미국(하와이 제외), 캐나다 | 80,000 | 120,000 | 160,000 |
| | 멕시코, 하와이, 중미 | 80,000 | 120,000 | 160,000 |
| | 남미1 | 90,000 | 135,000 | 180,000 |
| | 남미2 | 100,000 | 150,000 | 200,000 |
| | 유럽 | 80,000 | 120,000 | 160,000 |
| | 중동 | 80,000 | 120,000 | 160,000 |
| | 아프리카 | 100,000 | 150,000 | 200,000 |

〈아시아나 스타얼라이언스 마일리지 공제표〉

변경된 마일리지 공제표는 아시아나항공 공제표보다 공제율이 높게 느껴지지만, 아
시아나항공이 취항하지 않는 항공편도 이용할 수 있다는 점을 감안하면 그렇게 높
은 것은 아니다. 또한 한국에서 하와이 구간의 요구 마일은 높지만, 하와이에서 중
미로 향하는 항공권은 굉장히 저렴하다. 이런 이유로 한꺼번에 발권할 수는 없지만,
활용하기에 따라서는 굉장히 유용할 수도 있다. 아시아나항공의 마일리지가 타 항공
사에 비해서 쉽게 쌓을 수 있다는 점을 생각하면 긍정적인 부분도 많다.

## 05 아시아나항공 마일리지 총평

아시아나항공이 마일리지 프로그램을 개편한 이후 보너스항공권 신청이나 여유좌석
확인 등에서 확실히 변모된 모습을 보여줬다. 물론 성수기에는 여전히 자리 구하기
가 쉽지 않지만, 6개월 전부터 예약해야 했던 예전보다는 훨씬 좋아졌다. 6~7월 항
공권을 조회했을 때 미주행의 경우 성수기 항공권이 이미 동났지만, 동남아는 많이
남아있었다. 스타얼라이언스 항공권 공제차트가 변경이 되기는 했지만, 아시아나 이
외의 대안이 필요할 때는 여전히 유효하다.

# 에어캐나다항공의
# 마일리지 분석

에어캐나다항공은 캐나다 여행을 하거나 미주로 연결되는 항공편을 이용할 때 많이 이용하는 항공사이다. 에어캐나다는 스타얼라이언스 회원사로 보너스항공권을 위한 마일리지 프로그램이 유명하다. 보너스항공권에 유류할증료가 없어 많은 사람들이 선호했지만, 유류할증료를 부과하면서 마일리지의 매력이 많이 줄어들었다는 평가를 받고 있다.

## 01 에어캐나다항공의 마일리지 프로그램 에어로플랜 이해하기

에어캐나다항공의 마일리지 프로그램은 에어로플랜Aeroplan이다. 외국 항공사라 탑승을 제외한 마일리지 적립이 힘들어 한국에서 많이 이용하는 마일리지 프로그램은 아니다. 다만 미국/캐나다 쪽 호텔이 다수 포함되어 있어 해당 지역 호텔을 자주 이용한다면 마일리지

에어캐나다항공 에어로플랜(www.aeroplan.com)

적립 가능성은 높아진다. 에어캐나다의 한국 홈페이지는 구색 갖추기 정도라 제대로 적립 및 활용하려면 캐나다 사이트를 이용해야 한다.

에어캐나다항공의 가장 큰 단점은 유효기간이 1년이라는 것이다. 1년 이내에 마일리지를 적립한다면 자동으로 1년이 더 연장되며 최대 연장기간 제한이 없다. 1년 이내 탑승이나 제휴사 이용 같은 마일리지 추가 적립이 힘든 경우 마일리지 기부(최소 1,000단위)를 통해 보유마일리지를 연장시키는 방법도 있다. 또한 마일리지 유효기간을 놓친 경우 30C$(캐나다달러) + 100마일당 1C$ 가격으로 복구할 수도 있다. 결국 조금만 신경 쓰면 유효기간을 유지하는 것 자체는 그리 어렵지 않다.

에어로플랜의 등급은 1월 1일부터 12월 31일까지 적립된 자격마일을 기준으로 다음해 3월 1일에 등급이 상승되기 때문에 비행기 탑승이 정기적이지 않은 사람에게는 유지가 쉽지 않은 편이다. 에어로플랜은 기존 마일리지 프로그램에서 새롭게 디스틴션Distinction 이라는 마일리지 프로그램을 런칭했는데 혜택 면에서는 별로 좋아지지 않았다.

| 등급 | 자격 마일리지 | 유효기간/유지조건 | 스타얼라이언스 등급 |
| --- | --- | --- | --- |
| D Silver | 100,000 이상 | 1년/자격조건 | GOLD |
| D Black | 50,000 이상 | 1년/자격조건 | GOLD |
| D Diamond | 25,000 이상 | 1년/자격조건 | SILVER |

〈에어로플랜 등급〉

탑승실적에 따른 보너스 마일은 에어캐나다 탑승에 한해서만 높은 비율을 인정하고, 그 외 아나항공, BMI항공, 루프트한자, 스위스항공에 대해서는 조금 낮은 비율로 보너스를 주기 때문에 아시아나항공을 주로 이용하는 한국 사람에게는 그다지 유용하지 않다. 하지만 에어캐나다를 이용해서 미국, 캐나다 거주자 혹은 비즈니스 관계가 있는 사람이라면 굉장히 유용한 프로그램이라 할 수 있다.

## 02 에어캐나다항공의 마일리지 적립 방법과 적립비율

에어캐나다는 대부분의 클래스가 100% 적립이 가능한 편이다. 한국에서 캐나다로 향하는 항공편은 아주 저렴한 것이 아닌 이상 대부분 마일리지 적립이 가능하다. 또한 스타얼라이언스의 항공사를 이용했을 때에도 에어캐나다의 에어로플랜에 마일리지를 적립할 수 있다.

스타얼라이언스의 제휴사를 제외한 에어캐나다 제휴 항공사들은 대부분 우리나라와는 무관한 항공사이다. 기타 항공사도 캐나다 북쪽을 여행하는 항공사가 대부분이기 때문에 우리가 이용할 일이 그리 많지 않다. 다만, 북미 쪽 호텔들은 제휴가 잘되어 있으므로 SUPER8이나 COMFORT INN, DAYS INN 등 작은 규모의 호텔에서도 마일리지를 적립할 수 있다. 렌터카를 이용한 적립은 AVIS, HERTZ 에서 가능하다.

| 스타얼라이언스 회원사 | 아드리아항공, 에게안항공, 에어캐나다, 에어차이나, 에어 뉴질랜드, 아나항공, 아시아나항공, 오스트리안항공, 아비앙카항공, 브뤼셀항공, 코파항공, 크로아티아항공, 이집트항공, 에티오피아항공, 에바항공, 폴란드항공, 루프트한자, 스칸디나비아항공, 신천항공, 싱가포르항공, 남아프리카항공, 스위스국제항공 탑 포르투갈, 타이항공, 터키항공, 유타이티드항공 |
|---|---|
| 에어캐나다 제휴 항공사 | 에어크리벡, 베어스킨 항공, 캄 항공, 카나디안 노스, 퍼스트에어, 탐 |

## 03 에어캐나다항공 마일리지 사용하기

에어캐나다의 가장 큰 장점은 바로 20,000마일로 동남아를 갈 수 있다는 것이다. 중국, 홍콩, 일본, 마카오, 한국, 싱가포르, 태국, 타이완, 베트남이 Asia1로 묶여있기 때문인데, 그 외 국가인 말레이시아나 인도네시아, 캄보디아 등은 35,000마일이 있어야 갈 수 있다. 스톱오버는 불가능하지만, 오픈

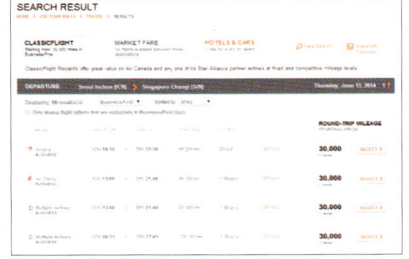

에어캐나다 보너스항공권 예약

조를 활용한 경유지에서의 체류가 가능하다. 인터넷이 아닌 콜센터를 통해서 발권하면 30CAD의 수수료가 청구된다.

에어캐나다를 이용해 장거리 여행을 할 예정이라면, 스톱오버와 오픈조를 잘 활용하는 것이 필요하다. 대륙이 달라지는 여행에서는 경유지에서의 스톱오버가 가능하고, 도착지의 도시가 달라지는 오픈조도 허용되므로 한 번의 보너스 여행으로 조금 더 다양한 도시들을 여행할 수 있게 된다. 기존에는 유류할증료를 보너스항공권에 부과하지 않았지만 현재는 항공사에 따라 유류할증료를 내야 한다. 에어캐나다의 경우 편도 비행을 허용하지 않지만 미국/캐나다를 출발지 또는 목적지로 할 경우에 한해서는 편도 발권이 가능하다.

| 목적지 | 국가 | 이코노미 | 비즈니스 | 퍼스트 |
|---|---|---|---|---|
| 아시아 | 중국, 홍콩, 일본, 한국, 싱가포르, 태국, 타이완, 베트남 | 20,000 | 30,000 | 50,000 |
| | 그 외 국가 | 35,000 | 60,000 | 80,000 |
| 미국 | 하와이 | 60,000 | 90,000 | 125,000 |
| 인도 | 인도, 스리랑카, 네팔, 파키스탄 등 | 50,000 | 85,000 | 120,000 |
| 오세아니아 | 호주, 뉴질랜드, 피지 등 | 60,000 | 90,000 | 130,000 |
| 중동, 북아프리카 | UAE, 이란, 이집트, 모로코 등 | 70,000 | 115,000 | 160,000 |
| 유럽 | 서유럽, 북유럽, 동유럽, 터키 등 | 75,000 | 105,000 | 145,000 |
| 북미 | 미국, 캐나다 | 75,000 | 150,000 | 210,000 |
| 중미 | 멕시코, 과테말라, 코스타리카 등 | 100,000 | 150,000 | 200,000 |
| 남미(북부) | 콜롬비아, 에콰도르 등 | 100,000 | 130,000 | 180,000 |
| 남미(남부) | 아르헨티나, 브라질 등 | 105,000 | 150,000 | 210,000 |
| 아프리카 | 남아공, 우간다, 케냐 등 | 140,000 | 210,000 | 290,000 |

〈에어로플랜 공제표〉

## 04 에어캐나다항공 마일리지 총평

에어캐나다의 마일리지는 1년의 유효기간(최대 기간 없음)이 있고, 한국에서는 비행 이외에 적립할 방법이 많지 않다. 하지만 20,000마일로 동북아 및 동남아를 여행할 수 있는 몇 안 되는 항공사 중 한 곳이고, 마일리지 좌석이 상대적으로 충분한 장점이 있기 때문에 적립할 가치가 있다. 장거리 요구 마일리지는 다소 높은 편이지만, 단거리에 마일리지를 적립해서 20,000마일로 다녀올 수 있는 지역을 여행할 계획이 있는 사람에게 가장 적합하다.

# 유나이티드항공의
# 마일리지 분석

유나이티드항공은 인천–샌프란시스코를 취항하며, 스타얼라이언스 멤버이기 때문에 마일리지 적립이 유용하다. 마일리지 유효기간이 있지만 18개월마다 갱신할 수 있어 평생 마일리지를 유지할 수 있으며, 유나이티드항공, 콘티넨탈항공, US AIRWAYS 등을 이용한 장거리 및 미국 국내선 이용이 많은 사람에게 적합하다.

## 01 유나이티드항공의 마일리지 프로그램 마일리지플러스 이해하기

유나이티드항공의 마일리지 프로그램 마일리지플러스<sup>Mileage Plus</sup>는 탑승을 제외한 마일리지 적립이 힘들기 때문에 한국사람들은 많이 가입한 프로그램은 아니다. 하지만 미주를 자주 왕복하고, 주기적 비행을 한다면 혜택이 다른 항공사에 비해 좋은 편이고, 얼마 전까지

유나이티드항공 마일리지플러스(www.united.com)

최고의 활용도를 보인 마일리지 프로그램이었다. 또한 등급이 높아지면 미국 국내선 및 국제선 업그레이드가 가능해지기 때문에 미국 갈 일이 많은 사람들에게 유리하다. 마일리지플러스는 18개월의 유효기간이 있지만, 18개월 동안 1번이라도 활동하면 자동으로 기간이 연장된다. 이 활동은 탑승은 물론 유나이티드항공 관련 신용카드의 사용, 보너스항공권 신청, 마일리지 구입 같은 것도 포함된다. 18개월에 한 번 정도만 신경 쓰면 평생 유지가 어렵지 않은 마일리지 프로그램이다. 마일리지플러스 등급은 1월 1일부터 12월 31일까지 적립된 자격마일을 기준으로 승급된다. 프리미어등급 이상이 되면 국내선에서 Y/B 클래스 구입 시 자리가 있다면 업그레이드 자격이 주어지며, 1K 이상 등급은 국제선 좌석을 업그레이드할 수 있는 시스템와이드 업그레이드 쿠폰 6매가 지급된다. 그 외에도 클래스 대비 적립 가능성이 높아 유용하다.

| 등급 | 자격 마일리지 | 자격 비행횟수 | 보너스 마일 | 유효기간/유지 조건 | 스타얼라이언스 등급 |
|---|---|---|---|---|---|
| 프리미어 1K | 100,000 이상 | 120회 | 100% | 1년/자격조건 | 골드 |
| 프리미어플래티늄 | 75,000 이상 | 90회 | 75% | 1년/자격조건 | 골드 |
| 프리미어골드 | 50,000 이상 | 60회 | 50% | 1년/자격조건 | 골드 |
| 프리미어실버 | 25,000 이상 | 30회 | 25% | 1년/자격조건 | 실버 |

〈마일리지플러스 등급〉

유나이티드항공을 타면 대부분 마일리지를 100% 적립할 수 있다. 그 외에도 스타얼라이언스의 다른 항공사들을 이용하면 마일리지플러스에 적립할 수 있다. 스타얼라이언스의 회원사를 제외한 제휴 항공사에는 우리에게 익숙한 하와이안항공, 아일랜드에어 등이 포함되어 있다. 또한 미주 항공사이므로 북미 쪽 호텔과 렌터카 회사 대부분에서도 마일리지 적립이 가능하다.

| 스타얼라이언스 회원사 | 아드리아항공, 에게안항공, 에어캐나다, 에어차이나, 에어 뉴질랜드, 아나항공, 아시아나항공, 오스트리안항공, 아비앙카항공, 브뤼셀항공, 코파항공, 크로아티아항공, 이집트항공, 에티오피아항공, 에바항공, 폴란드항공, 루프트한자, 스칸디나비아항공, 신천항공, 싱가포르항공, 남아프리카항공, 스위스국제항공 탑 포르투갈, 타이항공, 터키항공, 유타이티드항공 |
|---|---|
| 유나이티드항공 제휴 항공사 | 에어 링거스, 아에로마르, 아술, 케이프에어, 저먼윙스, 그레이트 레이크항공, 하와이안항공, 아일랜드에어, 제트에어웨이즈, 실버 에어웨이즈 |

2011년 변경된 공제표에 따라 일본은 20,000마일, 동남아 이코노미 항공권은 30,000마일, 비즈니스 항공권은 45,000마일이다. 그나마 유용한 구간은 한국-호주/뉴질랜드 왕복이 40,000마일에 가능하다는 점이다. 변경된 공제표는 개악이었지

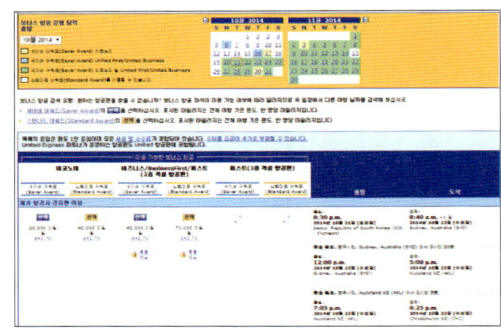

유나이티드항공 보너스항공 검색

만, 여전히 동남아행 보너스항공권 공제율이 낮은 편이므로 활용할 여지는 많이 남아있다. 또한 스타얼라이언스 편도 항공권 발권이 가능해 다른 항공사의 마일리지와 섞어 사용할 수도 있다.

유나이티드항공의 공제표는 한국을 중국, 몽골, 타이완과 묶어 북아시아로 구분하고, 일본만 따로 분류되어 있다. 미국 내 활용도 그렇지만, 한국에서 중단거리 여행 시 굉장히 유용하다. 다음 표는 한국 기준으로 주로 짧은 구간을 갈 때 유리한 편이다. 유나이티드항공은 별도로 유류할증료가 붙지 않는 장점이 있다.

| 목적지 | 국가 | 이코노미 | 비즈니스 | 퍼스트 |
|---|---|---|---|---|
| 아시아 | 일본 | 30,000 | 50,000 | 70,000 |
| | 중국, 몽골, 타이완 | 30,000 | 45,000 | 60,000 |
| | 캄보디아, 괌, 사이판, 홍콩, 인도네시아, 말레이시아, 미얀마, 필리핀, 싱가포르, 태국, 베트남 등 | 40,000 | 70,000 | 90,000 |

| 미국 | 하와이 | 55,000 | 85,000 | 105,000 |
|---|---|---|---|---|
| 중앙아시아 | 인도, 네팔, 카자흐스탄, 파키스탄, 몰디브, 스리랑카 등 | 75,000 | 100,000 | 130,000 |
| 중동 | 바레인, 이집트, 이란, 이스라엘, 카타르, 두바이 등 | 75,000 | 100,000 | 130,000 |
| 북미 | 미국, 캐나다(하와이 제외) | 70,000 | 140,000 | 160,000 |
| 중미 | 멕시코, 파나마, 과테말라, 자메이카, 벨리즈 등 | 75,000 | 145,000 | 165,000 |
| 호주/뉴질랜드 | 호주, 뉴질랜드 | 40,000 | 70,000 | 90,000 |
| 오세아니아 | 뉴칼레도니아, 피지, 바누아투, 팔라우, 괌 등 | 30,000 | 50,000 | 70,000 |
| 아프리카 | 가나, 나미비아, 남아공, 튀니지, 우간다, 케냐 등 | 90,000 | 130,000 | 150,000 |
| 유럽 | 프랑스, 영국, 아이슬란드, 스페인, 독일 등 | 90,000 | 130,000 | 160,000 |
| 남미 | 콜롬비아, 브라질, 아르헨티나, 페루 등 | 95,000 | 145,000 | 190,000 |

〈유나이티드 마일리지 공제표〉

## 03 유나이티드항공 마일리지 총평

유나이티드항공 마일리지 프로그램은 적립한 것으로 활용하기에 썩 훌륭한 편은 아니다. 물론 과거에는 동남아를 저렴하게 갈 수 있는 아주 훌륭한 프로그램이었지만, 다른 항공사의 마일리지프로그램처럼 개악 과정을 거쳤다. 미국에서 많은 항공편을 탑승해서 추가 마일리지를 얻는 사람이라면 모를까, 한국에서 유나이티드항공의 마일리지 프로그램에 적립할 이유는 그리 크지 않다.

특히 유나이티드항공은 델타항공과 마찬가지로 2015년 3월 1일부터는 비행한 거리에 따른 마일리지 적립이 아니라, 지불한 비용에 따른 마일리지 적립 방식으로 변경할 것이라고 발표하였다. 델타보다 2개월 늦은 적용이기는 하지만, 역시 개악이라는 평가가 어울린다. 적립 프로그램 변경에 따른 마일리지 공제표 등은 2014년 말에 발표 예정이다. 사실상 한국사람들에게는 메리트가 점점 없어지는 프로그램이 돼간다 해도 무방할 정도이다.

# 아메리칸항공의
# 마일리지 분석

아메리칸항공은 최근 한국 이용객이 많아진 항공사 중 하나이다. 달라스를 경유하면 미국 서부로 가는 동선이 다소 길어지지만. 미국으로 향하는 옵션이 하나 더 늘어난 것이다. 아메리칸항공은 멕시코 칸쿤과 뉴욕/라스베이거스를 엮는 신혼여행 루트의 중심을 담당하기도 했었다.

## 01 아메리칸항공의 마일리지 프로그램 A어드밴티지 이해하기

아메리칸항공의 마일리지 프로그램은 A어드벤티지$^{AAdvantage}$이다. 아메리칸항공이 인천–달라스간 직항을 상당히 저렴하게 내놓는 경우가 많아 최근 탑승률도 좋은 편이다. 또한 비수기 공제마일이 상당히 저렴하면서 유류할증료도 없다는 장점이 있다.

아메리칸항공의 마일리지 프로그램(www.aa.com)

아메리칸항공의 마일리지 프로그램 및 회원등급은 전형적인 미국 항공사의 프로그램이라고 볼 수 있다. 특히 골드는 25% 추가 마일을 지급하고, 플래티넘부터는 100% 추가마일을 지급하기 때문에 자주 이용할수록 마일리지를 빨리 모을 수 있다. 회원 등급이 올라가면 우선탑승, 라운지 이용, 추가 수하물 등의 혜택이 제공되며, 익스큐티브 플래티넘 등급은 연간 8회의 업그레이드 혜택도 제공한다.

| 등급 | 자격 마일리지 | 자격 비행 횟수 | 보너스 마일 | 유효기간/유지 조건 | 원월드 등급 |
|---|---|---|---|---|---|
| AAdvantage Executive Platinum | 100,000 이상 | 100회 | 100% | 1년/자격조건 | 에메랄드 |
| AAdvantage Platinum | 50,000 이상 | 60회 | 100% | 1년/자격조건 | 사파이어 |
| AAdvantage Gold | 25,000 이상 | 30회 | 25% | 1년/자격조건 | 루비 |

## 02 아메리칸항공의 마일리지 적립과 사용하기

아메리칸항공 제휴사들은 원월드 제휴사 외에도 알라스카항공, 에티하트항공, 하와이안항공처럼 한국사람들이 많이 이용하는 항공사들과 제트블루나 웨스트젯처럼 타 항공사와 제휴를 거의 맺지 않는 항공사들도 있다. 때문에 마일리지를 적립할 기회는 다소 늘었지만, 제트블루는 2014년부터 더 이상 마일리지 적립이 되지 않는다.

| 원월드 제휴 항공사 | 에어베를린, 아메리칸항공, 영국항공, 캐세이패시픽, 핀에어, 이베리아항공, 일본항공, 란, 탐, 말레이시아항공, 콴타스, 카타르항공, 로얄요르단항공, S7항공, 스리랑카항공, US에어웨이즈 |
| 아메리칸항공 제휴 항공사 | 알라스카항공, 이스라엘항공, 피지항공, 에티하트항공, 걸프항공, 하와이안항공, 제트에어웨이즈, 제트블루, 웨스트젯 |

아메리칸항공은 제휴사의 범위도 다양하다. 힐튼, SPG, 초이스호텔, 메리어트, IHG, 밀레니엄, 클럽칼슨, 베스트웨스턴, 어코르호텔 등 체인호텔 대부분에서 마일리지 적립이 가능하다. HERTZ, AVIS, ALAMO, NATIONAL, BUDGET 등 메이저 렌터카 업체에서 모두 적립이 가능하다. 다만 1일당 50~100마일 정도로 소소하다.

## 03 아메리칸항공 마일리지 사용 및 활용하기

아메리칸항공의 최대 장점은 비수기 북미 및 캐리비안을 왕복 50,000마일로 다녀올 수 있다는 점이다. 또한 유류할증료도 부과되지 않으므로 미국을 자주 왕복한다면 더할 나위 없는 혜택이다. 특히 미국, 캐나다, 멕시코 및 캐리비안 지역이 모두 포함되기 때문에 미국 이외의 지역이라면 성수기 65,000마일이 공제되더라도 상당한 이득이다. 북미로 갈 경우 게이트웨이 시티인 미국 첫 도착/마지막 출발 도시에서 무료 스톱오버도 가능한데, 편도마다 한 번씩 스톱오버가 가능하다. 이 스톱오버는 전화로만 예약이 가능하다. 미국 첫 도착 도시는 한국에서 출발하면 거의 달라스지만, 미국에서 떠나는 마지막 도시는 다른 곳이 되는 경우가 종종 있다.

그 외 인도/중동에 해당하는 지역을 비즈니스로 60,000마일에 갈 수 있다. 이 지역에는 몰디브와 이집트가 포함되지만 주말에는 거의 적용되지 않고 평일에만 많다.

| 출발지 | 목적지 | 이코노미(비수기) | 이코노미(성수기) | 비즈니스 | 퍼스트 |
|---|---|---|---|---|---|
| 한국, 일본, 몽골 | 한국, 일본, 몽골 | 없음 | 20,000 | 40,000 | 60,000 |
| | 중국, 동남아 | 없음 | 40,000 | 60,000 | 80,000 |
| | 인도/중동 | 없음 | 45,000 | 60,000 | 90,000 |
| | 유럽 | 없음 | 70,000 | 110,000 | 140,000 |
| | 북미, 캐리비안 | 50,000 | 65,000 | 100,000 | 130,000 |

〈아메리칸항공 보너스 공제표〉

## 04 아메리칸항공 AAdvantage 총평

본격적으로 쌓기 시작한다면 아메리칸항공의 마일리지 프로그램은 꽤 괜찮은 편이다. 특히 한국에도 직항이 생겨서 아메리칸항공을 이용할 기회가 더 많이 늘어났기 때문이다. 여전히 한국에서 원월드 소속 항공사를 이용할 일이 그리 많지는 않지만, 그래도 자주 이용할 것 같다면 한번쯤 고려해볼 만한 항공사다.

### 캐세이패시픽항공의
### 마일리지 분석

아시아마일즈는 아시아나항공의 아시아나클럽처럼 캐세이패시픽 홈페이지와는 별도로 아시아마일즈 프로그램 페이지를 따로 운영하고 있다. 한국에 사무소를 운영하고 있는 만큼 한국어 서비스도 지원하기 때문에 가입 및 이용이 편리하다.

**01** **캐세이패시픽의 마일리지 프로그램 아시아마일즈 이해하기**

캐세이패시픽의 마일리지 프로그램인 아시아마일즈<sup>Asiamiles</sup>는 캐세이패시픽과는 이름부터 별개로 느껴져 조금 헷갈리기도 한다. 아시아마일즈는 원월드라는 3대 항공사연맹 중 하나로 우리나라 국적기는 포함되어 있지 않다. 그래서 원월드를 이용하는 사람이 특정 항공사에 쏠리기보다는 아메리칸항

아시아마일즈 홈페이지(http://www.asiamiles.com/kr)

공, 캐세이패시픽, 일본항공의 마일리지 프로그램 중 하나를 골라 적립하는 편이다. 캐세이패시픽은 마일리지 2배 적립 프로모션을 자주 진행하는 편인데, 이 기회만 잘 잡아도 빠르게 마일리지를 모을 수 있다.

캐세이패시픽에는 아시아마일즈 외에 마르코폴로클럽<sup>Marco Polo Club</sup>이라는 회원등급과 관련된 프로그램이 있다. 마르코폴로클럽은 미화 50달러 가입비가 있지만 그에 해당하는 회원등급 및 기타 혜택을 추가 제공한다. 가장 기본인 그린 등급은 보너스 추가 수하물 정도의 혜택이지만, 골드 이상 회원이면 수하물 우선처리, 좌석 보장 및 업그레이드 혜택까지 제공된다. 캐세이패시픽의 라운지는 실버회원 이상부터 제공된다.

| 회원등급 | 자격 마일리지 | 자격 비행횟수 | 원월드 등급 |
|---|---|---|---|
| 다이아몬드 | 120,000 | 80 | 에머랄드 |
| 골드 | 60,000 | 40 | 사파이어 |
| 실버 | 30,000 | 20 | 루비 |
| 그린 | 해당 없음 | 4(갱신 시) | 해당 없음 |

〈마르코폴로클럽 등급〉

원월드 홈페이지에는 캐세이패시픽의 공식 마일리지 프로그램이 마르코폴로로 기록되어 있다. 캐세이패시픽 및 원월드의 항공사를 자주 이용하지 않는다면 굳이 미화 50달러를 주고 가입할 필요가 없지만, 많이 이용한다면 마르코폴로클럽 가입을 고려해 볼만 하다. 아시아마일즈의 마일리지 유효기간은 3년으로 적립 해를 제외하고 3년째 되는 해 12월까지 마일리지가 유지된다.

## 02 캐세이패시픽의 마일리지 적립 방법과 적립비율

아시아마일즈는 원월드 제휴사 외에 에어차이나, 알라스카항공, 중국동방항공 같은 아시아마일즈 제휴 항공사가 있다. 마일리지 유효기간은 3년이지만 1월에 적립하면 거의 4년이 된다. 2,000마일에 12불을 지불하면 연장할 수 있고, 마일리지가 모자라면 구입할 수도 있다.

| 원월드 제휴 항공사 | 에어베를린, 아메리칸항공, 영국항공, 캐세이패시픽, 핀에어, 이베리아항공, 일본항공, 란, 탐, 말레이시아항공, 콴타스, 카타르항공, 로얄요르단항공, S7항공, 스리랑카항공, US에어웨이즈 |
| --- | --- |
| 캐세이패시픽 제휴 항공사 | 에어링거스, 에어차이나, 알라스카항공, 중국동방항공, 드래곤에어, 걸프항공, 제트에어웨이즈, 로얄브루나이항공 |

아시아마일즈는 항공, 호텔, 렌터카 외에도 식당, 쇼핑몰 등에서 마일리지를 적립할수 있다. 호텔의 경우 세계적인 체인 외에도 중국과 관련된 호텔들이 상당히 많은 편이며, 홍콩에 있는 수많은 레스토랑에서도 적립이 가능하다. 신용카드를 이용한 적립은 씨티 프리미어마일카드는 1,000원당 1마일, 외환 크로스마일카드는 1,500원당 1.8마일이 적립된다. 또한 삼성카드 포인트를 10:1 비율로 전환할 수도 있다.

## 03 캐세이패시픽 마일리지 사용 및 활용하기

아시아마일즈의 보너스항공권 정책은 다른 항공사와는 조금 다르다. 과거 아시아나항공의 스타얼라이언스를 활용한 한붓그리기 형식과 비슷하게 활용할 수 있다. 아시아마일즈는 지역이 아닌 거리로 필요 마일리지를 공제한다. 1~600마일은 15,000마일, 601~1,200마일은 20,000마일을 청구하는 형식이다. 인천공항에서 600마일 이내에 있는 도시는 베이징, 상하이, 오사카 등이고, 1,200마일 이내에는 도쿄가 포함된다. 2,501~5,000마일 구간에는 호주 케언즈, 5,001 이상은 LA나 시애틀, 7,501 이상은 남미나 아프리카의 도시를 생각하면 된다. 다음 표는 직항이거나 한 번 경유시 캐세이패시픽이 포함될 경우 마일리지 공제표이다. 이렇게 아시아마일즈의 장점은 15,000 혹은 20,000마일 정도로 일본이나 중국을 다녀올 수 있다는 것이다.

| | 보너스 여행지역 | | | | | | |
|---|---|---|---|---|---|---|---|
| | S | A | B | C | D | E | F |
| 여행지간 실제 거리 | 0 ~600 | 601 ~1,200 | 1,201 ~2,500 | 2,501 ~5,000 | 5001 ~7,500 | 7,501 ~10,000 | 10,001 |
| 무료 항공권 보너스 | | | | | | | |
| 일반석 편도 | 10,000 | 15,000 | 20,000 | 25,000 | 40,000 | 55,000 | 70,000 |
| 일반석 왕복 | 15,000 | 20,000 | 30,000 | 45,000 | 60,000 | 90,000 | 110,000 |
| 비즈니스 편도 | 20,000 | 25,000 | 30,000 | 45,000 | 70,000 | 85,000 | 110,000 |
| 비즈니스 왕복 | 30,000 | 40,000 | 50,000 | 80,000 | 120,000 | 145,000 | 175,000 |
| 일등석 편도 | 25,000 | 30,000 | 40,000 | 70,000 | 105,000 | 130,000 | 160,000 |
| 일등석 왕복 | 40,000 | 55,000 | 70,000 | 120,000 | 180,000 | 220,000 | 260,000 |
| 우선 혜택 보너스항공권 | | | | | | | |
| 우선 혜택 일반석 편도 | 20,000 | 25,000 | 35,000 | 50,000 | 70,000 | 85,000 | 100,000 |
| 우선 혜택 일반석 왕복 | 35,000 | 45,000 | 60,000 | 85,000 | 125,000 | 155,000 | 185,000 |
| 승급 보너스 | | | | | | | |
| 일반석 → 비즈니스석 편도 승급 | 12,500 | 12,500 | 17,500 | 30,000 | 40,000 | 45,000 | 55,000 |
| 일반석 → 비즈니스석 왕복 승급 | 20,000 | 20,000 | 30,000 | 50,000 | 70,000 | 80,000 | 100,000 |
| 비즈니스석 → 일등석 편도 승급 | 17,500 | 20,000 | 25,000 | 35,000 | 50,000 | 60,000 | 70,000 |
| 비즈니스석 → 일등석 왕복 승급 | 30,000 | 35,000 | 45,000 | 60,000 | 85,000 | 105,000 | 120,000 |
| 동반자 항공권 보너스 | | | | | | | |
| 비즈니스석 동반자 | 20,000 | 25,000 | 35,000 | 50,000 | 75,000 | 95,000 | 115,000 |
| 일등석 동반자 | 30,000 | 35,000 | 45,000 | 75,000 | 110,000 | 145,000 | 160,000 |

〈아시아마일즈 보너스 공제표〉

다음 표는 원월드를 통한 공제표이다. 전체 여행거리로 계산하는 것은 원월드 세계 일주와 비슷하지만 최대 5번까지 스톱오버가 가능하다. 일본항공의 원월드 공제표와 비교하면 상대적으로 캐세이패시픽의 원월드 공제표가 요구마일이 높은 편이다.

| 보너스 여행 지역 | 총 비행 거리(마일) | 보너스 여행에 필요한 마일리지/보너스 유형 | | |
|---|---|---|---|---|
| | | 일반석 | 비즈니스석 | 일등석 |
| 01 | 0~1,000 | 30,000 | 55,000 | 70,000 |
| 02 | 1,001~1,500 | 30,000 | 60,000 | 80,000 |
| 03 | 1,501~2,000 | 35,000 | 65,000 | 90,000 |
| 04 | 2,001~4,000 | 35,000 | 70,000 | 95,000 |
| 05 | 4,001~7,500 | 60,000 | 80,000 | 105,000 |
| 06 | 7,501~9,000 | 60,000 | 85,000 | 115,000 |

| 07 | 9,001~10,000 | 65,000 | 95,000 | 130,000 |
| 08 | 10,001~14,000 | 85,000 | 115,000 | 155,000 |
| 09 | 14,001~18,000 | 90,000 | 135,000 | 190,000 |
| 10 | 18,001~20,000 | 95,000 | 140,000 | 205,000 |
| 11 | 20,001~25,000 | 110,000 | 160,000 | 235,000 |
| 12 | 25,001~35,000 | 130,000 | 190,000 | 275,000 |
| 13 | 35,001~50,000 | 150,000 | 220,000 | 335,000 |

〈원월드 보너스 공제표〉

원월드의 항공사는 LAN항공을 이용해서 남미까지 여행할 수 있기 때문에 남미 여행을 생각한다면 일정 짜기가 수월하다. 반대로 아프리카 쪽은 항공편이 원활하지 않다. 아시아마일즈의 보너스항공권은 캐세이패시픽이나 드래곤에어 홈페이지 또는 전화로 예약을 해야 하는데 한국의 수신자 부담 번호는 00798-8521-2743이다. 한국어를 하는 상담원도 있으므로 보너스항공권의 신청은 그리 어렵지 않다.

## 04 캐세이패시픽 아시아마일즈 총평

캐세이패시픽의 아시아마일즈는 꽤나 유용한 마일리지 프로그램이다. 특히 한국에서 가까운 몇몇 도시를 15,000 또는 20,000마일로 여행할 수 있다는 것은 확실히 메리트가 있다. 특히 원월드의 제휴 항공사 중 아메리칸항공, 캐세이패시픽과 JAL항공은 한국에서도 많이 이용하기 때문에 원월드에 적립할 기회는 많다고 할 수 있다. 회원등급에 관해서는 마르코폴로라는 또 다른 프로그램이 존재하기는 하지만 원월드의 항공사가 주력이 아닌 이상 미화 50달러나 주고 가입할 이유는 그리 많지 않다. 반면에 아시아마일즈는 원월드의 항공사를 이용하게 되었을 때 최우선으로 고려해야 할 정도로 괜찮은 마일리지 프로그램이다. 유효기간이 3년이라 다소 짧은 감이 있지만 자주 여행하는 사람에게는 충분히 매력적인 프로그램이라 할 수 있다.

# 일본항공의
# 마일리지 분석

한국에서 가장 많이 이용하는 일본국적 항공사가 바로 일본항공(JAL)이다. 일본항공의 장거리 항공권은 여전히 높은 세금이 문제지만 그래도 구간에 따라서는 가격이 저렴하다. 우리나라 사람은 장거리뿐만 아니라 일본 왕복에도 많이 이용하는데 이 때문에 한국–일본 간 좌석이 없어 장거리 노선을 예약하지 못하는 경우도 종종 발생한다.

## 01 일본항공의 마일리지 프로그램 JAL 마일리지뱅크 이해하기

일본항공의 마일리지 프로그램 이름은 JAL 마일리지뱅크$^{JMB}$이다. 한국에서도 마일리지를 적립할 수 있는 방법이 여러 가지가 있고, 가족등록이 가능하므로 원월드에서는 한국사람이 선호하는 마일리지 프로그램 중의 하나이다. JAL의 제휴 항공사 적립비율은 낮은 편이지만 보너스항공권 마일리지 할인

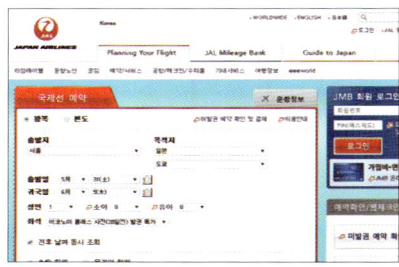

일본항공 JAL 마일리지뱅크(www.jal.co.kr/ko)

등이 있어 사용하는 사람들이 많다.

JAL 패밀리클럽은 본인의 배우자, 자녀, 자녀의 배우자, 부모, 배우자의 부모까지 가족으로 가입할 수 있으며, 한국도 가족등록이 가능한 대상국가에 속해 있다. 보너스 항공권을 신청할 때 가족등록을 해둔 회원이라면 이들의 마일리지까지 합산하여 사용할 수 있는데, 이 패밀리클럽에 가입하려면 3,240엔의 입회비와 5년 마다 1,000마일의 갱신료를 지불해야 한다.

JMB의 자격조건은 해당년도 1월 1일부터 12월 31일까지 적립된 FLY ON 포인트로 계산되는데, 탑승 마일과 FLY ON 포인트 환산률(국내선 2배, 국제선 1배, 일본발착 중국–홍콩–아시아–오세아니아 1.5배)을 곱해서 산출한다. FLY ON 포인트는 JAL뿐만 아니라 원월드의 항공사를 이용해도 적립된다. 다만 포인트 또는 자격 비행횟수의 50%는 반드시 JAL 그룹의 항공편만을 이용해야 한다. FLY ON 포인트는 마일리지와는 별개로 적립되는데 클래스의 영향을 크게 받지 않으므로 포인트 적립이 어렵지 않다. 마일리지는 클래스에 따라 별도 적립되는데, 마일리지는 36개월 후 월말까지 유효하다.

| 등급 | FLY ON 포인트 | 자격 비행횟수 | 유효기간/유지조건 | 원월드 등급 |
|------|--------------|--------------|----------------|-----------|
| 다이아몬드 | 100,000 이상 | 120회 + 35,000 이상 | 2년/자격조건 | 에메랄드 |
| 프리미어 | 80,000 이상(JGC 회원) | 80회 + 25,000 이상 | 2년/자격조건 | 에메랄드 |
| 사파이어 | 50,000 이상 | 50회 + 15,000 이상 | 2년/자격조건 | 사파이어 |
| 크리스탈 | 30,000 이상 | 30회 + 10,000 이상 | 2년/자격조건 | 사파이어 |

〈JMB 등급〉

JMB의 등급은 FLY ON 포인트가 자격에 도달한 뒤, 2달 후 승급되어 혜택을 누릴 수 있다. 업그레이드 포인트나 라운지 쿠폰 등의 혜택은 다음 해 4월에 받을 수 있다. 등급 혜택은 승급한 다음다음 해 3월까지이다. 등급에 따라 제공된 업그레이드 쿠폰은 일본 지역 회원에 한해 이용할 수 있다. JMB 등급 중 프리미어는 50,000포인트 이상 달성한 회원에게 주어지는 JAL 글로벌 클럽에 가입해야 혜택을 받는다.

## 02 일본항공의 마일리지 적립 방법과 적립비율

JMB에는 에어프랑스, 에미레이트항공, 방콕항공 등의 제휴사가 있어 마일리지 적립 가능성은 높지만, 클래스별 적립율은 낮은 편이라 다른 곳에는 100% 적립되는 할인 항공권을 일본항공에 적립하면 50~70%만 적립되는 경우가 많아 보너스항공권을 위한 마일리지 적립이 쉽지는 않다.

| 원월드 제휴 항공사 | 에어베를린, 아메리칸항공, 영국항공, 캐세이패시픽, 핀에어, 이베리아항공, 일본항공, 란, 탐, 말레이시아항공, 콴타스, 카 타르항공, 로얄요르단항공, S7항공, 스리랑카항공, US에어웨이즈 |
|---|---|
| 일본항공 제휴 항공사 | 제트스타 재팬, 방콕항공, 에미레이트항공, 에어프랑스, 홋카이도 에어시스템 |

신라면세점, 렌터카 등을 이용할 때도 적립이 가능하고 AVIS, HERTZ, AJ렌터카, BUDGET은 하루당, DOLLAR, ALAMO는 렌탈당 적립이므로 여행 기간이 길면 하루당 적립해 주는 곳을 선택해야 유리하다. 그 외에 해외 여러 제휴 호텔에서도 적립이 가능하다.

## 03 일본항공 마일리지 사용 및 활용하기

JAL도 15,000마일이면 한국-일본 간 왕복이 가능하며, 할인까지 된다면 12,000에도 다녀올 수 있다. 그 외에도 다른 여러 구간이 타 항공사에 비해 저렴한데, 50,000마일 오세아니아, 55,000마일 북미, 60,000마일 유럽 등이 대표적인 구간이며, 역시 기간에 따라 할인이 되기도 한다. 단 동남아로 향하는 항공권은 45,000마일로 다소 높고, 일본–한국 간 좌석은 매진이 빨라 좌석이 남지 않는 경우가 많다. 마일리지 할인 시기는 홈페이지에서 확인 가능하다.

| 목적지 | 일본 | 중국/홍콩/괌/대만 | 동남아 | 하와이/오세아니아 | 유럽 | 북미 |
|---|---|---|---|---|---|---|
| 이코노미 | 15,000 | 30,000 | 45,000 | 50,000 | 60,000 | 55,000 |
| 비즈니스 | 30,000 | 50,000 | 70,000 | 70,000 | 100,000 | 90,000 |
| 퍼스트 | 50,000 | 70,000 | 110,000 | 110,000 | 140,000 | 130,000 |

〈일본항공 보너스 공제표〉

JMB의 장점은 과거 아시아나항공의 한붓그리기 공제 같이 마일로 공제하는 원월드 공제표가 존재한다는 것이다. 전 여정에서 최대 6구간(지상이동구간 제외)까지 이용할 수 있고, 스톱오버는 최대 2회까지 가능하다. 오픈조는 스톱오버 1회로 계산되며, 지상 이동구간도 전체 마일에 포함된다. 편도가 가능하고 출발국과 귀국국이 동일하지 않아도 되며, 여정에 필요한 마일은 원월드 마일리지 계산기로 계산할 수 있다. 일본항공의 원월드 마일리지 공제표는 실제 비행거리에 비해 상당히 저렴한 편이라 적립만 한다면 이용가치가 높지만 적립이 어려워 매력적이라 하기는 힘들다.

| 총 비행 거리 | 일반석 | 비즈니스석 | 일등석 | 총 비행 거리 | 일반석 | 비즈니스석 | 일등석 |
|---|---|---|---|---|---|---|---|
| 1~1,000 | 15,000 | 35,000 | 60,000 | 12,001~14,000 | 55,000 | 85,000 | 135,000 |
| 1,001~2,000 | 20,000 | 35,000 | 60,000 | 14,001~20,000 | 60,000 | 100,000 | 155,000 |
| 2,001~4,000 | 21,000 | 42,000 | 65,000 | 20,001~25,000 | 85,000 | 125,000 | 200,000 |
| 4,001~6,000 | 37,000 | 60,000 | 90,000 | 25,001~29,000 | 110,000 | 160,000 | 250,000 |
| 6,001~8,000 | 39,000 | 63,000 | 100,000 | 29,001~34,000 | 130,000 | 190,000 | 290,000 |
| 8,001~10,000 | 40,000 | 65,000 | 100,000 | 34,001~50,000 | 150,000 | 210,000 | 330,000 |
| 10,001~12,000 | 50,000 | 80,000 | 115,000 | | | | |

〈원월드 마일리지 공제표〉

## 04 일본항공 JAL 마일리지뱅크 총평

전체적으로 마일리지 적립비율이 낮지만 그래도 장거리 여행 및 일본 여행에서 많이 이용하게 되는 항공사이므로 마일리지를 적립할 수 있는 방법은 많다. 일본에 거주하거나 경제활동을 한다면 한국 항공사보다 더 유리한 조건으로 사용할 수 있다. 또한 등급에 따른 혜택도 좋고, 연회비가 있지만 가족마일리지 등록까지 가능하기 때문에 계획해서 모으면 최대로 마일리지를 활용할 수 있는 항공사이기도 하다.

# 어느 항공사 마일리지를 적립해야 하고
# 어떻게 사용해야 할까?

마일리지 적립을 처음 시작하는 사람은 '어느 항공사 마일리지를 적립할까?'가 꽤나 큰 문제이다. 한 번 적립을 시작하면 다른 항공사로 옮기는 것이 쉽지 않기 때문이다. 보통 각 연맹마다 주력으로 적립하는 곳을 하나씩 가지고 있는 것이 편한데, 자신의 비행 및 소비 성향에 맞춰서 선택하는 지혜가 필요하다.

## 01 스카이팀 소속 항공사 마일리지를 적립하려면

스카이팀에서 한국사람이 탑승을 통한 마일리지를 적립할 만한 항공사는 대한항공, 델타항공, 에어프랑스, KLM네덜란드항공 정도이지만, 델타항공은 적립방식 개악으로 인해 추천하기가 어렵다. 결국 다른 대안은 에어프랑스, KLM네덜란드항공 정도지만, 현실적인 이유로 국적기인 대한항공에 적립하는 비율이 아무래도 압도적으로 높다. 그럼, 자신의 유형별로 어떤 항공사가 적합한지 체크해보자.

### • 탑승횟수는 적지만 신용카드로 마일리지를 적립하는 경우

탑승횟수는 적지만 신용카드를 많이 사용하는 사람이라면 대한항공이 최선의 선택이다. 우리나라 신용카드사는 모두 대한항공에 적립할 수 있는 카드 상품이 있어 어느 카드사를 선택하든 마일리지를 적립할 수 있다. 일반적으로 1,500원당 1마일이지만, 씨티 스카이패스마스터카드는 1,500원당 1.8마일을 적립해주므로 이 카드를 사용하는 것이 가장 유리하다.

1년에 동남아로 1회 정도 휴가를 다녀오고, 연간 카드 사용액이 1천만 원 정도라면, 동남아 왕복 약 5,000마일 + 신용카드 사용액 12,000마일을 적립할 수 있다. 연간 사용액에 따라 적립은 다르겠지만, 이런 패턴이라면 2~3년 정도에 동남아 왕복항공권을 보너스로 얻을 수 있다. 또한 대한항공은 편도 발권이 가능하고 미주나 유럽 노선도 많으며, 마일리지 좌석도 상대적으로 여유가 있어 이용하기가 편하다.

일본, 동북아 정도의 항공권을 원한다면 델타항공도 좋은 선택이 될 수 있다. 현재 델타항공은 씨티 프리미어마일카드, 삼성 델타스카이마일즈카드, 외환 크로스마일 카드로 적립할 수 있으며 적립율도 좋다. 델타항공 마일리지는 유효기간이 없고, 괌을 30,000마일, 일본을 15,000마일에 다녀올 수 있다는 장점이 있다.

- **탑승횟수는 많지만 신용카드로 마일리지를 적립하지 않는 경우**

  스카이팀을 이용한 탑승횟수가 많다면 에어프랑스의 플라잉블루를 고려해보는 것이 좋다. 스카이팀 항공사를 이용해서 연 25,000마일 이상을 적립한다면, 실버등급으로 승급할 수 있고, 50% 보너스 마일리지를 추가로 얻을 수 있다. 연 탑승 마일리지가 50,000마일 이상이라면 골드등급으로 승급되고 델타항공은 100% 보너스 마일리지, 에어프랑스는 75% 보너스 마일리지를 추가로 얻게 된다. 에어프랑스는 연 30회 탑승에도 골드등급 및 스카이팀 엘리트 플러스를 받을 수 있다.

  결국 스카이팀 위주로 한국에서 주기적으로 탑승하고, 마일리지 적립 거리가 높다면 그냥 대한항공에 전념하는 것이 더 나을 수도 있다. 주기적 비행이 미주 쪽이라면 스카이팀은 아니지만 알라스카 항공도 고려해볼 만하다.

## 02 스타얼라이언스 소속 항공사 마일리지를 적립하려면

스타얼라이언스는 스카이팀보다 마일리지를 적립할 수 있는 항공사가 더 많다. 국적기인 아시아나항공의 아시아나클럽도 개악이 됐어도 여전히 쓸 만하고, 동남아를 20,000마일로 갈 수 있는 에어캐나다, 40,000마일로 호주/뉴질랜드를 갈 수 있는 유나이티드항공, 12,000마일로 일본을 왕복할 수 있는 아나항공 그리고 한국에서 신용카드로 마일리지를 쌓을 수 있는 싱가포르항공 등이 있다.

그 외에도 한국에 직접 취항하는 타이항공, 중화항공과 미국 쪽 유나이티드항공과 콘티넨탈항공 등이 있어 선택의 폭은 넓은 편이다. 이 중 한국사람이 많이 선호하는 곳은 역시 아시아나항공이며, 그 외에도 에어캐나다, 유나이티드항공 등도 인기가 있다.

- **탑승횟수는 적지만 신용카드로 마일리지를 적립하는 경우**

  한국에서 신용카드로 마일리지를 적립한다면 아시아나항공을 따라갈 만한 것이 없다. 대한항공과 마찬가지로 유효기간이 10년이지만 신용카드로 적립할 수 있는 최대 마일리지가 1,500원당 2마일이고, 아시아나클럽 샵앤마일즈처럼 마일리지를 적립하는 방법이 다양하다. 또한 금액대비 적립비율도 높기 때문에 활용만 잘한다면 대한항공 마일리지를 적립하는 것보다 1.5~2배 빨리 원하는 마일리지를 모을 수 있다.

- **탑승횟수는 많지만 신용카드로 마일리지를 적립하지 않는 경우**

  1년에 한두 번 정도 비행하는 것이 중장거리이고, 그 보너스항공권으로 일본정도 왕복에 만족한다면 아나항공이 적합하다. 반면 동남아까지 항공권을 원한다면 20,000마일로 태국, 베트남 등의 동남아를 갈 수 있는 에어캐나다항공이 더 적합하다. 에어캐나다의 경우 매년 갱신하면 최대 기간 없이 연장 가능하고, 아나항공은 최대 3년이기 때문에 오랫동안 주기적으로 항공권을 이용하려는 사람들에게는 에어캐나다가 더 적합할 수 있다. 다만 에어캐나다는 매년 갱신해야 하고, 아나항공은 클래스 대비 적립비율이 낮다는 점은 기억해야 한다.

단기간 비행을 통해서 많은 마일리지를 쌓을 수 있다면 아나항공이 좋지만, 탑승 항공권이 대부분 할인항공권이라면 적립률이 떨어진다. 꾸준히 이용한다면 아시아나항공에 계속 적립하는 것이 좋다. 탑승횟수가 많을수록 등급이 올라가는데, 그 등급을 통해 여러 가지 스타얼라이언스 혜택을 얻을 수 있기 때문이다. 과거 유나이티드항공에도 많이 적립했지만, 마일리지 공제표 개악으로 최근에는 인기가 거의 없어졌다.

## 03 원월드 소속 항공사 마일리지를 적립하려면

한국행 직항이 드물다는 평가를 받던 원월드였지만, 현재는 영국항공, 아메리칸항공, 일본항공, 캐세이패시픽, 핀에어, 말레이시아항공, 카타르항공 등 회원사 중 절반 가까이가 한국으로 취항하고 있다. 원월드 소속의 한국 국적기가 없을 뿐, 한국에서의 선택권은 이제 원월드도 더 이상 밀리지 않는 상황이다.

### • 탑승횟수는 적지만 신용카드로 마일리지를 적립하는 경우

외환 크로스마일카드로 캐세이패시픽에 적립할 수 있으며, 캐세이패시픽 마일리지는 가치도 높아 원월드 소속 마일리지를 적립하기에 좋은 편이다. 캐세이패시픽의 경우 15,000마일로 오사카나 상하이를 왕복할 수 있고, 20,000마일이면 더 멀리까지 보너스항공권을 받을 수 있다.

### • 탑승횟수는 많지만 신용카드로 마일리지를 적립하지 않는 경우

일본항공 역시 15,000마일로 일본 왕복항공권을 받을 수 있지만, 적립률이 나쁘기 때문에 그리 추천할 만하지는 않다. 반면 아메리칸항공의 보너스항공권은 비수기에 중미를 포함한 미주 왕복이 50,000마일이면 되고, 편도도 중간에 스톱오버가 가능하다는 장점이 있다. 성수기에도 65,000마일에 한국과 미주를 왕복할 수 있다. 탑승 마일이 많아 회원 등급이 올라가면 한 번에 적립할 수 있는 양도 많아져 탑승이 많은 사람들이라면 아메리칸 항공도 고려해볼 만하다.

## 04 기타 항공사 마일리지를 적립하려면

3대 항공연맹 소속은 아니지만 한국사람이 자주 이용하는 항공사로는 에미레이트항공, 알라스카항공 등이 있다. 이 항공사들도 자체 마일리지 프로그램을 운영하며,

항공연맹 소속이 아닐 뿐 그에 못지않은 수많은 제휴사를 통해 마일리지를 적립하거나 활용할 수 있다.

에미레이트항공의 경우 알라스카항공, 이지젯항공, 일본항공, 제트에어웨이즈, 제트블루, 젯스타, 대한항공, 콴타스항공, 사우스아프리카항공, TAP포르투갈, 버진아메리카항공과 제휴를 맺고 있으며 제트에어웨이즈와 젯스타를 제외하면 탑승에 따른 마일리지 적립도 가능하다. 알라스카항공은 아에로멕시코, 에어프랑스, 아메리칸항공, 영국항공, 케세이패시픽, 델타항공, 에미레이트항공, 피지항공, KLM네덜란드항공, 대한항공, 란항공, 콴타스 등과 제휴를 맺고 있어 웬만한 항공연맹 부럽지 않다. 기타항공사에 마일리지를 꼭 적립할 이유는 없지만, 알라스카항공의 경우 스카이팀과 원월드 모두에 걸친 것처럼 제휴사들이 많아 두 항공연맹의 항공사를 이용하는 사람들에게는 유용할 수 있다. 특히 마일리지 항공권의 조건이 상대적으로 까다롭지 않고 활용하기도 쉬워 좋아하는 사람이 은근히 많다.

## 05 마일리지 제대로 적립하고, 유용하게 사용하는 방법

마일리지를 그냥 열심히 적립하는 것보다는 마일리지를 알고 계획적으로 적립하면 실제 여행에서 유용하게 사용할 수 있다. 그래서 처음 마일리지를 적립할 때부터 적립 계획 및 사용 목표를 정해 접근한다면 보다 효과적으로 마일리지를 사용할 수 있다.

### • 주력 항공사를 먼저 선택하라

마일리지를 쌓는 정공법은 하나의 항공사를 골라 그곳에만 마일리지를 적립하는 것이다. 여러 항공사를 이용하면, 곳곳에 마일리지가 분산되어 정작 필요할 때 모아 쓸 수 없기 때문이다. 우리나라 사람은 대부분 대한항공이나 아시아나항공 마일리지를 모으는데, 둘을 비교하면 한국 취항이 많은 아시아나의 스타얼라이언스가 대한항공의 스카이팀보다 적립하기가 조금 더 쉬운 편이다.

한국 국적기의 장점이라면 신용카드로도 마일리지를 적립할 수 있다는 것이다. 물론 델타항공, 타이항공, 싱가포르항공 등도 가능하지만 적립 폭이 그리 크지 않다. 결국 마일리지를 모으려는 항공사를 정하고 그 곳에 관련된 신용카드를 발급받아 사용하는 것이 중요하다. 1년에 1~2번 정도 해외여행을 가는 사람이라면 마일리지는 포인트와 맞먹는 훌륭한 재테크 수단이다.

아시아나항공 마일리지 항공권은 일본 30,000마일, 동남아 40,000마일을 요구하기 때문에, 상대적으로 타 항공사에 비해 높다. 반면 에어캐나다는 20,000마일에 동남아, 델타는 15,000마일에 일본, 아나항공은 12,000마일, 일본항공은 15,000마일에 일본 왕복이 가능하므로 신용카드 적립이 안 되더라도 2~3년 꾸준히 마일리지를 적립할 수만 있다면 이런 항공사를 주력으로 선택해도 좋다.

- **마일리지는 최적화된 구간에서 사용하자**

항공사별 마일리지 프로그램에 따라 마일리지가 최적의 효과를 발휘하는 구간이 있다. 일본 국적 항공사들의 일본행 비행 요구마일리지, 에어캐나다의 아시아 항공권 요구마일리지, 아나항공의 스타얼라이언스 공제표, 일본항공의 원월드 공제표, 아메리칸항공의 비수기 북미 왕복 등 각각의 항공사가 그들만의 특징이 있다. 일본 국적 항공사에 마일리지를 적립하면서 2~3년 내 장거리 한 번, 단거리 한 번만 여행해도 바로 일본행 항공권을 얻을 수 있으므로, 그곳에 적립하거나 적립된 마일리지를 사용하는 것이 현명하다. 마일리지 항공권은 한국에서 비싼 삿포로나 오키나와 같은 지역도 상대적으로 적은 마일리지로 이용할 수 있다.

마일리지를 사용하려면 항공사에 따라 짧게는 한 달, 길게는 6개월 전에 예약해야 하는 경우가 많다. 그러므로 구매하려는 항공권 가격과 마일리지 가치를 잘 따져서 사용해야 된다. 만약 LA와 뉴욕을 한 번씩 갈 일이 있다면, LA는 현금으로 뉴욕은 마일리지로 구매하면 가격 면에서 훨씬 이득을 볼 수 있다. 물론 둘 다 미주이기 때문에 공제마일리지는 동일하다.

- **마일리지와 가격, 무엇을 선택할까?**

할인 항공권은 가격이 저렴한 대신 항공연맹에 포함되지 않은 항공사거나 마일리지 적립이 50~70%, 혹은 아예 적립되지 않는 경우가 많다. 앞서 살펴봤듯이 항공권을 발권했을 때 마일리지 가치는 약 15~20원 정도이다. 할인 항공권 가치에 비교해보더라도 약 10~15원 정도 된다고 볼 수 있는데, 이를 계산해서 얼마만큼의 마일리지가 쌓이는지 확인해보고 유리한 것을 선택하면 된다.

할인 항공권은 마일리지 적립여부를 확실히 알기 힘들다. 이럴 때는 구매 전 여행사로 전화해 표시된 가격의 항공권이 어떤 클래스로 발권되는지 확인할 필요가 있다. 여행사에서 직접 마일리지 적립여부를 알려주는 경우도 있지만, 탑승 항공사와 적립 항공사가 다를 경우 여행사도 모르는 경우가 많으므로, 해당 항공사 홈페이지에서 클래스에 따른 적립비율을 확인해보면 된다.

왕복 약 4,500마일이 쌓이는 방콕 왕복항공권이 자신이 적립하는 항공연맹 할인 항공권과 적립되지 않는 항공사 가격 차이가 10만 원 정도라면 당연히 후자를 선택하는 것이 좋다. 하지만 13,700마일 정도가 쌓이는 뉴욕 왕복의 경우 가격 차이가 10만 원 정도라면 마일리지를 쌓는 것이 훨씬 이득이다. 10,000마일이면 제주도를 왕복할 수 있기 때문이다.

# 보너스항공권 좌석 조회하기

보너스항공권 좌석은 별도로 할당되기 때문에 일반 항공권보다 좌석 구하는 것이 쉽지 않다. 보너스항공권을 예약하려면 콜센터 직원과 통화해야 하지만, 좌석 여부에 따라 많은 루트와 날짜를 확인하는 것도 번거로운 일이다. 그러므로 전화로 보너스항공권을 예약하기에 전에 웹에서 좌석을 조회하면 조금 더 쉽게 보너스항공권을 발권할 수 있다.

## ● 보너스항공권 사용하기

항공사들은 자체적인 보너스항공권 좌석과 항공연맹을 위한 보너스항공권 좌석을 별도로 구분하고 있는 경우가 많으며, 항공 동맹을 위한 보너스항공권을 자체 보너스항공권에 포함시키는 경우가 많다. 예를 들어 대한항공에서 좌석을 조회했을 때 보너스항공권 좌석이 4자리 남았다하더라도, 다른 항공사에서 스카이팀 보너스항공권을 조회해보면 1자리밖에 없을 수도 있다. 그러므로 좌석 상황에 있어서는 자체 보너스항공권이 유리하지만, 다양한 루트를 설계하기에는 항공연맹의 보너스항공권을 이용하는 것이 더 좋다.

이는 스카이팀뿐만 아니라 스타얼라이언스, 원월드 모두 비슷하게 운영하는 경우가 많으며, 이렇게 좌석이 한정된 관계로 원하는 좌석을 얻기 위해서는 보다 일찍 항공권을 예약해야 한다. 다만 항공사에 따라 마일리지용 좌석은 출발일이 얼마 남지 않은 상황에서 오픈하므로 그때그때 살펴야 한다. 또한 이미 발권된 보너스항공권의 일정을 변경하려면 적지 않은 수수료를 부과하므로 여행 일정이 확정된 다음에 예약하는 것이 좋다.

대부분의 항공사 홈페이지에서는 항공연맹의 보너스항공권을 조회할 수 있다. 물론, 항공사에 따라 보이는 좌석수가 조금씩 다르지만, 대략적인 결과를 파악하기에는 충분하다. 홈페이지를 통해 여유좌석을 확인한 뒤 마일리지로 예약하고자 하는 항공사 콜센터에 전화를 걸어 추가로 가능한 루트가 있는지 체크해보고 예약하면 가장 확실하게 발권이 가능하다. 온라인상에서는 보이지 않아도 콜센터 전산상에는 보이는 경우도 있기 때문이다.

## ● 스카이팀 보너스항공권 조회하기

한국사람들이 가장 많이 가입한 대한항공 보너스항공권은 대한항공 홈페이지에서 좌석 상황을 조회할 수 있다. 하지만 대한항공 홈페이지에 보너스항공권 좌석이 있다 해서, 항상 다른 스카이팀 회원사에서 마일리지로 발권이 가능한 것은 아니다. 스카이팀 중 가능한 항공권 여부를 조회하기 가장 편한 곳이 델타항공이다. 모든 루트가 다 검색되지는 않지만, 그래도 가장 손쉽게 온라인에서 가능한 좌석 여부를 조회할 수 있다. 델타항공은 홈페이지 항공편 검색 페이지에서 '마일리지 사용'을 체크하면 마일리지 항공권 조회가 가능하다.

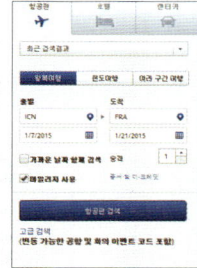

그 외에도 스카이팀 중에는 에어프랑스에서도 조회가 가능하다. 다만 스카이팀은 이렇게

온라인에서 조회 가능한
항공사가 많지 않아 그 외
항공사를 예약하려면 콜
센터로 직접 전화를 걸어
문의하는 것이 더 빠르고
확실한 경우가 많다.

대한항공 보너스항공권 조회                    델타항공 보너스항공권 조회

● 스타얼라이언스 보너스항공권 조회하기

스타얼라이언스는 보너스항공권을 검색하기 가장 편리한 항공사이다. 스타얼라이언스에 속한 많은 항공사가 편리한 마일리지 항공권 검색을 제공하며, 대부분의 항공연맹 항공사 좌석까지 조회가 가능하다. 물론 온라인상에서 보이지 않는 좌석도 다수 존재하므로 콜센터와 병행하여 체크하는 것이 좋다. 스타얼라이언스의 항공권 조회는 아시아나항공, 유나이티드항공, 에어캐나다 홈페이지 정도이며, 그 외에도 루프트한자, 싱가포르항공 등의 홈페이지에서도 마일리지 항공권 검색을 제공하는 항공사가 많다.

아시아나항공의 경우 한글로 검색할 수 있어 편하지만, 구간별 좌석을 확인하는데 시간이 많이 소요되는 단점이 있다. 또한 아시아나항공과 에어로플랜은 로그인을 해야만 스타얼라이언스 보너스항공권 조회가 가능하다. 반면 유나이티드항공은 별도 로그인 없이도

메인화면에서 바로 스타얼
라이언스 보너스항공권을
조회할 수 있고, 검색결과
도 빠르게 보여주므로 가
장 먼저 검색해볼만 하다.

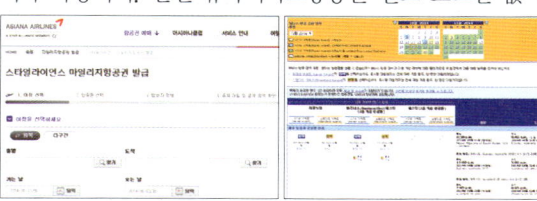

아시아나 보너스항공권 조회                    유나이티드 보너스항공권 조회

● 원월드 보너스항공권 조회하기

원월드의 보너스항공권은 주로 아메리칸항공, 영국항공, 콴타스 등의 홈페이지에서 많이 조회를 한다. 다만 검색결과가 조금씩 달라 조회한 뒤 다른 홈페이지 검색결과와 비교 판단해야 한다. 캐세이패시픽 아시아마일즈에서도 보너스항공권 조회가 가능하지만 상당히 제한적이

므로 참고용으로만 이용할
수 있다. 원월드의 경우 아
메리칸항공이 로그인 없이
바로 조회할 수 있어 가장
편하지만, 검색결과에 나오
지 않는 항공사가 꽤 있다.

아메리칸항공 보너스항공권 조회                    영국항공 보너스항공권 조회

# Theme
# 06

여행지에서 가장 중요한 고려사항 중에 하나가 숙박시설이다.
여행을 하면서 하루를 정리하는 곳이기 때문에
그날 저녁을 어떻게 보냈느냐에 따라
다음 여행에 큰 영향을 미치기도 한다.
숙박은 호스텔, 민박에서부터 호텔, 리조트, 풀빌라까지
그 종류도 다양하고 이용하는 방법도 다양하다.
이러한 숙박시설에 대해 조금 더 자세히 살펴보자.

# 전 세계 다양한
# 숙박시설 이용하기

# 호스텔, 민박, 호텔, 리조트, 풀빌라 어디서 잘까?

여행 중 묵게 되는 숙소는 다양하다. 배낭여행자라면 백패커나 유스호스텔을 이용할 것이고, 3박 4일 정도의 단기 여행이라면 호텔, 가족 여행이라면 다양한 시설이 있는 리조트. 평생 한 번뿐인 신혼여행이라면 풀빌라와 같은 곳에서 묵게 된다. 사실 여비만 넉넉하다면 더 좋은 숙소에 묵고 싶은 것이 사람 마음이겠지만, 숙박비는 늘 고민의 대상이 된다.

## 01 배낭여행자를 위한 호스텔, 백패커, 게스트하우스 이용하기

호스텔Hostel, 백패커Backpacker, 게스트하우스Guest house는 일반적으로 배낭여행자들이 많이 묵는 숙소이다. 이러한 숙소는 부르는 이름은 다르지만 숙소의 구조는 큰 차이가 없다. 하지만 숙박비에 따라 내부 시설에서는 많은 차이가 난다. 보통 이러한 숙소들은 여러 사람이 함께 묵는 도미토리Dormitory를 기준으로 5,000~40,000원 정도로 1박을 할 수 있다.

1 일반적으로 호스텔은 2층 침대가 많다.
2 호스텔 풍경

1 2

## • 비교적 물가가 저렴한 국가들의 숙소

동남아나 중남미와 같이 숙소가 저렴한 곳은 5,000~20,000원 정도면 묵을 수 있는데, 대도시는 주로 도미토리<sup>Dormitory</sup> 형태이지만 외곽 지역은 싱글이나 더블룸을 이용할 수 있는 경우도 많다. 인도와 같은 곳은 여전히 1,000~2,000원짜리 숙소를 찾을수는 있지만 편의시설을 기대하면 안 된다. 또한 동남아와 같이 더운 나라는 숙박하는 방에 에어컨이 설치되어 있느냐 선풍기가 있느냐 혹은 화장실이나 욕실이 딸려 있느냐 공동으로 사용하느냐가 숙박비를 좌우하는 결정적인 요인이 된다. 당연한 말이겠지만 숙박비가 저렴하다는 것은 그만큼 별다른 편의시설을 기대하지 않는 것이 좋다는 말로 해석해야 실망하지 않는다.

대체로 물가가 저렴한 국가는 숙박비뿐만 아니라 식비도 저렴하기 때문에 주방시설 대신 간이식당이 있는 경우가 많다. 운이 좋으면 저렴한 숙박비에 과일주스나 토스트 정도의 간단한 아침식사가 포함되는 경우도 있다. 식사 포함여부는 예약 시나 체크인할 때 확인해야 하며, 보통 시간이 정해져 있으므로 그 시간에 챙겨 먹어야 한다.

물가가 저렴한 국가들의 숙박비는 간혹 부르는 게 값인 경우가 있다. 실제 여행서로 유명한 론리플래닛에 소개된 숙소를 찾아가 보면 터무니없는 가격을 요구하는 경우도 많다. 론리플래닛에 소개되면서 여행자가 많이 찾아오고, 숙소 주인은 아무 노력 없이 가격만 올린 것이다. 그래서 에어컨도 없고 지저분한 숙소가 10,000원인데, 바로 뒤에 붙어 있는 깔끔하고 에어컨 시설도 있는 숙소가 8,000원인 상황이 벌어지곤 한다. 물론 가이드북에 실려 있는 가격을 그대로 받는 곳도 많지만 변수가 많으므로 가이드북을 100% 신뢰하기보다는 직접 다녀온 사람들의 생생한 후기를 참고하여 자신만의 정보를 정리하는 것이 중요하다.

발품을 좀 팔고 정보에 민감하면, 가격은 저렴하면서도 깨끗한 숙소를 얼마든지 찾을 수 있다. 전체적으로 물가가 싸기 때문에 숙박비가 저렴한 것이지, 숙소 시설과는 무관한 경우가 많은 것이다. 참고로 너무 싼 숙소만을 고집하다가는 정말 하룻밤 보내기가 두려운 숙소에 묵게 될 수도 있다는 것을 명심해야 한다. 그리고 역 근처에서 호객꾼을 따라 간 숙소는 대체로 시설이 좋지 않은 경우가 많다는 것을 기억하자.

20,000원 정도에 숙박했던 태국의 숙소

모로코에서 15,000원에 묵었던 숙소

## • 물가가 높은 국가들의 숙소

선진국이나 숙소가 많지 않은 국가들의 저렴한 숙소는 대부분 도미토리라고 보면
맞다. 가격대는 2~4만 원 정도. 숙소에 따라 싱글이나 더블룸을 사용할 수 있지만
일반 도미토리 비용의 2배를 내야 한다. 도미토리는 일반적으로 4~8인 기준인데,
정말 저가는 16~32인까지 수용한다. 또한 비싼 숙박비에도 동남아 저가 숙소만도
못한 시설도 많다. 이런 나라들은 호스텔 예약 사이트 후기를 참고하면, 그나마 괜
찮은 곳을 찾을 수 있고 미리 예약도 가능하다.

숙박비가 비싸다고 시설이 좋은 것은 아니다.

도미토리 형식의 숙소들은 샤워실, 화장실, 부엌, 거실 등을 공동으로 사용하는데,
여유가 있는 곳도 있지만 규모가 작다면 한참을 기다려야 한다. 또한 비누나 샴푸,
수건 등을 제공하지 않는 경우도 많으므로 미리 준비해야 한다. 대도시 숙소들은 굉
장히 큰 규모이므로 기본적인 시설 이외에도 영화를 보는 곳이나 피시방, 오락실 등
여러 가지 편의 시설을 갖춘 곳도 있다.

보통 빨래는 샤워를 하면서 직접 해야 하는 경우가 많고, 규모가 큰 숙소라면 동전
세탁기와 건조기가 준비되어 있어 편리하다. 비용은 1,000~2,000원 정도에 사용할
수 있고, 만일 동전 세탁기가 없는 경우라면 대체로 숙소 주위에 빨래방이 있다.

게스트하우스 주방

## • 전 세계적으로 퍼져 있는 유스호스텔

유스호스텔<sup>Youth hostel</sup>은 전 세계적인 호스텔 체인이라고 보면 된다. 보통 도시별로 1개씩 있지만, 대도시라면 2~3곳이 있는 경우도 있다. 유스호스텔 숙박비는 국가에 따라 다르지만 해당 국가의 일반적인 숙소 평균 가격보다 저렴하다. 유스호스텔은 유스호스텔 회원증이 있어야 할인가로 이용할 수 있으며, 카드가 없다면 한국유스호스텔연맹(www.kyha.or.kr)에서 발급 받을 수 있다. 유스호스텔은 자리 여유가 많으면 회원이 아니어도 추가 금액을 내면 숙박할 수 있지만, 성수기라면 회원증 없이 숙박하는 것은 거의 불가능한 곳들도 많다.

유스호스텔의 장점이라면 일단 기본적인 시설은 보장된다는 것이다. 간혹 이름만 유스호스텔이고 연맹에 가입되지 않은 곳들도 있어 회원증으로 할인도 되지 않고 시설도 엉망인 곳이 있다. 대부분의 유스호스텔은 도심의 좋은 위치에 자리한 경우가 많기 때문에 여행하기에 편리하다. 또한 유스호스텔 자체적으로 저렴한 가격에 근교 투어를 하거나 저녁에 숙박하는 사람들을 위해 파티를 하는 등 다양한 프로그램이 있어 여러 국가의 여행자들과 자연스럽게 어울릴 수 있는 기회가 만들어진다.

유스호스텔 전경        유스호스텔 내부

호스텔링 인터내셔널 홈페이지
(www.hihostels.com)

유스호스텔은 직접 찾아가서 숙박해도 되지만, 성수기라면 전 세계 유스호스텔 예약 서비스를 제공하는 호스텔링 인터내셔널<sup>Hostelling International</sup> 홈페이지에서 미리 예약을 해두는 것이 좋다. 유스호스텔은 특히 숙박비가 비싼 유럽이나 미국 등을 여행할 때 유리하지만 숙박비 자체가 저렴한 국가라면 별다른 메리트가 없다.

## 02 한인이나 현지인 민박집 이용하기

해외에서 민박은 한인 민박과 현지인 민박<sup>B&B, Zimmer,</sup>

Gites으로 나눌 수 있다. 한인 민박은 주로 교통이

편리한 도심에 있어 배낭여행자를 대상으로 하

며, 한국어로 소통할 수 있어 편하다. 반면, 현

시설이 좋았던
한인 민박 2인실

지인 민박은 다소 외곽이라 자동차나 스쿠터로 여행하는 사람들이 주로 이용하며,
현지인들의 삶이나 문화를 조금이나마 경험해볼 수 있는 기회가 된다.

### • 한인 민박 이용하기

한인 민박은 런던, 파리, 로마, 뉴욕, 토론토, 홍콩 등의 대도시뿐만 아니라 한국인
이 많이 가는 곳이라면 어렵지 않게 찾을 수 있다. 주로 배낭여행자를 대상으로 하
므로 교통이 편리한 도심에 위치한다. 한인 민박은 미국은 대부분 한국인이지만 유
럽은 한국인은 물론 조선족이 하는 곳도 흔하다. 개인실을 제공하는 곳이 있는가 하
면 도미토리 형태로 한 방에 여러 개의 침대가 설치되어 있기도 하다. 대체로 영어나
현지어를 못해도 정보를 쉽게 얻을 수 있고, 여행 동행자를 만날 수 있어 좋다.

민박은 도시에 따라 다르지만 1인당 유럽은 20~30유로, 미국은 20~40달러 사이인
경우가 많다. 보통 한인 민박에서는 한국식 아침식사를 제공하므로 한식이 그리웠

그라나다에서 묵었던 한인 민박집

던 여행자에게는 최선의 선택이 된다. 하지만 협소한
공간에 침대만 덩그러니 있는 곳도 많으므로 온라인
카페나 블로그에 소개된 이용 후기를 관심 있게 살
펴보고 선택하는 것이 좋다.

여행 중 민박에 묵으려면 온라인 카페나 블로그에 소
개된 이용 후기를 관심 있게 읽어보고 선택하는 것
이 좋다. 정말 가족처럼 잘 대해주는 민박이 있는 반

면, 여행자를 짐처럼 보는 곳도 있기 때문이다. 한인 민박의 경우 성수기에는 보통
예약을 하고 가야 하는 경우가 많다. 또한, 민박에서 카페나 블로그의 후기 등을 조

작하는 사례들도 빈번하게 일어나고,
불법 민박 업소는 단속으로 인해서 사
라지는 경우도 있으므로 예약 시 꼭 주
의해야 한다. 단속으로 인해 사라지는
경우에는 예약금을 돌려받지 못할 수
도 있다. 요즘에는 예약사이트가 아니
라, 큰 규모의 지역 여행 카페 등에서
아예 민박을 알선하기도 한다.

한인텔 홈페이지(www.hanintel.com)

## • 현지인 민박 이용하기

전 세계적으로 가장 유명한 현지인 민박은 B&B^Bed and Breakfast이다. 약자 그대로 침대
와 아침을 제공하는 숙소인데, B&B 숙소들은 묵을 수 있는 방이 1~2개 정도밖에
되지 않는 경우가 많다. 그만큼 B&B를 제공하는 숙소 주인과 친근하게 지낼 수 있
기도 하다. 대부분 현지인이 운영하고, 손님 숫자가 적다보니 현지인 생활을 조금이
나마 체험해 볼 수 있다. 그리고 여행객을 많이 받지 않기 때문에 대부분의 방들이
깔끔하게 관리된다.

B&B의 가장 큰 장점은 현지 스타일의 아침식사이다. 보통 숙박비에 아침식사가 포
함되는데, 아침식사라 하기에는 훌륭한 수준의 메뉴를 대접받을 수 있다. 뿐만 아니
라 친절한 주인의 경우 여행객과 저녁 시간을 함께 보내기도 하고, 현지에 관련된 다
양한 정보도 제공해주기 때문에 여행 중 멋진 기억을 남길 수 있다.

1 독일의 예뻤던 B&B 숙소
2 잘 꾸며놨던 하와이의 B&B 숙소
3 B&B의 아침식사

B&B는 전 세계에 퍼져있는데, B&B라는 이름 외에도 유럽의 독일, 오스트리아, 스
위스 쪽에서는 짐머^Zimmer, 프랑스에서는 지트^Gites 등 각 나라마다 부르는 이름이 조
금씩 다르다. 물론 이러한 국가에도 B&B는 별도로 존재한다. 짐머나 지트는 예약
사이트가 있지만 그냥 돌아다니다가 찾을 수도 있다. 독일의 짐머 같은 경우 방이 있
으면 '방 있음^Zimmer Frei'이라고 문 앞에 써놓기 때문에 찾기 어렵지 않다.

현지인 민박은 대부분 외곽에 위치하고 있어서 자동차나 스쿠터 여행 중에 이용하
는 경우가 많다. 하지만 잘 찾아보면 도심에도 있기 때문에 이러한 현지인 민박에서
하루 묵어보는 것도 좋은 경험이 된다. 참고로 프랑스 호텔체인 B&B Hotel과 헷갈
리면 안 된다.

## 현지인 숙소 이용하기

여행의 트렌드가 많이 바뀌면서, B&B 스타일에서 한 발 더 나아가 아예 현지인들이 자신의 집 일부 또는 전체를 빌려주는 형태의 숙박 방법도 생겨났다. Airbnb, Homeaway, Waytostay, Travelmob 등이 대표적인 사이트이다. Airbnb는 전 세계를 연결해주며, Homeaway는 미국, Waytostay는 유럽, Travelmob은 동남아 위주이다. B&B와의 가장 큰 차이점은 아침을 제공하지 않을 수도 있다는 것이다. 자신의 집의 일부를 제공하는 경우 객실 하나를 제공하고, 그 외 주방 및 욕실은 공용으로 사용할 수 있게 해 주는 형태이다. 반면 전체를 빌려주는 경우 콘도나 스튜디오를 빌려주는데, 현지인 스타일의 눈치 보지 않고 이용해볼 수 있다는 장점이 있다.

이런 숙소는 중계 사이트를 이용하더라도 손님과 투숙객과의 신뢰가 필요하기 때문에 숙박을 하기까지 많은 과정을 거쳐야 한다. 신용카드, 페이스북 등을 이용해 여행자 인증을 해야 하고, 숙소를 제공하는 집주인도 믿을 수 있는 정보를 제공해야 한다. 또한 단순히 예약한다고 끝나는 것이 아니라 집 주인과 몇 차례 이야기가 오간 다음에야 예약이 확정된다. 이렇게 복잡한 과정을 거치다보니 1박만 하기보다는 최소 3~4일 이상 머무르고자 할 때 더 유용하다.

이런 숙소는 중간에 보증하는 사이트가 있다 하더라도, 사기 사례가 종종 있으므로 꼭 피드백이 좋고 알려진 숙소 위주로 선택하는 것이 좋다. 아무런 후기가 없는 숙소라도 좋을 수 있지만, 파리나 로마 같은 대도시에 위치하면서 너무 저렴하고 좋아 보이면 한 번은 의심해 보는 것이 좋다. 제대로 숙소만 선택한다면 단순히 숙박에서 끝나는 것이 아니라 현지인들의 삶을 조금이나마 체험해볼 수 있는 좋은 기회가 되기도 한다.

| 현지인 숙소 예약 사이트 | 홈페이지 주소 |
| --- | --- |
| Airbnb | www.airbnb.co.kr |
| Homeaway | www.homeaway.com |
| Waytostay | www.waytostay.com/ko |
| Travelmob | kr.travelmob.com |

AIRBNB

Waytostay

## 04 등급에 따라 시설이 확연히 달라지는 호텔 이용하기

호텔은 등급에 따라 그 시설이 달라진다. 호스텔 싱글룸과 별반 차이가 없을만한 별 1개짜리부터 정말 럭셔리한 별 5개짜리 호텔까지 등급은 매우 다양하다. 두바이의 버즈알아랍호텔이 별 7개라지만 공식적으로는 별 5개가 최고 등급의 호텔이다. 일반적으로 여행이 길어지면 다소 저렴한 별 2개짜리 호텔에서 많이 묵게 되지만, 가까운 곳으로 떠나는 3박 4일 정도의 여행이라면 별 3~4개짜리 호텔을 선택하는 경우가 많다. 하지만 호텔에 따라

수도원을 개조해 만든 호텔

같은 등급이라도, 시설은 차이가 나므로 호텔이 지어진 시기나 온라인 평가를 잘 살펴보는 것도 중요하다.

힐튼 두브로브니크

세인트 레지스 애스펀

### • 중저가 호텔 이용하기

보통 별 하나 등급은 정말 저렴한 호텔인 경우가 많다. 유럽의 IBIS BUDGET이나 F1, 미주의 MOTEL6, ECONO LODGE, ROADWAY INN 등이 그런 호텔에 속한다. 자동차 여행 중에 숙박하기에 적당한 숙소지만, 체인호텔이 아닌 이상 청소 및 침대 상태가 오락가락 하는 경향이 심하다. 하루 숙박비는 약 4~6만 원 정도이다. 별 2개짜리 호텔은 미주에서는 Comfort Inn, La Quinta, Days Inn, 유럽에서는 IBIS, Mercure 등이 있고, Holiday

1 저가호텔 이비스버짓의 객실
2 객실 바로 앞에 차를 세우는 미국의 모텔

319

Inn, Best Western은 별 2~3개 등급이 많은데 세계적으로 찾아볼 수 있다. 이러한 호텔은 1박에 6~15만 원 정도로 바로 아래 등급과 비교하면 시설이 뛰어나고, 호텔에 따라 아침도 제공한다. Extended Stay America, Residence Inn 등 주거형 Residential Style 호텔은 주방이 있어 요리도 해먹을 수 있다.

중저가 숙소는 도심 외곽의 경우 주차나 인터넷을 무료로 사용할 수 있는 장점이 있다. 숙소 일반 가격은 보통 유럽, 미주, 오세아니아 국가들에 해당하고, 동남아나 중남미, 중동 등에서는 그 가격이면 별 3개 이상의 호텔에도 묵을 수 있다. 일본의 경우 저렴한 비즈니스호텔이 많은데 약 4,000~8,000엔 사이의 호텔이 인기가 많다. 일본 숙소는 일인당 비용을 받는 경우가 많고, 대도시 비즈니스호텔은 실제 한 명이 사용하기 적합한 싱글룸 형태이다. 2명이 묵을 때는 싱글룸에서 2인 숙박이 대부분 금지되므로 더블룸이나 트윈베드룸을 예약해야 한다.

1 중저가호텔 이비스
2 파크 인
3 주방이 있는 숙소

일본의 1인 객실

## • 별 3개 이상 호텔 이용하기

호텔 등급이 별 3개 이상은 우리가 흔히 들어본 메리어트, 힐튼, 노보텔, 하얏트, 쉐라톤, 크라운프라자, 웨스트인과 같은 세계적인 체인호텔들이다. 이러한 호텔의 경우 유럽, 미주 지역은 1박에 15~30만 원 이상이지만 미국 중계사이트인 프라이스라인Priceline이나 핫와이어Hotwire 등을 이용해 경매를 하면 20~40% 정도 할인된 가격에 묵을 수 있다.

별 3개 이상의 호텔에는 수영장, 헬스시설 등이 잘 갖춰져 있고, 컨시어지서비스Concierge Service를 제공하기 때문에 이러한 숙소에서 묵으면 금액이 많이 들지만 상대적으로 큰 만족을 얻을 수 있다. 하지만 등급이 높은 호텔일수록 인터넷과 주차료 등이 유료이고, 기타 서비스도 비싸다는 것을 감안해야 한다. 상대적으로 가격이 저렴한 동남아를 많이 여행했던 사람이라면 이러한 호텔에서 가격대비 만족도가 떨어질 것이다. 하지만 각 나라의 물가를 생각하면 그 정도 차이는 어쩔 수 없다.

동남아나 중남미는 10~15만 원 정도면 별 3개 이상의 숙소에 묵을 수 있다. 특히 태국이나 필리핀은 15만 원 정도면 고급 호텔에서 묵을 수 있고, 저렴한 리조트라면 15만 원 내에서 예약할 수 있는 곳이 많다. 홍콩, 싱가포르, 도쿄, 뉴욕 같은 대도시는 작은 공간을 최대로 활용한 부띠끄호텔$^{Boutique\ Hotel}$도 인기를 끌고 있다. 고급 호텔체인보다는 저렴하면서 독창적인 디자인과 서비스가 많은 사람들을 불러 모으지만, 때로는 일반호텔보다 비싼 경우도 많다.

하얏트 리젠시

쉐라톤

## 05 특별한 여행에 어울리는 리조트와 풀빌라 그리고 료칸

리조트와 풀빌라, 그리고 료칸은 그 특색이 확연히 드러나는 숙소이다. 리조트의 경우 숙박뿐만 아니라 레저시설이 잘 되어 있고, 풀빌라에서는 연인과 오붓한 시간을 보낼 수 있다. 그리고 일본의 료칸에서는 극진한 대접과 함께 온천을 즐기며 머물 수 있다. 다른 곳들과 비교해서 다소 비싸지만 한 번쯤 머물러 볼만한 곳이다.

### • 리조트 이용하기

리조트는 가족이나 신혼여행객이 많이 이용하는 숙소이다. 태국, 필리핀, 발리, 하와이 등의 휴양지에서 리조트를 많이 찾아볼 수 있지만, 휴양지가 아닌 한적한 도심외곽이나 자연풍광이 멋진 곳에서도 리조트를 볼 수 있다. 리조트는 보통 바다나 멋진 풍경을 마주하고, 자체적으로 커다란 수영장과 여가를 즐길 수 있는 다양한 시설을 갖추고 있다. 특히 신혼부부들에게 인기가 높은 몰디브는 1개의 섬에 1개의 리조트가 바다에 떠 있는 것처럼 자리하고, 바다도 워낙 아름다워 큰 인기를 끌고 있다.

리조트들도 각각의 특징이 있어서, 괌의 PIC나 호주 시월드, 마우이 그랜드와일레아와 같이 어린이를 위한 시설이 잘된 곳은 가족 여행자들에게 인기가 있고, 조용하게 즐길 수 있는 수영장이나 낭만적인 시설이 있는 리조트는 연인이나 신혼부부에게 인기가 있다. 각 리조트들이 어떤 부대시설을 가지고 있고, 목표 고객이 누구인지는 리조트 홈페이지를 통해 쉽게 알 수 있다. 리조트는 각각 추구하는 성격이 분명한 경우가 많으므로, 가기 전에 이러한 것들을 미리 잘 살펴보는 것이 중요하다. 가격은 저

1 쉐라톤 롬복 리조트 2 마우이 안다즈 리조트 3 메리엇 이할라니 리조트

렴한 10만 원 정도부터 수십만 원 이상을 호
가하는 리조트까지 지역과 시설에 따라 다
양한 등급이 존재한다.

비교적 저렴한 비용으로 아름다운 바다를
보고 싶은 사람은 보라카이나 푸켓, 세부 등
을 많이 찾는다. 동남아 여행에서 가장 매력
적인 부분이 바로 마사지와 스파인데, 한국
의 반 정도밖에 안 되는 가격으로 훨씬 더
훌륭한 서비스를 받을 수 있다. 4~6시간 정
도 걸리는 패키지 스파는 연인이나 신혼부
부들에게 특히 인기가 많다. 또한, 여행지마
다 지역 특유의 마사지 스타일이 있는데, 타

스파 시설

이식, 발리식, 스웨덴식 등 종류가 여러 가지 있으므로 자신이 원하는 것을 선택하
여 받을 수 있다.

## • 풀빌라 이용하기

풀빌라는 신혼여행객들에게 가장 인기 있는 숙소이다. 풀빌라<sup>Pool Villa</sup>는 말 그대로 개
인 수영장이 딸린 빌라를 말하는데, 바다가 예쁘지 않은 발리 지역은 풀빌라가 내륙
에 위치한 경우도 많다. 풀빌라는 개인적인 공간이 보장되므로 부부나 연인이 둘만
의 시간을 보내기에는 더할 나위 없는 장소이다. 풀빌라는 하룻밤에 적게는 20~30
만 원에서 많게는 100만 원을 호가하지만 일생에 한 번뿐인 여행을 위해 큰 비용을
지출하는 사람도 많다. 주로 동남아 국가들에 이런 풀빌라 형태의 숙소가 많다.

1 풀빌라에 딸린 개인 수영장
2 풀빌라 객실
3 바다가 보이는 선베드

풀빌라를 선택할 때는 풀의 크기를 꼭 먼저 확인해야 한다. 화장실 욕조 크기만 한 수영장도 풀빌라라고 부를 수 있기 때문이다. 풀빌라는 객실마다 수영장이 있어 객실 숫자가 많지 않기 때문에 인기가 있는 곳은 객실 예약이 빨리 마감된다.

### • 일본의 전통 숙소 료칸 이용하기

료칸旅館은 일본 전통 숙소를 일컫는 말로 일본식 여관이다. 일본 고유의 숙박시설이지만 한국인 여행자들도 많이 찾는 숙소이다. 료칸은 보통 다다미가 깔린 일본식 방에 온천이 딸려있는 형태이다. 일반적으로 료칸은 저녁식사와 아침식사를 숙박비에 포함하지만 저렴한 료칸의 경우 순수하게 숙박비만 내는 경우도 있다.

료칸은 식사가 포함되면 1인당 최소 10만 원 이상, 고급 료칸은 하룻밤에 30~50만 원 이상인 곳들도 많다. 하지만 료칸에 들어서면서부터 시작되는 친절한 서비스와 일본 전통 숙소를 체험하려는 이들에게 인기가 높다. 료칸은 비쌀수록 식사의 수준이 높아지므로 먹는 것을 중요하게 생각한다면 고급 료칸을 선택하는 것이 좋다.

1 료칸에 딸린 온천 2 료칸의 객실 3 료칸의 식사. 가이세키

# 가격비교를 통해
## 최적의 호텔 예약하기

자유여행을 준비할 때 가장 큰 고민 중 하나가 바로 항공권과 숙소이다. 항공권은 그나마 선택 범위가 한정되어 있어 시간이 많이 걸리지 않지만, 숙소의 경우 위치부터 평가, 가격까지 고려해야 할 것들이 너무 많다. 단기 여행이라면 항공권과 호텔은 여행 예산을 줄일 수 있는 가장 큰 부분이다. 어떻게 하면 자신이 원하는 호텔을 빨리 찾을 수 있는지 알아보자

## 01  자신의 상황에 맞는 호텔 찾기

호텔은 무조건 싸다고 좋은 것이 아니다. 여행을 계획했다면 숙박 예산을 짜고, 그 예산 안에서 가격과 위치, 시설 등이 좋은 곳을 고르는 것이 최선이다. 호텔 숙박 비용에 다소 여유를 주면 머무는 호텔의 만족도가 더 크게 올라갈 수 있다.

### • 숙박 예산부터 결정하자

단기든 장기든 여행에서 숙박비가 차지하는 비중은 무시할 수 없기 때문에 숙박비의 책정이 전체 여행 경비를 좌우하기도 한다. 배낭여행이라면 호스텔 같은 저렴한 숙소(여행지에 따라 5,000~40,000원 정도)를 이용하면 된다. 이런 숙소의 경우 성수기가 아닌 이상 예약이 필요 없는 경우가 많기 때문에 대략 어느 정도 가격대인지만 알면 숙소 비용은 현지에서 바로 조율할 수 있다.

호텔에서 주로 묵는 단기 여행은 출발 전에 예산에 맞춰 호텔을 잘 찾아야 한다. 숙박 예산은 지역마다 다르다. 별 3~4개 호텔을 기준으로 했을 때, 1박당 미국 뉴욕은 25~30만 원, 홍콩이나 싱가포르는 15~25만 원, 방콕이나 하노이는 10~15만 원 정도이다. 하지만 별 3개짜리라도 4개보다 비싼 경우도 있고, 성수기에는 가격이 천정부지로 뛰기 때문에 지역과 시기에 따라 숙박을 위한 예산은 다르게 책정해야 한다. 만일 친구 같은 여행 동반자를 구한다면 2인 1실이므로 호텔 비용을 반으로 절약하는 효과가 있다.

만약 호텔 예산을 하루 10만 원으로 책정했다면, 호텔 예약 사이트에서 가격을 기준으로 정렬해보자. 그러면 예산에 해당하는 호텔이 어떤 곳들인지 확인할 수 있다. 처음 호텔을 선택할 때는 어떤 예약 사이트에서 시작을 해도 문제는 없다. 예산이 10만 원이라도 10만 원까지의 호텔만 보지 말고, 15만 원정도까지의 호텔 중에서 맘에 드는 곳을 고르자. 나중에 각 예약 사이트별 가격비교를 하다보면 자신이 처음 알아본 호텔이 15만 원이었더라도 더 싸게 예약할 수 있는 곳을 찾을 수 있다.

호텔패스 호텔 검색 결과　　　　　　익스피디아 호텔 검색 결과

## • 호텔의 위치도 중요하다

아무리 시설이 좋고 가격이 저렴한 호텔이더라도 중심지가 아닌 외곽에 있어 이동 시간이 길어진다면 좋은 호텔이라 할 수 없다. 단기 여행에서 이동에 걸리는 시간은 호텔 숙박비보다 가치가 클 수도 있기 때문이다. 그렇다면 예약하려는 호텔의 정확한 위치를 어떻게 확인할 수 있을까?

호텔패스 지도정보

대부분의 호텔 예약 사이트에서는 호텔 위치 지도와 검색 링크를 제공한다. 그 지도를 통해 여행지와의 거리나 지하철 등이 근처에 있는지 확인해볼 수 있다. 대부분의 예약 사이트는 구글맵(maps.google.com)과 연동해서 지도서비스를 제공하므로, 별도로 검색해볼 필요 없지만 원하는 곳과의 이동방법 등을 확인하려면 구글 지도 검색을 병행하면 좋다.

익스피디아 지도 정보

호텔이 중심지에 있다면 여행 중에 피곤하면 잠시 들려서 쉴 수도 있지만, 그렇지 않은 경우 일정을 마칠 때까지 호텔을 이용할 수 없다는 단점이 있다. 또한 우범 지역으로 알려진 곳에 위치한

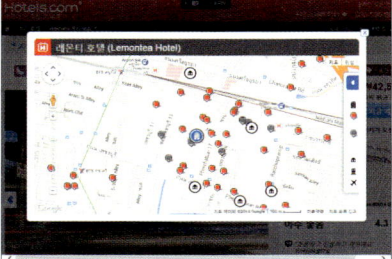

호텔스닷컴 지도정보

호텔은 최대한 피하는 것이 좋다. 그렇게 1차적으로 선택한 가격대에 맞고, 2차적으로 선택한 위치가 맘에 드는 호텔을 선택해보자.

## • 다녀온 사람들의 평가를 꼭 확인하자

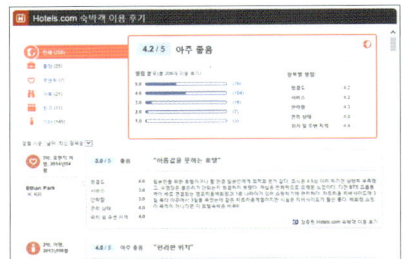

호텔스닷컴 숙박 후기

부킹닷컴 숙박 후기

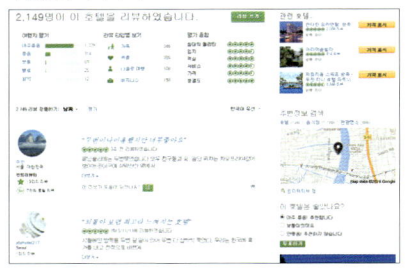

트립어드바이저 숙박 후기

호텔을 결정하기 전에 먼저 이용 경험이 있는 사람들의 평가를 살펴보는 것은 중요한 과정이다. 인터넷으로 해당 호텔을 검색하면, 예약 사이트 광고만 가득한 페이지로 이동된다. 이럴 때는 검색 탭에서 블로그로 한정지어 살펴보는 것도 방법이지만 블로거들이 다녀온 곳이 한정적이거나 그냥 여행사의 대표사진을 이용해 홍보용으로 걸어놓은 글도 많다. 제대로 된 후기를 보고 싶다면 직접 해당 카페에 가입하여 검색하는 것이 더 좋은 방법이다. 만약 홍콩에 대한 후기를 보고 싶다면 네이버의 포에버홍콩, 유럽 지역은 네이버 유랑에서 검색해보면 된다. 카페의 경우 사진이 포함된 자세한 후기보다는 자신의 경험에 의거한 텍스트 위주의 후기들이 더 많다.

아쉽게도 블로그나 카페에서는 한국 사람이 많이 여행하지 않는 지역은 후기 또한 찾아보기 힘들다. 이런 여행지라면 외국 사이트를 검색해야 하는데, 가장 믿을 만한 곳은 트립어드바이저이다. 최근 한국어 서비스를 시작하여, 우리나라 사람들도 보다 쉽게 서비스를 이용할 수 있다. 번역기를 돌린 듯한 문장이 눈에 좀 거슬리지만, 한국에서는 쉽게 찾아볼 수 없는 정보들이 많아 유용하다.

그 외에도 사람들이 많이 예약하는 호텔 예약사이트에는 그만큼 후기가 누적되어 있는 경우가 많으므로, 하나하나 읽다보면 어느 정도 감을 잡을 수가 있다. 평가 점수가 낮은 곳은 다 이유가 있기 마련이므로, 가능하면 평가가 좋은 곳으로 예약하는 것이 실패할 확률을 줄이는 방법이다.

관심 있는 호텔에 대한 후기를 살펴보았다면 가격 대비 좋은 호텔이 어딘지, 교통이 편리한 곳이 어딘지 대충 파악이 된다. 과거 평이 좋았지만 현재는 안 좋은 곳도 있고, 이렇게 알아보는 과정에 가이드북에도 소개되지 않은 좋은 호텔 정보까지 구할 수 있다. 이렇게 후기를 살펴봤다면 묵고 싶은 호텔이 몇 개 정도로 압축되었을 것이다. 그 중에서 가격 또는 위치가 가장 맘에 드는 곳으로 선택하면 된다.

## 02 최종적으로 호텔을 선택하기 전에 고려할 사항

맘에 드는 호텔이 가격도 적당하다면 이제 무엇을 고려해야 할까? 간과하기 쉽지만 조식 포함여부와 어떤 방에서 묵을지를 잘 살펴봐야 한다. 사랑하는 사람과 함께 하는 여행이 트윈베드룸이거나 회사 상사와 둘이 간 출장인데 킹사이즈 베드 한 개라면 얼마나 난감할까?

### • 조식 제공 여부 체크하기

최저가를 검색할 때 확인해야 할 것이 바로 조식 포함여부다. 검색 결과를 보면 조식이 포함된 가격이 있고, 조식이 포함되지 않은 가격이 있다. 당연히 조식이 포함되면 가격이 비싸지지만, 조식을 포함하고도 가격 차이가 크지 않은 경우도 많다. 보통 호텔 조

오믈렛은 요리사에게 직접 부탁하자

식의 경우 등급에 따라 1인당 15,000~30,000원 사이가 많은데, 조식 포함 호텔을 예약하는 경우 조식은 2인 기준이다.

조식이 포함되지 않은 최저 가격이 10만 원이고, 포함된 가격이 12만 원이라면 조식 포함을 선택하는 것이 이득일 수 있다. 특히 별 2개 이하 호텔의 조식은 빵과 시리얼 등 간단한 식사이지만, 별 3개 이상 호텔은 다양한 먹을거리가 준비되어 있어 아침을 식성에 맞게 골라서 먹을 수 있다. 호텔에 따라 준비된 조식 이외에도 레스토랑 안에 요리사가 있다면 오믈렛이나 계란프라이 등을 만들어 주므로 부담 갖지 말고 부탁하자. 많은 호텔의 조식이 뷔페형식이지만, 때로는 정해진 메뉴 안에서 고르게 하는 곳도 있다.

조식으로 제공되는 뷔페식 음식

## • 어떤 방에서 묵어야 할까?

호텔 예약 시 조식뿐만 아니라 객실 타입도 고려해야 한다. 국가나 호텔마다 객실 타입을 칭하는 이름은 조금씩 다르지만 스탠더드(슈피리어), 디럭스, 클럽, 스위트 순으로 비싸진다. 일반 여행자들이 많이 이용하는 타입은 스탠더드나 디럭스인데 스탠더드를 예약했더라도 그 호텔체인의 회원이거나 허니문 또는 기념일이라는 것을 미리 얘기하면 객실을 업그레이드해주는 경우도 있다. 객실은 전망도 가격에 영향을 미친다. 휴양지 호텔은 시내가 보이는 시티뷰, 리조트 정원이나 수영장이 보이는 가든뷰, 바다가 보이는 오션뷰 정도로 분류한다. 도심에서는 강이나 타워 같은 특정 건물이 보이는 뷰가 가격이 더 높을 가능성이 있다.

상하이 고층 빌딩이 보이는 뷰     바다를 향해 있는 객실     객실 아래로 내려다보이는 수영장

타입과 전망 다음으로 고려할 것은 침대의 수다. 침대가 1개면 싱글, 2개면 트윈이라고 부른다. 보통 싱글은 더블Double이나 퀸Queen 사이즈가 배치되지만, 국가나 호텔에 따라 킹사이즈King Size가 있기도 하고, 일본은 1인용 싱글 사이즈가 있다. 트윈베드도 싱글, 더블, 퀸 사이즈로 나뉘는데 주로 동남아나 미국은 넓은 침대, 유럽은 싱글 2개가 있는 트윈베드룸이 많다. 이런 사항은 호텔 예약 사이트에서 확인할 수 있으므로 자신에게 필요한 방 타입을 선택하면 된다.

1 킹사이즈 베드
2 싱글베드 2개인 트윈룸
3 퀸사이즈 2개인 트윈룸

아이가 있는 경우나 2인 이상이 숙박하는 경우에는 추가 침대가 필요하다. 퀸 사이즈 2개의 트윈룸이라면 4명도 문제없지만, 싱글 2개인 객실에서는 추가 침대가 필요하다. 특히 아이가 있는 경우에는 아이 전용 침대를 요청하는 것이 좋으며, 초등학생 정도라면 그냥 침대를 이용해도 된다. 그 외에 콘도스타일의 숙소에는 객실과 거실이 분리된 원베드룸, 투베드룸 형태의 객실도 있으며, 보통 소파베드라고 부르는 추가 가변 침대가 기본적으로 있는 경우도 많다.

싱글침대 2개와 그 옆으로 설치한 보조 침대      소파가 침대로 변신한 소파베드

## 03 국내 사이트를 통한 현지 호텔 예약하기

한국 사람이라면 예약부터 결제까지 모두 한국어로 진행되는 사이트가 편할 것이다. 혹시 과정에서 문제가 생겨도 전화나 이메일을 통해 바로 조치할 수 있고, 원화로 결제할 수 있어 환차손과 해외결제 수수료를 걱정하지 않아도 된다. 다만 한국의 예약 사이트 중 많은 수가 해외 사이트에 비해 가격 경쟁력이 떨어지지만, 우리나라 사람이 많이 가는 동남아나 중국, 일본 등의 호텔은 오히려 싼 경우도 많다. 특히 동남아는 프로모션을 하는 경우가 많아 저렴한 호텔을 찾을 수도 있다. 리조트나 풀빌라의 경우 이런 행운이 많은데, 한국 여행사를 통해 싼 가격을 찾았을 경우 여행지 호텔에 도착해보면 투숙객 대부분이 한국 사람인 경우도 있다.

### • 온라인 종합 여행사를 통한 예약

온라인 종합 여행사에서는 국내는 물론 해외 여러 국가의 호텔을 검색하여 쉽게 예약할 수 있는 서비스를 제공한다. 이러한 여행사 사이트에서는 항공권과 호텔을 함께 묶어서 파는 에어텔 패키지도 검색할 수 있고, 독자적으로 호텔만 검색할 수도 있다. 대부분 유명한 호텔 예약 사이트와 제휴관계이므로 한 번에 여러 호텔의 검색 결과를 확인할 수 있어 편리하다.

인터파크 호텔(hotel.interpark.com)　　　　　하나투어 호텔(www.hanatour.com)

- **호텔 예약 전문 사이트를 통한 예약**

  호텔 예약을 하려면 호텔 예약 전문 사이트도 챙겨보는 것이 좋다. 호텔패스는 전문 호텔 예약 사이트 중 가장 큰 인기를 얻고 있으며 호텔에 따라서 꽤 저렴한 가격을 제공하기도 한다. 그 외에도 호텔 예약 사이트들이 있으나 최근 해외 호텔 예약 사이트들의 본격적인 한국 진출로 인해 그 장점이 많이 줄어들어 매력이 많이 떨어진다는 평가를 받고 있다. 그래도 한 번쯤 체크해 볼 만한 가치는 있다.

| 호텔 예약 전문 사이트 | 홈페이지 주소 | 호텔 예약 전문 사이트 | 홈페이지 주소 |
| --- | --- | --- | --- |
| 호텔패스 | www.hotelpass.com | 오마이호텔 | www.ohmyhotel.com |
| 호텔엔조이 | www.hotelnjoy.com | 호텔자바 | www.hoteljava.co.kr |

호텔패스　　　　　호텔앤조이

## 04  외국 사이트를 통한 현지 호텔 예약하기

호텔 가격을 비교하다보면 국내보다는 외국 사이트가 최저가인 경우가 많다. 결제 당시 환율과 카드수수료를 감안하더라도 더 저렴하다. 보통 환차손과 카드수수료를 생각하면 실제 보이는 금액보다 약 2~3%를 더 지불한다고 생각해야 맞다. 해외에서 이미 유명한 호텔 예약 사이트들의 많은 수가 한국어 페이지뿐만 아니라 상담요원까지 두어 본격적으로 국내 홍보를 하고 있다. 덕분에 해외 예약 사이트를 통한 예약도 이제 결코 어려운 일이 아니다.

외국 사이트는 일반적으로 예약과 동시에 결제하는 경우가 많지만, 선지불과 현장 결제를 혼용해서 사용하는 곳도 많다. 외국 사이트들은 취소/변경에 따른 규정을 철저히 지키는 편이라 취소나 변경 예정이라면 꼭 취소가능 요금으로 예약해야 한다. 가끔 취소불가 요금으로 했다가 여행이 취소되어 예약금마저 돌려받지 못하는 사례도 꽤 있기 때문이다. 대신 취소가능 요금은 일반적으로 취소불가 요금보다는 비싸다.

### • 전 세계를 대상으로 하는 호텔 예약 사이트

미주나 유럽 같이 한국과 멀리 떨어진 국가는 해외 예약 사이트를 이용하는 것이 더 저렴하다. 한국 사람이 많이 가는 동남아나 일본은 그만큼 한국 여행사에서 물량을 확보해뒀기 때문에 저렴하지만 유럽, 미주 지역은 수요가 많지 않아 해외 사이트들의 물량을 따라갈 수가 없다.

익스피디아

현재 한국에서 활발하게 영업하는 사이트는 익스피디아와 호텔스닷컴, 아고다 등이 있으며, 모두 한국어 페이지와 한국어 상담 서비스를 제공한다. 반면 한국어 페이지는 있지만 상담원이 없는 부킹닷컴도 있으며, 프라이스라인과 핫와이어처럼 아예 한국어 서비스를 제공하지 않는 곳도 많다. 이러한 예약 사이트에서 검색하면 호텔이 가격이 대체로 비슷하지만, 사이트별로 할인 쿠폰 등을 제공하기 때문에 보다 저렴하게 예약할 수 있다. 사이트에 따라 별도 멤버십 제도로 추가 혜택을 제공하기도 한다.

| 해외 예약 전문 사이트 | 홈페이지 주소 | 해외 예약 전문 사이트 | 홈페이지 주소 |
| --- | --- | --- | --- |
| 익스피디아 | www.expedia.co.kr | 프라이스라인 | www.priceline.com |
| 호텔스닷컴 | kr.hotels.com | 부킹닷컴 | www.booking.com |
| 아고다 | www.agoda.co.kr | 라스트미닛트래블 | www.lastminutetravel.com |

아고다

호텔스닷컴

- **호텔 가격비교 사이트**

대표적으로 호텔스컴바인드와 위고가 있다. 가격비교 사이트는 호텔 자체 홈페이지 가격 및 다른 중소규모의 예약 사이트까지 모두 비교해 주므로 해외 예약 사이트를 비교했다면 한 번 더 검색해 보는 용도로 활용하면 된다. 때때로 다른 사이트에 업데이트되지 않은 좋은 가격을 발견할 수도 있기 때문이다. 다만 여기서 검색된 것이 항상 최저가는 아니며, 때때로 실제 예약은 되지 않는 경우도 있다. 또한 검색되는 사이트가 많은 만큼 신뢰도가 낮은 사이트도 함께 검색됨을 염두에 둬야 한다.

호텔스컴바인드(www.hotelscombined.com)　　위고(www.wego.com)

- **호스텔 전문 예약 사이트**

혼자 여행하는 사람이나 배낭여행자에게 호텔은 가격 때문에 어쩌다 한 번 머무는 곳이다. 또한 동남아나 남미 같이 물가가 낮은 곳이라면 저렴한 숙소를 쉽게 찾을 수 있지만, 유럽이나 미주, 오세아니아 등의 국가에서는 저렴한 숙소를 찾기 쉽지 않다. 민박 사이트를 이용할 수도 있지만, 외국의 젊은이들과

호스텔월드(www.korean.hostelworld.com)

어울리고 싶다면 호스텔이 제격이다. 호스텔은 호스텔을 전문으로 하는 사이트에서 검색해볼 수 있다.

예약 시스템이 잘 갖춰진 호텔과 달리 호스텔은 상대적으로 예약 시스템이 잘되어 있지 않고 영세한 경우가 많다. 그러므로 성수기에는 예약 후 한 번 더 재확인이 필요하고, 비수기라면 사이트를 이용하는 것보다 직접 가서 숙박비를 지불하는 것이 일반적으로 더 저렴하다. 이러한 호스텔 예약 사이트는 주로 선진국 여행 시 유용하다. 호스텔월드와 호스텔스는 한글도 지원한다.

호스텔스(hostels.com/ko)　　　　　호스텔부커스(hostelbookers.com)

- **아시아 전문 예약 사이트**

아시아 지역은 크게 아시아와 일본 예약 사이트로 나눌 수 있다. 아시아 예약 사이트들은 가격 경쟁력도 있지만, 국내 여행사에서 다루지 못하는 소규모 럭셔리호텔이나 리조트, 풀빌라 등도 리스트에 있는 경우가 많아 한국 여행사에서 찾을 수 없을 때 유용하다. 일본은 일본 전문 예약 사이트를 이용

아시아룸즈(www.asiarooms.com)

하면 더 싸게 일본 호텔들을 예약할 수 있으며, 라쿠텐은 한국어 사이트도 별도로 운영하지만 일본어 사이트가 더 저렴하다.

라쿠텐 트래블(kr-travel.rakuten.com)　　　자란넷(www.jalan.net)

## 05 호텔 홈페이지 이용과 최저가 보장제도

호텔 예약 사이트와 체인호텔 공식 홈페이지에서는 최저가 보장제도라는 것을 운영한다. 해당 사이트보다 낮은 금액을 다른 사이트에서 찾으면 그 가격에 맞춰주는 것으로, 단순히 가격만 맞춰주는 것이 아니라 추가 할인이나 쿠폰도 제공하는 곳이 많다. 최저가 보장제도는 가격비교사이트 등을 통해 찾은 최저가 사이트가 신뢰되

지 않는 경우 최저가 보장도 받으면서 믿을 수 있는 곳에서 추가 혜택도 제공받기에
오히려 최저가보다 더 저렴하게 예약할 수도 있다.

- ● **최저가 보장제도 비교에 해당하지 않는 사이트**

  다음의 경우에는 최저가를 찾았다 해도 최저가 보장제도 비교에 해당하지 않는 것
  으로 본다.

  > ① 프라이스라인, 핫와이어, LMT 등과 같이 호텔 이름이 노출되지 않거나 비딩 형식으
  > 로 운영되는 사이트.
  > ② 젯세터(JETSETTER), LMTCLUB 등과 같은 유료 멤버십 사이트 및 회원가입을 해야
  > 예약이 가능한 사이트.
  > ③ 예약과 동시에 바로 예약이 확정되지 않는 사이트(예약후 바우처 전달 또는 24~48
  > 시간 이내 회신 등).

  또한 다음과 같은 조건이 갖춰져야만 가격 매치가 이뤄진다. 다음 조건은 체인호텔
  및 담당자에 따라 더 깐깐할 수도 있고, 쉽게 받아들여질 수도 있다. 금액차이가 최
  소 $1~2 이상 또는 1% 이상 차이가 나야 하는데, 이보다 작은 금액은 환율차이로
  보고 최저가 보장제도를 적용하지 않기 때문이다.

  > ① 같은 취소 규정(취소가능여부, 취소불가 요금제 등)
  > ② 같은 등급 조건의 객실(마운틴뷰 = 마운틴뷰, 스탠다드 더블 = 스탠다드 더블 등)
  > ③ 특정 대상 요금이 아니어야 함(AAA, 시니어요금제, 패키지요금, 쿠폰 적용 금액 등)
  > ④ 그 외에 사이트에 따라 명기된 사항이 같아야 함

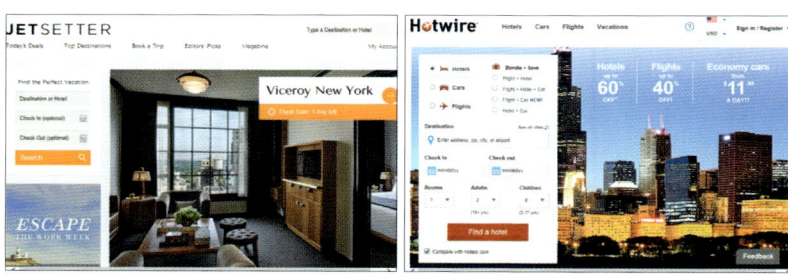

젯세터(www.jetsetter.com)                    핫와이어(www.hotwire.com)

- ● **체인호텔 홈페이지 이용하기**

  스타우드, 하얏트, 힐튼, 메리어트 등의 체인호텔은 예약 사이트를 이용하는 것보다
  호텔 홈페이지를 이용하는 것이 가장 저렴하다. 가격이 비쌀 경우 최저가 보장제도
  로 보상받을 수도 있기 때문이다. 호텔 홈페이지를 이용하면 취소불가 요금이 아니
  라면 체크아웃할 때 대금을 결제할 수 있으며, 호텔 예약 취소 가능 기간도 일반 예
  약 사이트보다 훨씬 여유롭게 지정받을 수 있다. 또한 예약에 문제가 생겼더라도 호

텔과 직접 연락해서 해결할 수 있으므로 일이 더 빠르게 진행된다.

체인호텔의 홈페이지에서는 종종 프로모션 행사도 진행하며, 숙박에 따른 포인트를 적립해주기 때문에 일석이조라 할 수 있다. 또한, 호텔 홈페이지를 통해서 자주 예약을 하면 등급<sup>Tier</sup>도 높아지는데, 등급이 높으면 무료 조식이나 객실 업그레이드 등의 추가 혜택도 받을 수 있다.

하얏트

| 호텔 체인 이름 | 호텔 공식 홈페이지 | 호텔 체인 이름 | 호텔 공식 홈페이지 |
|---|---|---|---|
| 스타우드(Starwood) | www.spg.com | 클럽 칼슨(Club Carson) | www.clubcarlson.com |
| 하얏트(Hyatt) | www.hyatt.com | 어코르(Accor) | www.accorhotels.com |
| 힐튼(Hilton) | www.hilton.co.kr | 베스트웨스턴(Best Western) | www.bestwestern.com |
| 메리어트(Marriott) | www.marriott.com | 페어몬트(Fairmont) | www.fairmont.com |
| IHG | www.ihg.com | | |

스타우드

힐튼

## • 최저가 보장제도(BRG—Best Rate/Price Guarantee)

최저가 보장제는 말 그대로 최저가를 보상해주는 제도이다. 이 최저가 보장제도는 호텔 홈페이지뿐만 아니라 호텔 예약 사이트에서도 운영하는 곳이 많다. 각 사이트마다 최저가 보장제도의 혜택이 조금씩 다르지만, 최저가를 맞춰주는 것뿐만 아니라 그에 따른 혜택도 함께 제공하므로 시간이 많다면 이 제도를 이용해 보는 것도 좋다. 단 예약 시점부터 24시간 이내 완전히 같은 조건의 예약이어야 한다는 전제조건이 있고, 몇몇 사이트들은 최저가 보장이 굉장히 어려운 경우가 많다.

대부분의 사이트는 이메일을 통해 최저가를 보장받을 수 있으며, 담당자가 확인하는 시간에 해당 최저가 사이트에서 검색이 가능해야 한다. 스타우드는 최저가 보장을 잘 해주는 곳으로 꼽히지만, 힐튼은 여러 가지 이유로 최저가 보장을 해주지 않는 경우가 많다. 하얏트는 전화로만 신청해야했지만, 추세에 따라 인터넷 신청으로 변경되었다. 그밖에도 여행 사이트인 익스피디아나 호텔스닷컴도 최저가 보장제도를 운영한다. 다음 표는 가격 매치 외에 추가로 제공하는 혜택이다.

IHG 최저가 보장내역

| 업체명 | 주소 | 최저가 보장제도 |
|---|---|---|
| 스타우드 | www.starwoodhotels.com/bestrate | 2,000포인트 또는 최저가에서 10% 할인 |
| 하얏트 | www.hyatt.com/hyatt/specials/offers/brgClaimPage.jsp | 최저가에서 20% 할인 |
| 힐튼 | ko-kr-hiltonworldwide.hilton.com/en/ww/ourbestrates/overview.jhtml | 최저가에서 $50 할인 |
| 메리어트 | www.marriott.com/hotel-rates/travel.mi | 최저가에서 25% 할인 |
| IHG | www.ihg.com/hotels/kr/ko/customer-care/best-price-guarantee | 1박 숙박비 무료 |
| 아코르 | www.accorhotels.com/ko/garantie/descriptif.shtml | 최저가에서 10% 할인 |
| 클럽칼슨 | www.clubcarlson.com/borg/home.do | 최저가에서 25% 할인 |
| 익스피디아 | www.expedia.co.kr/p/corporate/best-price-guarantee | 5만원 호텔 할인 쿠폰 |
| 아고다, 부킹닷컴, 호텔스닷컴 등의 여행 관련 사이트 | | 최저 가격으로 매치 |

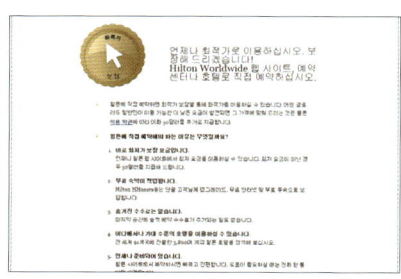

힐튼 최저가 보장내역

익스피디아 최저가 보장내역

## 06 호텔 예약에 대한 또 다른 이야기

호텔도 객실 예약률이 좋지 않을 때에는 다양한 프로모션을 진행한다. 여러 여행 사이트 및 호텔 자체 홈페이지에서 프로모션을 진행하기도 하지만 프라이스라인이나 핫와이어와 같은 역경매 사이트에서 일반 숙박비보다 저렴한 가격으로 방을 내놓기도 한다.

- **프로모션의 함정과 할인 예약**

  호텔을 검색하다보면 프로모션과 할인 예약을 종종 발견할 수 있다. 프로모션은 '2박 숙박 시 1박 무료'와 같은 형태로 진행되고, 할인 예약은 '기존 가격에서 20% 할인'과 같은 형태로 진행된다. 얼핏 보기에는 2박 숙박 시 1박 무료가 숙박당 50% 할인되는 것처럼 느껴지지만 실제 들여다보면 그

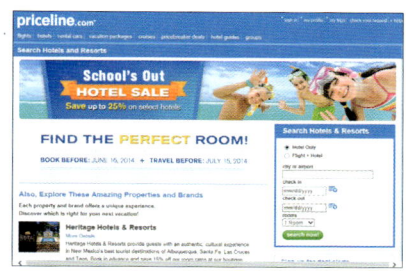

할인 프로모션

렇지 않다. 프로모션의 경우 할인가가 아닌 정상가로 2박 숙박 시에 1박 무료를 제공하기 때문이다. 결과적으로 무료로 1박을 더해 총 3박을 했을 경우, 20% 할인을 받아 3박 했을 때와 가격 차이가 없거나 오히려 비싼 경우도 있다. 결국 1박 무료 또는 할인이라는 말에 혹하지 말고, 동일 호텔 할인가와 다른 사이트 가격도 모두 비교한 후 예약하는 것이 좋다.

프로모션이 항상 이렇게 이름뿐인 것은 아니다. 각 사이트에서 특정 지역 또는 호텔을 지정하여 할인하기도 하는데, 이 경우에는 꽤 경쟁력 있는 가격으로 예약이 가능하기도 하다. 또한 비수기에 숙박할 경우 스파 패키지를 공짜로 포함해준다거나 일반 여행 시즌의 50% 가까운 할인율을 제시하는 경우도 많다. 물론 비수기는 우기라 날씨도 좋지 않고 여러 가지 단점이 있지만, 저렴한 가격에 여러 가지 서비스를 이용해보고 싶다면 이러한 프로모션을 잡는 것도 좋은 방법이다.

- **20~50% 싸게 묵을 수 있는 호텔 역경매**

  호텔을 저렴하게 묵을 수 있는 방법 중 하나인 호텔 역경매는 주로 미국과 유럽 호텔 위주로 진행하지만, 시기에 따라 별 3개 이상의 호텔을 20~50% 싸게 묵을 수 있다는 장점이 있다. 주로 별 2~5개 사이의 호텔들이 역경매로 예약이 가능하며, 비수기일수록 할인율은 더 커진다. 대표

역경매의 대표적인 사이트, 프라이스라인

적인 호텔 역경매 사이트로는 미국의 프라이스라인과 핫와이어가 있다. 이런 역경매의 경우 가격이 싼 만큼 예약 후 취소가 절대 불가능하므로 확정된 예약에만 이용해야 한다.

# 호텔 숙박과
# 객실 이용 방법

처음으로 호텔을 이용하는 사람이라면 호텔에서 무엇을 어떻게 해야 할지 몰라 당황스러울 수도 있다. 체크인은 어떻게 해야 하는지, 호텔 객실에 있는 물건 중 어떤 것이 공짜인지, 호텔에서 서비스를 받으려면 어떻게 해야 하는지 등 알면 간단하지만 모르면 당황스러운 것들이 많다.

## 01 호텔 체크인 과정은 어떻게 이뤄지나?

체크인은 호텔 로비에 들어선 후 그냥 여권만 보여주고 바로 키를 받아서 들어간다고 생각하면 굉장히 단순하지만 체크인할 때도 신경 써야 할 것들이 몇 가지 있다. 미리 알아두고 자신 있게 대처하자.

### • 체크인 과정

예약한 호텔에 들어서면 가장 먼저 해야 하는 것이 체크인이다. 체크인 카운터에 줄서 있는 사람이 없다면 바로 직원에게 가서 체크인을 하면 된다. 여권만 제시해도 예약된 이름으로 확인되지만 예약 확인서를 출력했다면 더 빠르게 체크인할 수 있다.

일반적으로 호텔의 체크인 시간은 오후 2시 이후인 경우가 많다. 하지만 체크인 시간 전이라도 방이 청소되어 있는 경우 이른 체크인<sup>Early Check-In</sup>을 하고 방에 미리 들어갈 수도 있다. 만약 체크인이 되지 않는다면 호텔에 짐을 맡겨두고 주변을 둘러본 후 체크인 시간에 맞춰 다시 하면 된다. 체크아웃할 때도 마찬가지로 이용할 수 있다. 이렇게 무료로 짐을 맡겼을 때에는 $2~3 정도의 팁을 주는 것이 예의이다. 반대로 밤 10~11시 늦게 도착한 경우에는 늦은 체크인<sup>Late Check-In</sup>을 신청해야 된다. 미리 메일이나 전화로 늦은 체크인을 할 것이라고 통보하면 되는데, 저녁 7~8시 정도라면 군이 늦은 체크인을 신청할 필요가 없다.

체크인 카운터의 모습

## • 보증금을 맡겨야 한다

호텔에 숙박할 때 보증금$^{Deposit}$으로 신용카드를 요구한다. 이 보증금은 예약이나 체크인할 때 지불한 숙박비와 상관없이 머무는 동안 사용할 서비스 비용을 미리 받아두는 것이다. 숙박 동안 TV로 유료 채널을 보거나 전화, 미니바, 조식이나 석식이 포함되지 않은 호텔에서 식사 등을 할 경우 맡겨둔 신용카드로 결제하는 것이다. 만일 신용카드가 없다면 일정 금액의 현금을 맡길 수도 있다.

머무는 동안 서비스를 사용했다면 그에 따른 영수증을 주므로 내역을 확인할 수 있다. 만약 현금을 맡겼다면 서비스 사용료를 제하고 돌려받을 수 있다. 신용카드 사용 내역 알림 서비스를 이용한다면 승인 내역을 받아볼 수도 있지만, 이는 승인 내역일 뿐 매입은 되지 않으므로 걱정하지 않아도 된다.

## • 어린이를 동반한 숙박

보통 호텔은 2인 숙박을 기준으로 하기 때문에 자녀를 동반한 가족 여행은 방을 추가로 잡아야 할지 고민이 된다. 미주나 유럽의 큰 호텔은 10~12세 미만의 아이에게는 숙박비를 별도로 청구하지 않으므로 침대를 추가 요청하지 않으면 추가 비용 없이 자녀들과 묵을 수 있는 곳이 많다. 하

보조 침대가 기본적으로 포함된 리조트

지만 객실 규모가 상대적으로 작은 홍콩, 일본, 싱가포르 등은 자녀 숙박비도 추가적으로 요구한다. 만일 어린 자녀를 동반한 여행이라면 숙박 전에 이런 부분도 꼭 체크해봐야 한다. 어린이 추가 비용은 호텔마다 규정이 다르므로 꼭 확인해야 하며, 가장 안전한 방법은 예약 시 자녀까지 포함하여 예약하는 것이다.

## • 방을 여러 개 이용하고자 한다면?

부모님 또는 여러 사람이 함께 투숙한다면 객실을 2개 이상 예약하게 된다. 이런 경우 커넥팅룸$^{Connecting\ Room}$을 요청하면 2개의 객실이 연결된 방을 받을 수 있다. 연결문은 2개로 각 객실에서 열고 닫을 수 있어 프라이버시 보장은 물론 복도로 나가지 않고도 객실을 왕래할 수 있다. 커넥팅룸은 호텔을 예약할 때 미리 메일이나 전화로 요청할 수 있으며, 콘도식 숙소의 경우 아예 원베드룸, 투베드룸 형태로 객실 내 방이 여러 개로 구분된 곳도 있다.

양쪽으로 문이 있는 커넥팅룸

## 카운터에서 방까지 이동하는 과정

요즘 호텔의 객실문은 카드를 삽입했다가 빼는 형태가 일반적이지만, 호텔에 따라 여러 가지 다른 형태가 있을 수 있다. 특히 키를 가져다 대면 열리는 전자식 카드키는 처음 사용한다면 당황할 수 있다. 이 외에도 벨맨이나 엘리베이터도 일반적이지 않은 경우가 있으므로 여기서 살펴보자.

### • 다양한 호텔키 사용 방법

요즘은 호텔에 따라 다양한 형태의 키를 사용한다. 일반적으로 많이 사용하는 것이 카드키인데 카드의 뒤쪽에 마그네틱 선이 있어서 카드에 표시된 방향으로 삽입했다가 빼면 열리는 방식이다. 카드키는 언제든지 키 정보를 조작할 수 있기 때문에 분실해도 큰 문제가 없어 많은 호텔에서 이용한다. 이런 형태의 키는 쉽게 발급이 가능한 키이기 때문에, 2장을 받았다면 모두 돌려줘야 한다는 조건이 없는 한 한 장은 기념품으로 가져가는 것도 가능하다.

삽입하는 호텔 카드키

대면 열리는 전자식 카드키

오래된 호텔에서는 여전히 열쇠 형식의 키를 사용하는 곳이 많은데 때때로 2번을 돌려야 열리는 잠금 장치도 있으므로 한 번 돌려서 열리지 않는다면 한 바퀴 더 돌려보도록 하자. 열쇠를 이용하는 호텔은 열쇠를 잃어버렸을 경우 벌금을 내는 경우도 있으므로 잃어버리지 않도록 주의해야 한다. 또한 최근에 지어진 호텔은 전자식 가드를 사용한다. 문에 설치된 잠금 장치에 카드만 가져다 대면 자동으로 열리는 형태이다. 인식이 잘되기 때문

고전적인 형태의 열쇠

에 굉장히 편리하지만 역시 잃어버렸을 경우 벌금을 내야 하는 경우도 있다.

### • 벨맨 서비스를 받았다면

호텔에 들어서면 문을 열어주는 것부터 체크인이 끝나면 객실까지 짐을 들어다주는 서비스가 벨맨Bell Man이다. 호텔로비에서 커다란 카트를 밀고 다니는 사람이 바로 이들이다. 짐이 많지 않은 경우 벨맨 서비스를 받을 필요 없지만, 짐이 무겁고 여러 개라면

벨맨 서비스

벨맨 서비스로 객실까지 편안하게 짐을 옮길 수 있다. 벨맨 서비스를 받았다면 짐 1개당 $1 정도의 팁을 주는 것이 예의이다. 체크아웃할 때도 미리 벨데스크Bell Desk에 전화를 하면 방까지 짐을 가지러 와 준다. 또한 체크아웃 후 일정이 있다면, 벨 데스크에 짐을 잠시 맡겨놓을 수도 있다. 등급이 낮은 호텔은 벨맨 서비스가 없지만, 짐을 옮길 수 있는 카트를 별도로 제공하기도 한다.

### • 엘리베이터 이용 방법

몇몇 유명 지역 리조트는 엘리베이터도 키가 있어야 사용가능한 경우가 있다. 외부 손님이 마음대로 들어오는 것을 막기 위해 설치된 것인데 엘리베이터를 타고 버튼을 눌렀을 때 작동하지 않는다면 내부에 붙어 있는 안내 문구를 참고하여 카드키로 엘리베이터를 작동해야 한다.

별도의 키가 필요한 엘리베이터

## 03 객실 내의 물건들은 어떻게 이용하나?

호텔 방에 들어와 보면 이것저것 많은 물건들이 준비되어 있다. 하지만 어떤 것이 무료고, 어떤 것이 유료인지 쉽게 알 수 없다. 호텔에 숙박했으면 이용이 가능한 한도 내에서는 최대한 이용하는 것이 좋으므로, 호텔의 물건에는 어떤 것들이 있는지 알아보자.

### • 물과 커피, 차 등은 무료이다

객실에는 무료로 제공되는 것들이 있는데, 가장 기본적인 것이 물이다. 생수병에 'COMPLIMENTARY무료'라고 써져 있다면, 그것은 무료라는 뜻이다. 보통 테이블에 세팅되어 있지만 호텔에 따라 미니바에 들어있는 경우도 있다. 만약 무료로 제공되는 물이 없고 미니바에만 생수가 있다면 따로 비용을 지불하는 것이 일반적이므로, 잘 모르겠다면 호텔 프런트에 물어보는 것이 좋다. 호텔에 따라 웰컴드링크와 과일, 와인 등을 무료 제공하는 경우도 있는데, 주로 휴양지 리조트들이다.

호텔에는 물 이외에도 커피포트와 함께 일회용 커피, 차 등을 준비해준다. 이러한 것들은 대부분 무료제공이므로 아침에 가볍게 커피 한 잔이나 차를 마시며 하루 여행 계획을 구상해볼 수 있다.

고급 호텔이나 리조트는 마실 것 외에도 모기 기피제, 선크림, 과자, 육포, 물안경 등의 물건이 함께 비치되어 있는 곳도 있다. 보통 이런 물건들은 별도로 무료라고 표기되어 있지 않은 이상 비용을 지불하고 사용해야 하는 것들이고, 시중에서 사는 것보다 가격도 비싸다. 급하게 필요한 물건이 아니라면 사용하지 않는 것이 좋다.

무료로 제공되는 커피와 차

웰컴 프루츠

## • 미니바는 셀프지만 비싸다

등급이 낮은 호텔이라면 아예 미니바도 없지만 대게 미니바는 갖추고 있다. 보통 콜라와 사이다, 지역 맥주와 수입 맥주, 생수와 탄산수, 주스, 초콜릿 등이 비치되어 있다. 비치된 상품들은 대부분 시중보다 적어도 2배 이상 비싸다는 것을 기억해야 한다.

고급 호텔이나 리조트의 경우 미니바 외에도 감자칩, 땅콩, 양주, 모기 기피제 등이 비치되어 있다. 이러한 상품들도 모두 별도 비용을 지불해야 되므로 방안에 비치된 매뉴얼 책자를 살펴보고 필요에 따라 사용해야 한다. 호텔에 따라 가져온 음식이 있는 경우 프런트에 요청을 하면 미니바를 비워주기도 하며, 기본적으로 비워져 있는 냉장고를 제공하는 호텔도 있다.

비어있는 냉장고

상품 가격은 옆에 적혀있다.

각종 음료가 비치된 미니바

## • TV 시청과 유료 채널 사용 방법

객실에는 기본적으로 TV가 비치되어 있다. 최근 리모델링한 호텔이라면 커다란 PDP TV나 LCD TV인 경우가 많지만, 오래된 호텔의 경우 여전히 브라운관 TV도 많다. TV의 일반 방송 채널은 모두 무료지만 영화나 성인방송 채널은 별도의 요금을 결제해야 한다. 실수로 리모컨이 작동되지 않도록 여러 번 확인 과정을 거치기 때문에 미리부터 걱정하지 않아도 된다. 이렇게 본 유료 채널 이용료는 체크아웃할 때 신용카드 보증금에서 결제가 된다.

객실마다 비치된 TV

## • 인터넷 사용 방법

해외 호텔에서 인터넷을 사용하려면 별 1~2개짜리의 숙소에서는 무료 지원되던 인터넷이, 별 3개 이상의 숙소에서는 하루에 $10 이상의 추가 비용을 내야 하는 경우가 많다. 예전에는 객실 내에 설치된 랜선을 많이 이용했지만, 요즘은 무선 인터넷이 발전하여 호텔 내에서는 어디서든 인터넷을 이용할 수 있다. 보통 무료 인터넷은 다음 3가지 중 한 가지이다. 아무런 암호가 걸려있지 않아 익스플로러만 실행하면 그냥 연결되는 경우, 익스플로러를 실행하면 호텔의 무료인터넷 인증페이지를 거치는 경우, 호텔 카운터로 연락하라는 메시지를 만나는 경우 등이다. 만약 인터넷에 연결했는데 비용을 지불하라는 메시지가 아닌, 암호를 입력하라는 메시지가 나온다면 객실 매뉴얼을 살펴보거나 호텔 카운터로 연락하여 암호를 받으면 된다.

인터넷을 이용할 수 있는 랜선

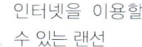

호텔에서 별도로 운영하는 비즈니스 센터

반면 등급이 높은 호텔, 특히 체인호텔의 경우 인터넷을 연결하면 결제와 관련된 페이지가 나타난다. 무선 인터넷으로 연결했을 경우 자신의 신용카드로 원하는 시간만큼 결제를 하면 되고, 방 안에 있는 랜선으로 연결했을 경우 비용 지불에 대해 수락하면 보증금으로 맡겨놓은 신용카드에서 금액이 차감된다.

- **중요 물품은 개인 보관함에 보관하자**

  많은 호텔이 객실에 개인 보관함을 별도로 두고 있다. 열쇠나 비밀번호 형태 두 가지가 일반적으로 사용된다. 현금이나 여권 등을 보관하기 좋으며, 혹시 모를 도난 사고를 예방하기에 좋다. 객실을 비울 때 가져가기 힘든 중요한 물건이라면 개인 보관함에 넣어두는 것이 좋다.

개인 보관함

- **흡연자라면 스모킹 룸을 요구하자**

  호텔 중에는 흡연이 가능한 객실이 별도로 있는 곳도 있다. 의외로 많은 호텔들에 흡연 가능한 객실이 있으므로 미리 예약할 때 코멘트를 달거나 체크인할 때 스모킹 룸Smoking Room을 원한다고 말하면 흡연이 가능한 방을 얻을 수 있다. 호텔에 따라 전 객실이 금연인 경우도 있는데, 이런 호텔에서 흡연을 하다가 적발될 경우 막대한 벌금을 물 수도 있으므로 최대한 자제해야 한다. 최근에 지어진 호텔의 경우 전객실 금연이 요즘 트렌드이지만, 중국이나 일본 호텔에서는 손쉽게 흡연 객실을 찾을 수 있다.

**04 호텔의 다양한 서비스 이용 방법**

호텔에서는 숙박하는 사람들을 위해 여러 가지 서비스를 제공한다. 필요한 것이 있다면 전화로 요청할 수도 있다. 프런트데스크에 요청할 수 있는 것은 물건뿐만 아니라 모닝콜 등의 서비스도 가능하다.

- **필요한 물건 요청하기**

  객실 비치품 중에 추가로 필요한 것이 있다면 직접 가서 물어보고 받아오거나 객실에 비치된 전화로 프런트데스크나 하우스키핑 쪽에 요청하면 된다. 보통 방 안에 다리미와 다림판이 없는 경우, 슬리퍼가 없는 경우, 샴푸나 타월이 추가로 필요한 경우 등인데, 하우스키핑객실 관리을 하는 직원이 이러한 물건을 가져다주면 $1~2 정도의 팁을 주는 것이 예의이다.

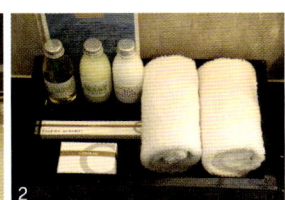

1 우산 2 샴푸와 타월 3 다리미

## • 호텔의 기본 서비스 모닝콜 이용 방법

아침에 일찍 투어가 있거나 일찍부터 움직이고 싶은데 알람시계가 없다면 모닝콜을 요청할 수 있다. 너무 늦은 시간보다는 저녁 10시 전에 신청하는 것이 좋으며, 호텔 프런트데스크에 전화를 걸어 모닝콜을 요청하면 된다. 모닝콜은 그냥 벨만 울리고 받으면 끊어지는 경우도 있고, 전화를 들으

전화로 모닝콜을 예약하자

면 메시지나 음악이 나오는 경우도 있다. 만약 잠에 취해 모닝콜을 못 받으면 잠시 후 다시 울리는 곳도 있다. 최근 호텔 중에는 직원과 통화하지 않고, 전화기에서 직접 원하는 시간을 번호로 눌러 모닝콜을 예약할 수도 있다.

## • 하우스키핑 이용 방법

호텔에서는 매일 오전에 객실을 청소하고, 사용한 물품을 교체하는 하우스키핑 House-keeping 을 한다. 하우스키핑은 한 방에 여러 날을 묵는 경우 투어를 마치고 돌아왔을 때 새로운 방에 온 것처럼 산뜻함을 느낄 수 있어 좋은 서비스이다. 하지만 밤 늦게까지 돌아다녀서 늦잠을 자고 싶거나 다른 일을 하느라 방해받고 싶지 않을 때에는 방 문 안쪽에 걸려있는 'DO NOT DISTURB(방해하지 마세요)'라고 써진 플라스틱이나 종이를 방 문 바깥에 걸어주면 된다. 수건 등이 더 필요할 경우에는 전화로 해도 되지만, 복도에 하우스키퍼가 있을 경우 직접 부탁해서 받을 수도 있다.

반대로 방 청소를 하고, 타월이나 일회용품을 새롭게 교체하고 싶다면 'PLEASE, MAKE UP ROOM(방 정리해주세요)'이라고 써진 것을 문 밖에 걸면 된다. 청소에 따른 팁은 $1~2가 일반적이지만, 방이 많이 지저분하거나 정리할 것이 많다면 베게 위에 팁을 평소보다 조금 더 올려놓는 것이 좋다. 하우스키핑을 하는 사람은 적은 월급과 이 팁으로 생활하는 경우가 많다.

호텔 하우스키퍼

'방해하지 마세요'라는 메시지

## • 세탁 서비스 이용 방법

장기간 호텔에 투숙하면서 주변에 세탁할 곳이 없다면
호텔 서비스를 이용해야 한다. 호텔의 세탁 서비스는
단가가 비싸고, 개당 가격을 받지만, 잘 정리된 세탁물
을 받을 수 있어 편리하다. 서비스를 이용할 때는 빨래
주머니에 세탁물을 넣고, 픽업을 요청하면 된다. 저렴
한 호텔 중에는 이 서비스 대신 동전 세탁기<sup>Coin laundry</sup>
가 있는 경우도 있다. 호텔 서비스가 너무 비싸다면
주변에서 무게로 세탁을 할 수 있는 빨래방을 찾아
이용하는 것이 좋다.

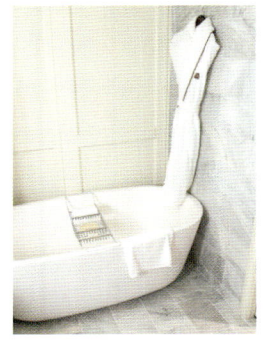

욕조와 목욕가운

세탁시설

세탁소

## • 조식이 포함되어있다면 식당에서 해결하자

조식이 포함된 호텔에 숙박했을 때 첫 여행이라면 어디서 식사를 해야 할지 몰
라 당황스러울 수도 있다. 대표적인 실수가 객실 룸서비스 종이에 체크하여 주
문하는 경우이다. 가격이 표시되어 있지만 조식 포함이라 착각을 하고 주문하는
경우이다. 호텔에 따라 룸서비스로 무료 조식을 제공하는 경우도 있지만 굉장히
드문 경우이다. 일반적으로 아침식사는 체크인할 때 받았던 쿠폰을 식당 카운터
에 제출하거나 카운터 담당자에게 방 번호를 체크한 후 식사를 해야 한다.

조식 쿠폰

조식

## • 룸서비스 이용하기

룸서비스는 비싸다고 생각하지만, 의외로 괜찮은 음식을 먹을 수 있는 방법이다. 특히, 호텔에 머물면서 돌아다니기보다는 휴식을 취하고 싶을 때 이런 서비스는 더할 나위 없이 편리하다. 조식의 경우 전날 저녁에 미리 주문하면서 배달 시간을 지정하면 된다. 그 외의 시간대에는 주문하면 보통 30분~1시간 이내에 서비스된다. 룸서비스는 별도의 트레이에 음식들이 담겨져 오며, 보통 배달료와 서비스 차지가 기본으로 붙는다. 식사를 다 한 후에는 방 문 밖에 트레이를 내놓으면 된다.

룸서비스 트레이

룸서비스로 주문한 파니니와 샐러드

## 05 욕실 이용하기

의외로 많은 사람이 욕실을 사용할 때 실수를 많이 한다. 해외 욕실은 한국과 다른 점이 있으므로, 사용하기 전에 기본적인 수칙은 알고 이용하는 것이 필요하다.

## • 샤워 커튼은 욕조 안으로 두자

여행객들이 자주하는 실수 중의 하나가 샤워 커튼을 욕조 밖으로 두고 샤워하는 것이다. 욕실 바닥이 배수가 되면 문제없지만 배수가 되지 않는다면 욕실 바닥이 그야말로 물바다가 돼버린다. 호텔에 따라 욕조에 샤워 커튼대신 샤워 부스가 설치되어 있어 이런 걱정이 필요 없는 곳도 많다. 간혹 샤워 부스라도 문 밑으로 물이 샐 수 있으므로, 문 쪽 바닥에 타월을 깔아두면 좋다.

샤워 커튼은 꼭 욕조 안으로 두자

• **사용한 타월은 바닥에 내려놓자**

보통 타월을 사용한 경우 하우스키핑 시에 교체해주는 것이 일반적이지만, 물이 부족한 국가에서는 타월걸이에 걸린 수건은 교체해주지 않는 경우가 있다. 보통 욕실에 그에 대한 안내 브로슈어가 비치되어 있지만 신경 쓰지 않으면 그냥 지나치기 쉽다. 그러므로 다음 날 새로운 타월을 쓰고 싶다면 사용한 타월들을 화장실 바닥에 내려놓는 것이 좋다.

벽에 걸려있는 타월

• **욕실 용품은 대부분 일회용품이다**

화장실에 있는 비누, 샴푸, 빗, 면도기, 칫솔 등은 일회용품이므로 사용 후 가져가도 된다. 등급이 되는 호텔이라면 비누, 샴푸, 빗, 바디워시 등은 기본 제공되지만 면도기나 칫솔 등은 주로 아시아권 호텔에서만 제공되고, 미국이나 유럽은 대체로 제공하지 않는 추세이다. 또한 샴푸, 바디워시 등은 반 정도만 써도 하우스키핑 때 새것으로 교체해준다. 욕실 용품의 품질은 호텔 등급과 비례하는 경우가 많다.

1 샴푸, 바디워시등은 1회용품이다 2 드라이기 3 일회용품이 있는 호텔

## 06 호텔의 부대시설 이용하기

호텔의 등급에 따라 이용할 수 있는 부대시설은 천차만별이다. 비즈니스호텔처럼 편안한 잠자리가 목적인 곳이 있는가 하면, 리조트와 같이 여러 가지 시설을 즐기며 휴식을 취하는 곳도 있다. 부대시설은 호텔에서 정하는 규정에 따라 이용할 수 있는 정도가 다르지만 공통적인 부분들도 있다.

### • 수영장

투숙객 누구나 자유롭게 이용할 수 있는 부대시설이 바로 수영장이다. 휴양지 호텔이나 리조트는 시설이 잘 갖춰져 있으며, 도심의 고급호텔도 수준 이상의 실내 수영장을 갖춘 곳이 많다. 수영장은 호텔 투숙객을 상대로 하지만, 호텔에 따라 추가 비용을 받고 외부인 이용을 허가하는 경우도 있다. 보통 수영장에서는 타월이 무료 제공되지만, 외부인 접근이 쉬운 곳은 타월카드나 데스크에서 객실번호를 체크한 후 제공하기도 한다.

리조트의 야외 수영장은 풀바가 딸려 있는 경우가 많아 간단한 음식과 음료도 주문할 수 있다. 수영장에서 먹은 음식은 대부분 객실로 지불 가능하다. 또한 호텔에 따라 수영장과 연결된 사우나나 샤워시설이 있는 곳도 있으며, 별도로 액티비티를 제공하기도 한다. 바다와 연결된 리조트 내 수영장을 이용할 때는 바다에 다녀 온 후라면 가볍게 샤워를 하고 이용하는 것이 매너이다.

1 야외 수영장 2 수영장에서 시켜먹는 음식

## • 피트니스센터

여행을 가서도 꾸준히 운동하려는 사람은 피트니스센터가 호텔 선택의 중요 변수가 되기도 한다. 보통 피트니스센터 시설은 호텔 등급과 비례하는 경우가 많으며, 투숙객 외에도 외부 손님을 받는 형태로 운영하는 곳이 많다. 투숙객은 카드키로 출입할 수 있으며, 간단한 사우나와 샤워시설이 함께 딸려있는 경우가 많다. 보통 이런 시설은 수영장과 공유하기도 한다. 고급호텔에는 별도의 트레이너가 상주하기도 하지만, 저렴한 곳은 런닝머신과 간단한 운동기구만 갖춘 경우도 있다.

피트니스센터

락커룸

## • 키즈클럽

아이들과 함께 여행한다면 키즈클럽은 부모만의 시간을 즐길 수 있는 훌륭한 대안이 된다. 보통 아이들을 맡아주기만 하는 곳부터 반나절이나 하루 동안 준비된 프로그램을 통해 다양한 체험을 해볼 수 있게 운영하는 곳도 있다. 리조트에 따라서는 개인전용의 베이비시터Baby Sitter 서비스를 제공하기도 하며, 수영 같은 개인강습을 해주기도 한다. 키즈클럽은 리조트마다 맡길 수 있는 나이가 정해져 있으므로, 사전에 미리 정보를 확인하고 가야 제대로 이용할 수 있다.

키즈클럽

• **컨시어지**

컨시어지<sup>Concierge</sup>는 여행을 도와주는 최고의 도우미다. 가고 싶은 여행지 루트를 문의하거나 원하는 레스토랑을 예약할 때도 도움을 받을 수 있다. 전화로 레스토랑을 예약하는 경우 현지어가 서투르면 예약이 어렵지만, 컨시어지를 통하면 쉽게 가능하다. 또한 어디가 아프거나 다쳐서 병원에 가야 하는 상황에서도 도움을 받을 수 있다. 대부분의 컨시어지는 투숙객들에게 굉장히 친절하므로 간단한 질문이라면 상관없지만, 복잡한 부탁을 했다면 팁을 주는 것이 예의이나 받지 않는 경우도 많다.

컨시어지

• **클럽라운지**

클럽 등급 이상 객실에 투숙한 사람들만 이용할 수 있는 곳으로, 보통 아침에는 간단한 조식, 저녁에는 칵테일과 안주가 제공된다. 고급호텔이나 리조트일수록 클럽라운지를 운영하는 경우가 많으며, 호텔에 따라 클럽라운지에서 체크인과 체크아웃을 편하게 할 수도 있다. 그 외에도 컴퓨터와 프린터, 인터넷 서비스, TV 시청 등을 할 수 있다. 클럽라운지 시설은 훌륭한 수준의 음식이 나오는 곳부터 그냥 구색만 갖춘 곳까지 호텔마다 천차만별이다.

훌륭한 수준의 라운지 음식

클럽라운지

**불만이 있다면 바로 이야기하자**

객실을 이용하는데 불만이 있어도 언어 문제나 체면 때문에 불만을 토로하지 못하는 사람이 많다. 부당하고 억지스러운 경우가 아니라면 호텔 측에 얘기해서 조치를 받도록 하자. 서비스업이기 때문에 그들도 이해하고 해결해 주려고 최대한 노력할 것이다.

- **방 청소가 되어 있지 않다면**

투숙객이 몰리는 성수기에는 체크인을 하고 방에 들어갔는데, 청소가 되어 있지 않은 경우도 있다. 이런 경우 카운터에 얘기하면 되는데, 센스 있는 직원이라면 방을 한 단계 업그레이드해주거나 청소가 되어 있는 새로운 방을 안내해준다. 객실이 청소 미숙으로 굉장히 지저분하여 프런트에 요청했는데도 저렴한 숙소라면 받아들여지지 않는 경우도 많다.

- **시끄러워 잠을 잘 수 없다면**

늦은 시간까지 옆방이나 복도에서 시끄럽게 해서 잠을 이룰 수 없다면 프런트데스크에 전화를 하자. 만약 이렇게 조치를 취했는데도 개선이 되지 않는다면, 호텔 측에서 경찰을 부르기도 한다. 사실 안타깝게도 한국 사람은 피해자인 경우보다 가해자인 경우도 많다고 한다. 특히 단체인 경우 늦게까지 술을 마시며 시끄럽게 떠들다가 경고를 당하는 경우가 있다. 호텔은 술을 마실 수 있는 곳이 따로 정해져 있으므로 그 곳을 이용하거나 그렇지 않다면 조용히 마시는 것이 서로 간의 예의이다.

투숙객들의 소음이 아닌 호텔 외부의 소음이라도 방의 변경을 요청할 수 있다. 일시적 사고로 인한 소음은 어쩔 수 없지만, 그렇지 않은 경우라면 호텔 측에서도 문제를 파악하고 방을 교체해주거나 소음이 발생하지 않도록 최선의 노력을 해준다.

- **있어야 할 것이 없거나 작동이 안 된다면**

호텔에 숙박할 때 방 안에 있는 물건들은 모두 정상일 거라고 생각하지만, 때때로 그렇지 않은 경우가 있다. 겨울에 히터가 제대로 작동하지 않거나 여름에 에어컨이나 선풍기가 고장 난 경우, 헤어드라이기가 고장 난 경우, 볼펜이나 메모지와 같은 기본 구비 품목이 없는 경우, 그 외에도 작동이 안 되는 제품 등이 있다면 바로 프런트데스크에 요청을 하자. 일반적으로 바로 고쳐줄 수 있는 것은 고쳐주고, 즉각적인 조치가 불가능하다면 방을 다른 곳으로 옮겨준다.

# 전 세계의 다양한
# 호텔체인과 포인트제도

전 세계에는 다양한 호텔체인이 있고, 각 호텔들은 자신들만의 등급 및 포인트제도를 운영한다. 이렇게 적립된 포인트는 그 체인에서 숙박할 때 사용하거나 항공 마일리지로 교환할 수 있다. 여행이나 출장 등으로 체인호텔에 묵게 된다면, 꼭 호텔 멤버십에 가입하자. 특히, 장기 숙박이 많은 출장자들은 호텔 멤버십을 알아두면 나중에 두고두고 활용할 수 있어 좋다.

## 01 호텔체인의 포인트제도 이해하기

항공사에 마일리지가 있듯이 체인 호텔 역시 포인트제도가 있다. 호텔체인들은 포인트와 숙박 횟수를 기준으로 등급을 부여하고, 등급에 따라 특별한 혜택을 부여한다. 한국 사람들이 많이 이용하는 호텔체인은 크게 인터콘티넨탈 계열의 IHG 리워즈클럽<sup>IHG Rewards Club</sup>, 스타우드 계열의 SPG<sup>Starwood Preferred Guest</sup>, 하얏트 계열의 골드패스포트<sup>Gold Passport</sup>, 힐튼 계열의 H아너스<sup>HHonors</sup>, 메리어트 계열의 메리엇 리워즈<sup>Marriott Rewards</sup>, 아코르 계열의 르 클럽<sup>Le Club</sup>을 꼽을 수 있다.

호텔 포인트도 항공 마일리지와 마찬가지로 호텔에서 숙박이나 식사 등을 할 때 적립할 수 있다. 항공 마일리지가 보너스항공권을 받을 때 가장 유리하다면 호텔 포인트는 숙박할 때 가장 유리하며, 항공사 마일리지로도 전환이 가능하다. 호텔체인 멤버십은 각 호텔 홈페이지에서 가입할 수 있으며, 만약 장기 출장 등으로 호텔체인을 자주 이용한다면 꼭 가입하여 포인트 적립을 통해 추후 휴가 때 사용할 수도 있다. 단 호텔 포인트 사용에 여러 제약이 있으므로 체인호텔에 숙박할 일이 많다면 포인트를 적립하여 등급을 올리는 것이 좋지만, 1년에 한두 번이라면 여행사나 호텔 전문 사이트에서 나오는 할인 또는 프로모션 가격으로 예약하는 것이 결과적으로 더 유리하다.

호텔 포인트는 숙박비와 숙박 날짜를 기준으로 호텔 내규에 따라 적립되지만 호텔 공식 홈페이지를 통한 예약에 한하는 경우가 많다. 그러므로 저렴한 항공권을 구입했을 때 마일리지가 적립되지 않는 것처럼 여행사나 호텔 전문 예약 사이트를 이용했다면 호텔 포인트를 적립할 수 없다. 호텔 포인트는 적립 방법이 다양하지 않기 때문에 항공 마일리지에 비해 적립하는 사람은 많지 않지만, 활용도는 항공 마일리지 이상이기 때문에 호텔들의 각종 적립 프로모션을 활용하는 사람들이 많다.

국내 체인호텔 역시 포인트를 적립할 수 있으며, 특정 시기(가을이나 겨울 등)에

판매되는 패키지는 포인트 적립이 되지 않는 상품도 있다. 그러므로 패키지의 경우 미리 전화로 적립 여부를 확인해봐야 하며, 예약할 때 다양한 프로모션을 이용하면 좀 더 저렴하거나 많은 포인트를 적립할 수 있다. 호텔체인별 프로모션에 대한 정보는 MMF(매트리스&마일리지 프릭스)와 스사사(스마트컨슈머를 사랑하는 사람들)라는 네이버 카페에서 활발하게 업데이트와 토론이 진행되므로 참고하는 것이 좋다.

MMF(cafe.mnmfreaks.com)

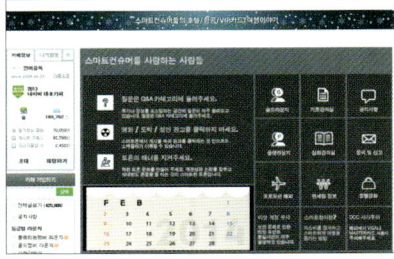
스사사(cafe.naver.com/hotellife)

## 02 인터콘티넨탈 계열의 호텔 포인트제도

인터콘티넨탈 계열에 속한 호텔은 인터콘티넨탈INTERCONTINENTAL, 크라운프라자CROWNE PLAZA, 호텔인디고HOTEL INDIGO, 홀리데이인HOLIDAY INN, 홀리데이인익스프레스HOLIDAY INN EXPRESS, 스테이브리지 스위츠STAYBRIDGE SUITES 등이 있다. 특히 인터콘티넨탈은 삼성동에 있는 코엑스 인터콘티넨탈호텔과 그랜드 인터콘티넨탈호텔로 유명하고, 국내에도 곳곳에 홀리데이인 체인을 찾아볼 수 있다. 전 세계적으로 가장 많은 호텔을 소유하고 있는 계열로 각종 포인트 프로모션이 많은

IHG 리워즈클럽(www.ihg.com/rewardsclub)

체인 호텔들

편이다. 인터콘티넨탈호텔 등급은 IHG 리워즈클럽과 인터콘티넨탈호텔의 앰버서더등급 두 가지 형태로 많은 사람들이 이용하는 등급은 IHG 리워즈클럽의 조건이다.

IHG 리워즈클럽 포인트는 구매할 수 있고, 구매 포인트 단위에 따라 가격은 달라진다. 기본적으로 1,000포인트당 $13.5이며, 1,000~10,000 $13.5, 11,000~25,000 $12.5 그리고 26,000~60,000 $11.5에 구입할 수 있다. 이미 5,000포인트 이상이면 포인트+현금(P&C) 결제를 했다 취소하는 방법으로 상대적으로 저렴하게 포인트

구매가 가능하다. 포인트로 숙박하면 포인트 적립이 되지 않지만 포인트 또는 P&C
로 숙박하는 것이 저렴할 때 유용하다.

만약 객실 업그레이드 혜택을 누리고 싶다면 연 $200 회비를 내고 앰버서더등급으
로 업그레이드하는 것도 방법이다. 앰버서더등급은 IHG 리워즈클럽의 골드등급 및
인터콘티넨탈호텔의 상위 등급 객실로 1단계 업그레이드를 제공하므로, 인터콘티넨
탈호텔에서 1년에 5박 이상 숙박한다면 충분히 메리트가 있다. 단 인터넨탈호텔 계
열의 다른 호텔은 업그레이드되지 않는다. IHG 리워즈클럽의 플래티넘등급 회원도
업그레이드가 가능한데, 홀리데이인이나 크라운프라자 등의 호텔에서 업그레이드를
받을 수 있다. 플래티넘등급은 인터콘티넨탈뿐만 아니라 기타 계열사를 포함한 회
원 혜택이므로 계열 호텔에서 모두 혜택을 받을 수 있다. 레이트 체크아웃은 그날그
날 호텔의 객실 상황에 따라 달라진다.

| 등급 | CLUB | GOLD | PLATINUM | AMBASSADOR |
|---|---|---|---|---|
| 포인트($1당) | 10 | 11 | 15 | 11 |
| 자격조건 | 가입 시 | 15일 숙박 또는 20,000 포인트 또는 $50 | 50일 숙박 또는 60,000 포인트 | $200 |
| 객실 업그레이드 | | | 1단계 | 1단계(보장) |
| 레이트 체크아웃 | 오후 2시 | 오후 2시 | 오후 4시 | 오후 4시 |

IHG 리워즈 클럽의 포인트를 가장 효과적으로 사용하는 방법은 포인트로 예약하
는 것으로, 최소 10,000포인트부터 호텔을 예약할 수 있다. 호텔별 필요한 포인트는
호텔의 평균 가격에 따라 달라지며, 가장 낮은 등급의 체인이라도 뉴욕과 같이 비
싼 도시에 위치해 있을 경우에는 그만큼 필요 포인트도 높아진다. 그리고 자주 있
지는 않지만, 포인트 브레이크<sup>Point Break</sup>를 이용하면 더 저렴하게 예약할 수 있다.

매분기마다 포인트브레익스에 해당하는 호텔을 선정하는데, 포인트브레익스에 해
당하는 호텔은 1박당 5,000마일에 묵을 수 있는 혜택이 주어진다. 점차 포인트브레
익스의 혜택이 줄어들고 있지만, 여전히 좋은 호텔 한두 곳이 등장한다. 보통 인터
콘티넨탈호텔과 크라운프라자가 가장 먼저 소진되고, 인기 없는 지역의 홀리데이인
은 분기가 끝날 때까지 남아있는 경우
가 많다.

IHG 리워즈클럽 포인트는 10,000포인
트 당 2,000마일로 교환할 수 있으며,
교환 가능한 항공사는 아메리칸항공,
에어프랑스, 영국항공, 캐세이패시픽,
아나항공, 아시아나항공, 에미레이트

계정 화면

항공, 델타항공 등 매우 다양하지만 포인트 대비 전환 가치는 다소 떨어진다. 그 외에도 렌터카, 기프트카드 등 IHG 리워즈클럽의 포인트는 활용할 수 있는 방법이 굉장히 많다.

인터콘티넨탈의 IHG 리워즈클럽 멤버십의 가장 큰 장점은 회원가입 후 첫 번째 숙박 시 꽤 높은 포인트를 제공해주는 것이다. IHG 리워즈클럽은 회원들을 위해 다양한 프로모션 코드를 제공하는데, 이는 종류가 다르면 등록할 수 있지만 무분별하게 입력할 경우 계정이 폐쇄될 수도 있으므로 이유 없이 무작위로 입력하는 것은 삼가야 한다. 이렇게 코드를 입력한 상태에서 첫 번째 숙박을 하게 되면 프로모션 코드 반영에 따라 10,000정도의 포인트가 적립된다. 이는 호텔 무료 1박에 해당하는 포인트로 1번의 숙박으로 다른 호텔의 숙박을 한 번 더 할 수 있는 것이나 다름없다. 또한 20,000점 이상 포인트를 얻으면 골드회원으로 승급된다.

그 외에 분기별로 적용할 수 있는 숙박 횟수에 따라 포인트를 주는 프로모션 코드가 있는데 이는 중복 적용이 불가능하므로 자신이 앞으로 묵게 될 숙박 형태를 잘 파악해서 입력해야 한다. 다만 IHG 리워즈클럽은 첫 숙박에는 이렇게 많은 포인트를 제공하지만 숙박이 많아지면 그만큼 적용되는 프로모션 코드가 적어져서 한 번에 얻을 수 있는 포인트는 상대적으로 줄어든다. 하지만 그 역시도 적은 것은 아니므로 유용하다고 할 수 있다.

## 03 스타우드 계열의 호텔 포인트제도

스타우드 계열에 속한 호텔에는 포포인츠<sup>FOUR POINTS</sup>, 웨스틴<sup>WESTIN</sup>, 쉐라톤 <sup>SHERATON</sup>, 르메르디앙<sup>LE MERIDIEN</sup>, W호텔 <sup>W HOTEL</sup> 등이 있다. 스타우드 계열의 체인호텔 수는 다른 유명 호텔체인에 비해 적은 편이지만, 우리에게도 익숙한 웨스틴, 쉐라톤, W호텔 등 다양한 계열을 가지고 있다. 스타우드 계열은 전체적으로 중급 이상의 숙소들로 구성되어 있다. 스타우드 계열의 포인트 프로그램은 스타우드 프리퍼드게스트<sup>Starwood</sup>

SPG 홈페이지(www.spg.com)

스타우드 체인호텔

<sup>Preferred Guest</sup>이며, SPG라고 부른다. SPG는 호텔체인 프로그램 중에서도 혜택이 좋은 프로그램 중의 하나이다. 스타우드 계열 골드등급이면 객실 상황에 따라 업그레이드가 가능하고, 플래티넘등급이 되면 최대 기본 스위트룸까지 업그레이드가 가능하다. 플래티넘등급은 라운지가 있는 경우 라운지 이용이 보장되고, 무료로 인터넷이 제공

된다. 그 외에 조식, 웰컴기프트 제공
등 등급에 따른 각종 혜택들도 호텔에
따라 상이하다.

스타우드는 숙박을 등급 산정의 기준
으로 삼는데, 숙박 횟수나 일수로 등
급을 매긴다. 최고 등급인 플래티넘
회원이 되려면 25회 숙박 또는 50일
숙박 조건을 만족시켜야 한다. 만약

계정 화면

한 호텔에서 4일을 묵었다면, 1회 4일 숙박이 되며, 포인트를 이용한 무료 숙박도 1
회 숙박으로 인정해준다. 기본적으로 회원 등급이 오르면, 인터넷 무료, 객실 업그레
이드 등의 혜택이 제공되며, 특히 플래티넘 회원은 기본 혜택 외에도 추가적으로 전
년도 숙박 일수가 50일 이상일 경우 10일 스위트 숙박 어워드, 75일 이상일 경우 $1
당 4포인트, 100일 이상일 경우에는 맞춤형 도우미를 제공한다.

| 등급 | SPG | GOLD | PLATINUM |
|---|---|---|---|
| 포인트($1당) | 2 | 3 | 3 |
| 자격조건 | 가입 시 | 10회 또는 25일 숙박 | 25회 또는 50일 숙박 |
| 객실 업그레이드 | | 1단계(가능 시) | 최대 기본 스위트룸(가능 시) |
| 레이트 체크아웃 | | 오후 4시 | 오후 4시 |

SPG 포인트를 사용한 예약은 카테고리에 따라 요구 포인트가 다르며, 가장 낮은 카
테고리 1은 주말에 2,000포인트로 숙박이 가능하다. 또한 포인트가 부족할 경우 현
금과 포인트를 섞어 결제하는 C&P<sup>Cash&Point</sup>도 가능한데 성수기에는 가격대비 훌륭한
예약방법이다. C&P는 보통 카테고리 3~5에서 활용도가 높다. 같은 브랜드라도 지역
에 따라 카테고리가 달라지는데 카테고리는 스타우드 홈페이지에서 확인할 수 있고,
SPG 사이트에서도 예약할 때 요구 포인트를 확인할 수 있다. 일반적으로 아시아 쪽
호텔이 상대적으로 카테고리가 낮은 곳이 많다. 카테고리 3 이상의 객실을 예약할
때, 포인트로 5박 예약 시 4박에 필요한 포인트만으로 예약이 가능한 혜택도 있다.

| 카테고리 | 1 | 2 | 3 | 4 | 5 | 6 | 7 |
|---|---|---|---|---|---|---|---|
| 주중 | 3,000 | 4,000 | 7,000 | 10,000 | 12,000~16,000 | 20,000~25,000 | 30,000~35,000 |
| 주말 | 2,000 | 3,000 | 7,000 | 10,000 | 12,000~16,000 | 20,000~25,000 | 30,000~35,000 |
| C&P | 1,500 + $30 | 2,000 + $35 | 3,500 + $55 | 5,000 + $75 | 6,000 + $110 | 10,000 + $180 | 15,000 + $275 |

〈SPG 호텔 마일리지 공제표〉

357

일반 예약 시에도 포인트를 이용하면 룸 업그레이드가 가능한데, 카테고리에 따라 업그레이드 시 필요한 요구 포인트가 다르다. 또한 룸 업그레이드는 객실 상황에 따라 가능하며, 클럽룸 등으로도 업그레이드 받을 수 있다. 스위트룸으로 업그레이드는 일반 룸 업그레이드보다 더 많은 포인트가 필요하다.

| 카테고리 | 1 | 2 | 3 | 4 | 5 | 6 | 7 |
|---|---|---|---|---|---|---|---|
| 룸 1등급 업그레이드 | 1,000~ 1,500 | 1,000~ 1,500 | 1,000~ 1,500 | 1,000~ 1,500 | 1,500~ 2,750 | 1,500~ 2,750 | 1,500~ 2,750 |
| 스위트룸 업그레이드 | 3,000 | 4,000 | 7,000 | 10,000 | 12,000~ 16,000 | 20,000~ 25,000 | 30,000~ 35,000 |

〈SPG 룸 업그레이드 포인트 공제표〉

SPG의 포인트는 대부분의 항공사 마일리지로 1:1 공제(몇몇 항공사는 1:2)가 가능하기 때문에 호텔 숙박뿐만 아니라 항공사 마일리지로 전환하는 것도 큰 효과를 볼 수 있다. 또한 한 번에 20,000포인트를 전환하면 추가로 5,000포인트를 더 해준다. 추가 포인트 제공은 적은 마일로 항공권을 얻기 좋은 항공사로 전환할 때 가장 효과적이다. SPG 포인트 역시 구매가 가능하며, 500포인트당 $17.5에 구입할 수 있다. 1년에 여러 번 포인트 할인 구입행사를 진행하는데, 최대 구입 한도는 1년에 20,000포인트이고, 포인트는 가입 후 30일이 지나야 구매할 수 있다.

## 04 하얏트 계열의 호텔 포인트제도

하얏트 계열에 속한 호텔에는 파크하얏트PARK HYATT, 그랜드하얏트GRAND HYATT, 하얏트리젠시HYATT REGENCY, 하얏트플레이스HYATT PLACE, 하얏트리조트HYATT RESORTS, 앤다즈ANDAZ 등이 있다. 하얏트는 국내에서도 꽤 익숙한 호텔체인 중 하나로 대부분의 호텔들이 하얏트라는 이름을 사용하고 있어 하얏트 계열 체인호텔임을 쉽게 알 수 있다. 여기서 소개하는 호텔체인 중에서 호텔의 숫자는 가장 적은 편이다.

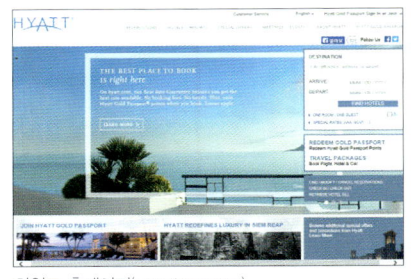

하얏트 홈페이지(www.hyatt.com)

하얏트 계열 호텔

하얏트 계열의 포인트 프로그램은 골드패스포트Gold Passport이며, GP라고 부른다. 하얏트 역시 멤버십에 대한 서비스가 좋은 편이다. 플래티넘등급은 신속한 체크인, 객실 업그레이드, 레이트 체크아웃 등의 특별 혜택이 주어지고, 다이아몬드등급은 4회 스위트룸 업그레이드 권리뿐만 아니라 매 숙박마다 조식이 보장된다. 플래티넘등급 이상은 인터넷을 무료로 사용할 수 있고, 하얏트등급은 매년 12월 기준으로 승급되고(산정 기간 1/1~12/31), 당해 연도에 승급조건을 만족하면 다다음해 2월까지 등급이 유지된다. 예를 들어 2014년 4월 해당 등급 조건을 채웠다면 2016년 2월까지 등급이 유지된다.

| 등급 | GOLD | PLATINUM | DIAMOND |
|---|---|---|---|
| 포인트($1당) | 5 | 5.75 | 6.5 |
| 자격조건 | 가입 시 | 5회 또는 15일 숙박 | 25회 또는 50일 숙박 |
| 객실 업그레이드 | | 1등급 업그레이드(가능 시) | 4회 스위트룸 업그레이드, 조식 보장 |
| 레이트 체크아웃 | | 오후 2시 | 오후 4시 |

하얏트 포인트는 최소 1,000에서 연 최대 40,000까지 구매할 수 있으며, 1,000포인트당 $24이다. 하얏트의 포인트 역시 항공 마일리지로 전환할 수 있는데, 최소 5,000포인트가 있어야 되며 2.5포인트당 1마일 비율로 전환된다. 그러므로 5,000포인트에 2,000마일리지를 받게 되는데, 50,000포인트를 전환

회원계정 화면

하면 추가 5,000마일리지가 제공되므로 총 25,000마일을 받게 되지만 호텔숙박 대비 좋지 않은 전환이라 할 수 있다.

하얏트 포인트의 새로운 예약방법으로 포인트+현금 제도가 있으며, 전화로만 예약 가능하지만 상대적으로 저렴하게 묵을 수 있는 장점이 있다. 포인트 예약 외에도 유료 숙박의 경우 포인트로 업그레이드가 가능하며, 클럽룸으로는 3,000포인트, 스위트룸으로는 6,000포인트가 필요하다. 또한 최소한 디럭스 객실 이상을 예약해야만 업그레이드가 가능할 수 있다.

| 카테고리 | 1 | 2 | 3 | 4 | 5 | 6 | 7 |
|---|---|---|---|---|---|---|---|
| 무료 1박 | 5,000 | 8,000 | 12,000 | 15,000 | 20,000 | 25,000 | 30,000 |
| 무료 1박(포인트 +현금) | 2,500 + $50 | 4,000 + $55 | 6,000 + $75 | 7,500 + $100 | 10,000 + $125 | 12,500 + $150 | 15,000 + $300 |
| 리젠시/그랜드클럽 무료 1박 | 7,000 | 12,000 | 17,000 | 21,000 | 27,000 | 33,000 | 39,000 |
| 스위트룸 1박 | 8,000 | 13,000 | 20,000 | 24,000 | 32,000 | 40,000 | 48,000 |

〈하얏트 호텔 포인트 공제표〉

## 힐튼 계열의 호텔 포인트제도

힐튼 계열에 속한 호텔에는 월도프아스 토리아<sup>WALDORF ASTORIA</sup>, 콘래드<sup>CONRAD</sup>, 힐튼<sup>HILTON</sup>, 더블트리<sup>DOUBLETREE</sup>, 엠버씨 스위츠<sup>EMBASSY SUITES</sup>, 힐튼가든인<sup>HILTON GARDEN INN</sup>, 햄튼<sup>HAMPTON</sup> 등이 있으며, 한국에도 유명한 체인 중 하나이다. 힐 튼 계열에 속하는 더블트리나 햄튼인 같은 경우는 타 호텔체인에 비해 저렴 하다.

힐튼 홈페이지(www.hilton.com)

힐튼 체인 호텔들

힐튼 계열의 포인트 프로그램은 HHONORS이며, 적립하는 포인트는 BP<sup>Base Point</sup>라고 부른다. 등급 상승은 SILVER 등급까지는 숙박으로만 가능하고, 골드 이상부터는 포인트로도 가능하다. 골드멤버 이상이 되면 힐튼, 콘래드, 더블트리에서의 업그레이드와 조식이 보장되며, 이를 원하지 않을 경우 1,000포인트를 대신 받을 수 있다. 다이아몬드등급은 언제든지 익스큐티브 라운지를 이용할 수 있다. 이러한 혜택은 체인호텔에 따라 조건이 조금씩 다른데, HHONORS 홈페이지에서 확인이 가능하다. 1년 동안 유효 활동이 없으면 포인트가 사라지므로 관리에 주의해야 한다. 힐튼의 HHONORS는 기본 적립 포인트 외에도 더블적립 또는 마일리지적립 등 추가 적립 옵션도 제공하므로 같이 설정해 놓으면 더 빠르게 포인트를 적립할 수 있다. 포인트 구매는 1,000포인트당 $12.5이며, 1년에 40,000포인트까지 구매 가능하다.

| 등급 | BLUE | SILVER | GOLD | DIAMOND |
|---|---|---|---|---|
| 포인트($1당) | 10 | 11.5 | 12.5 | 15 |
| 자격조건 | 가입 시 | 4회 또는 10일 숙박 | 20회 또는 40일 숙박 또는 75,000포인트 | 30회 또는 60일 숙박 또는 120,000포인트 |
| 객실 업그레이드 | | | 클럽룸까지(가능 시) | 클럽룸까지(가능 시) |

힐튼 포인트로 하는 호텔 예약은 꽤 유용했지만, 포인트 카테고리 개편 후 개악이라는 평이 많다. 포인트 가치를 생각하면 유료 예약보다 비싼 경우도 많아졌고, 특히 고급 호텔의 경우 포인트 숙박은 의미가 없어 많은 사람들의 원성을 사기도 했다. 힐

튼 카테고리1에서 10까지로 구분되는 포인트 숙박 리워드 프로그램 이외에도 현금과 포인트를 섞어 사용하는 포인트&머니<sup>Point&Money</sup> 제도도 운영하고 있으며, 투숙 카테고리에 따라 공제 포인트 및 금액이 달라진다.

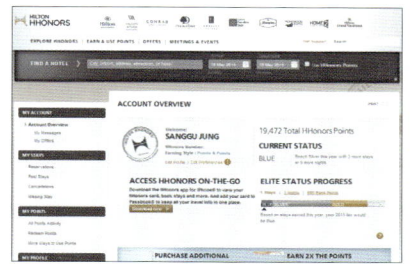

Hhonors 홈페이지 계정내역(www.hhomors.com)

| 카테고리 | 1 | 2 | 3 | 4 | 5 | 6 | 7 | 8 | 9 | 10 |
|---|---|---|---|---|---|---|---|---|---|---|
| 요구 포인트 | 5,000 | 10,000 | 20,000 | 20,000~ 30,000 | 30,000~ 40,000 | 30,000~ 50,000 | 30,000~ 60,000 | 40,000~ 70,000 | 50,000~ 80,000 | 70,000~ 95,000 |

〈힐튼호텔 포인트 공제표〉

힐튼 포인트도 제한적인 항공사에 대해 마일리지로 전환할 수 있는데, 전환율은 항공사마다 조금씩 다르다. 에어프랑스, 하와이안에어라인, 아이슬란드항공, 아비앙카, 루프트한자, 올림픽항공 등으로 전환이 가능하며, 전환비율은 가격대비 썩 훌륭하지 않다. 개편 이후 그리 유용하지 않은 포인트가 된 대표적인 사례이다.

## 06 메리어트 계열의 호텔 포인트제도

메리어트 계열에 속한 호텔로는 메리어트호텔&리조트<sup>MARRIOTT HOTELS&RESORTS</sup>, JW 메리어트호텔&리조트<sup>JW MARRIOTT HOTELS&RESORT</sup>, 르네상스호텔&리조트<sup>RENAISSANCE HOTELS&RESORTS</sup>, 코트야드<sup>COURTYARD</sup>, 레지던스인<sup>RESIDENCE INN</sup>, 페어필드인<sup>FAIRFIELD INN</sup>, 그랜드레지던시스<sup>GRAND RESIDENCES</sup> 등이 있다. 메리어트 계열도 다양한 체인호텔이 있기 때문에 숙박을 할 수 있는 범위는 굉장히 넓은 편에 속한다.

메리어트 계열 포인트 프로그램은 메리어트리워즈<sup>Marriott Rewards</sup>이다. 골드 이상 등급이 되면 업그레이드 및 조식, 무료 인터넷 등의 혜택이 제공된다. 메리어트 리워즈의 등급 산정은 숙박 일수로 계산되기 때문에 숙박이 많은 사람일수록 유리하다. 메리어트 계열도 하얏트와 마찬가지로 Mega Bonus라는 이름으로 2박 시 1박 무료 또는 포인트 적립

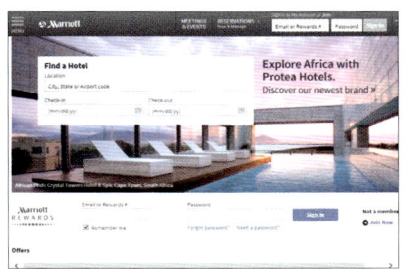

메리어트호텔 홈페이지(www.marriott.com)

메리어트 호텔체인

과 같은 프로모션을 주기적으로 진행
한다. 메리어트의 무료 숙박의 경우 낮
은 카테고리 호텔로만 제한되는 단점이
있다.

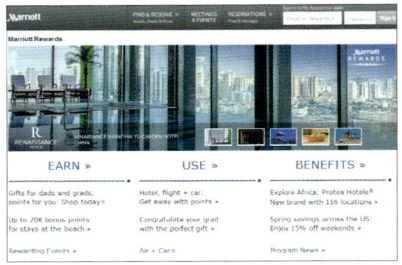

메리어트 리워즈

| 등급 | BLUE | SILVER | GOLD | PLATINUM |
|------|------|--------|------|----------|
| 포인트($1당) | 10 | 12 | 12.5 | 15 |
| 자격조건 | 가입 시 | 10일 숙박 | 50일 숙박 | 75일 숙박 |
| 객실 업그레이드 | | | 클럽룸까지(가능 시) | 스위트룸까지(가능 시) |
| 조식 제공 | NO | NO | YES | YES |

메리어트호텔 포인트는 적립이 쉬운 편이 아니라 상대적으로 혜택이 크게 느껴진다.
하나의 체인이기는 하지만 메리어트와 리츠칼튼을 통한 멤버십은 별도로 구분되며,
카테고리에 따른 공제차트도 서로 다르다. 포인트를 통한 호텔 예약은 기본 포인트 공
제이지만 주기적으로 변경되는 포인트 세이버 대상 호텔을 예약할 경우 할인된 공제
표로 예약할 수 있다. 포인트 세이버 대상 호텔은 홈페이지에 공지된다.

| 메리어트 카테고리 | 1 | 2 | 3 | 4 | 5 | 6 | 7 | 8 | 9 |
|------|---|---|---|---|---|---|---|---|---|
| 기본 | 7,500 | 10,000 | 15,000 | 20,000 | 25,000 | 30,000 | 35,000 | 40,000 | 45,000 |
| 포인트 세이버 | 6,000 | 7,500 | 10,000 | 15,000 | 20,000 | 25,000 | 30,000 | 35,000 | 40,000 |

〈메리어트 포인트 공제표〉

| 리츠칼튼 카테고리 | 1 | 2 | 3 | 4 | 5 |
|------|---|---|---|---|---|
| 기본 | 30,000 | 40,000 | 50,000 | 60,000 | 70,000 |
| 포인트 세이버 | 20,000 | 30,000 | 40,000 | 50,000 | 60,000 |

〈리츠칼튼 포인트 공제표〉

메리어트 포인트는 1,000포인트당 $12.5원으로 구입 가능하며, 가격 대비 효용은 그
리 높지 않다. 포인트를 항공사 포인트로 전환할 때는 3:1 비율이기 때문에 항공사
포인트로 전환이 유리한 방법 중의 하나이지만 굳이 구매해서 전환할 가치는 없다.
30,000포인트를 전환하면 10,000마일리지를 적립할 수 있으며, 한국 사람이 많이 이
용하는 아시아나항공, 아나항공, 캐세이패시픽항공 등의 마일리지로 전환할 수 있다.

## 07 아코르 계열의 호텔 포인트제도

아코르 계열에 속하는 호텔로는 소피텔<sup>SOFITEL</sup>, 풀만<sup>PULLMAN</sup>, 머큐어<sup>MERCURE</sup>, 노보텔<sup>NOVOTEL</sup>, 아다지오<sup>ADAGIO</sup>, 이비스<sup>IBIS</sup>, 에탑<sup>ETAP</sup>, 포뮬러1<sup>FORMULE1</sup>, 모텔6<sup>MOTEL6</sup> 등이 있다. 전체적으로 다른 체인에 비해 포인트 프로그램이 별로라는 평가를 받고 있지만 이비스, 에탑, 포뮬러1 같은 곳들은 유럽 렌터카 여행을 하는 사람들에게 사랑 받는 곳이기도 하다.

아코르호텔 홈페이지(www.accorhotels.com)　　　　아코르 체인호텔

아코르 계열의 포인트 프로그램인 LE CLUB은 대표적인 체인호텔 프로그램 중 가장 낮은 평을 받고 있다. 아코르 계열 호텔 중 호텔F1과 같이 낮은 등급의 호텔에서 숙박할 때는 포인트가 적립되지 않으며, IBIS호텔에 숙박할 때도 다른 호텔의 50% 밖에 적립되지 않는다. 또한 골드 이상의 등급이 되어야 혜택을 받는데, 풀만 등 상위 계열 호텔로 한정된다. 이 때문에 다른 호텔 멤버십을 관리하면서, 어쩔 수 없이 묶게 되었을 때 적립하는 포인트 정도로 인식되고 있다.

| 등급 | CLASSIC | SILVER | GOLD | PLATINUM |
|---|---|---|---|---|
| 포인트(1유로당) | 2(Ibis = 1) | 3(ibis = 1.5) | 3.5(ibis = 1.75) | 4(ibis = 2) |
| 자격조건 | 기본 | 10일 숙박 또는 2,500 포인트 | 30일 숙박 또는 10,000포인트 | 60일 숙박 또는 25,000포인트 |
| 객실 업그레이드 | | | 1단계(가능 시) | 1단계(가능 시) |
| 레이트 체크아웃 | | 오후 2시 | 오후 4시 | 오후 4시 |

LE CLUB의 호텔 숙박 필요 마일리지는 호텔 카테고리나 등급과 상관없이 2,000포인트당 40유로의 바우처를 주는 것으로 계산한다. 숙박하려는 호텔이 1박에 80유로면, 4,000포인트를 차감해서 40유로 바우처를 2개 받게 된다. A-CLUB의 포인트는 에어캐나다, 에어프랑스, 영국항공, 델타항공, 루프트한자, 콴타스항공, 싱가포르항공, 타이항공 등으로 전환이 가능한데 항공사에 따

라 1:1 또는 2:1 비율로 전환된다. 예를 들어 2:1 비율일 시 4,000포인트를 전환하면 2,000마일리지를 얻을 수 있다.

## 08 호텔 등급을 빨리 올리는 방법, 스테이터스 챌린지

호텔 멤버십 프로그램들은 승급을 위한 방법으로 스테이터스 챌린지Status Challenge를 제공한다. 이와 같은 기회는 평생 한 번뿐이므로 꼭 필요할 때 신청하는 것이 좋다. 호텔에 따라 다른 호텔의 멤버십 등급을 요구하기도 하고, 별다른 조건 없이 모두 기회를 주는 경우도 있다. 이와 같은 스테이터스 챌린지 제도는 호텔 상황에 따라 변할 수 있다.

| 체인호텔 | 이름 | 챌린지 조건 | 신청 조건 | 혜택 |
|---|---|---|---|---|
| 스타우드 | 스테이터스 챌린지 | 90일간 18박 시 플래티늄등급 | 누구나 신청 가능 | 없음 |
| 하얏트 | 다이아몬드 트라이얼 | 60일간 12박 시 다이아몬드등급 | 타 체인 상위 회원 | 즉시 다이아몬드등급 |
| 힐튼 | 스테이터스 챌린지 | 90일간 21박 시 다이아몬드등급 | 타 체인 상위 회원 | 즉시 골드등급 |

〈각 체인별 스테이터스 조건〉

스타우드는 현재 신청만 하면 바로 스테이터스 챌린지를 할 수 있지만, 챌린지 기간에는 별도의 등급을 받지 못한다. 하지만 다른 체인들의 경우 타 체인 상위 회원이어야 한다는 조건이 있지만, 챌린지가 시작되면 각 호텔 멤버십의 중상위 등급을 받게 되어 조금 더 쉽게 숙박할 수 있게 된다.

## 09 호텔 프로모션 활용하기

인터콘티넨탈 계열의 포인트브레이크나 빅윈, 메리어트 계열의 메가보너스 같은 주기적이고 큰 프로모션 외에도 체인호텔들에서는 다양한 프로모션을 진행한다. 프로모션은 호텔마다 어떤 프로모션이 진행될지 모르기 때문에 더더욱 정보에 민감해야만 혜택을 놓치지 않고 챙길 수 있다. 특히 이러한 프로모션들은 무조건 적용되는 것이 아니고, 자신의 계정으로 등록해야만 되기 때문에 미처 모르고 지나가면 나중에 억울한 경우도 많다.

프로모션은 호텔에 따라 종류가 다양한데, 숙박 일수 대비 2~4배까지 포인트를 적립해주거나 특정 호텔 숙박 시 1박에 2,000마일에 가까운 항공 마일리지를 적립해준다. 또한 50% 파격할인, 2~4박 숙박 시 원하는 날짜에 1박 무료 숙박권 등이 제공된다. 다만, 호텔 경기가 살아나면서 전체적으로 프로모션 혜택이 줄었다는 평도 많다.

얼핏 보기에도 별거 아닌 프로모션도 많지만, 정말 눈이 휘둥그레지는 프로모션도 있으므로 자신에게 적합한 프로모션이 무엇이 있는지 항상 눈과 귀를 열어두자. 이러한 프로모션들을 모두 확인하고 적립한 사람과 아무것도 모르고 그냥 멤버십에만 가입하고 적립한 사람의 포인트와 혜택의 차이는 거의 하늘과 땅차이라고 할 수 있다. 이왕 누릴 수 있다면 최대한으로 누리는 것이 알뜰 여행자의 현명한 선택이다.

가격적인 면에서도 프라이스라인의 역경매나 지역 호텔들과 직접 연계한 프로모션이 아닌 이상 일반적인 체인호텔의 가격은 호텔 자체 사이트가 가장 저렴한 경우가 많다. 또한 여행 사이트가 아닌 호텔 자체 사이트를 통해서 예약했을 경우에는 포인트와 호텔에서 진행하는 다양한 프로모션에 응모할 수 있기 때문에 더 이득이라고도 할 수 있다. 이 때문에 체인호텔들을 일반적인 가격으로 예약할 때에는 꼭 호텔 자체 사이트의 가격도 확인해보는 것이 좋다.

스타우드 포인트 2~3배 적립 프로모션

힐튼 포인트 2배 또는 마일리지 2배 적립 프로모션

# 저렴하고 좋은 숙소를
# 찾는 방법

저렴하고 좋은 숙소를 찾는 것은 모든 여행자들의 고민이다. 유럽이나 미국과 같이 예약을 해야 하는 숙소가 있는 반면, 현지에 도착해서 발품을 팔아야 숙소를 구할 수 있는 여행지도 있다. 어떻게 하면 가장 저렴하면서도 맘에 드는 숙소를 구할 수 있을지 살펴보자.

## 01 이미 다녀온 여행자들의 후기를 꼼꼼히 살펴보자

숙소 정보는 많은 사람들이 공유하는 여행 정보이다. 같은 숙소에 묵더라도 숙소에 대한 평가는 천차만별이다. 하지만 이러한 평가들을 세세히 살피면 자신이 머물고자 하는 숙소를 찾을 수 있다. 이렇게 찾은 숙소는 실제 찾아가도 실망하는 경우가 별로 없다. 현지에서 발품을 파는 수고를 겪고 싶지 않다면, 이런 숙소 위주로 찾아다니는 것도 좋은 선택이다.

여행자 후기를 바탕으로 찾는 숙소는 동남아나 남미처럼 저렴한 숙소에도 적용되며, 유럽과 같이 숙박비가 비싼 곳에서는 더욱 큰 힘을 발휘한다. 유럽에서는 가격 및 언어적인 이유로 한인민박을 선호하는 사람도 많은데, 민박은 어느 정도 규격화되어 있는 호텔이나 호스텔과 달리 평가를 잘 살펴야 후회하지 않는다. 인터넷으로 그냥 민박만 검색하여 찾은 숙소에서 제대로 손님 대접도 못 받고 돌아왔다는 후기가 의외로 많은 것을 보면 더더욱 이런 정보는 중요하다.

숙소 정보를 인터넷으로 검색할 때 주의할 점은 평가가 좋더라도 그 정보가 오래되었다면 일단 의심해봐야 한다. 글을 쓴 여행자가 묵었을 때에는 좋은 숙소였지만, 사람이 몰리면서 점점 서비스가 엉망인 숙소가 많기 때문이다. 만약 한국 사람이 많이 가지 않는 여행지라면 국내뿐만 아니라 외국의 커뮤니티에서도 검색해봐야 한다. 이때 숙소 평가 기준은 우리와 다소 다를 수 있다는 것을 잊지 말아야 한다.

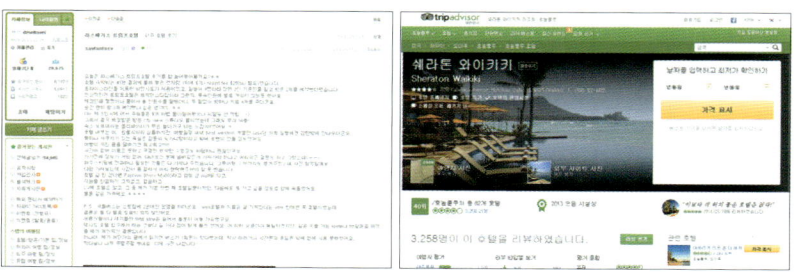

카페 호텔 후기                           트립어드바이저 여행자 호텔 리뷰

## 02 가이드북을 100% 맹신하지 말자

우리나라 가이드북의 큰 불만 중의 하나가 숙소 정보이다. 수많은 숙소를 정확히 취재하는 것 자체가 어려운 일이라 도시형 가이드북이 아니고서는 숙소에 큰 비중을 두지 않는 경우가 많다. 게다가 수년간 개정했다지만 숙소가 아예 사라지거나 배낭여행자에겐 적합하지 않은 비싼 숙소 정보만 제공하기도 한다.

그러면 여행자 바이블이인 론리플래닛과 풋프린트, 러프가이드에 나오는 숙소 정보는 어떨까? 이 책들 역시 국가별로 천차만별이다. 여행자들의 피드백으로 계속 업데이트한다지만, 책 특성상 정보 갱신에는 한계가 있다. 하지만 가이드북들 중 그래도 가장 믿을 만하기 때문에 세계적으로 여전히 많은 사람들이 이용한다.

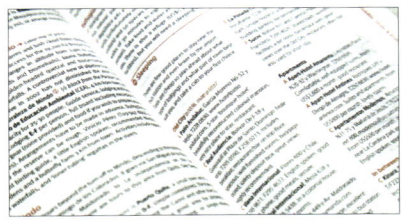 

풋프린트 숙소 정보      론리플래닛 숙소 정보

## 03 조금만 더 발품을 팔아보자

모로코 마라케쉬의 숙소가 몰려있는 골목

인기 있는 가이드북에 소개된 숙소는 언제나 여행자들로 넘쳐난다. 특히 론리플래닛처럼 세계적인 가이드북이라면 더더욱 그렇다. 이러한 숙소들은 늘 많은 여행자들로 넘치다 보니 가격은 오르고, 숙소 상태는 불량해지는 경우가 많다. 물가가 싸고, 주변 환경이 자주 바뀌는 국가에서는 이럴 때 작은 발품이 큰 효과를 발휘한다. 대게 숙소는 한 지역에 몰려있으므로 유명 가이드북에 소개된 숙소 주변을 둘러보는 것이다. 직접 들어가서 가격이나 편의시설 등을 확인해보고 맘에 드는 곳이라면 숙박하면 된다. 사람이 많이 찾지 않는 곳일수록 협상의 여지가 많기 때문에 조금만 더 발품을 판다면 적은 비용으로 만족스러운 숙소를 찾을 수 있다.

# 여행지에서 현지 문화를 즐기는 가장 좋은 방법 카우치서핑

작성자 : 대책없는 낙천주의자(류시형) http://optimist.crazytour.net

알래스카 오지탐사대 식량담당, 광주세계김치문화축제 홍보대사, 요리/여행 파워블로거

『유럽, 아프리카 무전 여행기 26유로』, 『400일간의 김치버스 세계일주』 저자

해외여행을 계획하다보면 항공권을 제외하면 가장 많은 비용을 차지하는 것이 바로 숙박이다. 카우치서핑Couch surfing은 그런 면에서 무료로 숙박할 수 있다는 장점 이외에도 현지인들과 어울릴 수 있는 가장 좋은 기회가 되는 아주 좋은 사이트이다.

## ● 숙소를 공짜로 해결할 수 있다면 망설일 필요가 있을까?

카우치서핑Couch surfing을 직역하면 침대와 소파의 중간 격인 카우치를 찾는다는 것이다. 쉽게 말해서 잘 곳을 구할 수 있는 웹사이트가 바로 카우치서핑이다. 누구나 한 번쯤은 '여행지에 친척이 있다면 좋을 텐데' 혹은 '여행지에 친구가 있다면 그곳에서 자면 될 텐데'라고 생각해봤을 것이다. 하지만 이런 문제는 생각보다 쉽게 해결할 수도 있다. 친척은 만들기 힘들겠지만 필요하다면 친구는 만들 수 있다.

카우치서핑은 미국의 케이지 펜튼이라는 사람이 아이슬란드로 여행하기 전에 그 곳에 사는 대학생 1,500명에게 메일로 자기를 재워줄 수 있는지 물었고, 50여 통의 확인 답장을 받은 후 여행을 시작한 것이 유래가 되어 발전하였다고 한다. 카우치서핑 사이트는 2014년 현재 전 세계 100,000개 도시에 700여만 명의 회원을 보유할 정도로 미국, 독일, 프랑스, 캐나다, 브라질 등 주로 유럽이나 미주 지역에 회원이 많긴 하지만 소말리아나 적도기니, 서사하라 등과 같은 오지에도 수십 명씩은 있을 정도로 널리 알려진 사이트이다. 우리나라의 경우에도 2만 명 정도가 회원으로 가입하여 활동하고 있다.

한 가지 명심할 것은 카우치서핑은 단지 숙소를 무료 제공하는 것이 목적이 아니라 전 세계인의 문화교류가 주목적이라는 것이다. 서로간의 관심사를 공유하고 문화를 나누는 것, 그리고 틀에 박힌 외국 문화가 아닌 실질적인 문화라는 것이다. 예를 들어 혼자 해외여행을 한다면 자유롭게 숙소를 정하면서 보고 싶은 여행지를 둘러보겠지만 카우치서핑을 통한다면 잠만 해결하고 자신의 시간을 갖는 것이 아니라 자기를 재워준 사람과 문화교류가 필요하다. 함께 그 지역을 여행하기도 하고, 소개를 받기도 하고, 또 함께 식사를 하게 될 수도 있다. 그래서 카우치서핑을 할 때는 그런 점에 유의해야만 한다.

만일 잠자리를 제공받고 하룻밤을 묵게 된다면, 그에 대한 답례로 음식을 해준다든지 혹은 우리나라 전통 기념품을 선물한다든지 한국적인 뭔가를 보여줄 필요가 있다. 이것은 분명 여행을 풍요롭게 해줄 수 있는 멋진 제안이다.

- **카우치서핑을 이용하면 장단점은 무엇인가?**

카우치서핑을 이용하는 방법은 간단하다. 카우치서핑 사이트에서 회원으로 가입한 후 개인 프로필Profile을 상세하게 기록하면 되는데 본인 사진을 첨부하는 것이 좋다. 이렇게 회원가입을 하게 되면 검색을 할 수 있고, 조건에 맞는 회원을 검색해서 그 사람에게 메일을 보낼 수 있게 된다.

검색할 때 조건은 다양하다. 자신이 원하는 도시에서 얼마나 가까운 곳에 사는지, 주로 사용하는 언어가 영어인지 프랑스어인지, 또한 몇 명이나 함께 머무를 수 있는지, 성별은 어떤지, 심지어 애완동물을 좋아하는지, 기르는지 여부까지 확인하고 메일을 보낼 수 있다. 물론 메일을 보낸다고 해서 모든 사람이 숙소를 제공하는 것은 아니다. 부모님과 함께 살고 있어서 안 되는 경우도 있고, 숙박 제공보다는 편하게 커피를 마시면서 해외여행자와의 만남만을 원하는 회원도 있다. 그렇기 때문에 모든 것은 본인 스스로 다른 회원과 메일을 주고받으면서 조율하고 결정해야 된다. 보통은 영어를 사용하는 것이 일반적이지만, 회원에 따라 사용하는 언어를 볼 수 있으니 체크해보고 메일을 보내는 것이 좋다. 카우치서핑은 내가 필요할 때 나만 검색할 수 있는 것이 아니기에 나를 검색한 낯선 외국인으로부터 메일을 받는 경우도 종종 있다. 이는 해외여행을 가지 않아도 외국인 친구를 우리 집으로 초대할 수 있는 특별한 기회가 만들어 지는 것이므로 평범했던 일상에서 여행 기분을 느낄 수 있다.

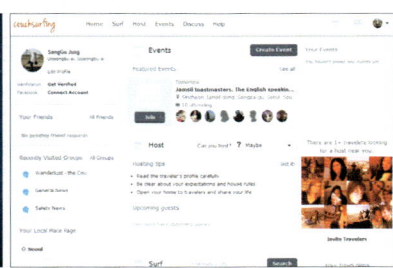

카우치서핑 홈페이지(www.couchsurfing.org)          카우치서핑 계정

카우치서핑의 장점은 가이드북에도 나오지 않는 현지인들만의 보물 같은 장소도 소개받을 수 있다는 점과 그들의 문화를 직접적으로 경험할 수 있는 기회가 제공된다는 것이다. 이전에 한 번도 만난 적이 없었던 체코인 커플을 우리 집으로 초청했

을 때, 그들은 개고기를 먹어보고 싶다고
해서 당황스러웠지만 개고기 집에 데려간
적이 있었다. 이것은 분명 어떤 여행자라
도 쉽게 경험하기 힘든 문화경험이다. 반
대로 필자가 남아공을 여행할 때도 카우
치서핑을 통해 특별한 경험을 했다. 분명
현지인들은 가이드북보다 정확하며 친절
하다. 게다가 대화도 가능하니 일석 3조
이상이 된다.

하지만 역시 좋은 점만 있는 것은 아니다.
사이트 특성상 무료로 운영되고 만나본
적도 없는 사람과 메일로 주고받기 때문
에 안전 문제는 항상 유의해야만 한다. 남
자 혼자 거주하는 곳을 여자가 가는 것이
나 귀중품을 그냥 집에 두고 여행하는 것
역시 불안하다. 이러한 문제를 예방하려
면 먼저 프로필부터 자세히 살펴보면 된
다. 이 회원이 어떤 사람들과 친구인지, 친
구들이 그를 평가한 글을 볼 수 있고, 메
일을 보냈을 때 답변률까지 기록될 정도
로 나와 있으므로, 꼼꼼히 살펴보고 결정
할 필요가 있다.

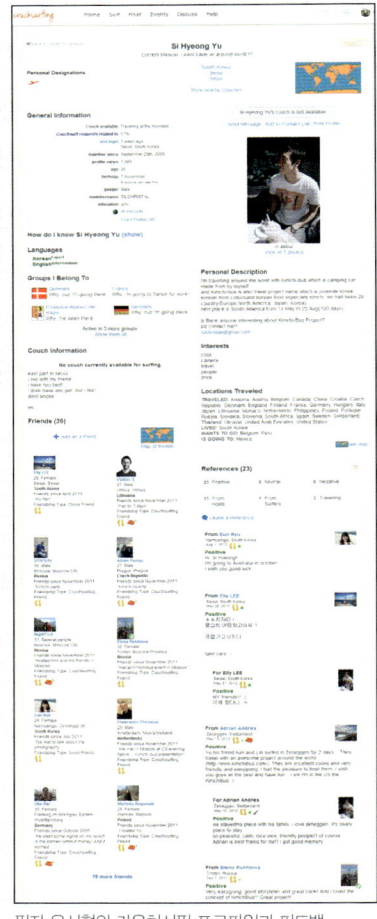

필자 유시형의 카우치서핑 프로파일과 피드백

● 카우치서핑을 통해 경험한 가장 기억에 남는 친구

필자는 2006년 특별한 계획 없이 세계 무전여행을 하고 있었다. 그때는 카우치서핑
에 대해서 잘 모르고 있던 상태라 그다지 활용하지 않았으므로 메일을 보낼 생각은
하지도 않았다. 카우치서핑은 서로가 메일을 주고받으며 계획에 관한 이야기를 나눠
야 하고, 또 언제 어디로 갈지 정확한 스케줄도 있어야 했다. 만일
이런 과정에서 숙박이 해결되면 답례로 저녁이라도 대접해야 하는
데 무전여행 중이던 필자에게는 이 또한 부담이 되어 프로필만 등록
한 채 방치한 상태였다. 그렇게 여행 중에 파리에 도착했다. 마침 파

카우치서핑 파티

리에는 그 전에 사귀어둔 현지 친구들도 있었고, 파리가 마음에 들었으므로 일주일 넘게 파리 여행을 하던 차에 낯선 메일을 한 통 받았다.

'네가 파리에 있다는 걸 알고 있어, 혹시 머무를 곳이 없으면 연락해'

용건만 간다하게 보내온 짧은 메일 한 통, 메일을 열어보고

순간 많이 당황했다. 물론 잘 곳은 친구들이 있으므로 걱정이 없었지만 카우치서핑을 통해 처음 받는 매력적인 제안이라 이에 응하고 싶다는 생각이 들었다. 하지만 다시 곰곰이 생각해보니 '어떻게 내가 파리에 있다는 건 알고 메일을 보냈지?'라는 생각이 들어 약간의 두려움도 있었다. 파리에서 머물고 있던 이반 친구의 집을 나서며 '혹시 내가 저녁 8시까지 너한테 문자가 없으면 경찰에 이 번호로 신고해줘'라고 신신당부했다.

그렇게 집을 떠났고, 저녁 8시 이반에게서 '너 괜찮은 거야'라는 문자가 왔다. 나는

아차 싶었다. 이반의 집을 떠날 때의 걱정은 이미 날아가고 나는 새로운 친구 올리버와 노는데 정신이 빠져 있었던 것이었다. 카우치서핑을 하는 사람 대부분은 오픈마인드를 가지고 있다. 잠시나마 그런 호의를 의심했던 내가 왠지 창피해지는 느낌이었다. 결국 새로운 친구 올리버 집에서 이틀이나 머무르며 그를 통해 새로운 파리를 만났고 많은 추억을 만들게 되었다.

파리에서 만난 올리버와 그의 집

해외여행을 하다보면
우리나라에서는 보지 못했던 다양한 교통수단을 만나기도 하고,
효율적인 여행을 위해
렌터카나 기차, 버스 등을 이용하게 된다.
원하는 곳을 자유롭게 가고 싶다면 렌터카,
낭만적인 여행을 생각한다면 기차,
그 외에도 버스를 비롯하여
세계 각국의 다양한 대중교통을 이용하게 된다.

# 전 세계의 교통수단과 국경 넘기

# 세계 각국의 빠르고 편리한 기차여행

기차여행은 대부분의 여행자들이 선호한다. 기차는 편안하면서도 효율적인 이동수단으로, 많은 나라에서 기차여행을 할 수 있다. 기차여행이 단연 인기 있는 곳은 일본과 유럽이다. 거미줄처럼 잘 짜인 일본의 기차는 정말 갈 수 없는 곳이 없을 정도이다. 유럽의 유레일 역시 오랜 시간 배낭여행자들의 가장 유용한 발이 되어주었을 정도로 많은 사람들에게 인기가 있다.

## 01 유럽의 여러 국가를 연결하는 유레일

유럽을 여행하는 사람들은 유레일패스 Eurailpass를 많이 이용한다. 유럽의 각 도시를 연결하는 유레일은 교통비를 아끼는데 큰 도움이 된다. 특히, 기차는 예약하지 않고 타면 짧은 거리라도 엄청 비싸므로 유레일패스를 활용하면 훨씬 저렴하게 여행할 수 있다. 특히 장거리 이동 시에는 추가 비용을 지불하고 일종의 간이 침대칸인 쿠셋Couchette도 이용할 수 있다.

유레일 홈페이지(kr.eurail.com)

예약 시 예약비가 따로 부과되며, 기차 종류에 따라 유레일패스용 좌석이 할당되어 있다. 이 좌석을 예약하지 못하면 별도비용을 지불해야 하기 때문에 성수기에는 좌석 선점이 매우 중요하다. 만약 유럽 여행에서 한 국가에 오래 머문

풍경이 보이는 열차 안

다면, 독일패스, 이탈리아패스, 영국패스 등과 같이 각 국가에 특화된 패스를 이용하는 것이 더 저렴할 수도 있다.

| 기간 | 유레일패스(연속사용) | | | | | 유레일플랙시패스(선택사용) | |
|---|---|---|---|---|---|---|---|
| | 15일 | 21일 | 1개월 | 2개월 | 3개월 | 10일/2개월 | 15일/2개월 |
| 성인(1등석) | 576 | 742 | 913 | 1288 | 1589 | 678 | 890 |
| 세이버(1등석) | 490 | 632 | 777 | 1095 | 1351 | 577 | 757 |
| 유스(12~25살 – 2등석) | 375 | 484 | 595 | 838 | 1034 | 442 | 580 |

〈유레일글러벌패스 가격(유레일패스 공식 가격이며, 할인 구매도 가능하다. 2014년 5월 기준이며 단위는 유로이다.)〉

TGV 1등석

베를린 역

| 기간(4개국 선정) | 5일 | 6일 | 8일 | 10일 |
|---|---|---|---|---|
| 성인(1등석) | 407 | 445 | 518 | 592 |
| 세이버(1등석) | 347 | 378 | 441 | 504 |
| 유스(12~25살 – 2등석) | 266 | 290 | 338 | 386 |

〈유레일셀렉트패스(Eurail Select Pass) – 2개월 내 선택 사용〉

최근에는 각 국가의 철도청 홈페이지를 통해 직접 예약하는 사람도 많이 늘었다. 홈페이지를 통해 예약하면 예약비가 없는 경우도 있고, 이동이 많지 않은 경우 오히려 더 저렴할 수도 있기 때문이다. 또한, 유레일패스로 동선 구상이 애매해질 때도 직접 예약하는 것이 좋을 수 있다. 게다가 유럽은 저가항공도 상당히 잘 되어 있어 철도와 잘 조합하면 시너지도 낼 수 있다.

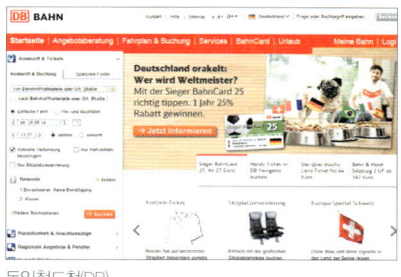
독일철도청(DB)

이탈리아 철도청(TRENITALIA)

| 국가 철도청 | 홈페이지 | 국가 철도청 | 홈페이지 |
|---|---|---|---|
| 독일철도청(DB) | www.bahn.de | 이탈리아 철도청(TRENITALIA) | www.trenitalia.com |
| 프랑스철도청(SNCF) | www.sncf.com | 스페인철도청(RENFE) | www.renfe.com |
| 스위스철도청(SBB) | www.sbb.ch | 오스트리아철도청(OBB) | www.oebb.at |

## 02 미국의 암트랙과 캐나다의 비아레일

미주에서 기차가 잘 발달된 미국과 캐나다지만 여행에 있어 기차가 매우 유용하지만은 않다. 다만, 넓은 객실과 이동의 편의성 때문에 저가항공과 잘 조합하면 이용하기에 괜찮아진다. 미국은 암트랙Amtrak이 전역을 연결하는데, 15, 30, 45일권 세 가지 패스가 있어 미국을 도시 위주로 여행하는 사람들에게 적합하며, 암트랙이 연결되지 않는 구간은 버스를 이용한다. 암트랙 패스는 일반석Coach Class 기준이라 특급 열차는

암트랙 전망 칸

암트랙역

이용할 수 없다. 일반 열차의 비즈니스 클래스를 이용하려면 추가 금액을 지불해야 하고, 성수기에는 미리 좌석을 예약하는 것이 유리하다.

암트랙의 경우 기차를 갈아타면 1구간이 늘어난 것으로 간주되므로, 원하는 목적지까지 한 번에 가지 못하고 중간에서 기차를 갈아탄다면 2구간이 적용된다는 것을 감안해야 한다. 또한 암트랙에서 연결하는 버스 역시 1개 구간으로 적용되므로 여행 계획을 세울 때는 열차 노선을 잘 참고하여 여행 루트를 짜는 것이 중요하다.

캐나다는 비아레일VIA Rail이 캐나다 전역을 연결한다. 동쪽의 할리팩스부터 서쪽의 밴쿠버까지 횡단을 하는 비아레일은 캐나다를 동서로 횡단하려는 사람들에게 인기가 있는데, 21일 간 7구간을 마음대로 탈 수 있는 캔레일패스Canrail Pass가 가장 인기가 있다. 캔레일패스는 별도로 비용을 추가 지불하지 않고도 오로라를 볼 수 있는 처칠까지 갈 수 있어 오로라를 보러가는 여행자들에게도 인기가 있다.

캐나다의 동부 도시들을 연결하는 코리더패스Corridor Pass는 퀘벡시티, 몬트리올, 오타와, 토론토, 나이아가라폭포 등을

암트랙 홈페이지(www.amtrak.com)

| 패스 구분 | 성인 | 어린이(2~12) |
|---|---|---|
| 15일(8구간) | 449 | 224.50 |
| 30일(12구간) | 679 | 339.50 |
| 45일(18구간) | 879 | 439.50 |
| 캘리포니아 패스(7~21일 내) | 159 | 79.50 |

암트랙패스 가격(단위는 달러, 2014년 5월 기준)

비아레일 홈페이지(www.viarailcanada.co.kr)

| 구분 | 캔레일패스 | | 코리더패스 |
|---|---|---|---|
| | 성수기 | 비수기 | 이코노미 |
| 성인 | 1008 | 630 | 361 |
| 학생 | 907 | 567 | 325 |

비아레일 패스 가격(2014년 5월 캐나다달러 기준, 성수기 6/1~10/15)

비아레일                                          비아레일 역

10일간 7번 이용할 수 있는 티켓이다. 비아레일의 패스들은 만 18~25세 또는 만 26세 이상이라면 ISIC 카드 제시 시 유스$^{Youth}$ 요금을 적용받을 수 있다.

## 03 다양한 기차와 패스가 눈에 띄는 일본철도(JR)

일본은 그야말로 기차 패스의 천국이라 불러도 될 만큼 다양한 패스가 존재한다. 기본적으로 JR패스가 가장 유명한데, 일본 전국을 여행할 수 있는 패스가 있는 반면 JR북부큐슈레일패스, JR홋카이도패스, JR웨스트간사이패스 등 JR패스의 종류도 굉장히 다양하다. JR패스뿐만 아니라 간사이쓰루패스, 긴텐츠레일패스 등 지역별로 특화되어 있는 패스들도 많다. 일본은 한국에서 단기간으로 여행하는 사람이 많기 때문에 이렇게 지역별로 특화된 패스만 잘 활용하면 보다 효율적으로 여행할 수 있다.

일본은 지역별로 기차의 종류도 제각각 다를 뿐만 아니라 철인28호, 호빵맨 등 캐릭터기차도 운행하고 있어 단순히 기차를 타는 것만으로도 즐거워진다. 그렇다보니 순수하게 기차만을 타기 위해 일본을 선택하는 사람도 있을 정도이다. 또한 기차에서 판매하는 도시락 에키벤의 다양함도 기차여행의 매력을 더해준다.

JR웨스트레일패스

하루카 특급                                    철인28호 기차

호빵맨 열차

| 구분 | | 1등석(GREEN) | 일반석(ORDINARY) |
|---|---|---|---|
| 전국 | 7일 | 38,880 | 29,190 |
| | 14일 | 62,950 | 46,390 |
| | 21일 | 81,870 | 59,350 |
| 큐슈레일패스 | 3일 | | 14,400 |
| | 5일 | | 17,490 |
| 북큐슈레일패스 | 3일 | | 7,200 |
| 홋카이도레일패스 | 3일 | | 9,260 |
| | 5일 | 22,110 | 15,430 |
| | 7일 | 27,770 | 20,060 |
| | 4일 플렉시블 | 30,860 | 22,630 |
| 웨스트간사이패스 | 간사이 1일 | 27,770 | 20,060 |
| | 간사이 2일 | | 2,060 |
| | 간사이 3일 | | 4,110 |
| | 간사이 4일 | | 5,140 |

JR 패스 가격(2014년 5월 일본엔 기준)

## 04 세계 유명 열차 및 관광용 기차

유럽, 미주, 일본 외에도 철도는 여러 국가의 중요 운송수단이다. 우리나라 기차여행자들의 로망 러시아 시베리아횡단열차, 럭셔리한 호화 기차로 유명한 남아공의 블루트레인, 호주의 사막을 가로지르는 더간기차, 중국 티베트까지 연결하는 칭짱열차 등이 유명하다. 이러한 기차들은 대부분 가격이 비싸지만, 기차여행에 관심이 있는 사람이라면 꼭 한 번쯤 타보고 싶은 기차들이다.

기차여행은 꼭 패스를 이용하는 것은 아니다. 중국 역시 기차 노선이 잘 연결되어 있고, 종류도 많아 다양한 기차를 타볼 수 있다. 또한 잦은 연착으로 유명한 인도의 기차도 저렴한 가격으로 이용할 수 있다. 그 외에도 지하철 등 도시 외곽을 연결하는 기차들이 많으므로 여행 중에 얼마든지 이용해볼 수 있다.

영국 기차                                    스위스 산악 열차

한때는 산업 발달과 더불어 활발하게 사용되던 열차가 쓸모없어지는 경우도 많다. 이러한 기차를 관광용으로 개조해서 운영하는 열차도 있고, 처음부터 관광용으로 개발한 독특한 기차도 있다. 멕시코 쿠퍼캐년을 가로지르는 쿠퍼캐년기차, 쿠바 트리니닫에서 연결되는 사탕수수증기기차, 일본의 토롯코열차, 대만의 아리산삼림열차, 에콰도르의 지붕열차, 호주의 쿠란다열차 등이 대표적인 관광용 열차이다. 기차여행에 관심이 있다면 이렇게 여행 도중에 다양한 기차를 이용해보는 것도 좋은 경험이 된다.

1 태국 시장 열차 2 하와이 사탕수수열차 3 에콰도르 지붕열차

# 육로로 걸어서
# 국경 넘기

한국은 삼면이 바다로 둘러싸여 있고, 북쪽은 북한에 막혀 있어 사실상 섬이나 다름없기 때문에 육로로 국경을 넘는 일이 없다. 하지만 해외여행을 하다보면 빈번하게 육로로 국경을 넘는 일이 생긴다. 물론 여권만 있다고 바로 국경을 넘을 수 있는 것은 아니다. 국경을 넘기 전에 체크해야 할 사항들을 알아보자.

## 01 국경을 넘으려면 비자 정보부터 확인해야 한다

세계에는 아직도 한국과 비자협정을 맺지 않은 국가들이 많다. 한국 사람들이 비자를 받아야 할 거라고 생각하는 미주의 경우에는 볼리비아나 벨리스 같은 몇몇 국가를 제외하면 거의 무비자인 반면, 우리가 쉽게 갈 수 있을 것이라 생각하는 동남아의 인도네시아 등과 같은 국가는 도착비자를 받아야만 입국이 허용된다. 다행히도 이러한 국가들은 공항이나 국경 인접 국가에서 쉽게 비자를 받을 수 있기 때문에 미리 비자 정보만 확인한다면 입국에 별다른 문제는 없다. 하지만 국가마다 체류 허가 기간이 다르므로 꼭 기간을 확인하고 입국해야 한다. 비자를 받을 때에는 사진이 필요한 국가도 있으므로 꼭 여분의 사진을 챙겨야 한다.

푸노 볼리비아 대사관

도착비자나 인접 국가에서 비자를 받을 수 있는 국가 중에는 황열병이나 A형간염 등의 국제예방접종 증명서를 지참해야만 비자를 내주는 곳도 있으므로 그런 지역을 여행할 때라면 꼭 증명서를 챙겨야

볼리비아 국경사무소

한다. 특히 아프리카나 남미 국가들에서 이런 증명서를 요구하는 경우가 많다.

비자가 굉장히 까다로웠던 러시아는 이제 무비자가 되어 쉽게 여행할 수 있지만, 리비아와 같은 국가는 여전히 한국에서 미리 비자를 받지 않으면 입국할 수 없다. 또한 육로로 연결되지만 미얀마처럼 항공편으로만 입국이 가능하거나 부탄처럼 지정된 여행사를 통해야만 입국할 수 있는 국가도 있다. 유럽은 쉥겐조약이 있어 180일 중 90일간 머무를 수 있는데, 쉥겐조약에 가입한 국가라도 우리나라와 비자면제 협정을 우선하여 쉥겐조약 기간이 넘었어도 더 머무를 수 있는 국가도 있다.

## 02  출입국을 관리하는 국경사무소

걸어서 국경을 넘는 과정은 매우 단순하다. 먼저 출국할 국가의 국경사무소에서 출국도장을 찍고, 입국할 국가의 국경사무소에서 입국도장을 받으면 끝이다. 보통 양국의 국경사무소는 걸어 갈 수 있는 거리이지만, 국가에 따라서는 걷기에 다소 먼 거리여서 별도의 교통수단을 이용해야 하는 곳도 있다. 만약 어디로 가야 할지 모르겠다면 무리지어 있는 사람들만 따라가도 된다.

여권에 문제가 없다면 쉽게 출입국을 할 수 있지만, 때때로 후진국의 경우 돈을 받기 위해 말도 안 되는 핑계를 대면서 붙잡아 두는 경우도 있다. 이런 경우 소리를 지르거나 화를 내지 말고 웃으면서 잘 말로 해결해야 한다. 국경사무소 직원에게 화를 냈다가는 오히려 입국을 거부당할 수 있는 상황이 발생할 수도 있다. 조금 기분이 상하더라도 최대한 웃으면서 긍정적으로 해결하는 것이 기분 좋은 여행을 계속할 수 있는 방법이다.

국경은 걸어서 넘기도 하지만 국제 버스를 타고 넘는 경우도 많다. 이런 경우에는 버스에 내려서 출국도장을 받고 다시 버스를 타고 입국장으로 가서 입국도장을 받는다. 국경 통과 시에는 짐 검사를 하는 것이 일반적이기 때문에 입국할 때에 짐을 모두 가지고 내려서 검사에 응해야 한다. 육로 입국이라도 짐 검사 과정이 상

1 걸어서 넘는 나이아가라 미국 캐나다 국경
2 말레이시아싱가포르 국경
3 에콰도르 국경을 걸어서 넘기

캐나다 국경

당히 까다로운 국가도 있으므로 이런 것들에 미리 대비해서 짐을 싸두는 것이 좋다.

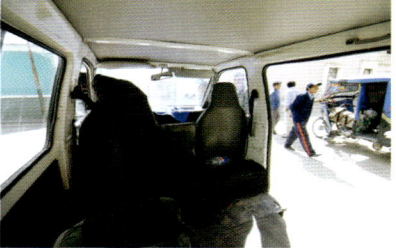

말레이시아 – 싱가포르 국제버스

국경사무소 사이를 운행하던 작은 봉고

요즘에는 우리나라 사람도 워낙 많이 해외여행을 하다 보니 국경사무소 직원이 한국 여권을 알아보는 경우가 많아 대부분 쉽게 처리된다. 하지만 한국과 무비자 협정이 맺어진 국가라도 한국 사람이 자주 여행하지 않는 곳은 입국할 때 국경사무소 담당자가 제대로 몰라 문제가 생길 수도 있으므로 그 국가의 한국재외공관 연락처를 미리 체크해두는 것이 좋다. 만일 문제가 발생한다면 당황하지 말고 한국재외공관에 전화 연락을 해서 해결하면 된다. 국경의 경우는 아니지만 비행기를 이용해 다른 국가로 출국하려고 할 때에도 비슷한 문제가 발생할 수 있는데, 특히 제3국에서 미국으로 출국할 때 이런 문제가 생길 가능성이 높다. 미국으로 전자여행허가를 받을 수 있는 나라가 제한되어 있다 보니 발생하는 문제인데, 이런 일에 대비해서 ESTA 영어 사본과 출국할 국가의 언어로 된 사본을 꼭 지참하는 것이 좋다.

## 03 체류 허가 기간 요청하기

국경을 넘을 때 국경사무소에서는 체류 기간이 정해져 있는 도장을 찍어준다. 많은 국가들이 무비자 협정에 따른 최대 기간을 주지만, 협정보다 적은 날짜를 주는 국가도 많이 있다. 3개월 무비자 협정이 맺어져 있더라도 1개월만 체류 허가를 내주는 경우로 단기 여행이라면 상관없지만, 무비자 협정 기간만큼 머무를 예정이라면 그 나라 말로 3개월로 연장해달라는 표현 정도는 미리 외워두면 유용하다.

콜롬비아 국경사무소의 모습

출입국 대기를 하는 사람

특히 체류 기간을 짧게 주기로 유명한 국가에서 이렇게 현지어로 직접 말을 하면 보통 웃으면서 최대 기간으로 연장해주는 경우가 많다. 하지만 이 역시도 국경사무소에 있는 직원의 재량이므로 최대한 기분 좋게 이야기하는 것이 중요하다.

## 04 국경에서 발생할 수 있는 위기상황 대비하기

치안이 잘된 국가들 사이의 국경이 아닌 이상 국경은 늘 여행자에게 가장 위험한 곳중의 하나이다. 물론 양 국가 사이가 좋은 곳이라면 별 문제 없지만, 양국 사이가 좋지 않은 곳이라면 국경은 안전하지 못한 곳이 많다. 여행을 하다보면 위험한 국경이라고 손꼽히는 곳이 몇 곳 있는데, 그 중에서도 에콰도르의 우아끼야스와 페루의 뚬베스 사이의 국경은 위험하기로 유명하다. 사기와 강도 위험이 많을 뿐더러 국경사무소 직원조차 믿을 수 없는 곳이다 보니 가이드북에서도 다른 루트를 제안하고 있을정도이다. 이 때문에 이곳이 가장 편한 루트임에도 많은 사람들이 대체 루트를 통해여행하고 있다. 그 외에도 태국과 캄보디아 사이의 국경도 대놓고 웃돈을 요구하는곳으로 유명하다.

국경은 사기가 워낙 빈번하게 일어나는 곳이므로 항상 긴장하면서 주의해야 하는데, 여행자들이 당하는 사기는 환전할 때 주로 이뤄진다. 국경에서의 환율은 굉장히 높을 뿐더러 위조 화폐를 받을 가능성도 높다. 만약국경에서 환전해야 한다면 다음목적지까지 가는데 필요한 최소

국경사무소 근처에서는 사람을 조심하자.

경비 정도만 환전하고, 가능한 믿을 수 있는 환전소를 찾아서 환전해야 한다. 그 외에도 국경에서 택시를 이용한다면 요금을 사기 치는 경우가 빈번하므로 이러한 부분에 대한 정보도 미리미리 잘 체크해둬야 한다.

국경에서는 사기 이외에도 도난이나 강도 같은 일이 빈번하게 일어난다. 특히 강도는국경사무소가 있는 곳 보다는 조금 떨어진 국경 도시에서 자주 일어나는데 보통 인적이 많지 않은 이른 새벽이나 늦은 저녁 시간대에 발생한다. 그러므로 국제 버스 등을 이용하여 국경을 넘는 것이 아니고, 걸어서 국경을 넘는다면 사람 왕래가 많은 낮시간대를 이용하는 것이 좋다. 혼잡한 시간대에는 사람들이 몰리는 만큼 강도보다는 도난에 주의해야 한다. 물론 모든 국경이 이렇게 불안한 것이 아니므로 너무 많은걱정보다는 최소한의 긴장 상태를 유지하는 것이 좋다.

Section 03

세계의 다양한
대중교통 수단 살펴보기

해외여행을 하다보면 여러 나라의 다양한 교통수단을 경험하게 되는데, 이는 여행하면서 즐길 수 있는 큰 재미 가운데 하나이다. 어느 여행지를 가던 호기심 많은 여행자라면 빠짐없이 타보는 것이 바로 다양한 현지 교통이다. 이번 섹션에서는 도시 또는 도시권역까지 운행하는 단거리 교통수단을 중심으로 살펴보겠다.

## 01  가장 쉽게 이용할 수 있는 지하철

지하철은 대도시라면 쉽게 찾아볼 수 있는 교통수단이다. 한국에는 서울, 인천, 부산, 대구, 광주, 대전 등의 도시에서 지하철을 찾아볼 수 있고, 해외에서는 도쿄, 베이징, 뉴욕, 시드니, 샌프란시스코, 파리, 몬트리올, 부에노스아이레스, 멕시코시티, 홍콩 등과 같은 대도시에서 쉽게 찾아볼 수 있다. 하지만 콜롬비아의 보고타는 대도시임에도 지하철이 아닌 트랜스밀레니오<sup>TransMilenio</sup>라는 다소 특이한 교통 시스템을 운영한다. 지하철은 국가에 따라 다양하게 표현되는데, 영어권은 서브웨이<sup>Subway</sup>, 언더그라운드<sup>Underground</sup>, 튜브<sup>Tube</sup> 등으로 불리고, 스페인어권은 메뜨로<sup>Metro</sup>, 숩떼<sup>Subte</sup>, 필리핀이나 싱가포르는 MRT, 중국은 디테<sup>地鐵</sup> 등과 같이 다양한 이름으로 불린다.

여기서 말하는 지하철은 지상이든 지하든 열차 형태의 교통수단을 의미한다. 이러한 지하철은 다른 교통수단에 비해 운행구간을 쉽게 파악할 수 있고, 막히지 않고 정기적으로 운행되기 때문에 정확한 시간에 원하는 목적지로 이동할 수 있는 장점이 있다. 물론 자신이 원하는 여행지로 이동하기 위해서는 환승을 하거나 내려서 많이 걷는 경우도 많지만, 여행을 처음 하는 사람에게는 가장 쉽게 이용할 수 있는 교통수단이라 하겠다.

지하철 교통비도 천차만별이어서 멕시코에서는 약 400원 정도지만, 미주나 유럽은 기본요금만 2,000원이 넘는 경우가 많다. 또한 좌석 배열도 다양한데 우리나라 지하철은 좌석이 옆으로 되어있고 가운데 공간이 넓은 편이지만, 외국 지하철은 좌석 배열이 옆으로 되어있는 것부터 서로 마주보고 앉거나 버스처럼 한 방향만을 향하는 형태도 많다. 이러한 차이는 해외에서 교통수단을 이용하면서 느낄 수 있는 '다름'의 즐거움이기도 하다.

지하철은 역사가 깊을수록 낭만은 있지만 다소 위험하고 지저분한 것이 사실이다. 한때 지저분하기로 유명했던 뉴욕 지하철은 현재는 전량 교체되어 깨끗해졌지만, 역사에 남아있는 냄새까지는 지우지 못한 듯하다. 반면에 홍콩 MTR 같은 경우는 환승까지도 아주 편리하게 되어있고, 각 역사마다 디자인도 굉장히 깔끔하다. 어느 국가의 지하철이 더 좋다고 말할 수는 없지만, 한번쯤 다 경험해볼만한 재미가 있는 것은 사실이다.

1 싱가포르의 지하철
2 쿠알라룸푸르 지하철
3 뒤셀도르프 지하철
4 뉴욕 지하철

## 02 어느 국가든 대중적으로 사랑받는 버스

버스는 가장 대중적이고 누구에게나 친숙한 교통수단이다. 한국에서 흔히 볼 수 있는 일반 시내버스나 마을버스 외에도 외국에서는 다양한 형태의 버스가 운행된다. 우리나라도 한때 운행되다 슬쩍 자취를 감춘 굴절버스, 보다 많은 사람을 태울 수 있는 이층버스, 최근 서울에서도 눈에 띄는 저상버스, 도시 관광을 위해 지붕이 개방된 시티투어버스까지 그 모습과 용도가 각기 다르다.

도심 버스는 아무래도 사람이 많은 곳을 운행하다보니 교통 흐름의 영향을 많이 받는다. 하지만 버스전용차선 제도를 운영하는 국가도 많기 때문에 버스를 이용하는 것이 항상 막히는 것을 의미하지는 않는다. 버스는 대도시부터 작은 마을까지 그 어떤 교통수단보다 많은 곳을 연결하기 때문에 주변 여행지를 둘러볼 때 가장 유용하다. 사람이 많이 이용하는 곳이라면 수시로 버스가 다니지만, 단거리 버스임에도 한 시간 이상 또는 하루에 한두 번밖에 운행되지 않는 경우도 있다.

1 LA의 버스
2 시카고의 버스
3 런던의 빨간색 2층버스
4 마라케시 버스

국가에 따라 버스 노선과 시간표가 자세히 나온 버스안내도를 쉽게 구할 수 있는 곳이 있는 반면, 버스에 목적지만 적혀있어 중간 경유지를 알 수 없는 곳도 많다. 버스노선도가 영어라면 그나마 다행이지만, 현지어로만 표기된 경우 도대체 어디로 갈지몰라 난감한 경우도 많다. 이럴 때는 현지인에게 물어봐서 해결하지만, 현지인과 의사소통마저 부담된다면 어쩔 수 없이 버스 타는 것은 포기해야 된다.

버스는 유용한 교통수단이지만, 여행 초보자라면 부담스러울 수밖에 없다. 노선도를쉽게 구할 수 있는 지하철과 달리 버스는 노선을 정확히 파악하기가 상대적으로 어렵기 때문이다. 하지만 지하철이 없는 도시라면 어쩔 수 없이 버스를 이용해야 한다. 이때는 운전기사에게 목적지를 말하거나 종이에 써서 보여주고, 도착하면 알려달라고 하는 것이 가장 좋은 방법이다. 버스는 제대로 이용할 수만 있다면 다른 어떤 교통수단보다 편하고 저렴하므로 너무 두려워할 필요는 없다.

여행 중 구글지도를 활용하면 버스를 좀더 효율적으로 탈 수 있다. 스마트폰 GPS를켜 놓으면 현재 위치를 알 수 있고, 대중교통 검색이 가능한 국가라면 버스 노선까지지도에 반영하여 이동구간을 대략 파악할 수도 있다. 스마트폰 때문에 여행 편의는늘어나지만, 그만큼 현지인들과 부딪힐 기회는 계속 줄어든다. 일반적으로 버스는그 나라 경제상황과 비례한 경우가 많다. 영토가 넓고 장거리 버스가 발달된 곳일수록 버스시설이 좋은 경우가 많다. 버스에 침대칸도 있고, 좌석이 160도에 가깝게 젖혀지는 버스도 있다. 가격이 비싼 버스는 1줄에 3좌석밖에 없는 것도 있다.

## 03 요금은 비싸지만 편리한 택시

택시는 요금은 비싸지만 편리하게 이용할 수 있는 교통수단이다. 아무리 작은 도시라도 택시는 다니기 마련이며, 보통 여행자와 택시기사 사이에는 늘 가격 흥정이 벌어진다. 선진국도 예외는 아니어서 초행길처럼 보이면 '돌아가기' 신공을 쓰는 못된 기사도 많다. 한국처럼 길 어디서나 택시를 탈 수 있는 곳이 있는 반면, 지정된 장소나 호텔 등에서만 탈 수 있는 싱가포르 같은 나라도 있다.

도시에는 다양한 택시 회사가 있지만, 가능하면 안전하다고 알려진 회사를 이용하는 것이 좋다. 택시는 보통 길에서 세워 타지만, 택시 강도 위험이 높은 도시라면 콜택시를 이용한다. 정식으로 허가받은 택시가 많지만, 택시라는 간판을 걸고 불법 영업을 하는 사람도 많으므로 조심해야 한다. 상당한 양면성을 가진 교통수단이 바로 택시이다. 특이한 택시로는 수상 택시를 꼽을 수 있다.

1 상하이의 택시 2 라스베이거스의 택시 3 뉴욕의 택시 4 쿠알라룸푸르의 택시

## 04 도시의 미관까지도 아름답게 하는 트램

트램은 기차처럼 레일 위를 달리는 교통 시스템으로 여전히 대중교통으로서의 역할을 하는 곳도 있지만 관광 목적으로 운영되는 도시가 더 많다. 트램은 홍콩, 호주의 멜번, 미국의 샌프란시스코, 오스트리아의 빈, 포르투갈의 리스본 등에서 볼 수 있다. 일본에도 노면전차란 이름으로 곳곳에서 트램을 볼 수 있다. 트램은 다소 오래된 듯한 느낌의 교통수단을 타고 덜컹이면서 주변의 풍경을 보는 그 재미가 쏠쏠하다.

미주의 트램은 거의 관광용으로 운영되지만, 유럽 도시들은 여전히 대중교통으로 활용되고 있다. 실제 유럽의 트램은 제반시설이 잘 갖춰져 있어서 보다 현대화된 트램을 타볼 수 있는 기회가 많다. 홍콩의 트램은 운영비 대부분을 광고 수익으로 충당하고 있어 실제 이용 요금이 굉장히 저렴한 편이다.

1 프라하의 트램
2 프라이부르크의 트램
3 뒤셀도르프의 트램
4 리스본의 트램

## 05 한번쯤 타보고 싶은 모노레일

모노레일도 트램처럼 레일 위를 달리는 것은 비슷하지만 지상이 아닌 콘크리트나 철제 빔beam에 설치된 한 가닥 레일을 이용해 달린다. 모노레일은 레일 위를 달리는 것도 있고, 아래로 매달린 것처럼 달리는 것도 있다. 모노레일은 특성상 속도가 빠르지 않고, 공중에서 다니는 교통수단이다 보니 도시 경관을 한눈에 살펴볼 수 있어 좋다.

모노레일은 자체가 아름답게 설계되어 있어 미래 도시를 보는 듯한 착각이 든다. 특히 유럽에서 봤던 강 위를 지나는 모노레일은 한 폭의 그림이라 해도 과언이 아니었다. 여행자들 사이에 어느 도시든 모노레일을 발견하면, 꼭 타보고 싶은 교통수단 1순위에 오르곤 한다. 모노레일은 일본의 도쿄와 오사카, 미국의 시애틀과 라스베가스 등에서 볼 수 있다. 호주의 시드니 모노레일은 경영악화로 2013년 철거되었다.

오사카의 모노레일

미국 시애틀의 모노레일

## 06 관광용으로만 운영되는 것이 아닌 케이블카

케이블카 하면 한국 사람은 남산케이블카가 가장 먼저 떠오를 것이다. 케이블카는 일반적으로 높은 곳으로 이동하기 위해 많이 이용된다. 그렇기 때문에 주로 산 같은 곳에 설치되어 있다. 어느 도시든 케이블카는 교통수단의 목적보다는 관광용으로 운영되는 경우가 더 많다. 하지만 케이블카도 대중교통의 하나로 이용하는 곳이 있다. 대표적인 곳이 바로 콜롬비아 메데진인데, 주위가 산으로 둘러싸인 분지 형태의 도시이다 보니 산에도 많은 사람이 살고 있다. 그래서 높은 곳에 살고 있는 사람들의 발이 돼 주는 것이 바로 '메뜨로까블레'라고 불리는 케이블카이다. 이 정도로 이용된다면 케이블카도 훌륭한 대중교통이라고 인정해 줄만하다.

콜롬비아 메데진의 케이블카

홍콩 옹핑360

## 07 꽉 차야만 출발하는 봉고차

봉고차는 주로 교통수단이 발달되지 않은 국가에서 쉽게 볼 수 있는데, 국가에 따라 다양한 이름으로 불린다. 중남미에서는 꼴렉띠보, 필리핀에서는 지프니, 남아공에서는 미니버스라고 하는 등 그 지역마다 이름이 다르다. 보통 봉고차 앞에 목적지가 적혀있고 탑승 후 운임은 운전사나 조수에게 내는 것이 일반적이다.

이렇게 봉고차가 대중교통으로 이용되기는 하지만, 관광버스처럼 목적지 같은 것이 아예 적혀있지 않은 경우도 허다하다.

봉고차도 대중교통으로 인정되는 곳이라면 이용해도 괜찮지만, 외국인이 아닌 100% 현지인만 이용하고 별다른 안내도 없이 운영된다면 이용하는 것을 재고해보는 것이 좋다. 보통 봉고차는 버스보다 싼 것이 일반적이지만, 버스 같은 대중교통이 발달되지 않은 도시에서는 오히려 버스보다 비싼 경우도 많다. 봉고차의 특징 중의 하나는 사람이 꽉 차야 출발한다는 것이다.

1 필리핀 세부의 봉고차
2 남아공 케이프타운의 봉고차
3 멕시코 산크리스토발의 봉고차
4 인도네시아 반둥의 봉고차

## 08  가고 싶은 곳을 직접 운전해가는 자전거와 오토바이

자전거와 오토바이도 훌륭한 대중교통 수단이며, 운임을 내고 타기보다는 대여 형태로 이용하는 것이 일반적이다. 대중교통이 여의치 않은 곳에서 비교적 멀지 않은 거리를 이동할 때 자전거나 오토바이를 많이 이용한다. 보통 자전거는 왕복 20~40km 정도의 거리일 때 많이 이용하고, 오토바이는 그 이상의 거리일 때 이용한다. 자전거는 현지인의 주요 대중교통 수단으로도 많이 이용되기 때문에 중국의 베이징 같은 도시는 출근시간이라면 도로를 꽉 채운 자전거 물결을 볼 수도 있다.

자전거를 타기 전에 미리 자신이 이동할 길의 지형을 살펴보는 것이 좋다. 오토바이라면 상관없지만 자전거의 경우에는 신체에 무리를 줄 수 있기 때문에 신경을 써야한다. 동남아의 작은 섬이나 휴양지 같은 곳은 오토바이를 빌리는 경우가 많은데, 대여비도 저렴하고 여러 곳을 한 번에 둘러볼 수 있어 이용하는 사람이 많다. 섬이나휴양지 외에도 다양한 장소에서 자전거와 오토바이를 대여할 수 있으며, 대여 가격은 오토바이가 훨씬 비싸지만 그만큼 편리하다.

중국 베이징의 자전거

팡코르섬에서 빌린 오토바이

## 09 사람의 힘으로 달리는 인력거와 바이시클 택시

인력거와 바이시클 택시는 모두 운전자의 힘으로만 움직인다. 인력거는 운전자가 직접 끌거나 미는 것이고, 바이시클 택시는 자전거를 이용한다는 차이점이 있다. 인력거는 관광용을 제외하면 대부분의 도시에서 사라졌지만, 인도와 같은 나라에서는 아직까지도 이동수단으로 인력거를 이용하고 있다. 바이시클 택시도 선진국에서는 거의 사라졌지만 개발도상국에서는 여전히 유용한 교통수단으로 활용되고 있다.
인력거의 경우 속도도 빠르지 않고, 두 명이 탔을 때는 끌고 가는 사람이 안쓰러울 정도이다. 게다가 언덕이라도 오른다면 그 격한 숨소리에 괜스레 미안해지기까지 한다. 바이시클 택시의 경우도 오르막을 오르는 일은 쉽지 않지만, 아무래도 자전거를 이용하기 때문에 목적지까지 이동하는 속도는 인력거보다는 빠르다.

페루 무노의 인력거

멕시코 메리다의 바이시클 택시

## 10 도시 매연의 주범 오토바이 택시

오토바이 택시는 어떻게 개조하느냐에 따라 외형적인 형태는 다양하다. 보통 오토바이를 이용한 삼륜차의 경우도 모두 이 범주에 포함시킬 수 있다. 인도, 동남아, 중남미 등의 국가에서는 아직까지도 쉽게 찾아볼 수 있는 교통수단인데, 도시의 매연을 심각한 수준으로 만드는 주범이다. 탑승 인원은 2~3명 정도로 제한되고, 택시보다 저렴한 가격에 원하는 곳까지 이동할 수 있는 교통수단이다. 그러나 현지 사정에 익숙하지 못한 경우 오히려 운전자에게 사기를 당할 가능성이 높다. 오토바이 택시는 인도의 오토릭샤, 동남아의 툭툭, 쿠바의 꼬꼬택시 등 도시마다 다양한 이름으로 불린다.

오토바이 택시는 대부분 오픈되어 있기 때문에 오염이 심각한 대도시 한복판을 이동한다면 콧속이 까맣게 변하는 것쯤은 감수해야 한다. 전 세계적으로 여전히 많이 이용되지만 환경을 생각하는 도시에서는 점점 퇴출되고 있는 교통수단이기도 하다.

방콕의 오토바이 택시                     쿠바 하바나의 오토바이 택시

## 11 공짜 투어도 즐길 수 있는 페리

장거리가 아닌 시내를 운행하는 페리는 주로 강을 끼고 있거나 바다에 접한 도시에서 많이 볼 수 있는 교통수단이다. 호주 브리즈번, 캐나다 밴쿠버, 쿠바 아바나, 태국 방콕 등의 도시에서 페리는 훌륭한 대중교통 수단 중의 하나이다. 이 외에도 세계 유명 도시에는 페리가 운영되는 도시가 많다.

페리는 시원한 강바람을 맞으며, 도시 풍경도 즐길 수 있다는 장점이 있다. 물론 사방이 막힌 페리를 운용하는 곳도 있지만, 대부분의 도시에서는 강 풍경을 볼 수 있도록 오픈된 형태의 배를 운용한다. 페리가 대중화된 도시에서는 일반 대중교통 가격으로 이렇게 멋진 풍경도 즐길 수 있기 때문에 일석이조나 다름없다. 하지만 대중교통으로 페리가 운용되지 않는 도시는 보통 유람선을 통해서 관광해야 하기 때문에 그 이용료가 비싸다.

올림픽국립공원–시애틀 페리      언 강을 건너는 퀘벡시티 페리

## 12 아직도 건재한 교통수단 마차

현재 마차는 거의 관광용으로 운용되고 있다. 세계 여러 도시에서 마차를 발견할 수 있지만, 대중교통으로 사용되는 곳은 거의 없다고 봐도 과언이 아니다. 뉴욕 센트럴 파크처럼 선진국의 대도시에서는 마차를 타고 관광지를 둘러보는 투어 상품도 많다. 이러한 마차는 화려하게 꾸며져 있고 마차를 모는 마부도 그에 상응하는 복장을 입고 있는 경우가 대부분이다.

하지만 마차가 여전히 대중교통 수단으로 사용되는 곳도 있다. 쿠바의 산타클라라는 마차에 목적지가 쓰여 있고, 원하는 곳이 있으면 그 마차를 세워 올라타기만 하면 된다. 쿠바에서는 마차와 일반 자동차가 도로를 같이 질주하는 신기한 풍경도 종종 볼 수 있다. 이곳의 마차는 관광용 마차와는 달리 화려하게 꾸며지지 않은 소박한 스타일이라는 것이 특징이다.

미국 뉴욕의 관광용 마차      독일 퓌센의 관광용 마차

# 렌터카로 자유롭게 떠나는 해외여행

렌터카 여행은 말 그대로 여행지에서 차를 빌려 여행하는 것이다. 기차나 버스와 같은 교통수단에 비해 시간과 이동이 자유롭기 때문에 원하는 곳을 마음대로 갈 수 있다. 렌터카는 일반적인 교통수단보다 비싸기는 하지만 3~4명 정도가 그룹으로 여행한다면 대여비, 보험료, 주유비 등을 나눠 계산할 수 있어 오히려 다른 교통수단보다 저렴하게 여행할 수도 있다.

## 01 미국과 캐나다의 여러 관광지를 둘러보는 렌터카 여행

북미를 여행하는 사람이 가장 힘들어 하는 것 중의 하나가 바로 대중교통 이용이다. 대도시 내 대중교통은 잘 발달되어 있지만 미국과 캐나다의 가장 큰 매력이라 할 수 있는 국립공원 여행은 투어를 이용할 수밖에 없는 것이 현실이다. 고속버스인 그레이하운드(www.greyhound.com) 버스로 국립공원에 도착하더라도 개별 교통수단이 없으면 제대로 여행하기가 쉽지 않다.

그래서 자연을 테마로 즐기고자 하는 여행자들은 렌터카를 찾게 된다. 렌터카로 여행하는 곳은 그랜드캐니언Grand Canyon, 자이언캐니언Zion Canyon, 브라이스캐니언Bryce Canyon, 아치스국립공원Arches National Park, 요세미티국립공원Yosemite National Park, 옐로스톤국립공원Yellowstone National Park 등 멋진 국립공원과 라스베이거스, 샌프란시스코, 로스앤젤레스 등의 대도시가 위치한 미국 서부, 뉴욕, 보스턴, 토론토 등의 대도시와 나이아가라, 천섬 등의 여행지가 있는 미국, 캐나다 동부 그리고 캘거리, 밴프, 재스퍼로 이어지는 캐네디안로키로 유명한 캐나다 앨버타주를 많이 여행한다. 미국과 캐나다 동부는 일반 대중교통으로도 어렵지 않게 여행할 수 있지만, 미국 서부나 캐나다 로키 쪽은 렌터카 없이 여행하는 것은 고행에 가깝다. 렌터카의 장점은 방대한 국립공원 곳곳을 제대로 살펴볼 수 있다는 것이다. 대중교통 시간에 맞추지 않아도 되므로 마음에 드는 곳에서 원하는 만큼 머

그랜드캐년 국립공원

메사베르데 국립공원

무를 수도 있다. 패키지로는 엄두도 못내는 반나절~하루 트래킹도 해보고, 커다란 투어 버스는 가지 못하는 명소도 다녀볼 수 있다. 미국과 캐나다는 짧은 역사만큼 문화적 볼 거리보다는 광활한 영토에 자연이 만들어 낸 풍경이 아름다운 곳이다. 이 위대한 자연 의 경이를 보기 위해 미국과 캐나다 여행을 준비하는 사람이 많다.

1 브라이스캐넌 국립공원
2 아이스필드파크웨이
3 페이토 호수
4 에버글레이즈 국립공원

미주 렌터카는 주로 미국 브랜드 차량이지만, 한국이나 일본 브랜드 차량도 비중이 높고 100% 오토 차량이라고 봐도 무방하다. 또한 배기량이 높아 동급이라도 한국보 다 연비가 잘 나오지 않는 경우가 많다. 미국에서 믿을 만한 렌터카 업체는 HERTZ, AVIS, ALAMO, BUDGET, NATIONAL 등인데 모두 한국에 지사 또는 사무소를 운영하고 있다. 북미는 여행지 간 거리가 기본 200~300km이므로 하루 한 두 곳 정 도 여행하는 것이 가장 효율적이다. 특히 국립공원은 하루 한 곳으로도 충분하다. 북미 렌터카 여행은 장시간 운전이 거의 불가피한데, 이때 큰 도움이 되는 것이 크루 즈 장치Cruise Control System로 가속 후 원하는 속도를 설정하면 액셀을 밟지 않아도 그 속도를 유지할 수 있어 편리하다. 하지만 움직임이 적어져 쉽게 졸음이 올 수 있으므 로 운전에 유의해야 한다.

미국 서부에서 캘리포니아와 네바다주 간에는 렌터카 대여 편도비가 나오지 않는 회 사가 많다. 그러므로 단순히 한 도시로 왕 복하기보다는 비행기로 이동할 때 인/아웃 도시를 다르게 해서 조금 더 효율적인 동 선을 계획할 수 있다. 로스엔젤레스로 입 국해서 라스베가스로 출국하거나 라스베 가스로 들어가 샌프란시스코에서 출국하 는 것이 대표적인 예이다. 또한 캘리포니아

렌터카 회사 주차장 풍경

주는 추가 운전자를 무료로 넣을 수 있어, 운전자가 여러 명인 여행을 시작하기에 적합하다. 또한 벤쿠버와 캘거리 사이도 편도비가 나오지 않는 회사들이 있어 이 구간도 인기가 높아지고 있다.

## 02 유럽 여러 국가를 돌아보는 렌터카 여행

유럽은 미주에 비해 그나마 대중교통이 잘 되어 있지만 한적한 외곽 여행지나 사람이 많이 찾지 않는 곳은 배차 차량이 많지 않아 정해진 시간에 맞춰 움직여야 한다. 대중교통으로 이런 여행지를 찾아가려면 버스나 기차 시간 등을 고려해서 스케줄을 세세하게 짜야 하고 여행지에서도 정해진 배차시간에 맞춰 여행을 끝내야 하는 불편이 따른다. 이때 렌터카를 이용한다면 배차시간이 따로 없으므로 원하는 시간과 장소에 마음껏 머무를 수 있는 장점이 있다. 특히 대중교통으로는 연결이 어려운 도시들을 효율적으로 둘러보기에도 유용하다.

유럽을 자동차로 여행하는 사람은 한 번쯤 유럽을 대중교통으로 여행해 본 사람들이 많다. 이미 큰 도시들은 구경했지만, 작은 도시들은 여러 가지 이유로 보지 못했기 때문에 그 아쉬움을 채우기 위해 자동차를 선택한다. 시간과 일정에 있어 훨씬 자유롭고, 특히 달리면서 볼 수 있는 아름다운 풍경은 대중교통으로는 놓치기 십상이다. 이탈리아, 크로아티아의 해변도로, 스위스의 구불구불한 고개들, 노르웨이의

1 노르웨이 트롤퉁가 2 프라하 야경 3 체르마트
4 포르투 5 파리 에펠탑 6 두브로브니크

아찔한 도로, 아름다운 전원이 펼쳐지는 프랑스와 독일의 시골 등은 그 중에서도 하이라이트이다. 차량이 있으면 가격이 비싼 도심에서 벗어나, 상대적으로 저렴한 외곽에 숙소를 잡을 수 있다는 것도 장점이다.

북유럽 같이 물가가 높은데다가 대중교통으로 여행하기 원활하지 않은 곳에서는 렌터카 여행이 더 빛을 발한다. 자동차를 타고 여행하면서 캠핑장에서 텐트를 치거나 캐빈을 이용하면, 직접 장을 봐서 요리를 할 수 있어 식비도 절감이 가능하다. 또한 호텔에 묵는 것이 아니라 여행자들과 열린 공간에서 함께하는 재미는 렌터카 여행의 또 다른 즐거움이라 할 수 있다.

유럽의 렌터카는 미주와 달리 수동차량이 주를 이룬다. 물론 오토차량을 갖춘 곳도 있지만, 수동차량보다 비싸고 공항지점같이 큰 지점이 아닌 작은 지점은 오토차량이 한 대도 없는 경우도 있다. 그럼에도 불구하고 수동운전을 한국에서도 능숙하게 하는 사람이 아닌 이상 유럽에서는 오토로 운전을 하는 것이 낫다. 익숙지 않은 타국에서의 운전인데다가 교통신호부터 운전법규까지 신경을 써야 할 것이 많은데 수동을 하다가는 자칫 사고로 연결될 가능성이 높기 때문이다. 특히 도로가 좁고 상대적으로 매너가 좋지 않은 이탈리아와 같은 나라는 가능하면 오토가 더 낫다.

유럽 여행은 렌터카 외에도 리스카<sup>Lease Car</sup>를 많이 이용한다. 리스카는 차를 장기 대여하는 것으로 최소 리스기간은 회사마다 다르게 규정되어 있다. 회사 소유의 차량을 빌리는 렌트카와는 달리, 리스카는 계약 후 여행자 본인 앞으로 차량이 등록된다. 또한 리스의 장점 중 하나는 보험이 모두 포함되고 동유럽의 많은 국가들까지 다 커버된다는데 있다. 최소 21일 이상을 빌려야 한다는 제약사항이 있지만, 오히려 장기 여행자들에게는 기간대비 훨씬 저렴하게 이용할 수 있는 교통수단으로 변모하기도 한다.

## 03 그 외 국가들에서의 렌터카 여행

호주와 뉴질랜드 역시 대중교통으로 여행하기가 쉽지 않은 여행지가 많아 렌터카 여행을 선호하는 사람이 많다. 특히 호주는 넓은 영토에 상대적으로 인구가 적으므로 북부 노던테리토리<sup>Northern Territory</sup>주처럼 사람이 많지 않은 지역을 여행할 때는 사고 발생 시 도움을 청할 곳마저 드물어 더욱 주의해야 한다. 호주와 뉴질랜드는 투어 여행이 많지만 알려지지 않은 멋진 자연 경관은 렌터카가 없으면 접근하기조차 힘든 곳이 많다.

뉴질랜드 영토는 남북으로 긴 특성상 편도 여행이 많고, 이런 형태로 자동차 여행이 발달했다. 심지어 차량을 도시에서 도시까지 편도 이동해주면 무료로 빌려주는 프로그램을 운영하는 업체도 있다. 뉴질랜드는 도시보다는 자연이 볼거리이므로 렌트카가 아닌 캠핑카를 빌려 캠핑장에 머물며 자연과 함께하는 사람이 많다.

그 외에도 렌터카 여행이 인기 있는 지역을 제외하면 보통 규모가 큰 도시를 좀 더 자세히 둘러보기 위해 2~3일 정도로 단기 렌트를 하는 경우가 많다. HERTZ, AVIS, BUDGET, ALAMO, EUROPCAR, SIXT 등의 다국적 렌터카 회사들이 전 세계 주요 도시에 포진하고 있고, 대부분 국제공항에 최소 1개 이상 렌터카 회사가 있어 어느 곳을 여행하든 렌터카를 구하는 것은 그리 어렵지 않다. 특히 물가가 비싼 나라일수록 투어 가격도 비싼데, 3~4명이 함께 여행한다면 렌터카를 빌려 여행하는 것이 비용도 절약되고 더욱 즐거운 여행 된다. 또한 대중교통과 잘 연결되지 않는 여행지라면 렌터카는 최선의 선택이 될 수 있다. 단 렌터카 여행은 운전이 미숙하면 사고로 이어질 수 있으므로 한국에서 충분히 숙달한 후에 렌터카 여행을 계획하는 것이 좋다.

1 에어즈락
2 오페라하우스
3 몽키 마이아
4 블루 마운틴

## 04 렌터카 여행을 선호하는 또 다른 이유

렌터카 여행이 좋은 또 다른 이유는 무엇보다 짐에서 자유로워지는 것이다. 배낭이나 캐리어가 없어도 필요한 짐은 모두 트렁크에 싣고 다닐 수 있어 이동이 자유롭다. 렌터카를 이용하면 도난에 주의해야 하는데, 관리인이 있는 주차장이나 사람 통행이 잦은 곳에 주차한다면 도난을 최대한 예방할 수 있다. 또한 견물생심이므로 차 안에 아무런 물건도 보이지 않게 하는 것도 중요한 예방책이 된다.

렌터카를 이용한 캠핑 여행은 텐트, 조리 도구, 음식 재료 등을 가지고 다닐 수 있어 편리한 부분도 있다. 미국 여행의 경우 대도시를 벗어나면 먹을 수 있는 곳이 맥도날드, 버거킹 같은 패스트푸드점으로 좁혀지고, 유럽은 상대적으로 먹거리는 많지

루프탑 캠핑카

자동차와 텐트

만 너무 비싼 가격이 문제가 된다. 보통 한 끼에 1~2만 원 정도라 여행 경비에서 식비가 차지하는 비중이 너무 커지게 된다. 그럴 때 샌드위치 같은 간단한 도시락을 싸가지고 다니면 비용 절감에 효과가 있다.

이동이 자유롭기 때문에 슈퍼마켓 등에서 먹고 싶은 음식의 재료를 구입하여, 주방시설이 있는 곳에 머물며 직접 입맛에 맞게 요리해먹을 수도 있다. 현지 음식이 입에 맞지 않는 경우라면 여비도 아끼고 먹는 즐거움도 찾을 수 있게 된다. 엄청나게 물가가 비싼 북유럽 지역을 제외하면, 미주나 유럽이라도 슈퍼마켓 물가는 한국과 큰 차이가 없다.

해외의 슈퍼마켓

## 05 렌터카 여행을 계획한다면 꼭 알고 있어야 할 것들

렌터카 여행을 계획한다면 여행 전 국제운전면허증과 국내운전면허증을 준비해야 한다. 많은 사람이 국제운전면허증만 있으면 된다고 생각하는데, 이는 단지 면허증을 번역한 공증 문서 정도이므로 국내운전면허증이 없으면 차를 빌릴 수 없다. 가끔 직원 실수로 국내운전면허증 없이 빌릴 수 있지만, 운이 좋은 경우이고 이 상태로 단속에 걸리면 무면허운전으로 몰릴 수도 있다.

한국과 맺은 협정에 따라 국제운전면허증이 없이도 국내운전면허증만으로 운전할 수 있는 국가와 지역이 있다. 하지만 현지에서 단속을 당하면 현지 경찰이 국내면허증을 이해할 수 없으므로 만일의 상황에 대비해 국제운전면허증은 준비해 두는 것이 좋다. 발급일로부터 1년간 유효한 국제운전면허증은 경찰서 또는 운전면허시험장에서 바로 발급받을 수 있다.

한국운전면허증과 국제운전면허증

일반적으로 렌터카를 빌릴 수 있는 나이는 만 21세 이상으로 규정되어 있다. 하지만 렌터카 회사에 따라 만 21세 이상이면 빌려주는 곳도 있고, 만 21~25세 미만은 렌터카 대여 시 추가 비용을 받거나 아예 빌려주지 않는 곳도 있다. 렌터카 회사마다 규정이 다르므로 이 연령대라면 예약할 때 미리 전화로 확인해봐야 한다. 렌터카 여행은 주고 장거리 여행이므로 동행하는 사람도 국제운전면허증을 발급받아 교대로 운전하는 것이 효율적이다. 이럴 경우 렌터카를 예약할 때 추가운전자가 포함된 요금으로 예약했다면 상관없지만, 기본 조건으로 예약했다면 추가 등록에 따른 비용을 내야 한다. 주 운전자가 만 25세 이상이면, 보조운전자도 만 25세 이상이어야 한다. 다만 추가비용은 미국의 캘리포니아주와 같이 법으로 받지 않도록 규정한 곳도 있다.

렌터카 여행에서 한 가지 고려할 점은 운전석이 우리와 다를 수 있다는 점이다. 영국, 일본, 호주 등의 국가는 운전석이 오른쪽이므로 운전에 익숙하더라도 반드시 주의해야 한다. 특히 차량이 없는 도로를 달리거나 우회전할 때 반대편 차선으로 들어가는 실수를 하게 되므로 꼭 신경을 써야 한다. 또한 이런 나라에서는 아무리 수동 운전에 익숙하더라도 변속을 오른손이 아니라 왼손으로 하기 때문에 헷갈릴 수 있으므로 오토를 이용하는 것이 좋다.

어느 나라나 도로 교통법은 비슷하지만 조금씩 차이가 있으므로 여행 전에 미리 숙지해야 한다. 미국이나 캐나다 등은 도로에서 좌회전 시 비보호 좌회전이 많아 처음 운전하는 사람은 헷갈릴 뿐더러 위험한 상황을 초래할 수 있다. 보통 비보호 좌회전일 때 신호등이 있으면 기다리다 주황색 신호에서 좌회전하는 것이 일반적이다. 미주는 스톱STOP 표지판에서는 무조건 3초간 멈췄다 가야 하는데, 이를 잘 몰라 단속을 당하는 경우가 많다. 유럽은 신호등이 정지선 바로 옆에 있는 경우가 많아 정지선을 넘으면 신호등이 보이지 않을 수 있다. 또한 미주와 유럽에서 흔한 원형교차로는 먼저 진입한 차가 우선이므로, 차량이 돌고 있으면 기다렸다가 진입해야 한다. 이와 같은 점들을 잘 기억하면서 운전하면, 어느 국가에서든 안전운전을 할 수 있다.

운전석이 오른쪽인 국가도 있다

스톱사인

Section 05

# 렌터카 및 자동차 리스
# 예약과 보험 살펴보기

렌터카 여행은 어렵다는 생각이 먼저 들기도 하지만, 렌터카 여행에 한 번 익숙해지면 버스나 기차를 타고 여행하는 것이 오히려 어렵게 느껴질 정도로 편안하면서도 최고의 자유를 느낄 수 있는 여행 방법 중의 하나이다. 하지만 운전을 직접 해야 하는 관계로 예약 후 차를 인수받을 때 보험과 관련된 것들을 꼼꼼하게 챙겨야 한다.

## 01 렌터카 회사는 무엇을 기준으로 선택해야 할까?

유명한 렌터카 회사들은 전 세계적으로 체인을 두고 운영한다. 그 중에는 세계적으로 체인을 운영하는 회사가 있는 반면, 세계적 체인망은 있지만 특정 지역에 주력하는 회사들도 있다. 전 세계적으로 체인을 운영하는 곳 중 규모가 큰 곳은 HERTZ와 AVIS이다. 그 외에도 BUDGET, ALAMO, NATIONAL,

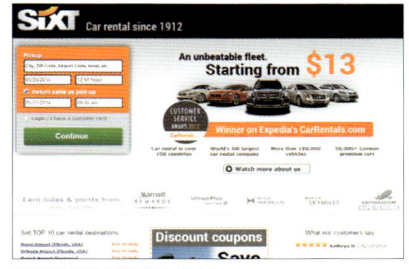

유럽에서 많이 이용하는 SIXT

SIXT, DOLLAR 등과 권역에 주력하는 회사 ENTERPRISE, EUROPCAR 등이 있다. 렌터카 회사는 아주 많지만 대부분 특정 지역을 기반으로 하는 소규모 회사들이다. 소규모 렌터카 회사는 대도시에만 사무실이 있으므로 차량에 문제가 생겨도 신속한 지원을 받기 어렵고, 수신자 부담전화도 없는 경우가 많다. 가격은 상대적으로 저렴하지만 서비스와 추가 비용 때문에 고객 불만이 높다. 결국 렌터카는 가격도 중요하지만 믿을 수 있는 업체를 선택하는 것이 더 중요하다.

렌터카 회사를 선택할 때 고려할 점은 운행 가능 지역이다. 대부분의 미주 렌터카 회사는 미국과 캐나다를 이동하는 것은 별 문제가 없지만, 멕시코로의 이동은 불가능한 경우가 많다. 또한 소규모 업체의 경우 특정 주 밖으로 운전하는 것을 제한하기도 한다. 유럽 렌터카 회사는 고급 차종을 빌리면 동유럽 이동을 제한하는 경우도 많다. 또한 렌터카 회사에서 허락하지 않은 국가를 진입했다가 사고가 났을 경우, 무보험운전으로 처리되므로 이런 세부 옵션들을 꼼꼼히 확인한 후 계약해야 한다.

렌터카에서 운행거리 또한 중요하다. 일반적으로 운행거리는 무제한<sup>Unlimited Mileage</sup>인 경우가 많지만 저렴한 곳이나 아주 고급차종을 빌렸다면 대여 기간 내 총 운행거리가 정해져 있는 경우도 있다. 보통 하루 운행 가능거리에 총 대여기간을 곱해서 산정한다. 이런 경우 예상 이동거리가 기준보다 많다면 추가비용을 물어야 하므로 렌터카는 무조건 운행거리 무제한을 고르는 것이 좋다.

허츠 한국어 사이트                                        알라모 한국어 사이트

| 렌터카 회사 | 홈페이지 주소 | 한국사무소 |
| --- | --- | --- |
| AVIS | www.avis.com | www.avis.co.kr |
| Hertz | www.hertz.com | www.hertz.co.kr |
| Budget | www.budget.com | www.budget.co.kr |
| Alamo | www.alamo.com | www.alamo.co.kr |
| National | www.nationalcar.com | www.nationalcar.kr |
| Thrifty | www.thrifty.com | — |
| Enterprise | www.enterprise.com | — |
| Dollar | www.dollar.com | www.dollarrentacar.kr |
| EuroCar | www.eurocar.com | — |
| Sixt | www.sixt.com | www.sixt.co.kr |

## 02 내 여행에 적합한 렌터카는 어떤 차종일까?

렌터카 예약 방법을 알아보기 전 차종부터 살펴보자. 렌터카는 차종이 상당히 중요하다. 렌터카 예약 사이트를 보면 차종 분류가 상당히 세세한데, 일반적으로 많이 이용하는 차종은 크게 Economy, Compact, Midsize, Standard, Full-size, Premium, Standard SUV, Minivan, Convertible 정도이다. 여행 시 짐을 감안하여 2명이라면 콤팩트나 미드사이즈, 3~4명은 스탠더드나 풀사이즈, 5~6명은 미니밴이 적당하다. 유럽의 경우 여기에 수동과 오토도 고려해야 한다.

렌터카를 한국의 유명 차와 비교하면 어느 정도일까? 한국과 미국은 차를 바라보는 기준이 다르고, 회사마다 분류하는 것이 조금씩 다르기 때문에 대비하는 것 자체가 쉽지는 않다. 다음 표는 렌트할 때 참고용으로 쓸 수 있게 대략적으로 대비해본 것이다. 유럽의 렌터카 역시 비슷한 등급으로 차량을 구분한다.

1 미니밴과 미드사이즈 2 풀사이즈 3 스탠다드SUV 4 미니밴 렌터카 5 콤팩트 렌터카

| 차종 분류 | 비슷한 크기의 한국 차 |
| --- | --- |
| Economy(이코노미) | 기아 리오, 현대 클릭 |
| Compact(콤팩트), Mid-size(미드사이즈) | 현대 아반떼 |
| Standard(스탠더드), Full-size(풀사이즈) | 현대 소나타 |
| Premium(프리미엄) | 현대 제네시스 |
| SUV(SUV) | 현대 투싼 |
| Minivan(미니밴) | 기아 카니발 |

표를 보면 아반떼는 미드사이즈, 콤팩트는 그보다 좀 작은 i30 느낌의 차량이다. 소나타는 스탠더드나 풀사이즈에 가깝고, 두 등급은 보통 큰 차이가 없어 렌트비도 비슷하다. 어떤 렌터카 여행이든 가격만 보고 이코노미를 선택하면 안 된다. 시내 주행에 적합한 차량으로 장거리 여행을 하는 것 자체가 힘들지만, 트렁크도 작아 짐 수납도 쉽지 않다. 가능하면 단거리라도 최소 콤팩트급 이상의 차를 선택하는 것이 여러모로 좋을 때가 많다.

허츠 차량 종류                                  알라모 차량 종류

## 03 렌터카 예약은 어떻게 이뤄지나?

렌터카 회사는 워낙 다양하기 때문에 어떤 업체가 가장 적합한 금액인지 판단하기
쉽지 않다. 렌터카 예약은 회사 홈페이지를 이용하는 방법, 회사와 직접 계약을 맺
은 한국 여행사를 통하는 방법, 그리고 가격을 비교해주는 예약 대행업체를 이용하
는 방법이 있다. 프라이스라인과 같은 경매 사이트에서도 예약이 가능하지만, 실질
적으로 보험이 포함되어 있지 않기 때문에 최종가격이 높아서 그리 추천하는 방법은
아니다.

### • 렌터카 회사 홈페이지를 통한 예약

가장 확실하게 예약을 할 수 있는 방법으로, 특정 회사를 이용하고자 할 때에는 가장
저렴한 방법일 수도 있다. 렌트카 회사의 홈페이지, 특히 한국사무소 홈페이지를 통
하면 모든 보험이 포함된 패키지를 예약할 수 있다. 회사에 따라서 홈페이지에서만 적
용 가능한 할인을 해 주기도 하며, 주기적으로 다양한 프로모션을 진행한다. 허츠렌
터카의 경우 골드 서비스에 가입하면, 대기시간을 최대한 줄이고 전용 카운터를 이용
할 수도 있다. 홈페이지를 통한 예약은 대부분 후불(현장결제)로 가능하며, 회사에 따
라서 선불로 결제 가능한 곳도 있다. 언제든지 취소가능하거나 취소 날짜도 굉장히
여유로우므로 특정 회사를 선호하는 사람들이 주로 이용하는 예약 방법이다.
한국 사무소 홈페이지를 통한 예약은 문제 발생 시에 한국어로 지원을 받을 수 있어
서, 특히 영어를 포함한 외국어에 자신이 없는 사람들에게 유용하다. 다만, 몇몇 회
사의 홈페이지는 그 이용방법이 상당히 어려워서, 제대로 혜택을 받기 위해서는 공
부를 해야 하는 경우가 종종 있다.

### • 직접 계약을 맺은 한국 여행사를 통한 예약

렌터카 회사와 직접 계약을 맺은 한국 여행사를 통해 예약하는 방법으로 여행사뿐

드라이브트래블(www.drivetravel.co.kr)

만 아니라 한국 사무소를 통한 지원도 가능하다는 장점이 있다. 홈페이지를 통한 예약이 아니라 여행사 전용 가격을 이용해서 예약을 하기 때문에 홈페이지보다 더 저렴한 가격으로 예약 가능한 경우가 많다. 그러므로 특정 회사를 예약하고자 할 때 함께 비교해볼 수 있어 좋다. 대표적인 렌터카 예약 여행사로는 '드라이브트래블'이 있다. 이러한 한국 여행사는 여러 가지 렌터카 회사를 취급하므로, 여행하고자 하는 지역의 렌터카 가격 비교를 통해 가장 적합한 가격을 안내 받을 수도 있다.

유럽의 경우 허츠는 자차에 면책금이 발생하는데 이를 커버하는 수퍼 커버Super Cover를 포함하여 예약할 수 있으며, 특히 독일과 프랑스에서 가격이 경쟁력이 높다. 또한 미주 역시 홈페이지에서 나오는 것보다 상대적으로 저렴하게 예약할 수 있으나, 항상 저렴한 것은 아니므로 가격을 꼭 비교해보는 것이 좋다. 역시 에이전시를 통한 사후 서비스도 받을 수 있고, 여행루트와 같은 기본 사항들도 물어볼 수 있어서 편리하다.

## • 가격 비교 예약 대행업체

렌터카 패키지여행 상품은 예약을 대행하는 회사마다 그 구성이 조금씩 다르다. 가격 비교 예약 대행업체 중 한국에서 가장 많이 이용하는 렌탈카스는 영국 회사지만, 한국인 상담원과 무료 전화번호까지 있기 때문에 예약과 상담이 편리하다. 전 세계 다양한 도시에서 자동차를 렌트할 수 있는데 오세아니아, 미주, 유럽 등 렌터카로 많이 여행하는 지역은 모두 보험이 포함된 패키지로 판매한다. 또한 면책금이 발생하는 지역은 면책금 커버 보험도 판매하나, 유리나 타이어는 제외하기도 한다. 그 외에도 오토유럽, 이코노미카렌탈스와 같은 예약 사이트들이 있다.

렌탈카스(www.rentalcars.com)

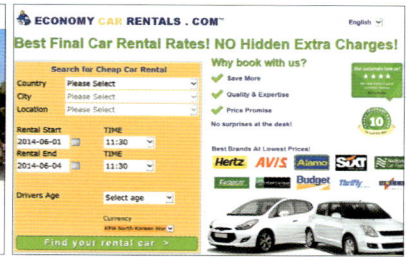

이코노미카렌탈스(www.economycarrentals.com)

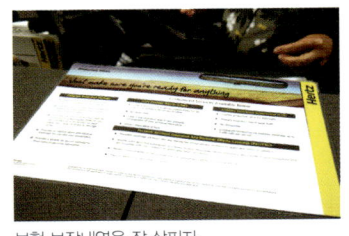
보험 보장내역을 잘 살피자.

가격 비교 예약 대행업체를 이용하면 상대적으로 저렴한 가격에 예약할 수 있지만, 그래도 가능하면 잘 알려진 업체 위주로 선택하고 로컬업체는 피하는 것이 좋다. 로컬업체일수록 해당국가 언어를 잘 못하는 여행자들에게 바가지를 씌우는 경우가 종종 있다. 미리 결제를 하고 갔는데도, 현장에서 다양한 요금을 내야 한다고 하는 경우가 대표적이다. 또한, 가격 비교 사이트에서는 모든 보험이 포함되지 않거나, 연료 등을 픽업시 선 구매를 해야 하는 등의 조건이 있기도 하므로 꼭 함께 살펴봐야 한다.

사고는 언제 어디서 일어날지
모르므로 보험은 필수이다.

가족 여행이라면 보험은 더더욱 필수가 된다.

## 04 렌터카보험의 가입과 보장 내역

렌터카보험은 렌터카 회사마다 이름은 조금씩 다르지만, 기본적으로 자차보험, 대인대물보험, 자손보험, 기타보험 등으로 나뉘며 보장 내역은 대부분 동일하다. 렌터카 여행 시 자동차보험은 필수이므로 모든 것이 보장되는 풀 커버리지 보험을 들거나 보험이 포함되어 있는 패키지를 이용하는 것이 좋은 방법이다.

### • 자차보험(CDW, LDW)

렌터카 여행에서 필수는 보험 가입이며, 그 중 반드시 가입해야 하는 것이 자차보험이다. 보통 CDW^Collision Damage Waiver 또는 LDW^Loss Damage Waiver라고 하며, 자동차에 생긴 가벼운 흠집부터 완파까지 별도 추가 비용 없이 보험 가입만으로 해결할 수 있다. 미국의 경우 자차보험을 가입하면 별도의 면책금이 없지만, 유럽, 캐나다 등의 국가는 자차 보험을 가입하더라도 별도의 자차 면책금이 발생한다. 자차 면책금은 적게는 30~50만 원 정도에서 많게는 100~200만 원까지도 올라가기 때문에 이를 별도로 커버하는 보험도 있다.

자차 면책금은 말 그대로 면책금이기 때문에 사고로 차량이 완파되더라도 여행자는 면책금만 내면 문제가 없다. 하지만 경미한 사고라고 하더라도 유럽 같은 곳은 인건비가 높기 때문에 수리비용이 생각보다 많이 나올 수 있다. 작은 스크래치임에도 수십만 원의 수리비가 나오는 것이 예사로운 일이다. 그래서 많은 사람들이 별도의 면책금 커버 보험을 가입하는데, 유리, 타이어, 인테리어, 바닥 등이 모두 포함된 것과 그 부분을 제외하고 보장해주는 2가지 형태의 보험이 있다.

대표적으로 허츠, 에이비스의 면책금 커버 보험이 있는데, 하루 3~4만 원 정도의 추가 비용으로 여행 중 보험과 관련된 걱정은 사라진다. 이 금액이 부담된다면 면책금과 관련된 보험사를 알아보는 것도 방법이지만, 최근에는 전 세계를 대상으로 하는 면책금 커버 보험이 사라지는 추세이다. 식스트와 같은 경우는 자차 면책금 보험과 유리/타이어에 대한 보험을 별도로 구분하고 있다. 또한 렌탈카스의 손해면책금 보험은 일반 면책금은 커버해 주지만, 유리, 타이어 등에 대해서 생긴 손상은 커버해주지 않는다. 이렇게 각각 차이가 있으므로 자차에 대한 추가 보험을 가입할 때에도 잘 비교해 봐야 한다.

- **대인/대물보험(LP, SLI, LIS)**

  대인/대물보험은 다른 사람의 차량이나 신체에 손상을 입혔을 경우 보상해주는 보험이다. 이 보험은 LP$^{Liability\ Protection}$, SLI$^{Supplemental\ Liability\ Insurance}$, LIS$^{Liability\ Insurance\ Supplement}$ 등으로 부르며, 필수 옵션은 아니지만 사고를 냈을 경우 그에 해당하는 금액을 모두 보상해주기 때문에 사실상 필수옵션이나 다름없다. 미국과 같은 나라는 사고로 다른 사람 신체에 손상을 입혔을 경우 치료비가 부담스러운 수준 이상이기 때문에 꼭 가입할 것을 권장한다.

  대인/대물보험은 가입비 못지않게 살펴봐야 할 것이 보장범위이다. 보통 비용을 아끼려고 최소한의 책임보험만 가입하는데, 이 경우 $10,000~20,000 정도밖에 보장되지 않기 때문에 대형사고라면 큰 문제가 될 수 있다. 그렇기 때문에 책임보험 외에 더 큰 금액을 보장해주는 추가보험이 포함되는지 여부도 꼭 확인해야 한다. 이 추가보험은 EP$^{Extended\ Protection}$ 또는 PL$^{3rd\ Party\ Liability}$이라고 부르나 대인/대물보험 자체에 추가보험까지 있는 것이 일반적이다.

- **자손보험(PAI)**

  자손보험은 자동차에 탑승한 사람이 신체에 상해를 입었을 때 보상해주는 보험이다. 자손보험은 PAI$^{Personal\ Accident\ Insurance}$라고 한다.

  보통 여행하는 사람은 여행자보험에 많이 가입하는데, 이 여행자보험으로 신체 상해 및 소지품 도난에 대한 보상을 받을 수 있기 때문에 여행자보험 가입자라면 자손보험에 가입할 필요는 없다. 자손보험은 자동차 안에서 발생한 상해에 대해서만 보상하기 때문에 여행자보험이 더 유리한 면이 많다. 해외 대부분의 국가가 의료비는 비싸기 때문에 이왕이면 상해 치료비가 높은 여행자보험에 가입하는 것이 좋다. 여행 일수가 길어질수록 여행자보험이 자손보험을 가입하는 것보다 저렴하다.

- **기타 보험**

  기타 보험의 경우 여러 가지가 있는데, 기본적으로 도난보험[Theft Protection], 소지품보험[Personal Effects Coverage], 무보험차량보험[Uninsured Motorist Protection] 등이 있다. 보통 도난보험의 경우 자동차 도난에 대한 보험으로 차량 내에 있던 물품은 보장대상이 되지 않는다. 소지품보험은 차 안에 있던 물건에 대해 보상해주는 보험으로, 조건에 따라 면책금액이나 보험에 해당되지 않는 물건들도 있으므로 잘 살펴봐야 한다. 무보험차량보험은 보험에 가입하지 않은 차량에 의해 사고를 당했을 경우 그 비용을 보험사에서 보장해주는 보험이다. 도난보험과 소지품보험의 경우 따로 이름이 분류되어 있지 않고 두 가지를 한꺼번에 보장하는 경우도 있다.

- **로드사이드 서비스**

  로드사이드 서비스는 보험보다는 한국의 '긴급출동서비스'라고 보는 것이 더 낫다. 키를 분실하거나 사용자의 과실로 타이어에 펑크가 난다거나 차의 시동이 걸리지 않는다거나 할 때 부르면 서비스를 제공받을 수 있다. 일반적으로 위급 상황에서 부르게 되면 비용이 발생하지만, 로드사이드 서비스에 가입하면 무료로 이용할 수 있게 된다. 사용자의 실수를 커버해주는 서비스라고 이해하면 편리하다.

## 05 신차도 빌릴 수 있는 자동차 리스

리스[Lease]는 유럽을 자동차로 장기간 여행할 때 가장 적합한 여행 방법이다. 자동차 리스는 푸조, 르노, 시트로엥 3사가 있었으나, 현재 르노는 더 이상 리스 사업을 하

푸조 홈페이지(www.eurocar.giveu.net)

씨트로엥 홈페이지(www.europass-citroen.com)

지 않는 관계로 푸조와 시트로엥에서만 리스가 가능하다. 최소 리스기간은 모두 21일이며, 최대 기간은 쉥겐조약에 따른 90일과 같은 체류조건이 걸리지 않는다면 일반인은 최대 175일까지 이용이 가능하다. 만일 유학생이나 장기 출장으로 나온 경우라면 최대 355일까지도 이용할 수 있다. 리스는 기본이 되는 기간의 대여료는 비싸지만, 기간이 길어질수록 기간대비 가격이 저렴해지는 장점이 있다.

리스의 장점은 신차를 빌릴 수 있다는 것과 거의 유럽 대부분의 국가에서 보험을 보장받을 수 있다는 것이다. 유럽의 렌터카는 서유럽 위주로만 여행할 수 있고, 동유럽을 가려면 별도로 신청하거나 아예 불가능한 경우가 많다. 하지만 리스를 하게 되면 회사에 따라 최대 40개국까지 보험이 보장되므로 거의 모든 유럽의 국가를 자동차로 여행할 수 있다고 봐도 된다. 푸조의 리스 보험은 종합가족보험으로 추가 운전자는 직계 가족으로 한정되지만, 시트로엥은 계약자가 조수석에 동행하면 제3자에게도 보험 혜택이 적용된다.

예전에는 리스를 하려면 직접 프랑스의 리스 회사에 연락을 해야 했지만, 현재는 한국에서 예약을 대행해주는 에이전트가 있으므로 이곳을 통해 간편하게 예약할 수 있다. 이외에도 해외에 3사를 모두 이용할 수 있는 TTCAR라는 사이트가 있는데, 한국의 에이전트를 이용하는 것보다 조금 더 저렴하다. 하지만

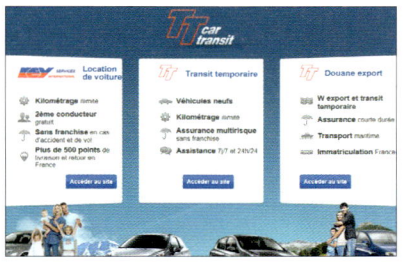

TTCAR(www.ttcar.com)

모든 가입 과정이 영어로 진행되기 때문에 불편할 수 있고, 문제가 생겼을 때 영어로 해결해야 하기 때문에 한국 사람에게는 한국의 에이전트를 이용하는 방법을 추천한다.

자동차 리스는 여러 장점이 있지만, 여행하는데 있어 단점도 있다. 특히 리스한 자동차는 번호판이 빨간색이라는 자동차를 관광지 같은 곳에 주차했을 경우 도둑들의 표적이 되기 쉽다. 그러므로 리스한 자동차를 이용할 때는 짐은 꼭 트렁크에 넣어 보관하고, 트렁크도 100% 안전한 것이 아니므로 귀중품은 숙소에 두고 다니거나 꼭 몸에 지참하는 것이 좋다. 또한 주차타워나 관리인이 있는 주차장과 같이 믿을 수 있는 곳에 주차를 하는 것이 혹시 있을지 모를 도난을 예방하는 방법이다.

# 렌터카 대여 및 반납하기

렌터카를 대여하는 방법은 아주 간단하다. 하지만 처음 렌터카를 빌리러 가면 직원이 무슨 말을 하는지 알아듣기 힘든 경우가 많아 당황스럽다. 그렇기 때문에 렌터카를 빌리고 반납하는 과정을 미리 알고 있으면, 처음이더라도 좀 더 능숙하게 대처할 수 있다.

## 01 예약한 렌터카 업체 찾아가기

렌터카 회사 셔틀

렌터카를 미리 예약했다면 렌터카 업체로 가서 차를 받으면 된다. 일반적으로 비행기로 도착하다보니 공항에 있는 지점을 주로 이용하게 된다. 규모가 큰 공항은 대부분 렌터카 사무소가 공항에서 조금 떨어진 곳에 위치하며, 공항과 렌터카 사무소를 무료 셔틀버스로 운영한다. 공항에서 짐을 찾아 나온 뒤, 'RENTAL CAR'라고 적힌 표지판만 따라가면 쉽게 셔틀 타는 곳까지 이동할 수 있다. 상대적으로 소규모 공항은 공항과 렌터카 사무소가 바로 이어진 경우가 많으며, 큰 공항이라도 공항 내 별도 층에 렌터카 사무소가 있는 경우도 있다.

시내 지점의 경우 회사에 따라 그 위치가 제각각이므로 미리 주소를 잘 확인한 뒤 찾아가야 한다. 대부분은 대로변에 잘 알아볼 수 있도록 위치하지만, 컨벤션센터나 호텔 내 카운터 형태로 있는 지점도 있으므로, 자신이 예약한 지점의 특징을 잘 알고 찾아가야 혼란을 피할 수 있다.

렌터카 셔틀 안내판

렌터카 셔틀 안내판

렌터카 회사 셔틀

## 02  업체로부터 렌터카 대여 과정 알아보기

렌터카 업체에 도착하면 미리 출력한 예약 쿠폰과 여권, 국제운전면허증과 한국운전면허증을 제시하고 차를 인수받으면 된다. 한국에서 보험까지 가입된 패키지를 렌트했다면 내용을 확인하고 사인하면 된다. 그렇지 않다면 보험 및 추가운전자 등에 관련된 사항을 체크해야 한다.

차를 인수받는 과정에 보험, 내비게이션, 주유 관련 옵션, 보조 운전자<sup>Additional Driver</sup> 등 여러 사항을 확인하여 필요 항목에 체크하면 된다. 보통 자동차를 렌트할 때 추후 사고 등을 대비해 보증금<sup>Deposit</sup>으로 신용카드를 요구하기 때문에 신용카드도 필수이다. 협의에 따라 현금으로 보증금을 맡길 수도 있지만, 대부분의 렌터카 회사에서는 신용카드를 요구한다.

일반적으로 렌터카를 운전할 수 있는 나이는 만 25세가 기준이다. 물론 그 이하도 운전할 수 있지만 렌트비에 추가 비용을 더 지불해야 한다. 또한 메인 운전자가 만 25세 이상일 경우, 만 25세 미만은 보조 운전자로 등록할 수 없다. 이렇게 세세한 사항들에 대해서 확인을 하고 나면 차키와 내비게이션, 그리고 자동차의 위치가 있는 계약서 용지를 받게 된다.

렌터카 업체의 카운터

**업그레이드 조항을 꼭 확인하자**

때때로 렌터카 회사에서 업그레이드를 제안하기도 한다. 차량이 없어서 업그레이드가 되는 경우도 있지만, 그냥 직원의 권유로 업그레이드하는 경우에는 별도 비용이 발생한다. 그러므로 차량 인수 전에 꼭 영수증을 확인하고, 'Upgrade'와 관련된 문구와 비용이 있는지를 확인한 뒤 원하지 않는 비용이 있다면 정정해야 한다. 제대로 확인하지 않고 사인하게 되면 번복을 할 수 없다.

## 03  낯선 도로를 운전하려면 내비게이션도 필요하다

한국에서 내비게이션을 사용해 본 사람이라면 내비게이션의 편리함을 익히 알고 있을 것이다. 특히 외국의 낯선 길을 운전하려면 내비게이션은 거의 필수에 가깝다. 지도만으로도 충분히 여행은 가능하지만, 길을 잘못 들어 당황하기 쉽고, 귀중한 시간을 낭비할 가능성도 크다. 그렇기 때문에 해외여행을 하는 많은 사람들이 렌트할 때 내비게이션도 함께 대여하는데, 대부분의 회사들이 날짜 단위로 비용을 정산한다. 내비게이션을 빌리면 자동차에 부착할 수 있는 거치대와 시거잭에 연결하는 케이블, 그리고 내비게이션 본체를 제공받는다. 렌터카 회사 및 제공받는 차량에 따라 내비게이션 옵션을 선택했을 경우 내비게이션이 장착된 차량을 받을 수도 있다. 이런 경우 내비게이션이 매립식이라 거치식보다 편리하게 이용할 수 있다. 최근에는 회사에서 제공하는 네비게이션이 아니라 스마트폰 네비게이션을 사용하는 사람 비중도 많이 늘었다.

스마트폰 네비게이션

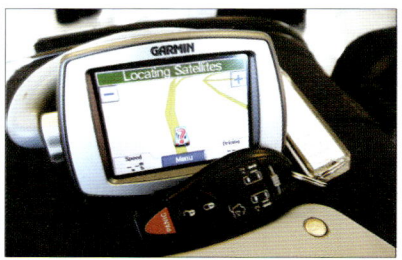

차량용 내비게이션

## 04 대여할 렌터카 차량 상태 점검하기

계약서와 차키를 받았다면 계약서에 표기된 위치에서 차를 찾아가면 된다. 보통 숫자나 영문이 조합된 형태로 자동차 위치가 표시되어 있다. 렌터카 회사에 따라 렌터카가 지정되어 있지 않고 선택한 등급에서 고객이 차를 선택할 수 있는 경우도 있는데, 이럴 경우 선택할 수 있는 폭이 더 넓어진다.

자신이 사용할 렌터카를 찾았다면 이제 차량의 상태를 점검해야 한다. 업체에서 계약할 때 받은 서류에 차량 상태를 표시하는 부분이 있는데, 여기에 차량의 흠집들을 확인한 후 표시해두는 것이 좋다. 또한 그냥 지나치기 쉬운 휠이나 자동차 바닥도 때때로 문제가 되므로 모두 확인해서 표시해야 한다. 자차에 면책금이 없는 미국은 그

렌터카 자동차 위치 번호판

렇게까지 꼼꼼하게 할 필요가 없지만, 자차 면책금이 있는 국가에서 면책금 커버 보험을 들지 않았다면, 꼼꼼하게 해둬서 손해 볼 것은 없다.

렌트 차량에 대한 점검이 끝났으면 직원에게 자신이 표시한 것을 함께 체크하고 사인을 받으면 되지만, 미국에서는 아주 커다란 흠집이 아니면 생략하는 경우도 많다. 이는 나중에 문제 발생 시 서로 확인할 수 있는 가장 중요한 증거이므로 꼼꼼히 확인해야 한다. 요즘은 디지털카메라나 핸드폰으로도 사진을 찍을 수 있으므로 차를 빌릴 때

미리 차량 상태를 촬영해두면, 나중에 사고 관련 분쟁에서 증거자료로 활용할 수 있다. 렌터카 상태를 모두 확인했으면 이제 차를 운전해 밖으로 나가면 된다. 렌터카 회사에 따라, 주차장을 빠져나갈 때 게이트에서 한 번 더 신분증 및 렌터카 서류를 확인하는 경우도 많다.

렌터카 상태 점검하기

## 05 사용했던 렌터카 반납하기

렌터카 여행을 마쳤으면 렌터카를 반납해야 한다. 렌터카를 반납할 때 가장 주의할 점은 무인 반납을 가급적 하지 말라는 것이다. 무인 반납은 렌터카 회사에서 추후 문제를 제기하면 대처하기 곤란한 경우가 발생할 수 있다. 보통 공항에 있는 렌터카

업체는 24시간 또는 늦은 시간까지 운영하므로 공항 업체를 이용하는 것이 반납하기도 편하다.

반납할 때는 직접 렌터카 직원과 함께 차량 및 연료 상태를 점검 확인해서 반납한다.

렌터카 반납 표지판

보통 반납할 때 영수증을 출력해주는데, 이 영수증에 자신이 이용한 비용이 제대로 체크되었는지 확인한 후 반납을 마무리해야 한다. 만약 면책금이 있는 렌트라면 직원이 꼼꼼하게 차량 상태를 살피는데, 회사에 따라서 휠과 차량 하부까지 보기도 한다.

직원과 함께 차량 반납 과정 진행

렌터카 반납 장소 안내 표지판

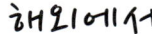

## 해외에서
# 내비게이션 활용 방법

과거에는 지도만 있어도 여행을 잘 다녔지만, 이제는 내비게이션이 없으면 어떻게 여행을 다닐까 싶을 정도로 시대가 변했다. 지도는 여전히 여행에 있어 큰 도움이 되지만, 실시간으로 확인하기에는 부족함이 많다. 대신 내비게이션과 함께 활용한다면 여행을 조금 더 편하게 할 수 있다. 그렇지만 내비게이션을 무조건 맹신하지는 말아야 한다.

## 01 렌터카 회사 제공 내비게이션 – 1주일 이하 단기 렌탈 시

렌터카 회사에서는 자체적으로 내비게이션 대여 서비스를 제공한다. 회사마다 상이하지만 하루 15,000~20,000원 정도이며, 1주일 이하 단기예약의 경우 적합하다. 1주일 이상이 되면 내비게이션을 직접 구입하는 것이 더 저렴하기 때문이다. 허츠와 같이 자체적으로 개발한 내비게이션을 제공하는 경우도 있고, 가민<sup>Garmin</sup>이나 톰톰<sup>Tomtom</sup> 등 유명 내비게이션 업체의 제품을 제공하는 경우도 있다. 단기간 렌트카를 이용하는 것이기 때문에 별도 구매보다는 그냥 빌려서 이용하는 것이 경제적이다.

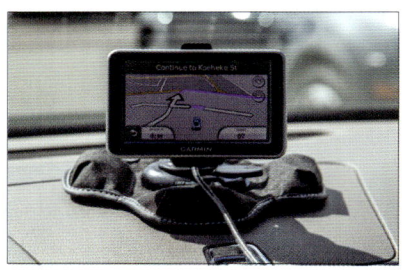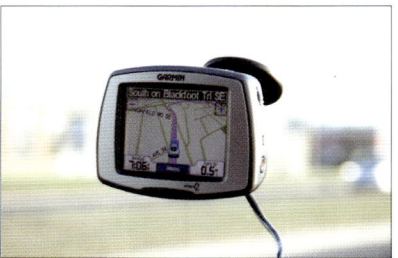

가민 내비게이션

## 02 내비게이션 구입 – 1주일 이상 장기 렌탈

렌트 기간이 1주일 이상이면 내비게이션 구입도 고려해볼 만하다. 보통 내비게이션을 외국에서는 GPS라고 부르며, 월마트, 까르푸, 베스트바이, 미디어시티 등 전자제품을 파는 곳이라면 대부분 판매를 한다. 가장 기본적인 모델부터 고급 모델까지 약 15만~30만 원 사이의 제품들이 많다. 좀 더 빨리 내비게이션을 받아 테스트하고 싶다면 미국/유럽에서 배송대행으로 구입하는 방법이 있으나, 이 경우에는 온라인에서 판매되는 가격에 추가적으로 관세+배송료를 물어야 한다.

이런 외국 전용 내비게이션의 성능은 가장 좋은 모델이라도 한국의 내비게이션보다

는 상대적으로 떨어진다는 것을 감안해
야 한다. 대표적인 회사는 가민과 톰톰
이 있는데, 가민사 제품이 한글까지 제
공하는 모델이 많아 선호하는 사람이 많
다. 미주에서는 가민이, 유럽에서는 톰
톰이 좋은 평을 받고 있다. 이렇게 구입
한 내비게이션은 한국에서도 쉽게 중고
로 되팔 수 있으므로, 실질적으로 사용

판매되는 다양한 내비게이션들

하는데 드는 비용은 굉장히 적다고 할 수 있다.

## 03 스마트폰 오프라인 내비게이션 – 기간의 구애를 받지 않음

스마트폰을 사용하지 않는 사람이 거의 없는 요즘에는 스마트폰만 있어도 사실 내비
게이션이 필요 없는 경우가 많다. SYGIC, TOMTOM, NAVIGON 등의 유료 내비앱
부터, NAVFREE와 같은 무료 내비게이션까지 애플리케이션의 종류도 다양하다. 이
런 내비게이션들은 지도를 미리 다운받아 이용하는 형태이므로, 데이터로밍을 하지
않더라도 내비게이션을 무리 없이 사용할 수 있다. 내비게이션 지도도 가민이나 톰
톰사 지도를 사용하기 때문에 전용 내비게이션에 비해 결코 떨어지지 않는다. 다만
한국어를 지원하는 내비게이션 앱이 아직 없는 것이 단점이다.

스마트폰 내비게이션은 스마트폰 성능
의 영향을 많이 받기 때문에 스마트폰의
GPS 성능과 최신기종의 여부가 중요하
게 작용한다. 최신 기종일 경우 비싼 전
용 내비게이션보다 훨씬 더 좋은 성능을
보여준다. 실제로 필자도 부피가 큰 전용
내비게이션 대신 여행할 때는 거의 스마

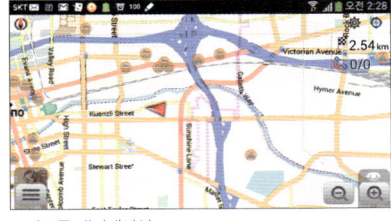

스마트폰 내비게이션

트폰 내비게이션만을 이용하는 편이다. 특히 유료 내비게이션이라도 한번 구입하면
평생 쓸 수 있는 라이선스를 제공하고, 전용내비게이션보다는 상대적으로 저렴하기
때문에 해외에서 운전할 일이 평생 2번 이상 있다면 살만한 가치가 있다.

## 04 구글 내비게이션 – 스마트폰 데이터 로밍 시

구글 내비게이션은 인터넷에 항상 연결되어 있어야만 최상의 성능을 보이지만, 대신
구글맵 데이터를 그대로 활용하므로 주소가 아닌 이름으로 검색해도 굉장히 훌륭한

결과를 보여준다. 어색하긴 해도 한국어로도 안내를 해주고, 지도들도 비교적 빠른 업데이트를 해주기 때문에 데이터 네트워크만 제대로 연결된다면 최선의 내비게이션 중 하나가 된다. 물론 전용내비게이션에 비해 디테일한 설명은 다소 떨어지는 편이다.

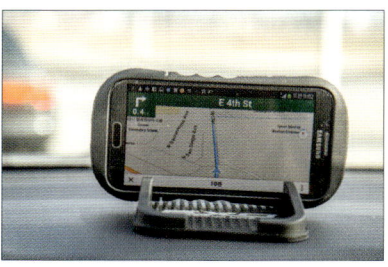

구글 내비게이션

미국의 대도시 위주(동부나 캘리포니아

정도), 하와이, 유럽 등을 여행할 때 유용하며, 보통 해당 국가의 심카드나 무제한 데이터로밍, 에그 등이 있어야 그 성능이 제대로 발휘된다. 다만 미국 국립공원을 여행한다거나 유럽의 도심 외곽 위주로 여행한다면 사실상 구글 내비게이션은 제대로 역할을 하지 못한다. 결국 데이터 네트워크가 잘 잡히는 곳 위주로 여행할 때만 유용하다.

## 05 내비게이션 설치 위치

내비게이션 설치는 보통 앞 유리에 부착하거나 대쉬보드 위에 올려놓는 방식을 많이 이용한다. 두 가지 다 크게 이용에 문제가 없지만, 국가나 지역에 따라 앞 유리에 내비게이션을 부착하는 것이 금지된 경우도 있으므로 가능하면 대쉬보드 위에 올려놓는 것이 좋다. 최근 렌터카 회사에서 대여해주는 내비게이션은

설치는 대쉬보드 위에

고정식이 아닌 이상 대부분 대쉬보드 위에 올려놓을 수 있는 형태로 제공된다. 한국에서도 저렴하게 대쉬보드 위에 올려놓는 거치대를 구입할 수 있으며, 내비게이션을 현장에서 구입하면 대부분 대쉬보드용 거치대를 함께 제공한다.

# 해외여행 중
# 외국 주유소 이용하기

한국도 셀프주유소가 이제는 꽤 대중화되어서 익숙한 사람들도 많아졌지만, 외국에서 주유를 한다는 것은 여전히 어색하고 낯선 일이다. 특히 유럽과 미주의 주유소는 특정 지역을 제외하면 대부분 셀프주유소이기 때문에 주유방법에 따른 차이를 알고 주유해야 당황하지 않을 수 있다.

## 01 국가마다 다른 주유 시작 방법

주유소에 도착하면 자신의 차를 원하는 주유기 앞에 세우자. 자신이 운전하는 차량의 연료 주입구가 어디 있는지 미리 확인해둬야 제대로 주유할 수 있으므로 기본적인 실수는 하지 말자.

### • 미국은 주유 전, 유럽은 주유 후에 지불한다

국가마다 주유 방법이 조금씩 다른데, 미주는 결제를 먼저 하고 기름을 넣는 형태가 많고, 유럽은 기름을 넣은 후 결제하는 형태가 많다. 다만 미국의 오레건주, 뉴저지주는 사람이 직접 주유하는 것만 가능하고, 유럽의 이탈리아는 사람이 직접 주유해주는 곳과 셀프 방식이 혼재한다. 이렇게 혼재된 경우 셀프주유소에 비해 가격이 비싸므로 셀프주유소를 이용하는 것이 경제적이다.

미주는 신용카드가 있을 경우에는 신용카드를 삽입하고, 비밀번호를 입력하면 주유를 시작할 수 있지만 주에 따라서 한국 신용카드는 결제되지 않는 곳도 있다. 만약

1 주유소
2 지불 방법 선택
3 신용카드 삽입

현금으로 결제할 경우 주유소 상점 직원에게 주유기 번호와 주유할 금액을 말한 후 미리 지불한 뒤에 주유기로 돌아와 주유하면 된다. 유럽은 먼저 주유기를 이용해 기

름을 넣고 나서 주유소 상점에서 기름 값을 지불하는 형태로, 만약 지불하지 않으면 추후에 렌터카 회사로 CCTV에 찍힌 사진과 함께 벌금이 청구되므로 결제하는 것을 잊으면 안 된다. 유럽에도 미주처럼 간간히 선불형태로 지불하는 주유소가 있다.

- ## 가솔린과 디젤, 기름 선택하기

미주의 렌터카는 대부분 가솔린을 사용하는데, 이를 가스$^{GAS}$라고 부른다. 한국에서는 기름하면 오일$^{OIL}$이 먼저 떠오르지만, 실제로 사용되는 용어는 가스임을 기억하자. 주유소에서 무연$^{Unleaded}$을 찾아 주유하면 되는데, 가장 낮은 등급을 이용해도 상관없다. 그 외에 유연$^{Leaded}$과 디젤$^{Diesel}$이 있는데, 대체로 렌터카는 디젤은 사용하지 않는다. 미국에서 디젤은 주유기가 녹색으로 되어 있으므로 꼭 확인해야 한다.

유럽의 렌터카는 가솔린과 디젤이 모두 있기 때문에 주유할 때 주의해야 한다. 특히 몇몇 국가에서는 디젤이 가솔린처럼 보이는 단어를 사용하기 때문에 잘 모르겠다면 상점에 들어가 어떤 것이 맞는지 확인해보고 넣어야 한다. 만약 기름을 잘못 넣었을 경우에는 시동을 걸지 말고 렌터카 회사로 연락해 서비스를 받도록 하자. 유럽은 여행자들에 의한 혼유 사고가 자주 발생하므로, 주유 시마다 각별히 신경을 써야 한다.

1 주유기. 왼쪽의 녹색이 디젤, 오른쪽의 검정색이 휘발유
2 휘발유의 등급
3 기름의 등급
4 디젤 주유기

- ## 주유하기

기름 종류를 선택하는 방법은 버튼식과 레버식이 있다. 기름을 선택한 후 주유구 구멍에 주유기를 넣고 손잡이를 당기면 주유가 시작된다. 이때 고정 장치를 이용하

면 손쉽게 주유를 할 수 있지만 의외로 고정 장치가 없거나 고장 난 경우도 많다. 보통 가득 채워지면 자동으로 주유가 중단된다. 미주에서는 미리 결제했더라도 주유 후 영수증을 받게 되고, 유럽은 주유 후 카운터나 기계 장치에서 영수증을 바로 받는다.

1 버튼으로 주유구 오픈
3 눌러서 주유구 오픈
2 4 주유하기

## 02 미주에서 저렴한 주유소를 찾는 방법

렌터카 여행에서 렌트비, 보험료와 함께 신경 쓰이는 것이 바로 기름값이다. 미국은 기름값이 한국보다 저렴하지만, 워낙 이동거리가 길어 체감은 생각만큼 저렴하게 느껴지지는 않는다. 또한 렌터카 여행 기간이 길어질수록 기름값이 경비에서 차지하는 비중이 커지는데, 영토가 넓은 북미는 서부에서 동부까지 이동하려면 이틀에 가까운 시간이 걸릴 정도로 큰 나라이므로 어쩔 수 없다.

미국의 기름값                    주유소의 기름값

그럼 미국이나 캐나다의 기름값은 얼마일까? 2014년 5월 기준으로 1갤런(1gallon=3.78liter)에 약 $3.3~4.1 정도 하는데, 미국달러 환율을 1,100원으로 계산하면 3,630~4,510원 정도이다. 이를 리터로 계산하면 약 960~1,193원이 된다. 동일 시점 한국 기름값이 1,800원 전후이니 미국 기름값은 한국의 절반 정도라 생각해도 된다. 미국은 캘리포니아, 워싱턴, 오레건, 뉴욕, 메사추세츠주 등과 본토와 거리가 먼 하와이, 알래스카 지역은 기름값이 비싸고, 산유지인 텍사스, 미시시피, 뉴멕시코주 지역은 상대적으로 기름값이 저렴하다. 캐

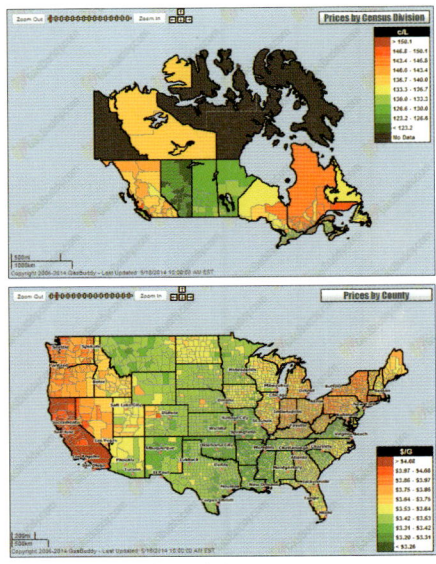

미국과 캐나다 지역별 기름값 분포도

나다는 외곽의 뉴펀들랜드, 노스웨스트테리토리 등과 브리티시컬럼비아, 퀘벡주 지역은 기름값이 비싸고, 앨버타와 매니토바주는 저렴한 편이다.

기름값은 싼 곳과 비싼 곳이 리터당 200~300원까지 차이가 나기 때문에 지역에 따라 저렴한 주유소를 찾는 것이 중요하다. 이때 유용한 사이트가 가스버디GasBuddy이다. 이 사이트는 미국과 캐나다 지역의 기름값뿐만 아니라 해당 지역에서 어느 주유소가 가장 저렴한지까지 알려준다. 단 사이트에 올라온 정보는 사용자 제보로 업데이트되기 때문

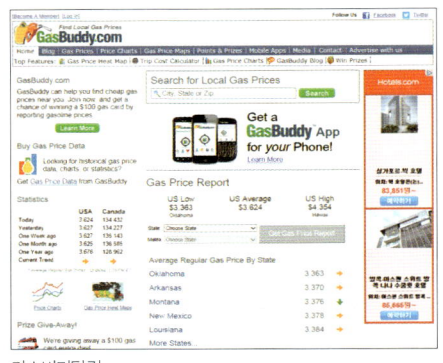

가스버디닷컴

에 사람이 많지 않은 지역은 업데이트가 느린 단점이 있다. 하지만 이만한 정보를 구할 수 있는 곳이 흔치않기 때문에 미주 렌터카 여행에서는 반드시 참고할 사이트이다. 물론 싼 주유소라고 무작정 찾아갈 수는 없으므로, 여행 동선상에 있는 주유소 중 가장 저렴한 곳을 선택하면 된다.

## 03 유럽의 기름값은 국가별로 다르다

아쉽게도 유럽은 미주처럼 저렴한 주유소를 찾는 사이트가 활성화되어 있지 않기 때문에 직접 가격을 확인하고 주유해야 한다. 일반적으로 대형마트에 붙어있는 주유소가 저렴한 편이고, 고속도로에 있는 주유소가 비싸다. 유럽의 기름값은 국가별로 천차만별인데, 2014년 5월 기준으로 보면 무연과 경유 모두 노르웨이가 가장 비싸다. 반면 전체적인 기름값은 폴란드가 대체로 저렴하다. 기름값은 국가 및 도시, 그리고 시기에 따라 매우 유동적이므로 다음 표는 참고용으로만 활용하자.

| 국가 | 무연 | 경유 | 국가 | 무연 | 경유 |
|---|---|---|---|---|---|
| | 95 lead free | Diesel | | 95 lead free | Diesel |
| 오스트리아 | 1.34 | 1.25 | 네덜란드 | 1.68 | 1.39 |
| 벨기에 | 1.44 | 1.27 | 노르웨이 | 1.88 | 1.70 |
| 체코 | 1.30 | 1.31 | 폴란드 | 1.27 | 1.27 |
| 덴마크 | 1.55 | 1.34 | 포르투갈 | 1.60 | 1.40 |
| 프랑스 | 1.50 | 1.30 | 스페인 | 1.39 | 1.32 |
| 독일 | 1.52 | 1.34 | 스웨덴 | 1.54 | 1.52 |
| 헝가리 | 1.35 | 1.37 | 스위스 | 1.33 | 1.42 |
| 아일랜드 | 1.49 | 1.42 | 영국 | 1.56 | 1.64 |
| 이태리 | 1.77 | 1.67 | | | |

〈유럽 국가들의 기름값, 2014년 5월 기준(리터당 유로)〉

1 아이슬란드 기름값
2 노르웨이 기름값
3 스위스 기름값

# 렌터카 이용 시 알아두면 좋은 것들

다양한 차종을 몰아보지 않은 사람들은 렌터카를 이용할 때 실수하는 부분들이 꽤 있는 편이다. 이런 부분들에 대해서 미리 익혀두면 차를 인수하고 이용할 때 조금 더 수월하게 이용할 수 있다.

## ● 차량 인수 시 미리 확인해야 할 것들

렌터카 회사에서 차량을 인수한 후, 안전한 차량 운전을 위해 몇 가지 체크해야 할 부분이 있다. 굉장히 사소한 부분일 수도 있지만, 운전 중에 파악하려면 쉽지 않으므로 미리미리 확인해둬야 당황하지 않을 수 있다.

차량 인수하기

### ● 사이드미러 및 룸미러 위치 조정

안전운전을 하는데 있어 가장 중요한 것이 바로 주변과 후방을 살필 수 있는 사이드미러 Side Mirror와 룸미러 Room Mirror이다. 운전석에 앉아 좌석을 조정한 뒤, 시야에 맞도록 미러들의 각도를 조절해야 한다. 렌터카 회사를 나가면 바로 도로를 달려야 하기 때문에 사이드미러와 룸미러가 제대로 조정되어 있지 않다면,

사이드 미러 조정

눈뜬장님이 되어 운전하는 것과 다름없다. 요즘 사이드미러는 대부분 운전석에서 전동으로 조절할 수 있으나, 가끔 수동으로 해야 하는 모델들도 있다.

### ● 사이드브레이크 위치 확인

가장 익숙한 사이드브레이크 위치는 아무래도 운전석과 보조석 사이에 손으로 당기는 형태(핸드브레이크)겠지만, 의외로 왼쪽 하단에 발로 밟는 형태(풋브레이크)로 되어 있는 사이드 브레이크 차량도 많다. 고급 차량 중에는 전자식 사이드브레이크가 있는 차량도 있지만, 렌터카 중에서는 그리 흔한 편은 아니다.

사이드브레이크

• 헤드라이트 및 와이퍼 작동 방법 숙지

차종에 따라 조금씩 조작 방법이 다르기 때문에 미리 알아둬야 야간운전이나 눈, 비가 올 때 바로 이용할 수 있다. 헤드라이트는 대부분 오토 모드가 있어 직접 빛의 정도를 측정해서 헤드라이트를 자동으로 켜 주기도 하지만, 렌터카 모델 중에는 이 기능이 없는 경우도 있다. 자동장치에 익숙해 있어서 헤드라

헤드라이트

이트를 끄지 않을 경우, 배터리 방전의 가장 큰 원인이 되므로 하차 시에는 잊지 말고 꼭 꺼야 한다.

• 기어봉 위치 확인

일반적으로 승용차들의 기어봉은 대부분 운전석과 보조석 사이에 있지만, 차종 및 브랜드에 따라서 핸들 옆에 달린 컬럼식 기어봉을 채택하기도 한다. 컬럼식 기어봉에 익숙하지 않은 사람들은 어색해 하는 경우가 많지만, 어차피 오토 차량을 몰 때는 큰 차이가 없어 쉽게 익숙해진다. 다만 컬럼식 기어봉이 장착

기어봉

된 수동 차량은 적응하는데 상당한 시간이 걸릴 수도 있다.

• 주유구 및 열림 버튼 위치 확인

차량을 인수할 때 별로 중요하게 생각하지 않지만, 주유소에 들어서면 순간 어느 쪽에 주유구가 있는지 쉽게 떠오르지 않는 경험을 한 번쯤 해봤을 것이다. 차량 탑승 전 미리 확인하지 못했더라도 차량 계기판의 주유 게이지를 보면 주유기계 그림 왼쪽 또는 오른쪽으로 화살표로 방향이 표시되어 있는 것을 알 수

계기판에 표시되는 주유구 위치

있다. 이를 보면 쉽게 주유구 방향이 파악된다. 또한 차종에 따라 주유구 열림 버튼이 차량 내부에 별도로 있는 경우와 밖에서 주유구를 누르면 열 수 있는 형태로 된 경우가 있다.

## • 크루즈 컨트롤 기능 이용 방법

장거리 여행에 있어 크루즈 컨트롤<sup>Cruise Control</sup>
기능은 꽤 편리한 기능이다. 속도를 올린 뒤
크루즈 기능을 이용해 속도를 고정하면, 악셀
레이터를 밟지 않아도 계속해서 같은 속도로
달릴 수 있다. 장거리 운전을 할 때 특히 그 효
과가 나타나지만, 그 외에도 일정 속도로 꾸
준히 달려야만 하는 도로에서도 유용하다. 단

핸들의 왼쪽에 크루즈 버튼이 있다

커브가 많은 도로나 제한 속도가 자주 변하는 곳에서는 안전을 위해 크루즈 기능을
사용하지 않는 것이 좋다. 크루즈 기능은 차량마다 조금씩 모습과 표기 방법이 다를
수 있지만 사용 방법 자체는 큰 차이가 없다.

---

**크루즈 관련 기능 익히기**
- 크루즈 컨트롤 기능 켜기 – 크루즈 ON/OFF 버튼을 누르면 계기판에 크루즈 표시등에 불이 들어온다. 보통
  녹색으로 표시된다.
- 속도를 올린 후 설정(SET)하기 – 악셀레이터를 밟아 원하는 속도까지 올린 뒤, 설정(SET) 버튼을 누르면 그
  속도대로 속도가 설정된다. 속도를 더 높이려면 +버튼을, 줄이려면 –버튼을 누르면 된다.
- 크루즈 취소하기 – 크루즈의 취소(CANCEL) 버튼을 누르거나, 브레이크를 밟으면 크루즈가 풀리면서 다시
  일반 주행모드로 돌아간다. 만약 취소 후 다시 설정 속도로 돌아가고 싶다면 복귀(RES) 버튼을 누르면 된다.

---

## • 렌터카에서 음악 듣기

렌터카 여행을 하면서 음악이 빠질 수는 없
다. 하지만 차량에 따라 음악을 들을 수 있는
방법은 상당히 다양하기 때문에 가장 범용적
인 방법을 이용하는 것이 좋다.

렌터카 카오디오는 기본적인 기능밖에 없다.

### • 라디오로 음악 듣기

사실 어떻게 보면 가장 간편한 방법이지만, 전파 수신이 잘 안되면 음악도 들을 수 없
는 경우가 있다. 또한 채널이 다양하다고 하더라도 해당 국가의 음악이기 때문에 취
향에 맞지 않으면, 있으나 마나한 기능이 되버린다.

### • 음악CD 듣기

CD플레이어는 대부분의 차량에 기본적으로 장착되어 있기 때문에 CD가 있다면 쉽
게 음악을 들을 수 있다. 다만 MP3 CD가 아닌 일반 AUDIO CD만 인식하는 경우가

대부분이므로, CD 한 장당 넣을 수 있는 곡의 수가 몇 곡 안 된다는 단점이 있다. 특히 최근에는 CD를 이용하는 경우가 많이 줄면서 이용하기도 애매하다.

• 미니 FM 송신기

MP3 플레이어 또는 스마트폰 등의 미니기기의 이어폰에 꽂아서 FM 송신을 하는 기계로, 차량의 FM 라디오와 같은 주파수로 맞추면 음악을 들을 수 있는 기계이다. 다만 FM 라디오가 없는 채널을 찾아야 하고, 주파수가 조금만 맞지 않아도 잡음이 많이 끼기 때문에 그리 추천하지는 않는다.

• AUX 케이블

가장 확실하게 음악을 들을 수 있는 방법이다. 아무리 옵션이 없는 차량이더라도, AUX 입력단자는 대부분 있기 때문에 미니기기의 이어폰과 AUX 입력단자를 연결하면 바로 차량에서 음악을 들을 수 있다. AUX 케이블은 시중에서 5천 원~만 원 정도면 쉽게 구할 수 있기 때문에 금액적 부담도 적다. 다만 차량에 탈 때마다 유선으로 연결해야 하는 불편함이 따른다.

AUX 케이블

• 블루투스

블루투스Bluetooth 기능이 있는 스마트폰 등을 이용할 때 가장 편하게 음악을 들을 수 있다. 다만 렌터카는 기본 옵션 차량이 많아 블루투스 옵션이 빠져 있는 경우가 많다. 블루투스 기능이 있다면 가장 손쉽게 이용할 수 있지만, 기능이 없는 차량이 많다는 것이 단점이다.

• USB

차종에 따라서 USB에 담아둔 음악을 인식해서 플레이할 수 있기도 하지만 이 기능 역시 블루투스와 마찬가지로 기본 옵션인 차량에서는 빠져 있는 경우가 많다. 차량 중에는 USB 포트가 있기는 하지만, 음악 재생용이 아니라 단순 충전용으로만 이용 가능하기도 하다.

스마트폰에 저장된 음악을 카오디오로 듣기

해외여행을 하기 전에 알아두면 좋은 것들은 무궁무진하다.
어떤 것이든 알고 있다면 손해 보지 않을 수 있기 때문이다.
이번 테마에서는 앞에서 다루지 못했던 해외여행에서
알아두면 좋은 것들을 살펴보겠다.

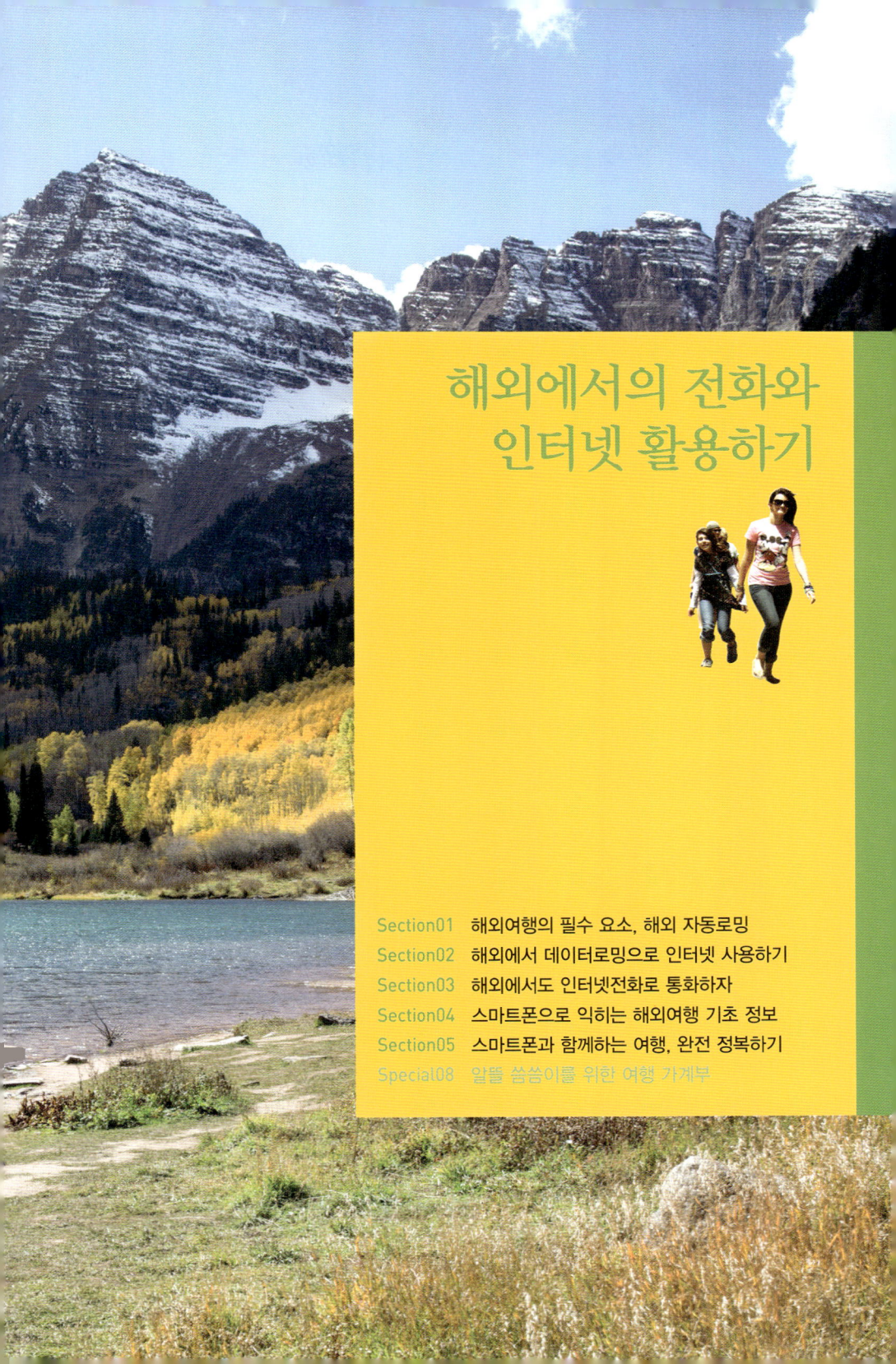

# 해외에서의 전화와 인터넷 활용하기

# 해외여행의 필수 요소,
## 해외 자동로밍

잠시 일상에서 벗어나는 단기 여행이라면 핸드폰을 굳이 들고 가지 않아도 된다. 모처럼의 휴식에 핸드폰마저 방해 받지 않고 싶을 것이다. 하지만 회사일로 출장을 간다거나 장기 여행을 떠나는 사람이라면 가족과의 연락뿐만 아니라 현지에서의 비상사태에 대비하기 위해서라도 핸드폰이 필요하다.

## 01 핸드폰 자동로밍서비스란 무엇인가?

CDMA와 3G를 거쳐 LTE로 넘어오면서 이제는 최신 모델의 핸드폰만 있으면 전 세계 대부분의 국가에서 자동로밍을 할 수 있게 되었다. SKT, KT, LG U+ 모두 해외 자동로밍서비스를 제공하며, 별도의 조치를 하지 않아도 해외에 나가면 자동으로 로밍이 활성화된다. 자동로밍을 하게 되면 여행을 하는 국가뿐만 아니라 한국으로도 쉽게 전화를 걸 수 있지만, 그에 따른 비용은 상당히 비싼 편이다. 그래서 최근에는 별도 설정을 통해 자동로밍 '사용안함'을 설정해 두거나 자동로밍은 허용하되 데이터 로밍은 차단해 두는 것이 일반적이다.

인천국제공항 로밍센터

핸드폰 로밍은 자신이 사용하던 핸드폰을 그대로 쓰는 장점이 있지만, 사용에 따른 비용이 비싸다는 단점이 있다. 로밍폰을 이용하면 대부분의 국가가 최소 분당 1,000원 이상이며, 많게는 3,000~4,000원에 달한다. 하지만 현지발신이나 수신의 경우에는 한국으로 발신하는 것보다는 저렴하다. 또한 문자의 경우 수신은 무료이고, 발신만 비용이 발생하므로 외부와 연락할 때에는 문자를 이용하면 편리하다.

로밍요금의 경우 통신을 제공하는 통신사나 국가에 따라 가격 차이가 천차만별이므로, 자신이 사용하는 통신사 홈페이지에서 요금을 미리 살펴보는 것이 좋다. 보통 현지발신요금은 저렴한 편이고, 한국으로의 발신은 가격이 꽤 비싸다. 국가에 따라 수신요금이 굉장히 저렴한 곳도 있지만, 때로는 현지발신요금 이상인 경우도 있으므로 출국 전에 미리 요금을 살펴봐야 어떻게 로밍폰을 사용할지 감을 잡을 수 있다.

| 통신사 | 홈페이지 | 메뉴 |
|---|---|---|
| SKT | www.tworld.co.kr | 메뉴 오른쪽 하단 – T roaming 선택 |
| KT | mobile.olleh.com | 폰서비스 – 모바일서비스 – 로밍 선택 |
| LG U+ | www.uplus.co.kr | 개인 – 모바일 – 글로벌로밍 선택 |

핸드폰 로밍의 단점은 현지 수신번호가 없으므로 여행을 같이 간 사람끼리 통화할 때도 국제발신요금을 지불해야 한다. 또한 무선인터넷 서비스를 사용하면 비싼 데이터 요금이 나가므로, 로밍할 때에는 실수로 버튼을 눌러도 접속되지 않도록 설정해 두는 것이 좋다. 현지에서 함께 간 친구와 연락을 할 때에는 그래서 문자를 이용하는 사람이 많다. 한국으로 통화할 일이 많다면, 와이파이가 되는 곳에서 무료 국제전화 앱이나 스카이프Skype와 같은 앱, 그리고 카카오톡 등의 보이스 통화서비스를 이용하면 무료 또는 저렴하게 통화할 수 있다.

다음 표는 각 통신사별 로밍 가격 비교표이다. 가격은 현지발신, 한국 발신, 수신순이다. 기본적으로 SMS 및 MMS 수신은 무료지만, MMS는 데이터가 연결되어 있어야만 수신 및 발신이 된다.

| | SKT | | KT | | LG U+ | |
|---|---|---|---|---|---|---|
| | 현지/한국/수신 | SMS/MMS | 현지/한국/수신 | SMS/MMS | 현지/한국/수신 | SMS/MMS |
| 일본 | 500/1,200/228 | 150/300 | 500/1,190/192 | 200/500 | 550/1,500/316 | 150/500 |
| 중국 | 700/2,000/1,120 | 150/300 | 670/2,240/832 | 100/500 | 650/2,000/758 | 150/500 |
| 태국 | 750/1,600/1,038 | 150/300 | 710/1,570/890 | 300/500 | 550/1,500/1,048 | 150/500 |
| 미국 | 1,100/2,200/1,202 | 150/300 | 940/1,970/1,060 | 300/500 | 1,000/2,000/1,108 | 150/500 |
| 영국 | 550/2,650/300 | 300/300 | 700/2,900/402 | 300/500 | 700/1,750/784 | 300/500 |
| 프랑스 | 800/2,200/342 | 300/300 | 850/2,850/432 | 300/500 | 700/1750/784 | 300/500 |
| 호주 | 650/2,300/330 | 300/300 | 530/1,980/348 | 300/500 | 550/1,500/1078 | 300/500 |
| 러시아 | 1,200/4,600/612 | 300/300 | 620/4,550/1,220 | 200/불가 | 1,450/5,900/2,110 | 300/500 |
| 인도 | 1,500/2,850/3,130 | 150/300 | 1,310/2,620/2,948 | 300/500 | 1450/2,600/2,284 | 150/500 |
| 인도네시아 | 450/3,000/834 | 300/300 | 500/3,250/692 | 100/500 | 1,450/2,600/1,828 | 150/500 |
| 터키 | 600/2,200/258 | 300/300 | 730/2,870/300 | 300/500 | 1,450/2,600/1,708 | 300/500 |

〈로밍요금은 2014년 5월 대표사업자 요금 기준. 가격은 현지발신–한국 발신–수신 순으로 나열. 단위는 원〉

## 02  SKT T로밍서비스 살펴보기

SKT에서는 로밍과 관련한 국제전화 사업자를 선택 지정할 수 있다. 기본 사업자는 SK텔링크이며, SK브로드밴드, LG U+, KT, 온세통신 중 한 곳을 지정하면 되는데, 일반적으로 SK텔링크가 가장 비싸고, SK브로드밴드와 온세텔레콤이 저렴한 편이다. 수신 국제전화 사업자는 인천국제공항의 카운터 또는

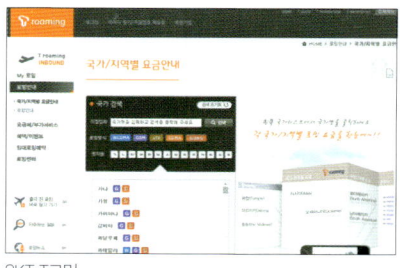

SKT T로밍

티월드(www.tworld.co.kr) 홈페이지에서 지정할 수 있다. 그 외 한국에서 휴대폰으로 전화를 걸면 로밍 사용자의 현지 시각을 알려주는 서비스 등이 있어 사용이 보다 편리하다. SMS는 150~300원, MMS는 300원 공통이나, 멀티미디어(사진 등) 포함 시에는 400원이 부과된다. 특정 항공 및 크루즈에서 음성통화와 SMS를 받을 수 있는 로밍서비스도 있다.

## 03  KT 올레 로밍서비스 살펴보기

KT의 올레 로밍은 전체적으로 비싼 편이지만, 나라에 따라 편차가 있으므로 무조건 비싸다고 하기에는 애매하다. KT올레 로밍 역시 Olleh 로밍, KT, ONSE, SK브로드밴드, SK텔링크 중 원하는 사업자를 선택할 수 있다. 기본 설정은 Olleh 로밍이며, 사업자마다 저렴한 지역이 조금씩 다르다. 문자 발송

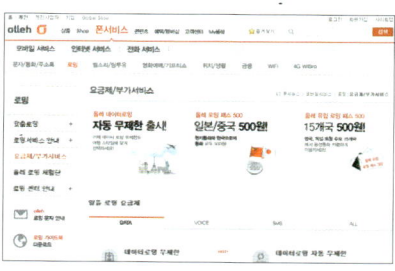

KT 올레 로밍

은 SMS는 100~300원, MMS는 500원이며, SMS나 MMS 수신은 모두 무료이다. KT는 추가로 일본/중국 투넘버서비스를 가입하면 일본 및 중국에서 현지 번호를 받을 수 있다. 크루즈 이용 시 음성통화를 할 수 있는 크루즈 로밍서비스도 있다.

## 04  LG U+ 로밍서비스 살펴보기

LG U+는 과거에는 CDMA 로밍만 가능했기 때문에 로밍 가능 국가가 상대적으로 제한적이었지만, LTE로 넘어오면서 이제는 WCDMA/GSM 자동로밍도 가능하게 되었다. 때문에 LG U+ 최신 폰을 사용 중이라면 해외여행 시 자동로밍이 가능하게 되

었다. 다만 여전히 로밍 자체에 비중을
두지 않다보니, 서비스 자체가 다양하
지는 않다.

LG U+ 로밍

## 05 현지 통신사 심카드 구입

아무리 핸드폰 로밍이 국제발신보다 현지발신이 싸다고는 하지만, 그것은 짧은 시간
사용할 경우이다. 통화할 일이 많다면 로밍보다는 현지 통신사 심카드를 구입하는
것이 좋다. 요즘 나오는 스마트폰들은 별도로 락이 걸린 경우가 드물기 때문에 현지
에서 심카드만 구입하면 바로 현지 핸드폰처럼 이용할 수 있다. 다만 이렇게 심카드
를 바꿀 경우 번호가 바뀌게 되므로 한국에서 걸려온 전화와 문자는 받을 수 없으
므로, 평소 사용하지 않던 폰이 있다면 추가로 가져가는 것도 방법이다.

국가마다 다양한 통신사업자들이 있으며, 그 외에도 별정재판매<sup>MVNO</sup>사업자들이 다
양한 선불심카드<sup>Prepaid Sim Card</sup>를 판매한다. 단순히 통화와 SMS만 가능한 것부터 최
근에는 데이터용량까지 포함한 심카드들도 있다. 특히 통화와 SMS만 포함한 심카드
는 통화요금 자체는 저렴하지만, 데이터용량까지 포함된 심카드는 생각보다 가격이
높은 경우도 많다.

각 국가마다 1위 통신사보다는 2~3위 통신사들이 가격대비 서비스는 좋지만, 커버
리지<sup>Coverage</sup>는 조금 불리할 수도 있다. 현지 심카드를 구입하는 사람이 많다보니, 요
즘에는 통신사 지점만 가도 별 어려움 없이 선불심카드를 구입할 수 있다. 구입할 때
한 가지 주의할 점은 자신이 사용하는 스마트폰 심카드가 일반 사이즈인지, 마이크
로 사이즈인지 확인한 뒤 구입해야 장착 시 문제를 예방할 수 있다.

미국의 통신사 매장

크로아티아에서 구입한 심카드

해외에서 데이터로밍으로
인터넷 사용하기

현재 각 통신사마다 해외에서 사용할 수 있는 무제한 데이터로밍 요금제가 있어 이것만 잘 활용해도 큰 비용 부담 없이 데이터로밍을 즐길 수 있다. 통신사마다 무제한 데이터로밍이 되는 나라가 다르고, 요금제도 다르기 때문에 떠나기 전 여행하려는 국가가 데이터로밍 요금제가 있는지 한번 살펴보는 것이 필요하다.

## 01 해외 데이터로밍 서비스란?

데이터로밍<sup>Data Roaming</sup> 서비스는 통신망이 다른 해외에서도 국내처럼 핸드폰으로 인터넷이나 메일, 지도검색 등을 할 수 있도록 연결해주는 서비스다. 하지만 국내와 다른 통신망을 사용하므로 데이터로밍을 잘못 사용하면 요금폭탄을 맞을 수도 있다. 보통 해외 데이터로밍 요금은 0.5KB당 3.5~4.5원으로 국내보다 비싸서 1MB의 자료를 전송하는데 7,000~9,000원이 청구된다. 이런 이유로 대부분의 여행자는 정액요금제나 무제한요금제를 이용한다.

통신사별 무제한 데이터로밍 요금제를 이용하면 상대적으로 저렴하게 데이터를 이용할 수 있다. 또한 테더링<sup>Tethering</sup>을 이용하면, 데이터로밍을 한 핸드폰뿐만 아니라 주변 기기도 함께 데이터를 이용할 수 있다. 단 무제한 요금제라도 데이터를 끊임없이 무제한으로 쓸 수 있는 것은 아니다. 일정 이상의 용량을 사용하면 QoS<sup>Quality of Service</sup>라는 제한에 걸려 속도가 현저히 낮아지는 현상을 경험할 수 있다. SKT와 KT는 공식적으로 100MB 이상의 데이터를 사용하면 200Kbps로 속도가 제한되고 있음을 밝혔고, LG U+는 공식적인 설명은 없으나 비슷한 수준의 QoS가 적용되는 것으로 알려져 있다. 무제한이지만, 속도를 감안하면 무제한이라 보기 힘들다.

해외에서 데이터로밍을 사용할 일이 없다면 미리 차단서비스를 이용해 자신도 모르게 업데이트되면서 부과되는 데이터 요금폭탄을 피해야 한다. 대부분의 통신사에서는 무료 데이터로밍 차단서비스를 제공하므로 전화나 인터넷으로 신청하면 된다. 기기 자체의 설정 화면에서 네트워크 관련 메뉴를 찾아 데이터로밍 비활성화를 시키면 된다.

## 02 SKT 데이터로밍 서비스

SKT는 다양한 데이터로밍 요금제를 운영하고 있다. T로밍에서 최근 많이 홍보하고 있는 것은 데이터무제한 OnePass 요금제로 전체 기간 제한 없이 하루 부가세 포함

9,900원의 요금만 부과하고, 유럽을 포함한 총 123개국에서 데이터로밍이 가능하도록 하고 있다. 그 외에도 무제한 데이터와 음성을 포함한 요금제, 일본 7일 무제한 요금제 등을 추가로 제공한다.

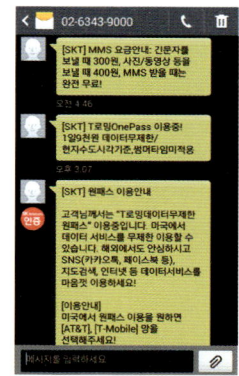

데이터로밍 안내 메세지

- **T로밍 데이터 무제한 OnePass 요금제**

  OnePass 요금제에 해당하는 국가라면 1일 2개국 이상에서 사용해도 하루 9,900원(부가세 포함)의 요금만 부과된다. 데이터로밍을 사용하지 않은 날에는 요금이 발생하지 않고, 최소 및 최대 이용기간의 제한은 없다. OnePass 요금제 대상 국가는 2014년 6월 현재 123개국이다. 요금제는 사용한 날만 과금(여행 국가의 수도 시간 기준)되는 일반형과 기간을 설정하여 사용하는 기간형 두 가지가 있다.

  이 외에도 데이터 무제한으로 T로밍 팅 무한톡/T로밍 실버 무한톡이라는 상품도 있다. 이 요금제는 청소년(만 18세 이하)과 실버(만 65세 이상) 여행자들이 하루 5000원으로 소용량 데이터 로밍 서비스를 무제한으로 이용할 수 있다. OnePass 요금제처럼 전 세계 123개국에서 동일하게 이용할 수 있다.

- **일본 데이터 무제한 7 요금제**

  38,500원(부가세 포함)의 요금으로 7일간 일본에서 데이터를 무제한으로 사용할 수 있는 요금제이다. 4~7일간 일본에서 데이터로밍을 이용할 예정이라면 OnePass 요금제보다 더 저렴하게 이용할 수 있다.

- **T로밍 OnePass 프리미엄**

  OnePass 요금제의 데이터 무제한 로밍에 한국 및 현지발신 시 분당 500원을 할인해주는 서비스로 하루 13,200원(부가세 포함)이다. 일본, 중국, 인도, 마카오, 미국, 뉴질랜드, 호주, 영국, 독일 프랑스 등 총 23개국에 대해서 로밍 음성통화 할인이 가능하다. 다만 수신 및 제3국 발신은 할인되지 않는다. 매일 통화할 일이 있고, 한국 발신이 분당 2천원이 넘는 국가라면 꽤 유용한 요금제이다.

- **미국, 중국, 일본 올인원 요금제**

  올인원 요금제는 3, 5, 7일로 나뉘어져 있다. 기본적으로 무제한 데이터가 포함되며, 3일 요금은 31,900원(부가세 포함)에 20분 발신 통화, 20개 문자, 5일 요금은

64,900원(부가세 포함)에 50분 발신 통화, 50개 문자 그리고 7일 요금은 108,900원에 100분 발신 통화, 100개의 문제가 제공된다. 단기로 미국, 중국, 일본을 방문하면서 전화 발신이 많은 사람들에게 유용한 요금제다.

- **T로밍 모바일 핫스팟**

  포켓WIFI 라우터를 대여해주며, 1일 임대료는 11,000원(부가세 포함)이다. 2일 이상 사용 시 1일 요금을 공제해 주며, 일본, 중국, 싱가포르, 미국, 캐나다 등 19개 국가에서 이용이 가능하다. SKT의 포켓WIFI 라우터는 최대 3대의 기기까지 동시 접속이 가능하며, SKT 이용자가 아니라도 임대가 가능하다.

## 03 KT 데이터로밍 서비스

KT의 해외 데이터로밍 무제한 서비스는 SKT와 비교하면 가격은 조금 더 비싸지만, 제공하는 국가가 133개국으로 10곳이 더 많다. KT는 고객이 설정한 이용기간 동안 24시간 단위로 데이터를 이용할 수 있다. 고객센터와 공항의 로밍센터, 그리고 모바일 고객센터 앱을 이용해 가입할 수 있다.

KT 올레 로밍 가이드북

- **데이터로밍 무제한 서비스**

  하루 11,000원(부가세 포함)의 이용료가 부과되며, 같은 날 국가가 바뀌어도 요금은 동일하다. 기간을 미리 지정해야 하지만, 필요한 날짜만큼만 이용할 수 있다는 장점이 있다. 24시간 단위로 신청기간 동안 적용되며, 종료시점에 데이터로밍이 자동으로 차단된다. SKT와 비슷하게 핸드폰기기를 켠 시점부터 24시간 단위로 데이터 이용요금을 부과하는 서비스도 있다.

- **미국/일본 로밍 에그**

  미국/일본 전용 에그를 제공하는 서비스로 하루 11,000원(부가세 포함)에 이용할 수 있다. 통신망 3G 신호를 와이파이로 전환해서 제공하는 포켓WIFI 서비스로 한 번에 여러 대 기기를 사용할 수 있다. 도심에서는 신호가 괜찮지만, 조금만 벗어나도 속도가 거의 나오지 않는다는 평이 많다. 일본은 이용 날짜가 모두 서비스 이용일로 계산되지만, 미국은 장거리 비행을 고려하여 2일이 차감된 금액을 청구한다.

## 04 LG U+ 데이터로밍서비스

로밍의 무덤이라고 불렸던 LG U+도 LTE와 스마트폰 시대로 넘어오면서 사용하던 스마트폰 그대로 해외에서 데이터로밍을 이용할 수 있다. Zone 1과 Zone 2가 나뉘는 다소 복잡한 방법을 사용해 로밍해야 하지만, LG U+에서 가능하다는 것만으로도 이전 이용자들은 만족해한다.

### • 데이터로밍 무제한 서비스

하루 11,000원(부가세 포함)의 이용료가 부과되며, 같은 날 국가가 바뀌어도 요금은 동일하다. Zone1과 Zone2로 국가가 나뉘며, 대부분의 국가가 Zone1에 속해 있다. 총 110개국에서 이용이 가능하며, 해당 국가의 수도 시간 00시에서 24시까지를 24시간으로 간주한다.

### • 데이터로밍 정액 10/30

14일 동안 유럽 및 북미 12개국에서 데이터로밍과 WIFI로밍을 함께 이용할 수 있도록 해주는 서비스이다. 정액 10은 16,500원(부가세 포함)에 데이터 10MB와 WIFI로밍 500MB가 제공되며, 정액 30은 44,000(부가세 포함)에 데이터 40MB와 WIFI로밍 500MB가 제공된다. 사실상 용량 대비 금액을 생각하면 큰 메리트는 없는 서비스이다.

## 05 임대 사업자 해외전용 포켓WIFI 서비스

포켓WIFI는 해외에서 이용할 수 있도록 와이파이를 만들어주는 라우터 장치로, 통신사의 망을 통해서 테더링<sup>Tethering</sup> 같은 형태로 여러 기기를 사용할 수 있다. 가격은 통신사의 서비스들보다 상대적으로 저렴하며, 용량 면에서도 더 넉넉한 경우가 많다. 기계에 따라서 대기시간이 짧게는 3시간, 길게는 6시간 정도이며, 하루 종일 돌아다니려면 휴대폰용 보조배터리를 이용하는 것이 좋다. 일본과 중국에서는 3개 사업자 중 어디서 빌려도 무방하지만, 미국은 와이드모바일이 가장 좋다.

해외의 에그 기계와 스마트폰

- **와이드모바일**

  와이드모바일은 포켓WIFI와 로밍폰 임
  대사업을 같이 하는 사업자이다. 포켓
  WIFI로 유명한데, 중국, 일본, 미국이
  주요 지역이지만 그 외에도 21개국에
  포켓WIFI 서비스를 제공한다. 특히 미
  국은 5GB 용량 제한이 있는 대신, 버
  라이즌<sup>Verizon</sup> 망을 사용하여 타사대비
  가장 훌륭한 커버리지와 속도를 제공한

와이드모바일(widemobile.com)

  다. 일본 역시 포켓WIFI의 성능이 좋은 편이다. 1일 대여 요금은 8,910원(부가세 포
  함)이며, 저녁 8시 이후 비행기 탑승 시에는 대여 첫날 요금은 제외한다.

- **에스텔레콤**

  역시 포켓WIFI와 로밍폰 임대사업을
  같이 하는 임대 사업자이다. 모바일 팝
  <sup>Mobile POP</sup>이라는 브랜드로 포켓WIFI를
  제공하며, 1일 대여비는 8,800원(부가
  세 포함)이다. 미국, 중국, 일본, 싱가
  포르, 태국, 홍콩, 독일, 인도네시아, 필
  리핀, 호주, 대만에서 제공되며, 미국은
  T-Mobile 망을 이용하므로 커버리지
  가 그리 좋지 않지만 일본은 무난한 편
  이다.

에스텔레콤(www.stelecom.co.kr)

- **스카이패스로밍**

  포켓WIFI와 해외 심카드 대여 사업을
  하는 곳이다. 미국, 일본, 대만, 독일,
  중국, 홍콩, 필리핀, 인도네시아의 포켓
  WIFI의 대여가 가능하며, 임대료는 1일
  8,500원(부가세 포함)이다. 미국은 역시
  T-Mobile 망을 이용한다. 심카드 대여
  와 관련하여 평이 그리 좋지는 않았던
  회사이다.

스카이패스로밍(www.skypassroaming.co.kr)

# 해외에서도
# 인터넷전화로 통화하자

요즘에는 여행 시 노트북이나 태블릿을 가지고 다니는 여행자들도 많다. 이제는 무선 인터넷을 제공하는 숙소들이 흔해졌기 때문에 기기만 있다면 인터넷을 사용하는 것이 어렵지 않다. 이는 마이크가 달린 헤드셋만 있다면 인터넷전화도 사용할 수 있다는 이야기이다.

## 01 인터넷전화서비스의 이해

네트워크를 이용한 인터넷전화서비스<sup>VOIP</sup>는 네이트온폰, 스카이프, 바이버, 아이엠텔, U+ 070 등이 있으며, 각 서비스에 따라 컴퓨터 및 모바일, 전용전화기로 통화할 수 있다. 이를 잘 활용하면 해외여행 시 전화비를 절감할 수 있지만 여행국 인터넷 환경에 따라 방화벽 등으로 통화가 불가능

| 인터넷전화 업체 | 홈페이지 |
|---|---|
| 네이트온폰 | phone.nate.com |
| 스카이프(SKYPE) | skype.daesung.com |
| 바이버(VIBER) | www.viber.com |
| 아이엠텔(imTEL) | www.imtel.com |
| LG070 | 070.uplus.co.kr |

할 수도 있다. 다음 표는 각 인터넷 통신사의 부가세를 제외한 1분당 통신요금이며, 괄호 안은 무선 요금이다. 스카이프의 글로벌 요금은 53원, 그 외는 97원의 접속료가 부가되지만 한국을 제외한 해외통화의 경우 분당 통화료가 가장 저렴하다.

| | 네이트온폰 | 아이엠텔 | LG070 | 스카이프 | 바이버 |
|---|---|---|---|---|---|
| 한국 | 13원(78원) | 38.2원(76.4원) | 12.6원(70원) | 25원(43원) | 20원(40원) |
| 일본 | 81원(204원) | 36.4원(163.6원) | 50원(262원) | 25원(119원) | 24원(100원) |
| 중국 | 81원(81원) | 38.2원(38.2원) | 50원(50원) | 12원(12원) | 20원(20원) |
| 태국 | 240원(240원) | 36.4원(36.4원) | 456원(456원) | 25원(25원) | 40원(40원) |
| 미국 | 78원(78원) | 38.2원(38.2원) | 50원(50원) | 25원(25원) | 20원(20원)* |
| 영국 | 83원(288원) | 85.5원(286.4원) | 50원(349원) | 25원(87원)* | 20원(61원)* |
| 프랑스 | 83원(288원) | 77.3원(290원) | 50원(349원) | 25원(43원)* | 20원(40원) |
| 호주 | 81원(270원) | 77.3원(240원) | 50원(349원) | 25원(71원)* | 24원(154원) |
| 러시아 | 108원(192원) | 100원(100원) | 513원(513원) | 25원(76원) | 24원(81원)* |
| 인도 | 540원(540원) | 250원(250원) | 570원(570원) | 16원(16원) | 29원(29원) |
| 남아공 | 840원(840원) | 172.7원(400원) | 593원(593원) | 49원(81원)* | 40원(102원) |
| 브라질 | 360원(600원) | 110원(280원) | 638원(638원) | 25원(141원) | 29원(227원) |
| 터키 | 240원(600원) | 330원(330원) | 520원(520원) | 40원(130원)* | 38원(184원)* |

* 표시가 있는 요금은 도시 및 휴대폰 사업자에 따라 요금이 달라질 수 있음.

네이트온 메신저와 연계되는 네이트온폰

과거 메신저 시장에 네이트온이 최고의 영화를 누릴 때 많이 이용하던 인터넷전화였지만, 현재는 네이트온 사용자 감소와 더불어 이용률이 많이 줄어들었다. 국제전화 통화료가 상대적으로 비싼 편이지만 국내 통화료는 분당 유선 13원, 무선 78원으로 070과 함께 저렴한 편이다. 또한 발신 시 한국 전화번호로 뜨기 때문에 받는 사람도 대부분 당황하지 않고 받을 수 있다.

수신자부담으로 한국에 전화를 걸 수 있으며, 받는 사람이 금액을 부담하게 된다. 수신자부담의 경우 1분당 유선 50원, 무선 150원이 청구된다. 네이트온폰은 해외여행 중 국내에 있는 가족이나 친구에게 전화할 때 저렴하게 이용할 수 있으며, 착신을 위한 070번호 서비스도 유료로 제공한다.

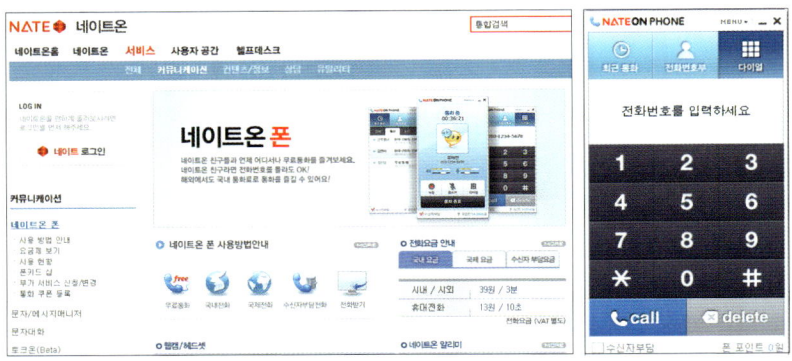

네이트온폰

유학생들에게 사랑받는 U+ 070

U+ 070은 가장 대표적인 인터넷전화이다. WIFI만 연결되면 통화할 수 있어 많이 이용하지만, 호텔이나 카페 등의 WIFI에서는 사용이 불가능한 경우도 많다. U+ 070은 여행자보다는 외국의 한 지역에 오래 머무르는 사람들에게 유리한 전화이다. 같은 U+ 070 가입자간에는 통화료가 무료이기 때문에 유학이나 장기 출장 중인 사람들이 한국에 있는 가족이나 회사로 통화할 때 많이 이용한다. 반면 이동이 많은 여행자들은 사용이 원활하지 않기 때문에 실제 사용하는 경우가 많지 않다. U+ 070으로 전화를 하면 상대방은 070번호로 표기된다.

기본료 3,000원 상품의 경우 한국으로 유선전화 통화는 3분 41.8원(부가세 포함), 무선통화는 1분 77.22원(부가세 포함)이다. 국제전화는 주요 20개국 기준 분당 55원(부가세 포함)이다. 070은 수신할 수 있는 번호도 부여되므로 받는 전화도 가능하다. 해외의 경우 인터넷에서 특정 포트를 막거나 방화벽을 설치하여 U+ 070 전화를 사

용할 수 없는 경우도 있는데, 이때는
VPN을 이용해 우회를 하면 해결할 수
있지만 방법이 조금 복잡하다.

U+ 070 국제전화 역시 저렴하지만, 다
른 통신사와 비교해 눈에 띄게 저렴한
것은 아니다. 중국, 홍콩, 싱가포르, 미
국(본토), 캐나다는 유무선 모두 분당
50원, 일본, 호주, 뉴질랜드, 영국, 프랑

U+ 070

스, 독일, 네덜란드, 스웨덴, 스위스, 스페인, 그리스, 노르웨이, 덴마크, 사이프러스,
아조레스섬, 오스트리아, 포르투갈, 마데이라는 유선은 분당 50원이므로 해당 국가
에 머문다면 현지 전용전화로 사용하기에 무난하다. 통화품질도 우수하기 때문에 국
제전화카드가 차지하고 있던 자리를 계속 잠식해 가고 있다.

## 04 세계적으로 널리 인기 있는 스카이프

스카이프Skype는 국내에서는 대성그
룹과 제휴하여 서비스를 제공하고 있
다. 그래서 스카이프 크레딧을 한화로
도 구입할 수 있다. 스카이프는 전 세
계에서 가장 인기 있는 인터넷전화서비
스로 유명세만큼 전화비도 가장 저렴한
편이다. 스카이프는 별도 접속료가 있
는데 한 통화 당 한 번만 부과되므로,

스카이프

통화 시간은 얼마가 되도 상관없다. 접속료는 주요 35개국으로 전화하면 53원, 그
외 국가는 97원이 부과된다. 미국과 영국에 한해 수신자부담Toll Free 번호는 통화료와
접속료가 면제된다.

스카이프는 전화사용이 많은 사용자를 위해 월정액 요금제를 운영하는데, 월정액에
는 별도 접속료는 부과하지 않는다. 월정액 요금제에는 국내 유선전화 무제한 통화,
일반 유선전화에서 무선전화까지 각각 월 300분 단위로 1500분까지 통화, 한국 포
함 42개국 일반전화 무제한 통화 등의 요금제가 있으며, 결제기간이 길수록 5~20%
까지 추가 할인이 적용된다. 또한 스카이프는 스카이프 앱 또는 PC버전을 사용하는
사용자끼리는 무료 음성 및 영상통화도 이용할 수 있어, 통화 상대방이 스카이프를
이용하면 별도 요금을 내지 않아도 된다. 스카이프의 단점은 한국에 전화를 걸었을
때 국제전화로 표기되기 때문에 받는 사람에 따라 수신을 하지 않을 수도 있다.

## 05 새로운 VOIP의 대안, 바이버

수많은 VOIP<sup>Voice Over Internet Protocol</sup> 서비스 중에서 바이버<sup>Viber</sup>는 가장 눈에 띄는 곳이다. 국제전화 비용은 국가에 따라 스카이프보다 조금 저렴하거나 비싼 정도이지만, 접속료가 없기 때문에 짧은 통화가 많을 때는 바이버가 유리한 경우가 많다. 또한 미국에 한해서 수신자부담번호는 별도 비용이 들지 않는

바이버

다. PC와 모바일에서 모두 사용을 할 수 있으며, 통화품질도 스카이프랑 큰 차이가 없을 정도로 훌륭한 편이다. 메신저 기능도 지원하므로 사용자끼리 문자, 음성통화, 사진 전송, 위치 공유 등도 가능하다.

## 06 국내에서 해외로 전화 걸기

요즘에는 국내 통화료로 해외까지 전화를 걸 수 있는 다양한 방법들도 생겨났다. 일반전화로 그냥 전화를 걸면 되는 1544-0044 또는 스마트폰 앱을 이용한 OTO국제전화와 같이 국내번호로 연결해서 해외로 거는 방식이다. 1544-0044는 ARS방식으로 해외의 전화번호를 입력하며, OTO국제전화앱은 앱 내에서 번호를 입력한다. 그 외에도 다양한 무료 국제전화 서비스 업체들이 있으며, 두 가지가 가장 대표적인 곳들이다.

국내통화료로 연결되기 때문에 엄밀히 말해서 무료는 아니다. 또한 휴대폰으로 연결했을 경우 요금제에 따른 사용가능 시간에서 줄어들기 때문에, 무제한 통화 요금제라도 할당되어 있는 시간이 있음을 감안해야 한다. 그렇더라도 사실상 핸드폰에 무료통화가 남아 있는 사람이라면, 비용이 거의 안 나온다고 봐도 된다. 이런 식의 국제전화가 가능한 것은 1544와 같이 서비스 번호로 전화를 걸 때 접속료로 회사가 남기는 수익보다, 국제전화 비용이 더 싸졌기 때문이다.

1544-0044                    OTO국제전화

# 스마트폰으로 익히는
# 해외여행 기초 정보

여행 가이드북 없이도 스마트폰만으로 여행정보를 얻을 수 있는 세상이다. 여행에 있어 스마트폰은 떼려야 뗄 수 없는 존재가 되고 있다. 대중교통 검색부터 인터넷을 이용한 전화, SNS를 이용한 소통, 인터넷 검색, 이메일 확인 등 컴퓨터로 할 수 있는 대부분의 일이 가능해졌다. 여행을 떠나기 전 스마트폰을 이용한 여행에 대비해보자.

## 01  안전한 여행을 위한 첫걸음

여행 중 누구에게나 일어날 수 있지만, 당장 닥치지 않으면 모르기 때문에 소홀히 지나가는 부분이 있다. 특히 여행 중 문제가 발생하면 어떻게 해결해야 할지 몰라 당황하게 되는데, 미리 기초정보를 알 수 있는 앱을 이용하면 긴급 상황에 대처하기가 수월해진다.

### • 해외안전여행

외교부에서 만든 해외 안전 여행 앱은 분실, 도난, 소매치기와 같이 여행 중 쉽게 일어날 수 있는 사고부터 교통사고, 질병, 사망 등 다양한 상황에 대처하는 방법을 도와준다. 특히 테러, 지진, 화재 등의 자연 재해 시 대처요령과 여행 중 알아야 할 기본 정보들을 제공하기 때문에 여행 전 미리 한 번 봐두면 긴급 상황 발생 시 침착하게 대처할 수 있다. 또한 영사콜센터 현지긴급구조 번호로 직접 전화를 거는 기능과 카드사, 항공사, 보험사, 렌터카의 연락처를 함께 제공해준다.

해외안전여행

### • 저스트 터치 잇

한국관광공사에서 제작한 앱으로 현재 영어, 일본어, 중국어로 제공되며, 그 외 언어도 추가될 예정이다. 병원, 약국 등 영어를 어느 정도 하더라도 쉽게 표현하기 힘든 상황들을 앱에서 간단하게 터치 몇 번으로 해결할 수 있게 도와준다. 그 외에도 간단한 영어회화와 여행준비에 필요한 물건 그리고 주의사항 등을 알 수 있으므로 여행 출발 전후에 이용하기 좋은 앱이다.

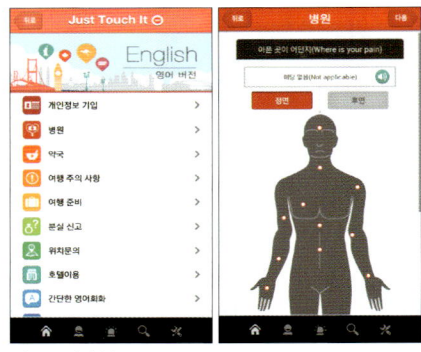

저스트 터치 잇

• 글로벌 에티켓의 달인

글로벌 에티켓의 달인은 해외에서 자칫 실수를 범할 수 있는 상황에 대한 설명을 해주는 앱이다. 공연, 식사, 여행, 교통수단, 인사와 같이 쉽게 부딪히게 될 상황에 대한 에티켓과 국가별로 다른 에티켓을 소개하고 있어 여행을 떠나기 전 미리 읽어보면 도움이 된다. 또한 앱 사용자들에게 한국인의 위상을 높일 수 있도록 서약을 받기도 한다. 한 사람의 행동이

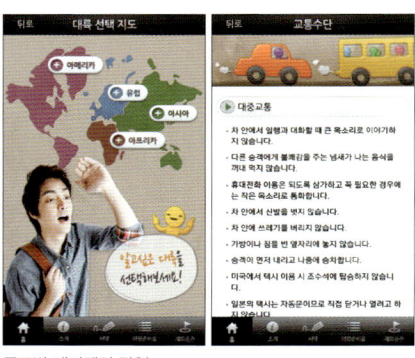

글로벌 에티켓의 달인

다른 한국 여행자에게도 영향을 미칠 수 있으므로, 가능하면 기본 에티켓은 지켜야 한다.

• 인천공항 가이드

남들 하는 대로 따라만 해도 되는 것이 공항 이용방법이라 하지만, 공항에 대한 다양한 정보를 미리 알고 있으면 여행에 많은 도움이 된다. 인천공항에 출도착하는 비행기 정보, 출입국, 주차, 공항으로 가는 법 등 인천공항 이용과 관련된 기본 정보들을 제공한다. 또한 앞으로 이용할 항공편에 대한 정보를 입력해두면, 시간

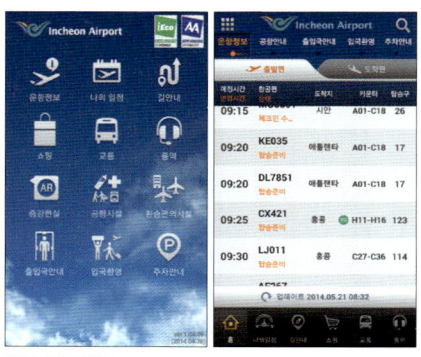

인천공항 가이드

변경이나 연착 등의 상황들도 알려준다. 인천 공항 내에 있는 다양한 편의 시설에 대한 정보도 제공하므로 출발까지의 여유 시간을 제대로 활용할 수도 있다.

### • 쉬운 출입국

다른 나라로 입국하려면 입국신고서를 작성해야 한다. 국가마다 이런 출입국신고서 양식이 달라 언어가 다르면 읽을 수조차 없어 당황하기 쉽다. 하지만 쉬운 출입국 앱을 이용하면 어떻게 작성해야 하는지 친절하게 안내되어 있다. 미리 여권과 티켓 사진을 찍어두면 작성을 더 쉽게 할 수도 있다. 이 앱의 본래 목적은 무료국제전화 서비스로 한국에서 국내통화료로 해외 통화도 가능하다.

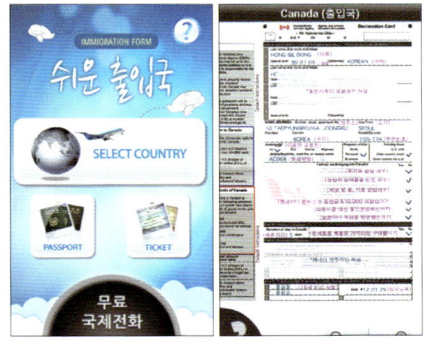

쉬운 출입국

## 02 언어의 두려움을 떨치자

해외여행에서 언어 장벽은 대부분의 여행자가 겪을 수 있는 고충이다. 그나마 영어권 국가라면 기본적인 영어실력에 보디랭귀지로 해결하겠지만 그 외 언어권이라면 난감한 경우가 많다. 그럴 때 도움을 받을 수 있는 앱이 있다. 물론 여행하면서 현지어도 공부하고 싶다면 언어 공부를 위한 앱을 다운받아 짬짬이 공부해보는 것도 좋다. 여행지에서는 간단한 현지어 한 마디가 여행을 아주 즐겁게 바꿔놓기도 한다.

### • 구글 번역

인터넷에 연결만 되어 있다면 최고의 앱 중의 하나이다. 키보드 또는 음성, 필기인식을 통해 문자를 입력할 수 있으며, 그 자리에서 바로 번역이 가능하다. 일본어처럼 우리와 언어구조가 비슷한 언어는 이해가 될 정도로 번역되며, 그 외의 언어도 나름 번역률이 좋은 편이다. 반대로 외국어를 한국어로 번역할 수도 있으며, 메뉴

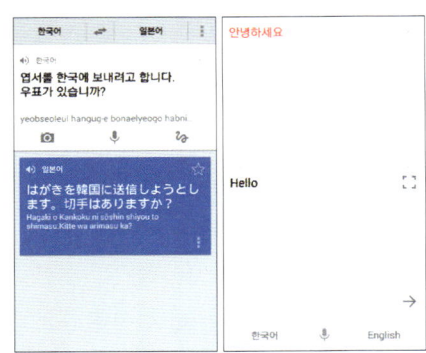

구글 번역

판이나 표지판 등에 적혀있는 단어는 사진을 찍어 문자인식을 통해 번역할 수도 있다. 번역된 문장은 스피커를 통해 상대방에게 바로 들려줄 수 있다. 구글 번역은 전세계 대부분의 언어를 번역할 수 있는 만능 앱이다.

- **EBS 여행영어**

  교육방송 EBS에서 제작한 앱으로 여행에 필요한 필수 표현들을 담고 있다. 특히 상황에 따른 표현 방법이 궁금할 때 도움을 받을 수 있다. 물론 질문을 하고 나서 대답을 알아듣지 못하는 상황이 생기기도 하지만, 아예 질문조차 하지 못하는 것에 비하면 그나마 낫다.

EBS 여행영어

- **네이버 글로벌회화**

  영어, 일본어, 중국어, 프랑스어, 스페인어, 독일어, 베트남어, 러시아어, 이탈리아어, 태국어, 인도네시아어, 아랍어, 몽골어, 터키어, 포르투갈어의 15개국 언어 회화를 하나의 앱에서 제공한다. 무료버전에서도 여행에 충분할 정도의 회화를 제공하지만, 조금 더 다양한 표현과 사례를 원한다면 유료 앱인 글로벌회화 플러스를 구입하면 된다. 여행 중에도 유용하게 사용되지만, 영어공부 용으로도 많이 이용된다. 미리 음성팩을 다운로드 받으면 앱에서 발음도 바로 들어볼 수 있다.

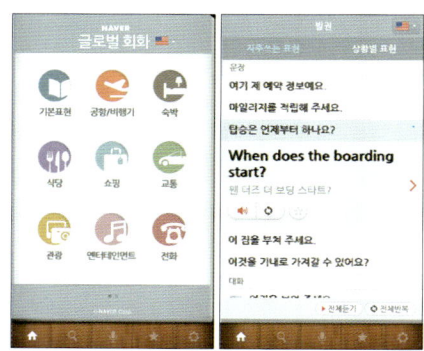

네이버 글로벌회화

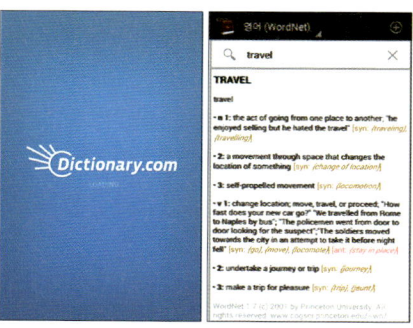

- **오프라인 사전 앱**

  여러 가지 회화와 번역 프로그램이 있더라도, 정작 필요한 단어를 알고 싶을 때는 사전만한 것이 없다. 그러

오프라인 사전 앱

나 여행 중에 항상 인터넷에 연결되어 있는 것이 아니므로, 오프라인에서도 사용할 수 있는 앱을 이용하는 것이 좋다. 가장 대중적인 것은 영어사전이지만, 그 외에도 일본어, 중국어, 스페인어 등 다양한 앱을 찾을 수 있다. 여행지와 필요에 따라 미리 다운받아 놓으면 긴급할 때 도움이 된다.

## 03 SNS 이용하기

SNS와 커뮤니케이션 앱을 이용하면, 한국뿐만 아니라 전 세계에 있는 친구들과 소식을 주고받을 수 있다. 페이스북<sup>Facebook</sup>, 트위터<sup>Twitter</sup>와 같은 대표적인 SNS부터 위치를 공유하는 포스퀘어<sup>Foursquare</sup>, 사진과 취미를 공유하는 인스타그램<sup>Instagram</sup>, 핀터레스트<sup>Pinterest</sup> 등 다양한 앱들이 개발되어 있다. 가장 인기 있는 SNS는 페이스북이지만 사진과 함께하는 인스타그램과 핀터레스트의 인기도 꾸준히 높아지고 있다.

### • 페이스북

전 세계적으로 많은 사람들이 이용하는 페이스북은 여행자가 어릴수록 사용하지 않는 사람을 찾기가 더 어려울 정도로 대중화되어 있다. 덕분에 이메일이나 메신저 주소를 주고받던 과거와 달리, 현재는 페이스북에 서로 친구등록을 하는 경우가 많다. 특히 서로 페이스북을 통해 현재의 위치와 여행 장소들을 확인할 수 있으며, 별도 메신저 서비스까지 제공하기 때문에 서로 대화를 하기에도 좋은 프로그램이다.

페이스북(Facebook)

### • 트위터

또 다른 대표적인 SNS 프로그램인 트위터는 짧은 내용밖에 올릴 수 없고, 내용의 휘발성이 높아 여행자들의 사용빈도는 과거보다 낮아진 편이다. 여행을 하는 사람들 중에는 트위터를 이용하는 사람들의 비중이 점차 줄고 있다.

트위터(Twitter)

- 포스퀘어

다녀간 여행지의 위치를 공유하는 포스퀘어는 단순히 여행했던 방문지를 체크하는 것이 아니라, 그 지역에 있는 유용한 정보나 쿠폰 등도 얻을 수 있어서 사용하는 재미가 배가된다.

포스퀘어(Foursquare)

- 인스타그램

자신이 촬영한 사진을 온라인상에서 공유하는 애플리케이션이다. 여행 중에 직접 촬영한 사진을 다양한 필터 효과를 적용하여 좀더 멋지게 보이도록 하여 올릴 수 있다. 인스타그램에 올리는 사진은 페이스북 등과도 연동하므로, 여러 가지 SNS를 이용하는 사람들에게 유용하다.

인스타그램(Instagram)

- 핀터레스트

같은 취미나 관심사를 가진 사람들이 생각을 공유를 할 수 있는 SNS로, 여행도 하나의 분야로 구분되어 있다. 자신이 촬영한 사진을 같은 관심사를 가진 사람들과 함께 공유할 수 있고, 자신의 관심사에 맞춰 다른 사람의 사진을 볼 수도 있어 인기가 좋다.

핀터레스트(Pinterest)

## 04 커뮤니케이션 앱 활용하기

한국 사람들이 가장 많이 이용하는 스마트폰 메신저는 카카오톡이며, 마이피플과 라인도 사용자층이 확대되고 있다. 이러한 메신저들은 인터넷에만 연결되어 있으면, 지역과 상관없이 등록된 사람들과 메시지를 주고받을 수 있어 편리하다. 단순히 문자만 주고받는 것이 아니라 사진과 파일도 전송 가능하다. 다만 해외여행 중 데이터로밍을 하지 않았다면, 문자서비스를 이용하는 것이 더 확실하게 연락할 수 있는 방법이다.

### • 카카오톡

한국의 국민 메신저라 할 수 있는 카카오톡은 메신저 기능과 파일전송, 그리고 보이스톡이라는 무료 음성통화를 제공한다. 게임 이나 기타 연동 앱으로 인해 불필요한 메시지도 많이 오지만, 스마트폰 사용자라면 대부분 필수적으로 깔려있다. 기본적인 기능에 충실하기 때문에 여행 중에 연락용으로 사용하기에 전혀 불편함이 없다.

카카오톡(KakaoTalk)

마이피플(Mypeople)

### • 마이피플

다음에서 제공하는 커뮤니케이션 앱으로, 다양한 기능과 무료 스티커들을 제공한다. 또한 무료로 음성 및 영상통화가 가능하며, 기능적인 측면에서는 가장 좋은 평가를 받고 있다. 다만 이용자가 국내에 한정되며, 국내 3대 커뮤니케이션 앱 중에서는 사용자가 가장 적은 편에 속한다.

### • 라인

한국에서는 사용자가 그리 많지 않지만, 오히려 일본을 포함한 외국에서 더 인기를 끌고 있는 커뮤니케이션 앱이다. 메신저 기능 외에도 음성과 영상통화 기능이 가능하다. 전 세계적으로 이용하는 사람들이 많지만, 주로 아시아권에 몰려있다. 여행 중 외국 친구가 생기면 왓츠앱과 함께 가장 많이 이용하게 되는 앱이다.

라인(Line)

### • 기타 커뮤니케이션 앱

한국에서 많이 사용하는 3대 커뮤니케이션 앱 이외에도, VOIP를 함께 이용할 수 있는 스카이프, 바이버, 외국에서 가장 많은 사용자를 보유한 왓츠앱[WhatsApp], 중국 최고의 커뮤니케이션 앱 위챗[WeChat] 등이 있다. 대부분 메신저 기능을 기본으로 제공하며, 그 외에도 파일전송, 음성통화 등의 기능을 제공한다. 영상통화 기능을 가진 앱도 있는데, 앞서 언급한 것 외에도 애플의 모바일 운영체제 iOS 사용자들은 와이파이 환경에서 페이스타임<sup>FaceTime</sup>을 선호한다.

바이버(Viber)

## 05 여행에 필요한 준비해두면 좋은 앱들

실제 여행 중에 필요한 앱들은 생각보다 많다. 꼭 있어야 하는 것은 아니지만, 미리 설치해 두면 여행 중 순간순간 도움이 되기 때문에 자신이 여행 중에 필요할 것 같다면 미리 준비해 두는 것이 좋다.

### • 여행지 날씨

여행에서 날씨는 중요한 변수이다. 정해진 일정대로 움직이는 패키지라면 날씨와 상관없이 다녀야 하지만, 자유여행이라면 날씨에 맞춰 일정을 얼마든지 바꿀 수 있다. 또한 일출, 일몰 시간을 알려주는 앱을 이용하면 멋진 해돋이나 해넘이 시간에 맞춰 제대로 감상할 수 있다. 만약 여러 도시를 여행한다면, 떠나기 전 앱에 미리 도시 정보들을 입력해서 날씨 상태를 일목요연하게 볼 수 있어 편리하다.

가장 많이 사용하는 날씨 앱은 야후 날씨<sup>Yahoo Weather</sup>이다. 이용하기 쉬운데다 미려한 디자인 덕분에 선호하는 사람이 많다. 그 외에도 더 웨더채널<sup>The Weather Channel</sup>과 웨더&클락위젯<sup>Weather&Clock Widget</sup>, 웨더버그<sup>Weather Bug</sup>, 어큐웨더<sup>AccuWeather</sup> 등도 인기가 있

야후 날씨(Yahoo Weather)

더 웨더 채널(The Weather Channel)

웨더&시간 위젯(Weather & Clock Widget)

다. 날씨 앱의 정확도는 다들 비슷하며, 여행지에 따라 변화무쌍한 곳도 있으므로 날씨 정보는 참고용으로 체크하여 일정을 짜면 도움이 된다.

### • 사진 촬영 및 편집

최신 스마트폰의 카메라 기능은 웬만한 콤팩트카메라 이상이라 해도 과언이 아닐 정도로 월등한 품질의 제품들이 많다. 덕분에 별도로 카메라를 챙기지 않아도 사진을 찍으며 여행을 즐길 수 있다. 스마트폰으로 찍은 사진은 사진보정 앱을 이용해 편집한 뒤, 바로 SNS에 공유할 수 있어 선호하는 사람들이 많다. 찍은 사진들은 SNS 외에도 클라우드 앱을 이용해 별도로 보관할 수도 있다.

기본 카메라 앱은 사진 촬영 시 '찰칵'하는 소리를 내지만, 최근 카메라 앱들은 촬영 시 소리를 없앤 무음 카메라 기능을 대부분 제공한다. 기본적으로 사진보정과 필터효과 그리고 편집 기능을 제공하므로, 원하는 기능에 맞춰 카메라 앱을 선택하면 된다. 카메라360과 같은 앱은 사진에 GPS 정보를 넣을 수 있으므로, 여행 사진의 위치를 기억하고 싶다면 이런 앱을 이용하면 좋다.

초고속 카메라

| 카메라360 | SNAPSEED | 라인카메라 |

### • 음악과 동영상 감상하기

여행 중 장거리 이동이나 저녁에 별다르게 할 일이 없을 때 음악과 동영상은 좋은 친구가 된다. 평소 좋아하던 노래를 스마트폰에 정리해두고 상황에 맞춰 듣는다면 여행이 좀 더 풍성해진다. 멜론, 네이버뮤직, 벅스 같은 스트리밍서비스는 인터넷이 연결되지 않은 곳에서는 무용지물이 되기 쉽다. 그러므로 미리 다운로드 서비스를 이용해 스마트폰에 넣은 뒤 가지고 다니는 것이 좋다. 재미있는 앱 중에는 여행 중 들려오는 음악이 궁금할 때 사운드하운드<sup>SoundHound</sup>와 같은 앱을 이용하면 노래의 제목을 알 수 있다.

혹시라도 못 본 드라마나 영화가 있다면 스마트폰에 다운로드하여 여행 중 지루한 시간에 챙겨볼 수 있다. 해외에서는 속도 문제 때문에 원활한 다운로드가 힘들 수 있으므로 한국에서 미리 다운로드 서비스를 받는 것이 좋다. 음악과 영상은 테마여

행에서 더욱 빛이 난다. 드라마 촬영지를 찾아 떠나는 여행이라면 해당 여행지까지 이동하는 동안 영화를 보거나 OST를 들으면, 인상 깊었던 장면 속으로 쉽게 빠져들 수 있어 그만큼 감동적인 여행을 할 수 있게 된다.

MX플레이어

기본 음악 앱

Youtube

Soundhound

## • 다양한 환율 및 단위 변환하기

우리나라 사람이 한국에서 사용하는 원화와 여러 도량 단위에 익숙한 것은 너무 당연한 일이다. 하지만 해외여행을 가게 되면 화폐부터 단위들이 한국과 다른 경우가 너무 많다. 국가별 화폐가 다른 것은 여행 전 신경을 쓰므로 큰 문제가 되지 않지만, 센티미터와 킬로미터가 아니라 피트와 마일을 사용하고, 킬로그램 대신 파운드를 이용하는 경우 혼란이 오기 쉽다. 특히 섭씨 대신 화씨로 표시된 온도는 도대체 얼마나 춥거나 더운 건지 짐작하기 힘들다. 또한 여행하는 나라마다 표준시간도 각각 달라 한국에 연락하기도 애매할 수 있다. 이럴 때는 다양한 단위를 변환하는 단위변환기 또는 Convertbee 앱을 이용하면 된다.

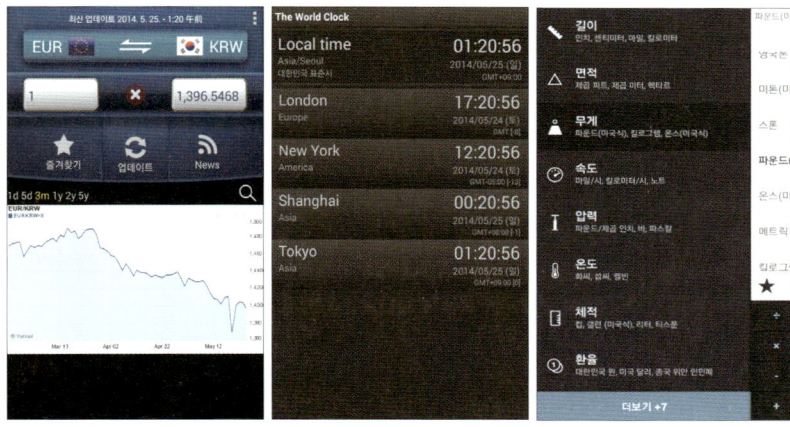

World Currency          The world clock          Convertbee

- **소소한 앱들**

  물건을 사거나 환전할 때 필요한 계산기, 어두운 곳에서 유
  용하게 이용할 수 있는 손전등, 여행지에서 방향을 잡기에
  좋은 나침반 등의 앱들은 어찌 보면 평범하지만, 정말 필요
  할 때 큰 힘이 되므로 하나씩 꼭 갖춰두는 것이 좋다. 이러
  한 앱들은 광고가 붙은 무료 앱만으로도 충분하지만, 꾸준
  히 이용한다면 유료 앱을 구매하는 것도 고려해볼 만하다.

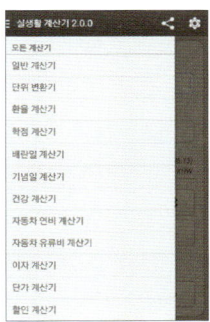

실생활 계산기

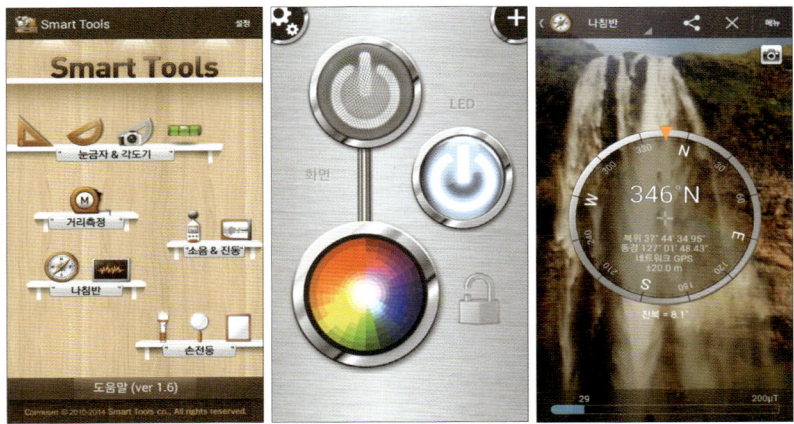

Smart Tools          손전등          나침반

# 스마트폰과 함께하는 여행, 완전 정복하기

스마트폰만 있어도 여행 준비부터 예약, 확인 그리고 관리까지 모든 것을 할 수 있는 시대가 왔다. 컴퓨터가 있다면 더 자세한 확인할 수 있지만, 모바일만으로도 급박한 예약이나 정보 등을 찾아보는 것이 가능하므로 상황에 따라서는 컴퓨터보다 더 훌륭한 동반자가 된다. 이렇게 여행 시작부터 마무리까지, 전 과정에서 이용되는 유용한 앱들을 살펴보자.

## 01 여행 시작 전 유용한 앱

여행은 준비과정에 해야 할 것이 많다. 항공권, 호텔 등을 예약하고, 문제가 생기지 않도록 예약 내역들을 하나하나 챙겨야 한다. 또한 여권 등의 필수품부터 여행 중에 입을 옷과 사용할 물건들을 빠짐없이 챙겨야 한다. 하지만 급하게 준비하다보면 빼먹는 것들이 생길 수 있으므로, 가능하면 일찍 준비를 시작하는 것이 좋다.

### • 필수 품목 챙기기

여행 준비물을 챙기는데 유용한 앱으로 안드로이드에는 민트티백<sup>Mint T Bag</sup>과 트립체크<sup>Trip Check</sup>가 있지만, 사실상 깔끔하게 정리해서 볼 수 있는 민트티백만 있어도 충분하다. iOS에서는 Visual Travel Checklist가 여행을 준비하는데 있어 단순히 물건뿐만 아니라 집과 개인적인 부분들까지 모두 체크할 수 있어 굉장히 도움이 된다.

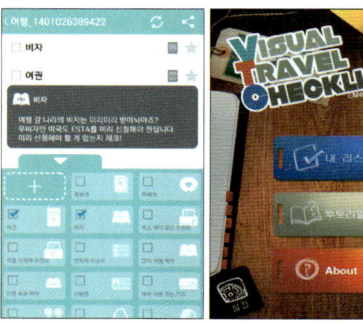

Mint T Bag      Visual Travel Checklist

### • 항공권 가격 검색

여행을 좋아하는 사람이라면 문득 가고 싶은 곳의 항공권 가격을 검색해 보고 싶어질 때가 있다. 혹은 휴가에 맞춰 떠나는 날짜 항공편 가격을 주기적으로 확인하고 싶을 때 유용한 앱들이 많다. 인터파크와 탑항공과 같이 국내 여행사에서 만든 앱부터 카약, 스카이스캐너와 같이 해외여행사에서 만든 앱도 있다. 국내 출발의 경우 한국여행사 앱으로도 충분히 가격을 검색해볼 수 있지만, 해외 출발이나 복잡한 다구간이라면 해외 앱을 이용하는 것이 좀 더 쉽게 검색된다.

인터파크 항공          탑항공          KAYAK          SKYSCANNER

- **호텔 가격 검색**

전 세계 호텔을 모든 곳에서 다 동일하게 예약할 수 있다면 군이 가격 검색을 할 필요가 없지만, 예약사이트마다 가격이 다른 경우가 많다. 또한 앱에 따라서는 모바일전용 할인쿠폰을 제공하기 때문에 조금 더 저렴하게 예약할 수 있는 기회가 생긴다. 다만 예약사이트의 앱 이외에도 체인호텔을 이용할 예정이라면, 체인호텔의 앱을 이용해서 예약하는 것이 좋다.

익스피디아          부킹닷컴

이렇게 앱을 통해 로그인해두면, 언제든 예약 내역을 확인할 수 있어 편리하다.

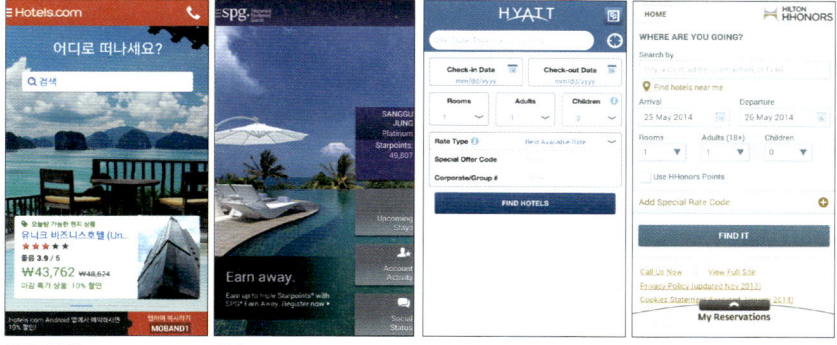

호텔스닷컴          SPG          HYATT          HILTON

- **문서와 여행정보 관리하기**

  기본적인 사진들은 갤러리를 통해 대부분 볼 수 있지만, 워드문서파일 DOC, 아크로뱃파일 PDF와 같은 파일들은 별도 프로그램이 있어야만 확인할 수 있다. 미리 호텔, 투어 등의 예약확정서를 파일로 받아놓았다면, 핸드폰에서 볼 수 있도록 이런 뷰어들을 설치해놓으면 혹시라도 출력물을 잃어버린 경우 유용하게 대처할 수 있다. 이 밖에도 여행 중 필요 사항들을 언제든지 확인할수 있도록 솜노트나 에버노트 같은 클라우드기반 노트 프로그램을 이용하면 편리하다. 다만 이런 프로그램들은 오프라인에서도 볼 수 있도록 별도로 설정을 해줘야 한다.

OfficeSuite          Kingsoft Office          Evernote          Somnote

## 02 여행 중에 유용한 앱

여행 중에 스마트폰은 친절한 가이드북 역할부터 여행 전체 스케줄을 관리해주는 도우미 역할까지, 개인비서 겸 여행전문 가이드 못지않다. 여행 중에 활용할 수 있는 유용한 앱들을 살펴보자.

- **여행을 도와주는 앱**

  단기여행이라면 항공편과 숙소예약 내역, 여행 관련 문서 정도만 챙겨도 사실 큰 문제가 없다. 하지만 장기여행이라면 여러 항공권과 숙박 내역 등을 지속 관리해야 되므로 미처 신경 쓰지 못한 곳에서 문제가 발생할 수 있다. 사실 일반 여행자들보다는 비즈니스를 위한 여행자들에게 더 적합하지만, 누구나 잘만 활용하면 여행 중에 생길 수 있는 실수를 최소화할 수 있는 앱이다. 대표적으로 이용되는 앱은 트립케이스Tripcase와 트립잇Tripit이 있으며, 항공권부터 렌터카, 호텔, 투어예약 등을 관리할 수 있고, 항공권의 경우 스케줄 변경 및 연착 등의 정보까지 알려주기 때문에 좀 더 확실하게 관리할 수 있다.

만약 이러한 여행정보 관리가 아니라, 가벼운 스케줄과 약속, 그리고 일정 정도를 관리한다면 캘린더 앱을 이용하면 된다. 구글캘린더가 전체적으로 이용하기 편하지만, 모바일에서는 다음의 쏠캘린더가 구글연동도 되고 이용이 편리해 관리하기 쉽다. 미리 컴퓨터에 입력해둔 일정이 인터넷으로 모바일과 연동되며, 그 반대로 모바일에 입력한 일정을 컴퓨터로 관리할 수도 있다.

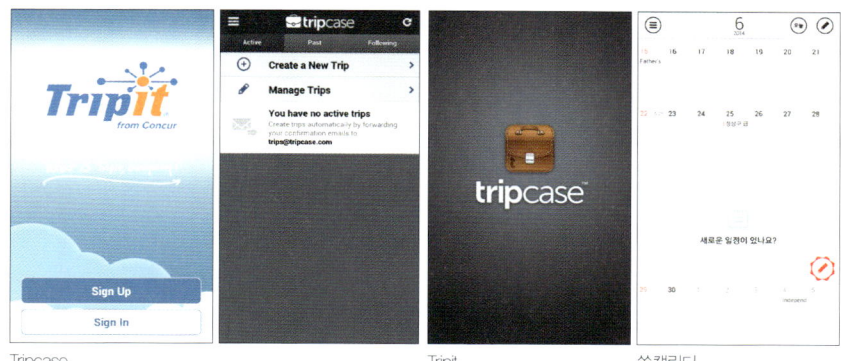

Tripcase                              Tripit                    쏠캘린더

- **여행의 기록 남기기**

여행 도중 사진과 함께 메모, 일기 등을 남기고 싶다면 노트 프로그램도 좋지만, 여행기록을 남기는데 특화된 앱이 더 유용하다. 하나의 앱에서 여행 메모, 사진, GPS정보 등을 기록할 수 있어 지도와 함께 여행기록을 확인할 수 있다. 대표적인 앱으로는 플라바[Flava]와 트립저널[Trip Journal] 등이 있으며, 모두 안드로이드와 iOS에서 이용가능하다. 여행의 기록을 스마트

플라바                        트립 저널

폰에 모두 남기고 싶은 사람들에게 굉장히 유용한 앱이다.

- **함께 여행 중인 동행인의 위치는 어디에?**

여행을 하다보면 항상 같이 다니게 되는 것은 아니다. 관심사에 따라 좋아하는 곳을 각자 둘러보고, 다시 만나 식사하고 각자 일정대로 일을 본 후 숙소에서 다시 만나기도 한다. 한국에서라면 쉽게 어디에 있다고 주변 설명을 할 수 있지만, 낯선 여행지에서는 현재 어디에 있는지 설명하기가 쉽지는 않다. 이때 위치를 공유할 수 있는

Life360이라는 앱이 도움이 된다. 여러 앱 중 가장 많이 쓰이며, 국내에서 제작된 어디야 등의 앱도 있다. 위치를 공유하려면 데이터로밍 등으로 네트워크에 연결되어 있어야 한다.

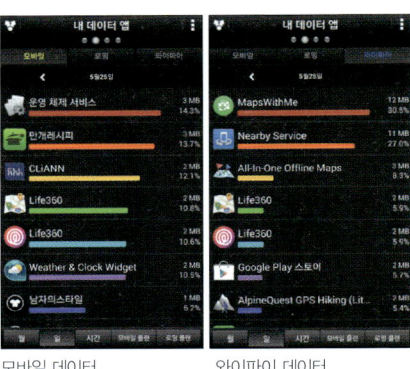

Life360

- ### 내가 사용한 데이터의 총 양은?

여행 전 데이터무제한 로밍을 했더라도, 실제 데이터가 무제한이 아닌 경우가 많아 1일 100MB를 초과하면 속도제한에 걸리기 십상이다. 그러면 현저히 느려진 네트워크 상황에 당황할 수 있으므로 마이데이터매니저<sup>My Data Manager</sup> 같은 앱을 이용하여 사용한 용량을 체크해볼 수 있다. 모바일뿐만 아니라 로밍, 와이파이에서 사용한 데이터양까지 확인할 수 있다.

모바일 데이터          와이파이 데이터

포터블 와이파이 기계를 가져갔을 경우 와이파이로 인식하기 때문에 클라우드나 앱 업데이트가 자동으로 되기 쉬운데, 이런 내역들까지 확인할 수 있어 불필요한 데이터 누수를 잡을 수 있다.

## 03 스마트폰과 함께하는 셀프가이드 앱

여행가이드 앱은 주로 도시 위주로 서비스를 제공하지만, 대신 모든 여행정보를 오프라인에서도 볼 수 있게 한다. 덕분에 인터넷이 되지 않는 외국에서도 이 정보를 기반으로 조금 더 쉽게 여행할 수 있다. 특히 GPS를 이용해 현재의 위치를 확인하면 근처에 어떤 볼거리와 레스토랑이 있는지도 확인할 수 있고, 길을 찾아갈 때는 내비게이션 대용으로도 훌륭하다.

- ### 트립어드바이저

트립어드바이저는 호텔, 레스토랑, 여행 후기 등을 검색할 수 있는 앱과 도시별 시티가이드<sup>City Guide</sup>로 나뉘어 있다. 둘 다 여행자들의 후기를 기반으로 하다 보니 다른 앱

보다 신뢰도가 높은 편이다. 또한 트
립어드바이저의 시티가이드는 대부
분의 기능을 무료로 이용할 수 있어
유용하다. 지도를 기반으로 한 정보
와 추천 셀프가이드투어 기능이 있
어 어디서 무엇을 봐야할지 감이 안
올 때 좋은 안내자가 된다. 실제 제
공되는 정보의 정확도가 상당히 높
은 편이라 웬만한 지역은 트립어드바
이저 앱 하나만 있어도 여행을 제대
로 즐길 수 있다.

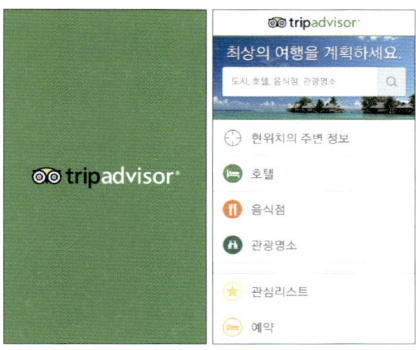

트립어드바이저

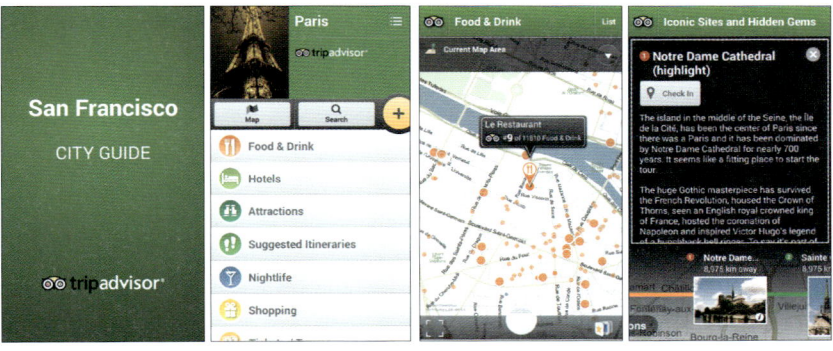

트립어드바이저 시티가이드

- ### 시티맵스2고

  트립어드바이저와 비슷한 앱으로 시
티맵스2고<sup>City Maps 2 Go</sup>가 있으며, 오
픈 스트리트맵을 이용하여 오프라
인 상태에서도 지도를 볼 수 있어 편
리하다. 무료 버전은 5개까지 지도를
다운받을 수 있으며, 그 외 지도가
더 필요하다면 유료버전을 이용해야
한다. 단순히 지도만 검색하는 것이
아니라 지도 내에 레스토랑, 호텔 등
의 위치를 원하는 대로 추가해서 확

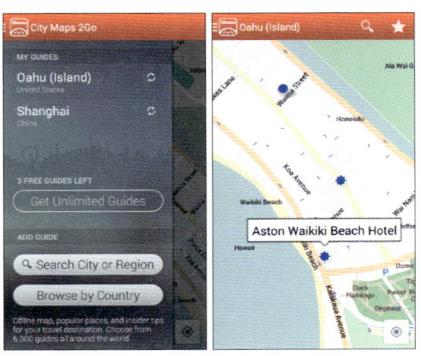

시티맵스2고(City Maps 2 Go)

인할 수 있고 오프라인에서도 잘 작동하기 때문에 여행할 때 유용하다.

- 트리포소

  전반적으로 평가가 괜찮은 가이드
  앱이다. 여행지에 따른 명소부터 레
  스토랑과 바, 호텔예약과 투어까지
  하나의 앱에서 모두 해결할 수 있다.
  앱 내에는 여행기록을 할 수 있는 기
  능도 포함되어 있으므로 가이드북처
  럼 활용하면서 여행기록도 남길 수
  있다.

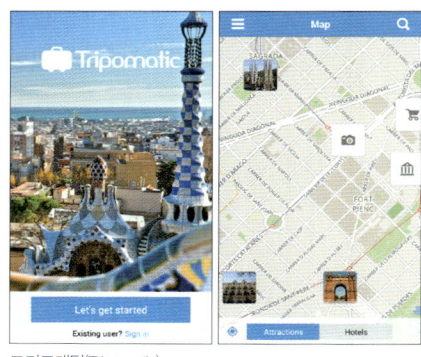

트리포소(Triposo)

- 트리포매틱

  트리포매틱은 가이드 역할뿐만 아니
  라 앱 내에서 일정을 짤 수 있는 기능
  도 갖춘 앱이다. 오프라인에서도 볼
  수 있는 지도는 유료이므로 별도 다
  운을 받아야 하며, 레스토랑 정보가
  포함되지 않은 것이 아쉬운 부분이
  다. 다른 앱을 이용하면서, 추가적인
  정보를 확인하는 보완용 앱으로 활
  용하기 적당하다.

트리포매틱(Tripomatic)

## 04 온라인 지도와 오프라인 지도 앱

구글지도처럼 온라인 지도는 수많은 정보를 빠르게 확인할 수 있는 장점이 있지만,
항상 인터넷에 연결되어 있어야 한다는 단점이 있다. 반면 오프라인 지도는 단순히
지도로서의 기능 외에도 앱에 따라 호텔, 레스토랑 등의 정보를 제공하기도 하며 미
리 자신에게 최적화된 정보를 저장해 놓을 수도 있다. 기능면에서 여행가이드 앱과
좀 겹치는 부분도 있지만, 활용 면에서는 차이가 크다. 또한 GPS 정보를 이용해 자
신의 여행을 기록으로 남길 수 있다. 이러한 오프라인 지도 앱들은 제각기 다양한
기능들이 있어 여행 전 한 가지라도 확실하게 익숙해져야 더 쉽게 활용할 수 있다.

- 구글지도

  스마트폰에서 구글지도의 가치는 상상 이상이다. 거의 전 세계의 지도를 검색할 수
  있고, 원하는 목적지를 찾아가기 위한 보조 수단으로도 활용하기 충분하다. 특히 주

소만 알아도 목적지를 찾을 수 있는데, 내비게이션으로는 검색되지 않는 주소까지도 구글지도에서는 찾을 수 있다. 간혹 잘못된 주소를 검색해주는 경우도 있으므로 한 번 더 확인하는 것이 필요하다. 과거 맛집이나 명소를 찾기 위해 지도를 들고 헤맸다면, 이제는 GPS를 켜고 구글지도를 이용해서 손쉽게 찾아갈 수 있다.

구글지도는 인터넷에 연결되어 있을 때 그 성능이 최대로 발휘된다. 차량 여행 중 별도 내비게이션이 필요 없을 정도이며, 한국어도 제공하고 교통 정보까지 받아 최적의 노선을 안내해준다. 아쉽게도 이러한 기능을 한국에서는 사용할 수 없다. 자동차 여행뿐만 아니라 구글지도는 전 세계의 대중교통 정보도 제공한다. 국가에 따라 실시간으로 확인 가능하기 때문에, 현 위치에서 몇 번 버스가 언제 도착하는지까지 확인할 수 있다. 구글지도만 잘 활용해도 일반 지도는 더 이상 필요 없다.

구글지도는 인터넷에 연결되지 않으면 지도를 볼 수 없지만, 인터넷에 연결되어 있을 때 원하는 지역 화면을 세팅한 후 'OK MAPS'라고 입력하면 스마트폰에 미리 저장해둘 수 있다. 저장된 지도는 인터넷에 연결되지 않아도 언제든지 확인할 수 있어 편리하지만 국가에 따라서는 지도가 저장되지 않는 곳도 있다.

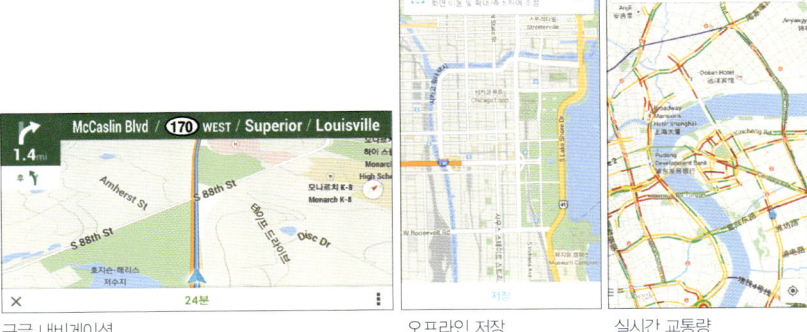

구글 내비게이션                    오프라인 저장                    실시간 교통량

## • 갈릴레오 오프라인맵

iOS에만 있는 오프라인 지도 앱으로, 벡터지도를 다운받는 방식으로 이용할 수 있어 적은 용량으로 많은 지도를 담아 다닐 수 있다는 장점이 있다. 앱을 이용해 원하는 곳을 지도에 표시해놓고, 추후 여행 시 활용하는 것도 가능하다. 실제 활용하는데 있어 개인이 어떻게 꾸미고 이용하느냐에 따라 큰 차이가 난다.

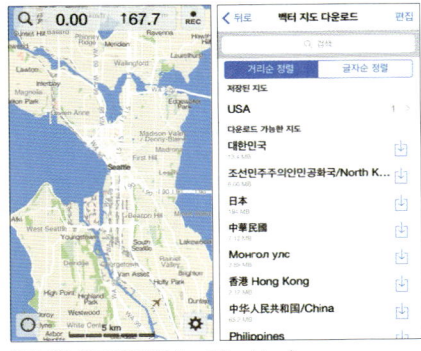

갈릴레오 오프라인맵(Galileo Offline Maps)

459

- **로커스**

  안드로이드에서 가장 많이 사용하는 오프라인 지도 앱으로, 공개된 지도를 활용할 수 있으며 원하는 지도를 별도로 다운받을 수 있다. 북마크나 원하는 내용을 지도에 표시해 놓을 수 있으며, GPS 이동 경로를 기록할 수 있다. 제한된 특정 기능은 유료 버전에서만 이용할 수 있으며, 벡터 지도는 유료지만 사용자들이 만든 것을 불러 활용할 수도 있다.

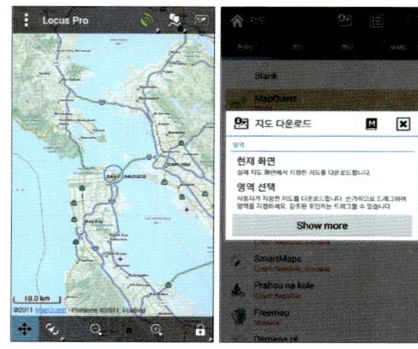

로커스(Locus)

- **맵스위드미**

  안드로이드에서 로커스만큼 많이 사용되는 오프라인 앱으로 전체적으로 이용하기 쉽다. 지도 내에서 중요 스팟의 위치를 쉽게 확인할 수 있고, 간단한 검색도 가능하다. 복잡하게 추가하고 관리하는 것이 싫다면 맵스위드미를 이용하는 것이 편하다. 지도는 해당 지역을 가기 전 미리 다운받아야 이용할 수 있다.

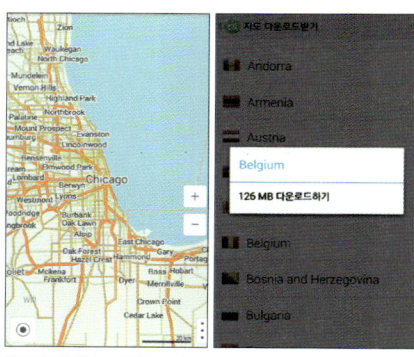

맵스위드미(Maps With me)

- **알파인퀘스트**

  일반 여행용이라기보다는 산악용에 초점이 맞춰진 오프라인 맵으로, 트래킹을 좋아하는 사람들에게 유용한 기능들이 많다. 지역을 특정해 다운받는 것이 가능하며, 등고선이 나와 있는 지도들이 많아 활용하기 좋다. 자신의 산행 및 여행경로를 기록할 수 있으며, 무료버전은 기능이 다소 제한적이다.

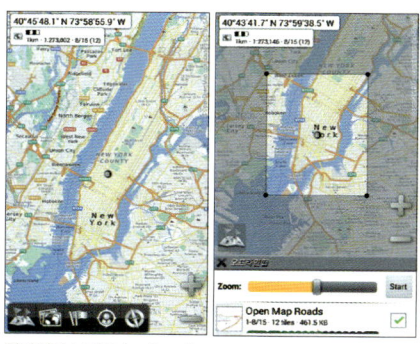

알파인퀘스트(Alpine Quest)

# 알뜰 씀씀이를 위한 여행 가계부

여행 중 가계부를 쓰는 사람은 많지 않다. 단기 여행에서는 특별히 돈을 관리할 필요가 없지만 장기 여행은 가계부 없이 돈을 관리하는 것은 쉬운 일이 아니다. 여행을 준비하면서 누구나 예산을 세우고, 그에 맞춰 비용을 지출한다. 이때 가계부가 있으면 지출을 조금 더 효율적으로 관리할 수 있다.

### ● 작은 수첩도 훌륭한 가계부가 된다

많은 여행자들이 그날그날 사용한 비용을 수첩에 기록한다. 이렇게 사용한 비용을 수첩에 기록해도 지출 내역이 한눈에 들어오지는 않는다. 여행 예산을 짜고 일단위로 나누면 하루에 얼마만큼 지출하는지 감을 잡을 수 있다. 여행 중에는 현지화폐를 사용하므로 일단은 그 금액을 적어둔 후, 나중에 환전 당시의 환율로 재계산해보면 된다. 또한 신용카드를 사용하거나 추가 인출을 할 때도 금액과 날짜도 기록해두어야 나중에 환율에 맞춰 계산해볼 수 있다.

꼼꼼한 성격이라면 사용한 영수증을 붙여가며 가계부를 정리해도 좋다. 이렇게 해두면 여행 후 영수증을 통해 어떤 곳을 다녀왔는지 알 수 있고, 추억을 되새기기에도 좋다. 여행 중 만난 한 여행자는 이렇게 정리한 여행 노트가 백과사전이 됐다는 사람도 있었다.

필자도 수첩에 영수증들을 붙여 가면 관리했다.

### ● 문명의 이기를 활용하면 가계부 작성이 편해진다

노트북이나 태블릿을 가지고 여행하는 사람이라면 엑셀로 관리할 수도 있다. 그날그날 지출 내역 분야로 구분하여 입력해두면 수식을 이용하여 한 번에 사용 금액을 정리할 수 있다. 만약 수식을 다루는 것이 어렵다면, 인터넷에 공개된 엑셀 가계부 파일을 다운받아 자신에 맞게 수정하여 사용하는 것도 좋다. 노트북은 여행 중 인터넷 검색, 촬영한 사진 정리, 여행 일기 등을 쓰면서 부가적으로 가계부로 활용할 수 있어 훌륭한 여행의 동반자가 된다. 하지만 노트북 무게도 무시할 수 없으므로 단기 여행자보다는 주기적으로 관리가 필요한 장기 여행자들이 더 많이 선호한다.

노트북에서 엑셀로 관리하는 여행 가계부

● **스마트폰으로 가계부를 관리하자**

스마트폰 시대인 만큼, 여행 가계부도 스마트폰으로 손쉽게 작성할 수 있다. 아날로그가 좋은 사람은 수첩이 편하겠지만, 스마트폰에 익숙한 사람이라면 바로바로 활용할 수 있는 스마트폰 가계부 앱도 좋다. 여행용 가계부 앱은 여행과 관련된 출납을 관리할 수 있는데, 다행히도 iOS와 안드로이드용 가계부가 하나씩 있다.

・ iOS용 데일리코스트

심플한 여행 가계부인 데일리코스트 앱은 $1.99에 구입할 수 있다. 복수통화 기능을 켜 놓으면 금액을 입력할 때 화폐를 골라서 입력할 수 있으며, 환율은 그날 환율이 자동 적용되어 계산된다. 여러 가지 카테고리로 분류하여 입력할 수 있으며, 그날그날의 지출내용을 일목요연하게 볼 수 있지만 현금 카드 구분 없이 한 번에 관리하는 형태이다.

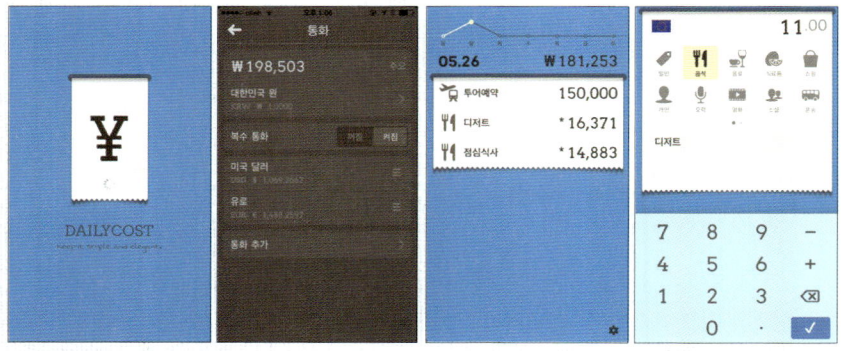

데일리코스트(Dailycost)

462

- 안드로이드용 민트T월렛

깔끔한 디자인이 돋보이는 여행 가계부 앱으로, 나온 지는 얼마 안 됐지만 꽤 완성도가 있다. 각 여행별로 예산관리가 가능하며, 과거로도 입력이 가능해 여행 출발 전 사용한 항공권, 호텔예약 등의 금액도 전체 예산으로 합산하여 확인해 볼 수 있다. 또한 여러 가지 화폐를 모두 사용할 수 있어, 국가가 바뀌어도 큰 문제가 없다. 현금과 카드도 구분 가능하며, 전체 예산에서 얼마나 사용했는지 확인할 수 있어 편리하다.

민트T월렛(Mint T Wallet)

## ● 가계부 작성에 있어 스트레스는 받지 말자

여행 중에는 너무 꼼꼼하게 가계부를 작성할 필요가 없다. 영수증 모으는 것을 여행의 일부처럼 즐기기만 해도 되지만, 일처럼 생각된다면 굳이 하지 않아도 된다. 처음 가계부를 작성할 때 대부분의 여행자가 실수하는 것이 너무 세세하게 분류해서 관리하려는 것이다. 물론 분류를 세세하게 관리하는 것이 나중에 일목요연하게 볼 수 있어 유용하지만 여행 중에 너무 많은 시간을 투자해야 한다면 오히려 손해일 수도 있다.

여행 중에 가계부는 꼭 쓰지 않더라도 그날그날 사용한 비용 정도는 적어놔야 나중에 돈이 없어 난감한 일이 발생하지 않는다. 또한 여행 마무리 중에는 예산에서 귀국할 때 사용할 교통, 식사, 출국세 등을 미리 가계부에 적어두면 돈이 왜 남는지 모르고 사용했다가 다시 인출하는 상황을 미연에 방지할 수 있다. 여행하면서 돈을 쓰다 보면 어디에 썼는지 기억도 안 나는데 돈이 부족한 경험을 한 사람이 많을 것이다. 여행에서 돈을 어떻게 사용하고 있는지 알면 그만큼 불필요한 지출도 줄이고, 조금 더 즐거운 여행을 할 수 있다. 여행에서 돈은 가장 중요한 요소 중의 하나이기 때문이다.

해외여행을 하기 전에 알아두면 좋은 것들은 무궁무진하다.
어떤 것이든 알고 있다면 손해 보지 않을 수 있기 때문이다.
이번 테마에서는 앞에서 다루지 못했던 해외여행에서
알아두면 좋은 것들을 살펴보겠다.

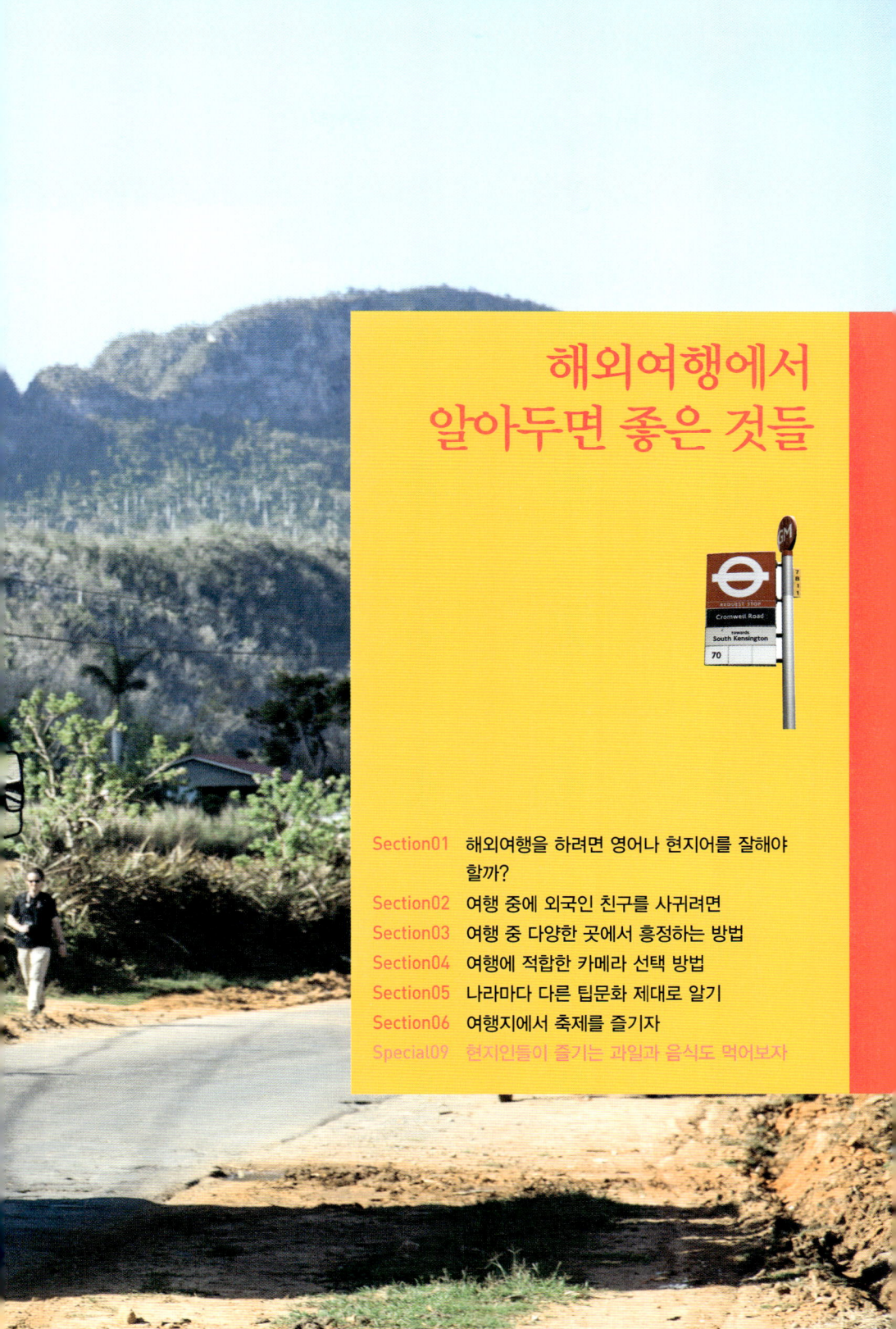

# 해외여행에서
# 알아두면 좋은 것들

# 해외여행을 하려면
# 영어나 현지어를 잘해야 할까?

한국어 외에도 다른 언어를 할 수 있다면, 여행이 조금 더 재미있어진다. 영어를 할 수 있다면 여행 중에 만나는 전 세계여행자들과 대화를 통해 친구가 될 수도 있고, 현지어를 할 수 있으면 현지인들과 조금 더 재미있는 에피소드를 만들 수 있다. 물론 외국어를 못하더라도 소통하려는 의지만 있다면 그것만으로도 여행은 충분하다.

## 01 여행에서 영어는 필요조건이다

많은 사람이 영어를 잘 못한다는 이유로 해외여행을 두려워하는 경우가 많다. 하지만 의사소통이 조금 불편할 수는 있지만 그것이 떠나지 못할 이유는 아니다. 만일 패키지나 에어텔로 떠나는 여행이라면 더더욱 이에 대해 걱정은 필요 없다. 패키지 여행은 일행과 함께 다니기 때문에 여행 도중 현지인과 직접 부딪칠 일은 거의 없다. 혹시 문제가 생겨도 가이드를 통해 해결할 수 있으므로 현지어나 영어가 문제될 것이 없다. 에어텔 역시 여행에서 가장 기본이 되는 항공권과 호텔이 확정된 상황이기 때문에 크게 문제될 것이 없다. 물론 원하는 곳을 찾아갈 때 불편할 수는 있지만 가이드북만 제대로 살펴봐도 특별히 물어볼 일이 많지 않을 것이다.

이 책의 독자층을 생각해보면 영어는 잘하진 못해도 최소 기본적인 단어들은 알고 있을 것이다. 그 기본적인 단어들만 연결하더라도 간단한 의사 표현이 되기 때문에 해외여행이라고 겁낼 필요가 없다. 필자 주변에는 엉터리 영어 실력이지만 때만 되면 해외여행을 즐기는 사람이 많다. 표지판 영어를 읽을 수 있고, 호텔 체크인과 역에서 표 구입, 식당에서 음식 주문만 할 수 있다면 문제될 것이 없다. 혹여 이것도 어렵다면 여행영어 책 한 권을 구입하거나 스마트폰에서 여행회화 앱을 다운받아서 들고 다녀도 해결될 문제다. 결국 영어는 해외여행에서 필요충분조건이 아니라 필요조건 정도라고 볼 수 있다.

역에서 표 구입하기

영어로 된 표지판

## 02 영어를 잘하면 여행이 즐겁고 편해진다

영어를 잘 못해도 해외여행에는 큰 문제
가 없지만 잘한다면 그만큼 유용하다. 문
제가 발생하면 대화로 풀어야 하는데 말
이 통하지 않는다면 발만 구를 수밖에 없
다. 비행기에서 짐이 분실되거나 호텔 체
크인 조건이 예약한 내용과 다른데 말이
통하지 않는다면 얼마나 답답할까?

여행지에서 함께한 사람들

영어가 세계 공용어는 아니지만 호텔이
나 투어회사, 관광안내소 등에서는 대체로 통하므로 어느 정도만 해도 그 만큼 편해
진다. 또한 다른 나라 여행자나 현지인과 어울릴 수 있는 기회가 늘어난다. 호스텔에
묵는다면 식사를 준비하면서 담소를 나눌 수 있고, 거실이나 펍Pub 등에서 외국인
친구를 사귈 수도 있다. 여행자들은 대부분 열린 생각이라 대화 시작이 어렵지 말문
이 트이면 이야깃거리는 끝없이 이어진다. 장기여행에 외로움을 호소하지만 영어만
할 줄 알아도 외로움에서 벗어날 방법은 찾기 쉽다.

어느 여행지든 투어 프로그램이 한두 가지는 있다. 보통 현지에서 모집하여 둘러보
는데 1박 이상의 투어도 많다. 이러한 투어에 참여하면 자연스럽게 외국인과 이야기
를 나눌 수 있다. 함께 버스로 이동하고 식사하면서 자신과 취향이라도 같다면 이야
기 주제는 점점 많아진다. 이렇게 나누는 이야기는 여행에 큰 활력소가 된다.

여행지에서 함께한 사람들

완벽하게 영어를 구사해야 서로 대화가 가능한 것은 아니다. 실제 여행지에 만나는
외국인들 중에 원어민을 제외하면 완벽한 영어를 구사하는 여행자는 그리 많지 않
다. 막연히 영어를 좀 할 거라 생각되는 유럽인 중에도 영어를 못하는 사람이 많다.
필자가 호주 프레이저아일랜드의 4WD 투어에서 만난 독일인은 엉터리 영어였지만
시종일관 활기찬 분위기를 만들면서 다른 나라 여행자들과 잘 어울렸다. 결국 기본
적인 영어 실력과 자신감만 있다면 영어 자체는 큰 문제가 되지 않는다는 것이다.

투어를 같이했던 외국인 친구들

### 03 모든 국가에서 영어가 통하지는 않는다

전 세계 수많은 국가 중에 영국, 아일랜드, 호주, 뉴질랜드, 미국, 캐나다 등이 영어를 모국어로 사용하지만 실제 세계 인구로 보면 중국어 국가의 수로 보면 스페인어가 가장 많다. 하지만 영어는 제2 외국어로 배우는 국가가 많아 어느 정도 영어를 할 수 있는 사람의 수는 전 세계적으로 가장 많고 그만큼 영향력도 크다.

해외여행 중 실제 영어가 통하지 않아 곤란했던 기억이 있을 것이다. 유럽 쪽이라면 그나마 괜찮지만 가깝게 중국이나 일본만 해도 영어가 통하지 않는 곳이 많다. 영어는 여행을 하는데 있어 도움이 되지만 모든 국가에서 소통할 수 있는 언어는 아니다.

가까운 중국과 일본만 해도 영어가 잘 통하지 않는 나라이다.

### 04 모든 국가에서 영어가 통하지는 않는다

영어를 잘하는 것도 좋지만, 영어를 쓰지 않는 국가를 여행할 때에는 기본적인 그 나라 말을 익혀가는 것이 좋다. 간단하게 '안녕하세요?', '실례합니다', '감사합니다' 등의 기본표현과 숫자만 셀 줄 알아도 충분하다. 가능하다면 현지에서 유용하게 쓸 수 있는 표현들을 몇 개 더 외워두면 예상치 못한 곳에서 즐거운 추억을 만들 수 있다.

프랑스인들은 모국어에 대한 자존감이 강해 영어로 물어보면 못들은 척 지나간다는 말도 있다. 프랑스 여행 중 '익스큐즈미<sup>Excuse me</sup>'가 아닌 '엑스뀨제므와<sup>Excusez-moi</sup>'라고 한다면 프랑스인들의 첫 반응은 달라질 것이다. 용건은 똑같이 영어로 말해도 답변은 더욱 친절한 경우가 많다. 중남미 같은 스페인어권 국가라면 '뻬르돈Perdon'이라고 말을 시작하면 더욱 좋다.

여행지에서 다른 사람과 눈이 마주쳤다면 헬로우Hello라는 표현보다는 현지어로 인사해보자. 또한 누군가의 도움을 받았을 때도 땡큐Thank you라는 표현 대신 현지어로 해보자. 사소할 수 있지만 실제 현지인들의 마음을 움직이는 묘약이 될 때가 많다.

| 언어 종류 | 안녕하세요 | 감사합니다 |
|---|---|---|
| 영어 | Hello(헬로) | Thank you(땡큐) |
| 스페인어 | Hola(올라) | Gracias(그라시아스) |
| 일본어 | こんにちは(곤니찌와) | ありがとうございます(아리가또고자이마스) |
| 아랍어 | السلام عليكم(아살람 알레이쿰) | شكرا(슈크란) |
| 중국어 | 你好(니하오) | 谢谢(씨에씨에) |
| 독일어 | Guten Tag(구텐탁) | Danke schön(당케 쉔) |
| 그리스어 | γεια σου(야수) | Ευχαριστώ(에프카리스또) |
| 프랑스어 | Bonjour(봉주르) | Merci(메르씨) |
| 핀란드어 | hyvää päivää(휘바 빠이바) | Kiitos(끼이토스) |
| 네팔어 | namaste(나마스떼) | Dhanyabad(던네바드) |
| 태국어 | สวัสดีครับ(사왓디캅) | ขอบคุณ(캅쿤) |
| 터키어 | merhaba(메르하바) | Teşekkür ederim(테셰큐러데림) |
| 베트남어 | xin chào(씬짜오) | Cám ơn(깜언) |
| 러시아어 | Здравствуйте(즈드라스트부이쩨) | спасибо(스빠시바) |
| 이탈리아어 | ciào(챠오) | grazie(그라찌에) |

\* 표 내용 중 발음은 최대한 한국어로 비슷하게 표기한 것이다.

우리나라를 여행하는 외국인을 보면 해외에서 비춰질 우리 모습과 크게 다르지 않다. 외국인이 간단한 한국말을 구사하면, '어라, 우리말을 하네'라며 그에게 호의적이 된다. 이처럼 현지어는 때때로 생각지 못한 혜택도 누릴 수 있는 경우가 많다.

필자는 어렸을 때부터 중남미

현지인들이 많은 노천 레스토랑

여행을 꿈꿨다. 그래서 여행 전 대학에서 선택과목으로 스페인어를 2년 정도 공부해서 잘하지는 않았지만, 기본회화는 가능했다. 그 뒤 콜롬비아에서 몇 개월 머무르며 스페인어를 더 공부했는데, 실제 스페인어권 국가를 여행할 때 매번 느끼는 것이 '공부한 시간 그 이상의 보상'이 뒤따른다는 것이었다.

현지인들이 많은 노천 레스토랑 | 영국경찰과 사진 한 장

## 05 여행에서 중요한 것은 영어가 아니라 소통이다

영어는 기본적인 회화만 할 수 있으면 충분하다. 잘하면 더할 나위 없지만, 영어를 못한다고 주눅들 필요는 없다. 해외여행에는 영어보다는 누구와라도 잘 어울릴 수 있는 자신감이 더 중요하다. 특히 영어권이 아닌 국가를 여행한다면 최소한 기본적인 표현들을 미리 익혀보자. 서점에서 여행하고자 하는 국가의 기본 회화책 한 권만 구입해도 충분하다. 어느 나라 사람이건 자신의 말을 배우려는 사람에게는 호의를 가지기 마련이고, 여행하는 사람은 작은 수고지만 그것이 가져다주는 혜택은 여행을 두 배 이상 즐겁게 만들어준다.

1 일단 어울릴 수 있다면 금세 친구가 된다.
2 현장에서 이야기를 나눴던 인부들
3 여행 중 외국친구들과 함께 했던 놀이

1 | 2

# 여행 중에
# 외국인 친구를 사귀려면

여행에서 친구를 사귀면 편한 것들이 많다. 다음 투어를 할 때 여러 명이면 할인을 더 받을 수도 있고, 이동거리가 길 때도 심심하지 않게 이동할 수 있다. 여행을 마치고 온 이후에도 그 친구가 한국에 찾아올 수도 있고, 그 친구가 사는 나라에 갔을 때 현지 생활을 접해볼 수 있는 좋은 기회가 마련되기도 한다.

## 01 여행하면서 투어에 참여하자

처음 만남은 어색해도 함께 많은 시간을 보내고, 이야기를 나누다보면 친해지기 마련이다. 만약 같은 관심사를 가지고 있는 사람이라면 더더욱 친해지기 쉽다. 이렇게 외국인들과 오랜 시간 어울리려면 여러 날을 함께하는 투어 프로그램에 참여하는 것이 가장 좋은 방법이다. 낮에는 투어 프로그램을 같이 즐기고, 저녁에 가볍게 맥주라도 한 잔 같이 한다면 좀 더 서로를 알 수 있는 기회가 되기 때문이다. 특히 2주간 워크캠프를 같이 한다거나 1달에 가까운 아프리카 오버랜드 투어를 함께 했다면 투어 막바지에는 서로 헤어지기 아쉬운 친구가 되기도 한다. 투어 중에 말 한마디 없이 가만히만 있는다면 그냥 그대로 일정이 끝나지만, 조금만 적극적으로 다른 여행자에게 다가가면 멋진 외국 친구를 사귈 수 있을 것이다. 결국 외국인 여행자들과 친해지고 가까워지는 것은 그만큼 자신의 의지가 중요하다.

필자를 집에 초대했던 외국인 친구들

외국인 여행자들과 친해지기는 여성이 더 유리할 수도 있다. 하지만 여행자로서 다가오는 것이 아닐 수도 있으므로 어느 정도 경계심은 갖고 있어야 한다. 특히 외국인 여성을 자국인보다 아래로 보는 국가도 있기 때문에 그런 곳에서는 더더욱 몸가짐에 주의해야 한다.

사진을 찍는 것을 좋아하는 사람이라면 투어를 하는 동안 많은 사진을 찍을 수 있다. 이때 풍경이나 셀카 촬영에만 몰두하지 말고, 여행 중 만난 친구가 있다면 사진도 함께 찍어두자. 함께 찍은 사진은 나중에 이메일을 주고받기 위한 좋은 매개체가 되기도 하고, 그것을 계기로 꾸준히 연락할 수도 있다.

마음만 열면 모두가 친구가 될 수 있다.

## 02  숙소에서 여행 친구를 찾아보자

호텔 위주의 단기 여행은 외국인 친구를 사귀기가 쉽지 않지만, 게스트하우스나 유스호스텔 같이 공동 시설이 많은 숙소를 이용하는 경우 친구 사귀기가 상대적으로 수월하다. 로비에서 TV를 보며 옆에 앉은 친구에게 말을 건넬 수도 있고, 맥주 한 병들고 슬쩍 대화에 끼어들 수도 있다. 이렇게 이야기를 하거나 듣다보면 그 여행지에

숙소에 모인 여러 국가의 여행자들

숙소를 나설 때는 친구가 될 수도 있다.

서 무엇을 할 계획인지 알 수 있고, 만일 여행 계획이 비슷하다면 맞장구치면서 같이 가는 것이 어떻겠냐고 제안할 수도 있다. 보통 같이 여행하는 경우 비용을 아낄 수 있는 부분이 많고, 혼자 여행하는 것보다 재미있는 경험을 더 많이 할 수 있기 때문에 대부분 승낙한다. 당일로 함께 트래킹이나 관광 명소를 다녀올 수도 있고, 여행 일정을 맞출 수 있다면 함께 도시를 옮겨가며 여행할 수도 있다. 함께 여행하는 기간이 길어지면 길어질수록 더 친해지는 것은 당연한 일일 것이다.

만약 먼저 나설 용기가 없다면 숙소 같은 곳에서 진행하는 투어에 무조건 참여하는 것도 좋은 방법이다. 전 세계적으로 퍼져있는 유스호스텔의 경우 자체적으로 다양한 프로그램을 제공하는데, 모집하여 여행지를 돌아다니는 투어도 있고 저녁에 바에서 술을 함께 마시는 프로그램도 있다. 이런 모임에 참가하다보면 자연스럽게 외국인들과 동화되고, 술이라도 함께 마신다면 더욱 쉽게 친구를 찾을 수 있다. 여행에서의 만남은 어쩌면 이렇게 쉬울 수도 있지만, 헤어지는 것은 더 쉽다. 하지만 쉬운 만남이라도 그것을 어떻게 유지하는가는 결국 자신에게 달려있을 것이다.

**지속적인 관리로 세계 곳곳에 친구를 두자**

숙소에서 어느 정도 친해져서 모여앉아 이야기하다보면, 보통 자신이 경험했던 여행과 자기 나라에 대한 이야기를 한다. 이때 국적을 불문하고 '우리나라(도시)도 여행하게 되면 나한테 연락해'라는 말을 한다. 어찌 보면 이 말은 우리가 흔히 쓰는 '언제 술 한 잔 하자'라는 말과 다름없지만, 실제 필자가 찾아간

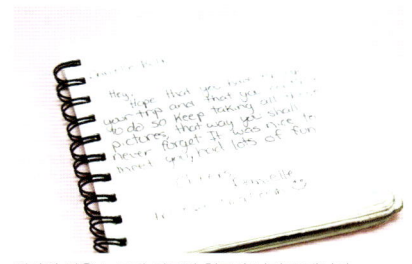

필자의 작은 노트에 외국인 친구가 남겨준 메시지

다고 연락했을 때 거절한 사람은 지금까지 없었다. 오히려 '정말 올 줄 몰랐다'며 최대한 친절하게 맞이해줬다.

여행 중에 만난 친구와 연락처를 교환하는 가장 좋은 방법은 작은 수첩 하나를 들고 다니는 것이다. 함께 여행 다니다가 헤어질 때 쯤 수첩을 내밀며 하고 싶은 말과 연락처를 남겨달라고 하면 대체로 흔쾌히 응한다. 작은 수첩 하나에 여행지에서 있었던 일뿐만 아니라 만났던 사람의 이름, 연락처, 이메일 등을 함께 기록해두면 나중에 여행지와 연상해서 친구를 기억하기 쉽다.

가능하다면 Facebook(www.facebook.com)과 같은 세계적인 SNS에도 가입하자. 페이스북은 전 세계적으로 가장 많은 사람들이 이용하는 인맥 네트워크로 이를 통해 전 세계 친구들과 소통할 수 있다. 더군다나 해외여행을 즐기는 사람 중에는 이 사이트에 가입해 있는 사람이 많아 나중에 연락하기도 편하다. 최근 활성화되고 있는 Twitter(www.twitter.com)도 주변 사람들과 소통을 하기에 좋은데, 아예 영어 전용 계정을 만들어 보는 것도 한 방법이다. 메신저를 사용하는 친구라면 스카이프(www.skype.com)와 같은 메신저를 이용할 수도 있다. 어학을 공부 중이라면 그 나라 친구에게 언제든지 물어볼 수 있고, 그 지역을 여행한다면 실질적인 도움을 받을 수도 있다. 여행 중 잠깐 스치는 인연이라도 그 인연을 꾸준히 이어가는 친구로 만드는 것은 결국 스스로의 노력에 달려있다.

페이스북                                    트위터

# 여행 중 다양한 곳에서
# 흥정하는 방법

해외여행 중 흥정은 미국이나 유럽 같은 선진국보다는 동남아나 중남미, 아프리카 등의 국가를 여행할 때 자주 일어난다. 흥정이라는 것이 무조건 가격을 깎기 위한 수단이라고 생각하기보다는 적절한 가격을 찾아가는 과정이라고 이해한다면 흥정에서 받는 스트레스를 많이 줄일 수 있다.

## 01 현지인의 삶을 엿볼 수 있는 시장에서의 흥정

여행 중 빈번하게 흥정이 이뤄지는 곳은 시장이다. 유럽이나 일본같이 정찰제가 고착된 국가에서는 비정기적인 벼룩시장 등을 제외하면 시장에서도 거의 흥정이 불가능하지만, 인도나 동남아, 중남미 같은 국가는 여전히 흥정을 통해야만 저렴하게 물건을 구입할 수 있다. 이러한 국가에서 흥정은 물건을 제값에 구입하기 위한 하나의 과정이기도 한다. 특히 과일이나 야채 등은 현지 가격을 모르는 여행자에게는 본래 가격보다 조금 높여 부르는 것이 일반적이므로 몇몇 곳을 돌아다니며 먼저 가격을 파악한 후 가격을 흥정하는 것이 좋다.

과일이나 야채는 흥정이 가능한 기본 품목이다

기념품 같은 물건의 흥정은 국가나 도시마다 비율 차이는 있지만 통상 가게 주인이 부른 가격의 50~80% 선부터 시작하면 무난하다. 처음 가게 주인이 물건의 가격을 10,000원이라고 불렀다면, 5,000~8,000원 정도에서 흥정을 시작하는 것이다. 바가지로 유명한 곳이라면 50% 가까이 불러도 되고, 적당히 올리는 곳이라면 70~80% 정도를 부르면 된다. 이렇게 가격을 부르면 주인의 반응은 두 가지로 갈린다. '그럼 사지마라' 또는 '너무 싸게 불렀다. 조금만 더 써라'라는 반응이다. 후자의 반응이라면 서로 가격을 흥정하면서 적정가를 찾을 수 있다.

흥정에 익숙지 않은 사람은 구입하고 싶던 가격보다 조금 비싸더라도, 조금이나마 깎았다는 느낌에 구입하는 경우가 많다. 가게 주인 말에 현혹되기 때문인데, 만약 자신이 원하는 가격으로 흥정을 못했다면 미련 없이 돌아서는 것이 좋다. 사고자하는 물건이 그 가게에만 있다면 어쩔 수 없지만, 흔한 물건이라면 다른 가게를 찾아보는 것이 좋다. 일반적으로 물건을 팔고 싶다면 붙잡을 것이고, 그럼 다시 흥정을 할 수 있다. 만약 붙잡지 않아도 동일한 물건을 다른 상점에서 구입하면 되는 것이다. 처음에는 흥정이 익숙하지 않기 때문에 가격 흥정 자체가 스트레스겠지만, 이것도 익숙해지면 여행 중에 느낄 수 있는 또 다른 재미가 된다.

물건 값을 깎는 것 외에도 덤을 요구하는 흥정도 있다. 한 번에 여러 개를 구입한다면 덤을 얻거나 가격을 깎는 것이 다소 유리하다. 흥정한 값이 1,000원이라면, 3개를 사는 조건으로 2,500원에 살 수도 있다는 말이다. 만일 흥정한 값으로도 마진이 남는다면 이런 조건에도 응하는 경우가 많다.

상인들과 흥정할 때는 절대 짜증이나 화를 내면 안 된다. 원하는 가격이 아니면 사지 않아도 될 것을 짜증내거나 언성을 높이면 서로에게 좋을 것이 없다. 사실 비싼 물건을 사지 않는 이상, 시장에서 흥정으로 깎을 수 있는 금액은 많아야 몇 천 원 정도일 것이다. 이것 때문에 언성을 높였다가 기분 좋은 여행을 망치지는 말자.

1 50% 가까이 흥정했던 가죽 제품 가게
2 장미 오일을 3개 사는 조건으로 싸게 흥정했던 가게의 모습

## 02 여행자들에게만 비싼 교통편이나 투어의 흥정

교통 요금은 대부분의 국가가 정찰제이지만, 타기 전에 가격을 흥정해야 하는 곳도 의외로 많다. 가격을 흥정하는 경우 운전자에 따라 그 가격이 천차만별인데, 실례로 공항에서 숙소까지 똑같이 택시를 타고 들어왔는데 누구는 만 원, 누구는 3만 원을 줬다고 한다. 사전 정보가 부족하고, 호객꾼에 현혹되어 결정한 경우 이렇게 교통비에서도 바가지를 쓸 때가 많다. 처음 가는 지역이라면 주변 현지인에게 물어본 후 적정 가격을 알아두고 타는 것이 가장 좋다. 숙소에서 나오는 경우라면 숙소 주인에게 물어보고, 역에 막 도착했다면 해당 교통수단을 기다리는 현지인에게 물어보면 된다. 인터넷 여행 카페나 블로그를 통해 이러한 정보들을 미리 체크한 사람이라면 어느 정도 가격 선에서 흥정해야 하는지 대충 감을 잡을 수 있다.

1 필자가 콜롬비아에서 흥정해서 저렴하게 탔던 미니 버스
2 택시는 무턱대고 타면 바가지 쓰기 십상이다.

투어의 경우에는 흥정 못지않게 발품을 얼마나 팔았냐도 중요하다. 보통 투어를 진행하는 회사는 하나지만 여러 개의 여행사가 같은 투어 상품을 판매하는 경우가 많다. 이때 여행사가 커미션을 얼마나 남기느냐에 따라 가격은 달라질 수밖에 없기 때문이다. 유명 관광지라면 다양한 투어 상품들이 있고, 어떤 상품을 고르느냐에 따라 가격 차이가 발생한다. 또한 가격이 싸다고 무조건 좋은 것은 아니다. 가격이 싼 투어 프로그램을 들여다보면, 여행 루트 중 한두 곳이 빠져있거나 식사, 잠자리 등이 부실한 경우가 많다. 그러므로 투어를 신청하기 전에 세부적인 투어 내용과 옵션들도 꼼꼼히 확인해야 한다.

발품을 팔아 투어가 어느 정도 가격대인지를 확인했다면, 맘에 들었던 투어 회사에 가서 다른 곳의 가격을 제시하며 흥정을 시도해보자. 이러한 흥정은 개인보다는 여러 명이 함께 모여 가면 좀 더 좋은 조건으로 쉽게 흥정할 수 있다. 투어 회사 입장에서도 비록 커미션은 적지만 박리다매가 되기 때문이다.

일행이 많으면 투어 흥정이 쉽다.

## 03 민박이나 호스텔 등의 숙소에서의 흥정

숙소는 예약이 많아 왠지 흥정이 안 될 것 같지만, 의외로 쉽게 흥정이 되는 경우가 많다. 특히, 비수기에 여행을 하거나 혼자 여행할 때가 유리하다. 비수기에는 여행자가 많지 않은데다 한 곳의 숙소를 정해 장기간 체류한다면 흥정을 통해 쉽게 할인받을 수 있다. 특히, 1주일 이상 묵는 경우라면 흥정 능력에 따라 전체 숙박비의 절반까지도 깎을 수 있다. 보통 가격 변동이 심한 숙소라면 이런 흥정이 더욱 유리하지만, 가격이 정찰제인 선진국은 흥정보다는 자체적으로 할인기간을 정해 혜택을 제공하는 것이 일반적이다. 숙소에서의 흥정은 호텔이 아닌 호스텔이나 백패커 등에서 주로 이용된다.

호스텔 같은 곳들은 애초에 1인당 요금을 받지만, 민박이나 호텔은 2인 1실을 기준으로 하는 곳이 많으므로 혼자서 숙박한다면 혹시 할인이 가능한지 물어

1 페루 꾸스꼬에서 흥정으로
2 1주일간 저렴하게 묵었던 숙소
3 기간별 할인이 있던 브리즈번의 호스텔

보자. 호텔체인보다는 이름 없는 지방 호텔이나 현지 민박의 경우 성공 가능성이 높다. 또한 미리 예약하고 간 숙소보다는 여행 중에 갑작스레 찾아간 곳일수록 확률이 더 높다. 하지만 모든 호텔이나 민박이 할인이 되는 것이 아니므로 가격 흥정으로 서로 기분이 상하지 않도록 넌지시 한 번 물어본다는 생각으로 대하는 것이 좋다.

# 여행에 적합한
# 카메라 선택 방법

여행을 가장 멋지게 기록하는 방법은 일차적으로 사진이다. 여행을 다녀온 후 오랜 시간이 흘러도 그 당시 사진을 보는 순간은 누구나 마치 어제 일처럼 생생한 기억 속에 잠길 수 있다. 마음 같아서는 좋은 사진을 찍기 위해 DSLR을 가지고 가고 싶지만, 그것도 짐이라 생각하면 쉽지 않다. 여행 중 나에게 맞는 카메라는 과연 어떤 것일까?

## 01 여행용 카메라 어떤 것을 선택해야 하나?

해외여행을 떠나기 전에 많은 사람이 어떤 카메라를 가져갈까 고민한다. 모처럼 떠나는 여행인데 좋은 사진을 많이 찍고 싶다는 생각에 더 좋은 카메라를 선택하지만 먼저 생각해봐야 하는 것이 여행의 비중이다. 여행을 사진으로 제대로 남기고 싶다면 조금 무리가 되더라도 DSLR을 가져가는 것이 좋다. 만약 무거워서 부담된다면 상대적으로 가벼운 하이브리드카메라도 무난하다. 반면 여행 자체를 즐기고 싶고, 사진은 추억정도로 여긴다면 콤팩트카메라로 충분하다. 요즘 콤팩트카메라는 성능도 좋고, 브랜드별 기능도 평준화되어 선택의 폭이 넓다.

가볍게 돌아다니는 여행을 원한다면 콤팩트카메라가 제격이다. 과거 DSLR이 차지하던 독보적인 전문 촬영영역도 이제는 그 수준만큼 사진을 뽑아주는 하이브리드카메라가 있어 DSLR의 비중은 상대적으로 감소추세이다. 사실 멋진 풍경과 날씨만 받쳐준다면 콤팩트, 하이브리드, DSLR 그 어떤 것으로 촬영해도 결과물은 비슷한 경우가 많다.

최근 출시된 카메라들은 단순히 촬영만 되는 것이 아니라 다양한 기능들도 탑재하고 있다. 찍을 때부터 뽀샤시하게 처리해주는 기능부터 웃는 모습을 포착하는 스마일샷 기능, 여행지 위치 정보를 기록하는 GPS 기능, 회전형 LCD로 셀프 촬영도 가능하게 하는 기능까지 들어있다. 또한 촬영된 사진을 핸드폰이나 노트북과 공유할 수 있는 WIFI 기능은 SNS 이용자들에게는 호평을 받는 기능이다. 하지만 웬만한 컴팩트카메라 못지않은 성능 좋은 스마트폰이 있어 요즘은 카메라 자체를 들고 다니지 않는 경우도 많다.

멋진 사진을 촬영할 수 있다는 DSLR이나 하이브리드카메라에는 없는 방수기능이 콤팩트카메라에는 있다. DSLR이나 하이브리드 카메라는 대부분 고가의 방수하우징을 별도로 사용해야 하지만, 수심 1.5~15m 정도까지 방수가 지원되는 기능을 가진 콤팩트카메라는 아름다운 해변 여행에서 오히려 더 빛을 발한다. 요즘에 나오는 콤팩트카메라는 동영상도 Full HD급(1,920×1,080)을 지원하기 때문에 카메라 하나로 사진과 동영상을 해결할 수도 있다.

방수가 지원되는 루믹스 DMC-TS5

방수가 지원되는 올림푸스 TG-830

방수 카메라는 스노클링 중에 사진을 찍을 수도 있다.

콤팩트카메라가 아쉬운 점은 특정 환경에서는 촬영이 힘들다는 것이다. 예를 들어 어두운 곳이라면 매뉴얼세팅으로 감도를 조절하여 촬영하면 좋지만 콤팩트카메라에는 매뉴얼 세팅 기능을 지원하지 않는 경우가 많다. 하지만 단순히 기록과 추억을 위한 사진이라면 어두운 곳에서는 플래시를 사용하면 된다. 전문 사진가도 아니면서 여행을 가는 것인지 촬영을 가는 것인지 모를 정도로, 카메라 관련해서 각종 렌즈, 카메라, 삼각대 등을 가득 챙겨가는 것은 그리 좋은 여행 방법이 아니다. 추억으로 남을 수 있는 사진이라면 플래시가 터져서 사람만 보이더라도 가치가 있는 법이다.

사막을 여행하는 사람들

여행 전부터 DSLR이나 하이브리드카메라를 사용했다면 별 문제가 안 되지만, 여행을 떠나기 직전 더 좋은 사진을 찍어보려는 욕심에 새로 구입하는 사람도 있다. 하지만 DSLR이나 하이브리드카메라는 콤팩트카메라와는 달리 충전기와 카메라만 챙겨가면 되는 것이 아니라 각종 렌즈와 카메라에 딸리는 부수적인 장비도 챙겨야 하므로 짐이 늘어날 수밖에 없다. 또한 주머니에 쏙 들어가는 콤팩트카메라와 달리 따로 관리해야 하므로 여행 시 도난, 사고 등에 노출될 위험도 더 크다.

여행 책을 출판한 분이나 여행 관련 유명 블로거들 중에도 DSLR을 사용하지 않는 사람이 굉장히 많다. 하지만 그 사람들의 책이나 블로그를 보면 전문가 못지않은 멋진 사진들이 많다. 이 사실만으로도 콤팩트카메라가 충분한 이유가 되지 않을까?

## 02 DSLR을 선택해야 하는 이유가 있을까?

화창한 날에 멋진 풍경을 담은 사진은 콤팩트카메라와 DSLR의 차이를 구별하기가 쉽지 않다. 물론 사진의 원본을 보면 작은 이미지센서를 가진 콤팩트카메라로 촬영된 사진과 큰 이미지센서를 가진 DSLR로 촬영한 사진은 화소수에서 엄청난 차이가 있다. 하지만 웹용으로 리사이즈하고 간단한 보정을 거친다

콤팩트카메라로 촬영한 풍경 사진

면, 사진의 메타정보를 확인하기 전까지는 콤팩트카메라로 촬영한 것인지 DSLR로 촬영한 것인지 구분하기가 쉽지 않다.

만약 여행의 목적 중에 사진이 차지하는 비중이 크다면 DSLR을 가지고 나가는 것이 좋다. 필자도 DSLR을 가지고 여행하기 때문에 이 책에 실린 사진 대부분은 DSLR로 촬영된 것이다. 하지만 필자도 정말 즐기고 싶은 여행에서는 과감하게 DSLR를 포기하고 의도적으로 콤팩트카메라만을 챙겨서 떠난다.

DSLR카메라로 촬영한 오로라

일반 콤팩트카메라로 촬영한 오로라

DSLR카메라는 콤팩트카메라로는 촬영이 힘든 특별한 상황에서도 다양한 세팅을 통해 자신만의 사진을 촬영할 수 있다. 어두운 곳이라면 ISO 값을 높여 촬영할 수 있고, 셔터스피드를 조절하여 빠른 움직임을 촬영할 수도 있다. 또한 석양이나 태양과 그늘의 색상 차이가 선명한 풍경에서는 다이내믹레

어두운 곳에서 삼각대 없이도 DSLR은 이정도 촬영이 가능하다.

인지가 넓은 DSLR이 유리하고, RAW 파일로 촬영하면 후보정도 쉬워진다. 10초 이상의 장노출을 사용하는 등 여러 가지 설정이 필요한 상황에서는 당연히 DSLR이 뛰어나다.

## 03 DSLR과 콤팩트카메라의 중간, 하이브리드카메라

소니 A5000

삼성 NX300M

여행 중 더 좋은 사진을 찍고 싶지만, 무거운 DSLR이 부담되는 사람에게는 하이브리드카메라도 좋은 선택이다. 하이브리드카메라는 디자인도 깔끔하고 선택의 폭이 넓어 여행을 좋아하는 사람들에 인기를 끌고 있다. 콤팩트카메라보다는 크지만 작은 가방에 들어가고, DSLR에 가까운 선명한 화질 때문에 많은 사람이 선택한다.

여러 브랜드에서 본격적으로 하이브리드카메라와 렌즈군을 내놓고 있고, 가격대도 콤팩트카메라보다 조금 높은 수준까지 내려왔기 때문에 구입하는 사람이 늘고 있다. 비교적 가볍고 휴대성도 좋은 하이브리드카메라는 줌렌즈를 장착하면 카메라의 슬림함이 사라지고, 단렌즈를 장착하면 줌이 불가능해서 왔다 갔다 하며 찍어야 하는 단점이 있지만 양질의 사진을 찍을 수 있어 DSLR과 콤팩트카메라의 중간급을 찾는다면 하이브리드카메라가 대안이 될 수 있다.

## 04 여행 중에 다양한 렌즈와 삼각대도 필요한가?

여행을 떠나면서 광각, 표준, 망원 3가지 렌즈 계열을 모두 바리바리 싸들고, 스트로보에 삼각대까지 챙기는 사람을 보면 참 대단한 열정이다 싶다. 저렇게 챙긴다면 사진 관련 장비만 5kg이 넘을 것이다. 물론 여행의 목적이 사진이라면 당연한 일이겠

지만, 일반 여행자가 저렇게 장비를 가지고 다니는 것은 과욕에 가깝다는 생각이 든다. 패키지나 렌터카 여행이라면 장비가 조금 무거워도 운반 수단이 있어 부담되지 않지만 배낭여행이라면 1kg도 크게 다가온다. 결국 여행 목적과 여행 스타일에 맞춰 장비를 구성해야 된다.

### • 여행용 렌즈는 광각부터 망원까지 지원하는 줌렌즈가 좋다

필자가 처음 DSLR을 가지고 호주 여행을 갔을 때는 18~125mm의 화각을 가진 줌렌즈를 사용했었고, 그 이후에는 18~200mm 렌즈만을 가지고 다녔다. 18~200mm 렌즈는 광범위 줌렌즈로 여행용 렌즈라는 좋은 평가를 받고 있다. 렌즈 하나로 광각부터 망원 영역까지 촬영할 수 있기 때문에 많은 여행자들이 즐겨 사용한다. 만일 광각, 표준, 망원 영역을 따로 구성하면, 촬영 환경에 맞춰 렌즈를 바꿔 끼느라 중요한 순간을 놓칠 수도 있고, 치안이 안 좋은 곳에서는 강도나 도둑의 표적이 될 수 있어 위험하다.

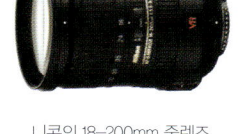

니콘의 18–200mm 줌렌즈

캐나다, 쿠바, 멕시코를 여행할 때 풀프레임Full Frame DSLR을 장만하면서부터는 24~105mm L렌즈를 사용했다. 1.6배 크롭 렌즈에서는 15~65mm 정도인데, 망원의 부족함을 해소하기 위해서 70~300mm 렌즈를 추가로 가지고 다녔다. 물론 망원을 사용할 일이 없을 때에는 숙소에 두고 다니면서 최대한 간소하게 다니는 것을 목표로 했다.

시그마 70–300mm 줌렌즈

시그마 30mm 단렌즈

광각으로 촬영된 호스슈밴드

18~200mm 만능 줌렌즈가 어두워 아쉽다면 밝은 화각의 30~50mm 사이의 단렌즈를 추가로 가져가는 것도 방법이다. 단렌즈 부피도 많이 차지하지 않고, 어두운 실내 촬영이나 아웃포커싱 촬영에 유리하게 사용할 수 있다. 여행에서는 모든 것이 짐이 될 수 있기 때문에 최대로 필요한 것만 가지고 다니는 것이 중요하다.

표준으로 촬영한 캐년

망원으로 촬영한 스포츠 경기

## • 외장 스트로보와 삼각대는 꼭 필요한가?

외장 스트로보와 삼각대는 여행에 있어 또 다른 짐이나 다름없다. 특히 외장 스트로보는 없으면 아쉬울 때가 있지만 대부분 카메라에 장착된 내장 스트로보로도 얼마든지 해결할 수 있고, 광원이 부족하다면 ISO를 높여 촬영하는 방법도 있다. 요즘 출시되는 DSLR카메라는 고감도에서도 상대적으로 노이즈가 많지 않다.

삼각대는 야경 촬영에 필수장비이다. 돌담이나 다른 물건 위에 올려놓고 찍기도 하지만 구도에 제한을 받는다. 특히 자리를 옮겨가며 촬영하거나 오로라처럼 허허벌판에서 촬영한다면 삼각대는 거의 필수이다. 이처럼 꼭 필요한 상황이라면 1kg 전후의 삼각대를 선택하는 것이 좋다. 가벼운 삼각대는 불안하기 때문에 셀프 촬영은 힘들지만, 야경 촬영 시 훌륭한 성능을 발휘한다.

만약 야경을 찍을 일이 그리 많지 않고, 한두 번 정도 사용한다면 미니삼각대나 고릴라팟 정도도 괜찮다. 삼각대를 올려놓을 만한 공간과 바람이 많이 불지 않는 환경이라면 야경 사진을 찍는데 문제는 없다. 멋진 사진을 찍기 위해서는 많은 장비를 가지고 있을수록 좋지만 여행에 있어 장비 선택은 무게를 고려해 스스로의 상황 판단에 따를 수밖에 없는 경우가 많다.

1 라스베이거스 야경 2 브리즈번 야경 3 홍콩 야경

## 05 여행 사진 촬영에 있어 반드시 필요한 것들

전문적으로 사진을 찍는 여행이 아니더라도 있으면 좋고, 든든한 카메라 보조 장치들이 있다. 사진을 많이 찍는 사람들에게는 꼭 필요한 장비들이고, 장기여행자라면 반드시 준비해가는 것이 좋다.

CF 메모리카드

첫째, 여유분의 메모리카드이다. 요새는 32GB, 64GB와 같은 대용량의 메모리카드가 일반화되어 있기 때문에 장기여행이라도 메모리카드 2~3개만 준비하면 충분한 경우가 많다. 하지만 DSLR이나 하이브리드카메라의 경우 파일 1개 사이즈가 일반 콤팩트카메라보다 크고, RAW형식으로 촬영한다면 그 용량은 감당하기 힘들 정도로 커지기 때문에 1주일 이상 여행이라면 한두 개의 메모리카드로도 감당이 안 된다.

이미지 저장장치

이런 경우 외장하드디스크와 메모리 리더기의 역할을 동시에 해주는 이미지 저장장치의 활용도가 높아진다. 2.5인치 노트북용 하드디스크를 사용하는 모델이 일반적인데, 최근에는 1~2TB 이상의 제품들을 많이 이용한다. 보통 한 번 충전하면 여러 번 옮기는 것이 가능하므로 사진 촬영에 비중을 두는 사람이라면 꼭 챙겨야 할 물건이다. 노트북을 가지고 여행하는 사람은 이미지저장장치 대신 상대적으로 저렴한 2.5인치 외장하드를 이용하기도 한다.

둘째, 넉넉한 배터리이다. 여행 중에는 항상 충전할 수 있는 것도 아니고, 야간버스 이동으로 충전할 시간이 없을 수도 있다. 매일매일 촬영하는 사진이 많다면 배터리 소모는 더욱 빨라진다. 그렇기 때문에 최소 2~3개 정도 여유 배터리를 가지고 다니는 것이 좋다. 배터리는 무게가 무거운 것도 아니므로, 가방의 작은 포켓에 항상 바꿀 수 있도록 준비되어 있는 것이 좋다.

사진과 여행은 정말 애증의 관계나 다름없다. 여행하면서 이국적인 멋진 풍경과 현지인들의 모습이 좋은 사진이 될 것이라는 것을 알지만, 바리바리 싸들고 온 카메라와 장비는 여행이 아닌 고행이 될 수도 있기 때문이다. 여행에서는 욕심도 좋지만 사진에 관해서는 어느 정도 타협하는 지혜가 필요하다. 여행 자체를 즐기고 싶다면 콤팩트카메라를, 사진에 비중을 더 두고 싶다면 간소한 장비의 DSLR을 가져가라고 추천하고 싶다. 만약, 두 마리 토끼를 다 잡고 싶다면 하이브리드카메라를 선택하는 것도 하나의 방법이 될 수 있다.

여행용 카메라 가방은 이정도 크기가 적당하다.

# 나라마다 다른
# 팁문화 제대로 알기

한국 사람들이 해외여행 중 가장 어색해 하는 것이 바로 팁문화이다. 미국과 캐나다처럼 팁문화가 일상으로 자리 잡은 곳도 있지만, 유럽처럼 기본적인 수준의 팁문화를 가진 곳도 있다. 또한 팁이 없는 국가라도 호텔이나 레스토랑 등에서 서비스를 받으면 팁을 주는 경우도 많다. 그러나 같은 국가라도 지역마다 팁문화가 조금씩 다르므로, 다음 사례는 참고 정도만 하자.

## 01 호텔 투숙이나 투어 여행에서의 팁문화

어느 나라를 여행하든 호텔에 투숙하면 나올 때 침대 위에 $1~2 정도를 남겨놓는 것이 전 세계적으로 통용되는 팁문화 중 하나이다. 물론 호텔에서 팁을 받지 않는 국가도 있는데, 이 경우 올려놨던 돈을 청소 후 테이블에 다시 잘 올려놓기도 한다. 하지만 호텔에서 팁문화는 일반적이다 보니, 대체로

침대 위에 올려놓는 팁은 기본 센스

투어 중인 배에 있던 팁박스

별 무리 없이 받는 경우가 더 많다. 또한 팁 자체를 적극적으로 챙기는 곳은 팁 금액에 따라 청소를 더 깔끔하게 하거나 간단한 서비스를 제공하기도 한다.

보통 객실에서 추가 물품을 요청한 경우 가져다주면 소정의 팁을 주기도 한다. 만약 특정 어매니티<sup>Amenity</sup>가 마음에 들면, 하우스키퍼에게 일정 금액을 팁으로 주고 챙겨달라 부탁하면 가득 챙겨주는 경우도 종종 있다. 또한 호텔에 도착해서 포터가 객실까지 짐을 들어줬을 때도 팁을 주는 경우가 많다. 국가에 따라 호텔 컨시어지<sup>Concierge</sup>에게 도움을 받았을 경우에도 팁을 주기도 한다. 이러한 팁문화는 주로 호텔에서만 적용되며, 민박이나 호스텔 같은 곳에서는 별도의 팁을 주지 않는 경우가 많다.

투어를 즐겼을 경우 가이드에게 팁을 주기도 하는데, 투어 중이라면 팁을 받을 수 있게 별도의 통을 준비해 놓는 경우도 있다. 투어가 끝나면 감사의 표시로 참여했던 사람들이 팁을 모아 가이드에게 주기도 한다. 이렇게 개인적으로 전달할 때에는 지폐를 접어 악수를 하면서 건네주는 것이 일반적이다. 투어에서 팁은 팁문화가 정착된 곳에서는 일반적이지만, 동남아에서도 이렇게 여행객들에게 팁을 기대하는 경우가 많고, 간혹 투어객과의 다툼의 원인이 되기도 한다.

## 02    북미 레스토랑에서의 팁문화

팁문화에 있어 여행자들이 가장 어려움을 겪는 곳이
바로 미국과 캐나다가 아닐까 싶다. 일반적으로 레스
토랑에서 식사를 하면 서버는 총 금액의 15%정도의
팁을 기대한다. 대도시의 경우 약 18~20%정도의 팁
을 주는 것이 일반화되어 있는 곳도 많으며, 10%정

현금으로
내는 팁

도의 팁을 주는 경우는 점심 식사 때는
종종 있지만 저녁식사는 드물다. 반면
별도의 서비스를 받지 않는 패스트푸드
점이나 테이크아웃 커피숍에서는 팁을
별도로 주지 않지만, 주문을 받는 사람
앞에 마련된 팁 통에 $1~2정도의 팁을
주기도 한다.

신용카득 결제 시 팁 내용을 적는 란

팁을 주는 가장 대표적인 방법은 팁에
해당하는 현금을 테이블이나 계산서 옆에 놓고 나오는 것이다. 팁이 일상화된 곳이
기 때문에 이렇게 두고 나오면, 바로 서버가 팁을 챙겨간다. 반면 팁을 전혀 두고 나
오지 않으면, 서버가 쫓아 나와 자신의 서비스에 문제가 있었냐고 되묻는 경우도 있
다. 주로 아시아 쪽 여행자들이 팁문화에 익숙하지 않아 이런 실수를 하기도 한다.
만약 신용카드로 결제한다면 먼저 계산서를 요청해서 금액을 확인한 뒤 신용카드와
함께 건네주면 서버가 카드 승인을 받아 다시 가져온다. 그럼 그 위에 음식 금액과
팁, 그리고 총 금액을 적어 돌려주면 팁이 포함된 금액대로 최종 결제된다. 그러므로
승인 금액과 팁이 포함된 최종 결제액이 다른데, 문자 알림을 했을 경우 승인내역만
문자가 오고 팁이 포함된 금액은 오지 않는 경우가 많다.

## 03    유럽 레스토랑에서의 팁문화

유럽의 팁문화는 국가마다 조금씩 다
르다. 프랑스의 경우 계산서에 10~15%
정도의 서비스차지가 기본적으로 포
함되기 때문에, 여기에 추가로 팁을 놓
고 나오는 경우는 드물다. 다만 파리 시
내에서는 10%정도 팁을 두고 나오기
도 한다. 독일이나 스페인에서는 계산
서에 서비스차지가 포함되지 않을 경우

레스토랑 풍경

5~10%정도의 팁을 남겨두는 것이 일반적이다. 이탈리아는 팁을 주는 것이 그렇게 흔하지 않으며, 계산서에 서비스차지가 포함되지 않은 경우 보통 거스름돈 정도를 남겨놓거나 5%정도의 팁을 준다.

반면 아이슬란드, 네덜란드와 같은 국가는 팁을 주는 것 자체가 일반적이지는 않다. 거스름돈 정도를 남기고 오는 것은 문제가 없지만, 굳이 그래야 할 필요는 없다. 보통 유럽에서 팁이 있는 국가들의 경우 5~10%정도 수준이기 때문에 큰 부담은 아니지만, 정확한 팁 매너를 모르겠으면 현지인에게 물어보면 대부분 친절하게 알려준다.

## 04 오세아니아 레스토랑에서의 팁문화

호주와 뉴질랜드는 팁이 일상적인 나라는 아니다. 여전히 현지인들 사이에서는 팁을 주는 것에 대한 논란이 많고, 거부감을 가지는 경우도 꽤 있다. 다만 팁을 주는 문화가 조금씩 퍼지고 있다 보니, 레스토랑 등에서 식사한 후 계산서에 서비스차지가 포함되지 않은 경우 10%정도의 팁을 주기도 한다. 하지만 팁을 꼭 줘야하는 것은 아니므로, 걱정하지 않아도 된다.

호주에서의 레스토랑

## 05 아시아 레스토랑에서의 팁문화

아시아 국가들은 사실상 팁문화가 없다고 봐도 무방하다. 한국이나 일본의 경우에는 팁을 주면 오히려 무례하다고 생각하는 경우도 있으며, 그 외의 국가들에서도 팁을 기대하는 경우는 드물다. 간혹 테이블에 돈을 놓고 나오면 뛰어나와 돌려주는 경우도 있지만 외국인 손님이 많은 레스토랑의 경우에는 팁을 주면 그냥 챙기기도 한다.

동남아 음식

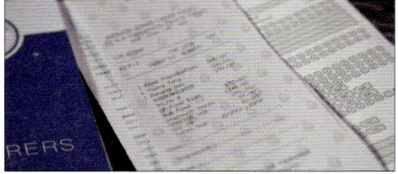

별도로 팁문화는 없지만, 고급 레스토랑 등에서 식사를 하면 별도 서비스차지를 계산서에 부과하는 경우도 종종 있다. 대만, 말레이시아, 인도네시아 등

서비스피가 붙은 영수증

은 계산서에 10%정도의 서비스차지가 붙는다. 태국은 서양인들이 많이 찾는 레스토랑에서는 일정 비율의 팁을 기대하는 경우도 있어 보통 식사 후 $1~2 정도를 놓고 오기도 한다.

# 여행지에서
# 축제를 즐기자

만약 축제기간에 해당 여행지를 방문한다면, 여행 중에 경험할 수 있는 최고의 기회가 될 것이다. 특히 세계적인 축제의 경우 1년에 한 번만 열리는 경우가 많아 그 기간을 맞추는 것이 쉽지 않다. 더군다나 축제기간에는 숙소 구하기도 힘들어 축제 지역을 여행하는 것 자체가 고역일 수도 있다. 그럼에도 축제를 찾아다니는 여행은 고역 이상의 매력이 있다.

## 01 축제기간에 맞추고 싶다면 일찍부터 준비하자

세계적인 축제가 열리는 곳에는 그 나라뿐만 아니라 전 세계 각지에서 축제를 즐기려는 여행자들이 몰려들게 된다. 그러다보니 축제 시일이 다가오면 예약 가능한 숙소들은 가격이 천정부지로 오르거나 아예 빈 객실이 없는 숙소가 많아진다. 그러므로 꼭 가보고 싶은 축제가 있다면, 계획이 잡히는 대로 먼저 숙소부터 예약하는 것이 좋다. 축제기간이 다가올수록 가격은 분명히 오르고, 구하기는 점점 더 어려워지기 때문이다.

교통시설이 좋은 도시에서 개최되는 축제라면, 숙소를 구하기 어려울 경우 가까운 이웃도시에 숙소를 잡고 대중교통을 이용해 왔다 갔다 하며 축제를 즐길 수도 있다. 축제를 꼭 보고 싶다면 이정도의 열정은 문제도 아니다.

축제 현장의 수많은 사람들

## 02 전 세계의 다양한 축제들

사실 전 세계적으로 즐길만한 축제들이 너무 많기 때문에, 특별히 몇 가지만 골라서 추천하는 것도 쉬운 일은 아니다. 하지만 언급하지 않으면 안 될 정도로 세계적인 명성의 축제가 있다. 물론 다음에 소개할 세계적인 5가지 축제 외에도 국가나 지역의 특색을 살린 다양한 축제가 곳곳에서 개최된다. 그래서 여행준비를 할 때에는 혹시나 여행기간 중에 지역 축제가 열리는지도 검색해보는 것이 좋다. 한국의 보령머드축제와 같이 외국인들에게도 잘 알려진 지역 축제가 각 나라별로 다양하게 존재한다. 한국인들에게 잘 알려진 것들은 주로 유럽지역의 축제지만, 그 외에도 찾아보면 보석 같은 축제들이 가득하다.

- 브라질 카니발 – 축제를 이야기하면서 브라질을 빼놓을 수 없을 정도로, 2월말 ~3월초까지 열리는 브라질의 카니발Carnival은 대표적인 세계축제이다. 브라질의 리우데자네이로, 살바도르, 상파울루에서 가장 성대하게 치러진다. 카니발은 브라질 외에도 전 세계적으로 진행된다.
- 독일 옥토버페스트 – 맥주 애호가들이 살면서 꼭 한 번은 가보고 싶어 하는 축제가 옥토버페스트Octoberfest이다. 독일 뮌헨에서 9월 셋째 주부터 10월 첫째 주까지 2주간 열리는 세계 최대의 맥주축제로, 원하는 만큼 맥주를 마시며 축제 분위기에 취해볼 수 있다.
- 스페인 토마티나 – 빨갛게 잘 익은 토마토를 서로에게 던지며, 즐기는 토마티나La Tomatina는 스페인 발렌시아주의 작은 시골마을인 부뇰에서 매년 8월 마지막 수요일에 개최된다. 만 명 정도 사는 조용한 시골마을이지만 행사가 시작되면 5배나 많은 전 세계 외지인들이 찾아올 정도로 세계적인 축제가 되었다.
- 태국 쏭크란 – 매년 4월 13일이 되면 태국은 쏭크란Songkran 축제 덕분에 온통 물바다로 변한다. 서로에게 물을 뿌리면서 축복을 기원하던 것이, 현재는 커다란 놀이이자 축제가 되었다. 태국은 이 시기가 되면 물을 쏘거나 끼얹을 수 있는 다양한 도구들이 총동원된다.
- 일본 눈꽃축제 – 2월 삿포로에서 열리는 눈꽃축제인 삿포로유키마츠리さっぽろ雪まつり는 우리나라와 가까운 곳에서 열리는 세계적인 축제라 우리나라 사람들에게도 인기 있는 축제이다. 비슷한 겨울 축제로 중국 하얼빈의 빙등제가 있다.

축제 현장의 수많은 사람들

## 03 축제의 분위기에 빠져들다

축제를 즐기는 가장 확실한 방법은 축제 속으로 녹아드는 것이다. 축제 시기에는 수
많은 사람들이 모이기 때문에 식사도 어렵고, 북적거리는 사람들 틈에서 제대로 휴
식도 취하기 힘들다. 다르게 생각하면 이런 것들이 짜증이겠지만, 나처럼 즐기려는
사람들이 모인 거라고 생각하면 그들과 내가 같은 생각으로 한자리에 있으니 어울리
지 못할 이유가 없다. 동화되면 불편보다는 축제를 즐길 수 있는 다양한 부분들이
먼저 눈에 들어오게 된다.

하루만 열리는 축제도 있지만, 보통 대부분의 축제는 3~4일, 길게는 1~2주간 진행
된다. 기간이 길다고 해서 그 기간 내내 계속 분위기가 고조되어 있는 것이 아니라,
특정한 하루나 이틀 정도에 대부분의 에너지를 쏟아 붓게 된다. 이런 날에는 커다란
행사도 함께 벌어지기 때문에 축제 전체를 즐길 수 없다면 가장 하이라이트가 되는
날을 찾는 것이 좋다.

특별한 테마가 있는 축제도 있지만, 각 나라의 기념일에도 볼거리가 많다. 미국의 독
립기념일이나 프랑스 혁명기념일 같은 날에는 낮
에는 퍼레이드, 밤에는 불꽃놀이가 계속해서 이
어진다. 또한 곳곳에서 국지적으로 다양한 행사
들이 열리므로, 기념일 역시 축제의 하나로 분류
할 수 있다.

불꽃놀이            축제 행사 참여

## 04 축제날에는 항상 주변을 조심할 것

축제 시기에는 분위기가 한층 들뜨는 만큼, 그 시기를 노리는 소매치기나 도둑들도
활개를 친다. 특히 수많은 사람들 사이에서 부대끼다보면 어느 순간 소지품이 사라
지는 경우가 비일비재하다. 그러므로 제대로 축제를 즐기고 싶다면 먼저 소지품 관
리부터 철저하게 신경 써야 한다. 축제 시기에는 강도사건보다는 주로 좀도둑사건이
많이 발생하므로 조금만 주의하면 이런 상황을 대부분 예방할 수 있다.

# 현지인들이 즐기는
# 과일과 음식도 먹어보자

어느 여행지를 가던지 가장 맛있는 것은 제철 과일이다. 특히, 한국에서는 보지도 못한 과일이 많기 때문에 다양한 과일을 먹어보는 것도 여행의 즐거움 중의 하나가 된다. 또한 각 국가별로 꼭 먹어봐야 할 전통 음식이 있다. 대부분 이런 음식들은 우리 입맛에 맞지 않는 경우가 많지만 한 번쯤 도전해 보는 것도 여행 중에 의미 있는 일이다.

## ● 먹어보지 않은 과일이라면 현지인에게 물어보자

해외여행 중에는 한국서 보지 못한 다양한 과일도 맛볼 수 있는 기회가 주어진다. 하지만 이름부터가 생소하기 때문에 어떻게 먹어야 할지 고민이 된다. 망고, 망고스틴, 리치 등은 이미 한국서도 익숙해진 과일이지만 현지가 아니면 먹을 수 없는 과일도 여전히 많다. 그러한 과일 중에는 한 번 먹어보면 그 맛을 잊지 못할 과일도 있다. 필자도 현지에서 과일의 여왕이라 불리던 두리안의 맛을 아직까지 잊지 못한다.

과일의 여왕이라는 두리안

생소한 과일은 이게 잘 익은 건지 풋내 나는 건지 알 수 없고, 깎아 먹을지, 통째로 먹을지도 고민이 된다. 한국에서는 가공된 채 판매되는 비싼 과일 망고는 무른 과일이라 껍질을 까기 쉽지 않고, 먹기도 영 불편하다. 망고는 한국에서 1kg당 1~2만 원이지만 현지에서는 1kg에 1~2천 원이면 구입할 수 있다. 망고는 씨를 기준으로 양쪽을 잘라 숟가락으로 퍼먹는 것이 편하다.

처음 보는 과일을 먹고 싶을 때에는 슈퍼마켓 같은 곳에서 무작정 구입하기보다는 과일을 싸놓고 파는 재래시장으로 가보자. 여러 과일이 진열된 가게를 찾아서 주인

1 칼로 잘라내야 하는 단단한 타미망고
2 반으로 잘라 퍼먹는 망고
3 망고스틴과 람부탄
4 선인장 열매인 용과는 반으로 잘라서 떠먹으면 편하다.

에게 '여기 과일 하나씩 다 먹어볼 수 있냐'고 요청해보자. 거절당할 수도 있지만, 바쁘지 않은 시간이라면 흔쾌하게 다양한 과일을 맛보게 해줄 것이다. 더불어 먹는 방법과 제대로 익은 과일 구분법까지 덤으로 얻을 수도 있다. 물론 하나씩 맛보는 것이라 다소 비싸게 부르겠지만, 조금 더 지불하는 정도로 다양한 과일을 맛볼 수 있다는 것에 만족할 수 있다. 이렇게 여러 가지 과일을 먹어보고, 내 입맛에 맞는 과일을 찾았다면 다음부터는 직접 그 과일만 사먹으면 된다. 특히 먹는 것을 좋아하는 식도락가에게는 더할 나위 없는 좋은 경험이 될 수 있다.

재래시장의 과일들
슈퍼마켓의 과일들

● 현지인들이 알려주는 최고의 맛집을 찾아보자

일상생활에서도 빠질 수 없지만 해외여행 중에는 더 크게 다가오는 것이 먹는 것이다. 누구나 맛있는 음식을 먹고 싶어 하지만 현지 정보에 어두울 수밖에 없는 여행자들에게는 맛있는 음식점 찾기도 쉽지 않다. 가이드북에 소개된 음식점의 경우 대체로 가격이 비싸거나 특정 지역으로 한정되어 있어 자유여행을 하는 개인이라면 끼니때마다 고민할 수밖에 없다.

인터넷이 잘 발달된 국가라면 음식 또는 여행 관련 커뮤니티를 검색해보면 비교적 쉽게 맛집을 찾을 수 있다. 하지만 아쉽게도 인터넷 커뮤니티가 활성화된 국가는 많지 않을 뿐더러, 음식점이라는 특성상 생겼다 사라지는 곳이 많기 때문에 실시간 정보가 아닌 이상 100% 신뢰하기 힘들다.

1 현지인들만 있던 레스토랑
2 하와이의 인기음식, 피쉬볼

현지 음식점에 대한 정보는 당연히 그 곳에 사는 현지인들이 가장 잘 알 것이다. 하지만 길가는 사람을 막아놓고 근처에 맛있는 집이 어디냐고 물어볼 수도 없고, 실제 물어봐도 알아낼 가능성은 그리 높지 않다. 서울 종로에서 지나가는 사람 붙잡고 맛집이 어디냐고 물어본다면 쉽게 대답하지 못하는 것과 같은 맥락이다. 물론 운 좋게 그 곳 지리에 익숙한 사람을 만났다면 좋은 레스토랑을 추천받을 수도 있겠지만 실

현지인이 즐겨 찾는다는 개울 옆 송어요리 식당

제 확률적으로 가능성은 높지 않다.

이럴 때는 근처 상점에 들어가서 간단한 물건을 사면서 맛있는 식당을 물어봐도 되고, 경찰이나 기타 관공서 직원에게 물어보는 것이 가장 좋은 방법이다. 여행자를 위한 음식점이 아닌 현지인이 많이 이용하는 음식점일수록 맛있는 가게일 가능성이 높기 때문이다. 현지 상인이나 관공서 직원은 항상 그 지역에서 끼니를 해결하기 때문에 주변 식당 정보를 잘 알 수밖에 없다. 결국 어느 국가든 현지인에게 물어보는 것을 두려워하지 않는다면 더 좋은 결과를 얻을 수 있을 것이다. 다만 향신료를 많이 사용하는 국가의 경우 현지인들이 선호하는 음식은 입맛에 맞지 않을 수도 있으므로 주의해야 한다.

사람들에게 맛있는 음식점을 물어볼 때는 일단 본인이 어떤 종류의 음식을 선호하는지 알려주는 것이 좋다. 그 나라 전통음식을 먹고 싶은지, 아니면 간단하게 먹을 음식을 찾는지, 피자와 같은 것을 찾는지를 알려줘야 대답하는 사람도 구체적으로 얘기해 줄 수 있는 것이다. 이렇게 물어보는 것이 힘들다면 음식점이 많이 모여 있는 가게들을 쭉 둘러보자. 그 중에 사람이 가장 많은 곳으로 들어가면 맛은 기본으로 보장되는 경우가 많다. 맛있는 곳일수록 사람들이 많이 모이는 법이기 때문이다.

사람들이 가득한 레스토랑

다소 썰렁한 노천 레스토랑

처음 가는 음식점이었지만 맛있게 먹었던 요리

# Index